聚甲氧基二甲醚

黄　晔　李　冬　主编
范晓勇　孙育成　周秋成　副主编

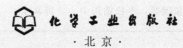

化学工业出版社
·北京·

内容简介

本书简要介绍了聚甲氧基二甲醚的理化性质、主要用途、发展前景，重点阐述了聚甲氧基二甲醚的合成路线、合成机理、催化方法、合成反应热力学和动力学，并详细介绍了聚甲氧基二甲醚的合成工艺和典型生产案例，对我国煤化工工业在广度和深度上延伸发展有很大的促进作用，实用性强。

本书涵盖最近几年国内外对聚甲氧基二甲醚的研究成果，体现从理论到工业化过程中的新技术，可供聚甲氧基二甲醚相关企业、研究院所的人员使用，同时可供化工等相关专业的师生参考。

图书在版编目（CIP）数据

聚甲氧基二甲醚/黄晔，李冬主编．—北京：化学工业出版社，2020．11

ISBN 978-7-122-37842-2

Ⅰ．①聚…　Ⅱ．①黄…②李…　Ⅲ．①甲氧基-甲醚　Ⅳ．①O623．42

中国版本图书馆 CIP 数据核字（2020）第 189639 号

责任编辑：张　艳　　装帧设计：王晓宇
责任校对：李　爽

出版发行：化学工业出版社（北京市东城区青年湖南街 13 号　邮政编码 100011）
印　　装：北京盛通数码印刷有限公司
710mm×1000mm　1/16　印张 20¾　字数 411 千字　2020 年 11 月北京第 1 版第 1 次印刷

购书咨询：010-64518888　　售后服务：010-64518899
网　　址：http://www.cip.com.cn
凡购买本书，如有缺损质量问题，本社销售中心负责调换。

定　　价：128.00 元

前言

聚甲氧基二甲醚（$PODE_n$）是国际上公认的降低油耗和减少烟气排放的新型环保型燃油含氧组分，具有较高的含氧量和较高的十六烷值。在柴油中调和5%～20%（质量分数）的$PODE_n$，即可降低柴油凝点、颗粒物和氮氧化物的排放。因此，生产$PODE_n$新型柴油改良剂受到了广泛关注，工业和信息化部已将该产品列为国家重点发展的化工新产品。

国外对聚甲氧基二甲醚技术的研究起步较早，我国自2009年以后才开始研究合成聚甲氧基二甲醚，2013年后工业化进程发展迅速，但均属于工程示范项目，合成技术仍处于技术开发阶段，未实现技术的成熟应用。随着我国柴油性能要求提高，通过添加聚甲氧基二甲醚改进柴油性能，提升柴油品质，减低环境污染已成为趋势。“十三五”期间，国际国内能源形势发生显著变化，政府、企业、市场等多方面对$PODE_n$的认识逐渐全面、清晰，国家产业政策明确支持发展$PODE_n$，产品的应用领域不断拓宽，大规模工业示范装置快速建设，产能逐渐扩大，促进了聚甲氧基二甲醚产业的蓬勃发展。

全书共分为6章。第1章　绪论：对聚甲氧基二甲醚的理化性质、分析方法、安全环保、包装储运、主要用途进行了总结，并对国内外研究进展和工业化进程进行了综述。第2章　合成路线及机理：对合成聚甲氧基二甲醚的原料、国内外主要合成路线及不同路线的合成机理、产品的精制进行了论述，并对各工艺方案进行了对比探讨。第3章　催化方法：综述了聚甲氧基二甲醚合成过程中常见的催化剂和催化方法，重点介绍了液体酸催化法、离子液体催化法、固体酸催化法、离子交换树脂催化法和金属氧化物催化法。第4章　合成反应热力学和动力学：重点对不同合成路线的合成反应热力学和动力学进行了概述。第5章　聚甲氧基二甲醚合成工艺：对国内外现有的聚甲氧基二甲醚合成工艺进行了论述。第6章　典型项目案例：重点介绍了以甲醇为原料生产聚甲氧基二甲醚的典型工程工艺过程。

本书第1章由西北大学李冬教授编写，第2章、第3章第1节～第3节由西北大学博士、榆林学院副教授范晓勇编写，第3章第4节～第6节、第5章第1节～第2节由陕西金泰氯碱神木化工有限公司研发中心周秋成副主任编写，第4章、第5章第3节～第7节由榆林能源集团黄晔教授级高工编写，第6章由苏州双湖化工技术有限公司孙育成副总经理编写。全书由西北大学李冬教授负责策划、统稿和定稿。

在本书编写过程中，西北大学冯弦、王莉莎、邵瑞田、逯承承、董环、田育成、刘旭、苗正朋、郑金欣等研究生付出了辛勤的劳动。在此，一并向各位同学表示诚挚的感谢！

西安石油大学马宝岐教授对本书的初稿进行了审阅，使我们受益匪浅，特此表示感谢！

由于本书内容庞杂，编著者经验有限，编写时间仓促，书中难免有不妥和疏漏之处，恳请读者批评指正。如果本书的出版能对相关专业人士有一点点启迪和帮助，我们就感到欣慰和满足了。

编　者
2020.8

目 录

第 1 章 绪 论 001

第 2 章 合成路线及机理 038

第 5 章 聚甲氧基二甲醚合成工艺

第 6 章
典型项目案例

第1章 绪论

聚甲氧基二甲醚（polyoxymethylene dimethylethers，$PODE_n$），又名聚甲醛二甲醚、聚氧亚甲基二甲醚、聚甲氧基甲缩醛，是一类物质的通称，其简式可以表示为 $CH_3O(CH_2O)_nCH_3$（其中 n 一般取值为 2～8），当 n= 1 时为甲缩醛，n= 0 时为二甲醚。

1.1 聚甲氧基二甲醚性质

1.1.1 聚甲氧基二甲醚的物理性质

聚甲氧基二甲醚是一类低分子量的缩醛类聚合物，具有较高的含氧量［w(O)：45%～51%］和较高的十六烷值（≥60），在常温常压下是一种无色或淡黄色易挥发可燃液体，有轻微的醚类气味。

$PODE_{2\sim8}$ 的部分物理性质如表 1-1 所示。

表 1-1 $PODE_{2\sim8}$ 的基本物理性质

物质名称	沸点/℃	含氧量(质量分数)/%	十六烷值	闪点/℃	密度/g·mL^{-1}	黏度/mPa·s
$PODE_2$	105	45.3	63	23	0.9597	0.6809
$PODE_3$	156	47.1	78	59	1.0242	1.1333
$PODE_4$	202	48.2	90	65	1.0671	1.8805
$PODE_5$	242	49.0	100	78	1.1003	2.9329
$PODE_6$	280	49.6	104	90	1.1004	—
$PODE_7$	313	50.0	104	约 90	1.1006	—
$PODE_8$	320	50.3	106	约 90	1.1009	—

由表 1-1 可以看出，$PODE_n$ 的沸点、十六烷值、含氧量等物性均随聚合度的增大而增大。其中，较高的黏度和沸点使得 $PODE_n$ 作为柴油添加剂时不需要改变发动机燃料供应系统；较高的含氧量和密度使得较小的添加量就具有较好的节油、减排效果[1,2]。

另外，在不同聚合度的 $PODE_n$ 中 $PODE_2$ 的沸点较低，作为柴油添加剂会降低闪点；$PODE_{3\sim8}$ 的物理性质与柴油十分接近；而聚合度 $n>8$ 的长链 $PODE_n$ 在低温下易于结晶，会影响柴油低温流动性，不适合作为柴油添加剂。

1.1.2 聚甲氧基二甲醚的化学性质

从 $PODE_n$ 的化学简式可以看出，它的两端以甲基封端，中间部分为低聚甲醛。在 $PODE_n$ 的化学结构中不包含碳碳键，亚甲基直接键合在氧原子旁边。作为甲缩醛的同系物，$PODE_n$ 的化学性质与之相似。它们可以稳定存在于中性或碱性条件下，但在酸性条件下会先水解成半缩醛和甲醇，接着半缩醛会继续水解生成甲醇和甲醛。不同温度下，$PODE_{1\sim3}$ 的水解速率常数如表 1-2 所示。

表 1-2 不同温度下 $PODE_{1\sim3}$ 的水解速率常数

物质名称	温度 t/℃	水解速率常数 k_1/s^{-1}
$PODE_1$	25	2.71×10^{-6}
	30	5.32×10^{-6}
	35	1.14×10^{-5}
$PODE_2$	25	9.21×10^{-6}
	30	2.05×10^{-5}
	35	3.95×10^{-5}
$PODE_3$	25	1.01×10^{-6}
	30	1.90×10^{-5}
	35	3.86×10^{-5}

由表 1-2 可知，当聚合度从 $n=1$ 增加到 $n=2$ 时，PODE 的水解速率明显增大。但当聚合度继续增加（$n\geqslant3$），水解速率变化不大。

$PODE_{2\sim8}$ 的热力学性质见表 1-3。

表 1-3 $PODE_{2\sim8}$ 的热力学性质

物质名称	焓变 $\Delta H_{mg}^{\ominus}$/kJ·mol^{-1}	熵变 $\Delta S_{m}^{\ominus}$/J·mol^{-1}·K^{-1}
$PODE_2$	−494.88	404.8994
$PODE_3$	−647.74	473.8794
$PODE_4$	−800.6	542.8594
$PODE_5$	−953.46	611.8394
$PODE_6$	−1106.32	680. 8194
$PODE_7$	−1259.18	749.7994
$PODE_8$	−1412.04	818.7794

$PODE_n$ 所特有的物理化学性质使得其作为柴油添加剂具有其他替代燃料无法比拟的优势，具体表现在：①具有较高的十六烷值，有利于燃料充分燃烧；②分子中不含碳碳键，且含氧量高，可以减少碳烟和氮氧化物的排放；③调和性能好，易与柴油及其他柴油添加剂互溶；④润滑性好，燃烧时对发动机的磨损程度轻，从而延长发动机使用寿命；⑤在常温下为液态，易于储存和运输。

1.2
聚甲氧基二甲醚的定量分析方法

$PODE_n$ 作为一类物质 $CH_3O(CH_2O)_nCH_3$ 的通称，其聚合度影响产品特性及应用。因此，准确定量分析 $PODE_n$ 产品中不同聚合度组分的含量，是开展 $PODE_n$ 理论研究和应用测试的基础。气相色谱法是定量分析 $PODE_n$ 的最常用方法。采用气相色谱法能较好地把聚甲氧基二甲醚产物组分分离开，并可用很灵敏的检测器把组分检测出来。但仅用气相色谱法却难以直接对聚甲氧基二甲醚的复杂产物做定性判断，必须用已知物或其色谱图进行对照；或与其他方法如质谱、光谱联用，才能获得比较可靠的定性结果。目前，只有 PODE 有标准样品，而聚合度大于 2 的组分没有标准样品，给准确定量分析带来困难。

目前一些研究单位和研究者在 $PODE_n$ 的定量分析方面的研究[3] 主要有：BASF 公司分离出一定量可作为标准样品的 $PODE_1$～$PODE_4$ 组分，以四氢呋喃作为内标物，线性外推更高聚合度组分的校正因子来进行定量分析；李玉阁、曹祖宾等[4] 则基于不同聚合度 $PODE_n$ 组分的分子结构，采用有效碳数法计算各组分的相对质量校正因子，方法简便，但由于 $PODE_n$ 组分分子结构的特殊性，使用有效碳数法所得校正因子定量分析存在较大误差。

通过有效碳数-内标法定量分析产物中各组分的含量，以甲缩醛为基准物，用有效碳数法计算 $PODE_{2\sim8}$ 组分的相对质量校正因子，并以正辛烷为内标物、丁酮为溶剂，定量分析不同聚合度的聚甲氧基二甲醚的含量。为了提高分析方法的准确性，实验加入内标物正辛烷，将以甲缩醛为基准物相对质量校正因子换算为以正辛烷为基准物相对质量校正因子。

$$f_{\text{i/正辛烷}} = f_{\text{甲缩醛/正辛烷}} \times f_{\text{i/甲缩醛}}$$

式中，f_{i} 为相对质量校对因子。

因此，只要知道甲缩醛的校正因子，就可以求出其他 $PODE_n$ 产物的校正因子，根据有效碳数法计算聚合度为 2～8 的聚甲氧基二甲醚产物组分的相对质量校正因子见表 1-4，准确称量正辛烷和聚甲氧基二甲醚产物样品，根据它们的峰面积及相应的校正因子来计算被测物中各组分的含量见表 1-5。

表 1-4　$PODE_{1\sim8}$ 产物组分的相对质量校正因子

组分	分子式	分子量	有效碳数	相对质量校正因子（以甲缩醛为基准）	相对质量校正因子（以正辛烷为基准）
$PODE_1$	$CH_3OCH_2OCH_3$	76	1	1	3.58
$PODE_2$	$CH_3O(CH_2O)_2CH_3$	106	1	0.7170	2.56686

续表

组分	分子式	分子量	有效碳数	相对质量校正因子（以甲缩醛为基准）	相对质量校正因子（以正辛烷为基准）
$PODE_3$	$CH_3O(CH_2O)_3CH_3$	136	1	0.5588	2.000504
$PODE_4$	$CH_3O(CH_2O)_4CH_3$	166	1	0.4578	1.638924
$PODE_5$	$CH_3O(CH_2O)_5CH_3$	196	1	0.3878	1.388324
$PODE_6$	$CH_3O(CH_2O)_6CH_3$	226	1	0.3363	1.203954
$PODE_7$	$CH_3O(CH_2O)_7CH_3$	256	1	0.2969	1.062902
$PODE_8$	$CH_3O(CH_2O)_8CH_3$	286	1	0.2657	0.951206

表 1-5　样品中各组分的含量

组分	组分 i 峰面	内标物峰面	内标物质量/g	被测试样总质量/g	相对校正因子	质量分数/%
甲醇	64549	105850	0.1669	8.3027	3.29	4.033
三聚甲醛	20944	105850	0.1669	8.3027	9.345	3.717
甲缩醛	292802	105850	0.1669	8.3027	3.58	19.907
$PODE_2$	169715	105850	0.1669	8.3027	2.56686	8.273
$PODE_3$	91200	105850	0.1669	8.3027	2.000504	3.465
$PODE_4$	51727	105850	0.1669	8.3027	1.38924	1.364
$PODE_5$	29371	105850	0.1669	8.3027	1.388324	0.774
$PODE_6$	16099	105850	0.1669	8.3027	1.203954	0.368
$PODE_7$	8545	105850	0.1669	8.3027	1.062902	0.172
$PODE_8$	—	105850	0.1669	8.3027	0.951206	—

郑妍妍等[5]针对 $PODE_n$ 组分缺少标样的问题，依据质量守恒原理测定并计算了不同聚合度 $PODE_n$ 组分的质量校正因子，该方法操作简单，可满足企业生产及实验室研究中 $PODE_n$ 产物的定量分析要求。其数值与有效碳数法所得如表 1-6 所示。

表 1-6　$PODE_{1\sim8}$ 组分的相对质量校正因子

组分	相对质量校正因子	
	郑妍妍方法	有效碳数法
$PODE_1$	1	1
$PODE_2$	1.140	1.395
$PODE_3$	1.300	1.789
$PODE_4$	1.482	2.184
$PODE_5$	1.689	2.579

续表

组分	相对质量校正因子	
	郑妍妍方法	有效碳数法
$PODE_6$	1.925	2.974
$PODE_7$	2.195	3.368
$PODE_8$	2.497	3.763

1.3 环保及安全

1.3.1 环境保护法规和标准

加强环境监督管理力度，是实现环境、经济协调发展和走可持续发展道路的重要保证。$PODE_n$ 相关的环境保护法规和标准如下：

《中华人民共和国环境保护法（2014 年 4 月 24 日修订）》（主席令第九号）自 2015 年 1 月 1 日起施行；

《中华人民共和国大气污染防治法》（2000 年 9 月 1 日）；

《中华人民共和国水污染防治法》（修订）（2008 年 6 月 1 日）；

《中华人民共和国固体废物污染环境防治法》（2005 年 4 月 1 日）；

《中华人民共和国噪声污染防治法》（1997 年 3 月 1 日）；

《建设项目环境保护管理条例》中华人民共和国国务院令第 253 号（1998 年 11 月 29 日）；

《中华人民共和国清洁生产促进法》（2003 年 1 月 1 日）；

原环境保护部办公厅文件环办［2015］111 号关于印发《现代煤化工建设项目环境准入条件（试行）》的通知；

《建设项目环境保护设计规定》国家计委、环委（87）国环字 002 号；

《环境空气质量标准》（GB 3095—2012）二级标准；

《地表水环境质量标准》（GB 3838—2002）Ⅲ类水域标准；

《地下水质量标准》（GB/T 14848—2017）；

《声环境质量标准》（GB 3096—2008）2 类标准；

《工业企业设计卫生标准》（GBZ 1—2010）；

《炼焦化学工业污染物排放标准》（GB 16171—2012）；

《大气污染物综合排放标准》（GB 16297—1996）中的二级标准；

《石油化学工业污染物排放标准》（GB 31571—2015）；

《污水综合排放标准》（GB 8978—2002）二级标准；

《工业企业厂界环境噪声排放标准》(GB 12348—2008) 三级标准;
《锅炉大气污染物排放标准》(GB 13271—2014) 二级标准;
《恶臭污染物排放标准》(GB 14554—1993) 二级标准;
《储油库大气污染物排放标准》(GB 20950—2007);
《一般工业固体废物贮存、处置场污染控制标准》(GB 18599—2001);
《危险废物贮存污染控制标准》(GB 18597—2001)。

1.3.2 安全法律法规和标准

《中华人民共和国安全生产法》(2014 年修订) 主席令第 13 号;
《危险化学品安全管理条例》2013 年 12 月 7 日实施;
《危险化学品建设项目安全许可实施办法》原国家安全生产监督管理总局第 8 号令;
《危险化学品目录》原国家安全生产监督管理总局等公告 2015 年第 5 号;
《首批重点监管的危险化学品名录》原国家安全生产监督管理总局〔2011〕95 号;
《危险化学品重大危险源监督管理暂行规定》原国家安全生产监督管理总局 40 号令;
关于危险化学品企业贯彻落实《国务院关于进一步加强企业安全生产工作的通知》的实施意见安监总管三〔2010〕186 号;
《危险化学品建设项目安全监督管理办法》,原国家安全生产监督管理总局令第 45 号;
《建筑设计防火规范》(GB 50016—2014);
《生产过程安全卫生要求总则》(GB/T 12801—2008);
《生产设备安全卫生设计总则》(GB 5803—1999);
《爆炸危险环境电力装置设计规范》(GB 50058—2014);
《职业性接触毒物危害程度分级》(GBZ 230—2010);
《化工企业静电接地设计规程》(HG/T 20675—1990);
《火灾自动报警系统设计规范》(GB 50116—2013);
《建筑物防雷设计规范》(GB 0057—2010);
《化工企业安全卫生设计规范》(HG 20571—2014);
《化工企业总图运输设计规范》(GB 50489—2009);
《压力管道安全技术监察规定-工业管道》(TSGD 0001—2009);
《安全标志及其使用导则》(GB 2894—2008);
《安全色》(GB 2893—2013);
《建筑采光设计标准》(GB/T 50033—2013);
《建筑照明设计标准》(GB 50034—2013);
《工作场所职业病危害警示标识》(GBZ 158—2003);
《工业建筑采暖通风与空气调节设计规范》(GB 50019—2015);

《建筑抗震设计规范》（GB 50011—2010）；
《化工设备、管道外防腐设计规范》（HG/T 20679—2014）；
《化学品分类和危险性公示通则》（GB 13690—2009）；
《石油化工企业设计防火规范》（GB 50160—2008）；
《危险化学品重大危险源辨识》（GB 18218—2009）；
《危险货物品名表》（GB 12268—2012）。

1.4 包装及储运

1.4.1 技术要求

（1）外观　无色液体。

（2）质量指标　$PODE_2$ 及 $PODE_{3\sim8}$ 应符合的质量指标见表 1-7 和表 1-8。

表 1-7　$PODE_2$ 质量指标

项目		指标
$PODE_2$ 含量/%	≥	98
甲醇含量/%	≤	0.05
水分含量/%	≤	0.5
其他/%	≤	1.45

表 1-8　$PODE_{3\sim8}$ 质量指标

项目	指标	参考文献
$PODE_{3\sim8}$/%	≥98	
甲酸含量/$\mu g \cdot g^{-1}$	≤50	
氧化安定性/$mg \cdot 100mL^{-1}$	≤2.5	SH/T 0175
硫含量/$\mu g \cdot g^{-1}$	≤10	SH/T 0689
10%蒸余物残炭/%	≤0.3	GB/T 268
灰分/%	≤0.01	GB/T 508
铜片腐蚀(50℃,3h)/级	1	GB/T 5096
水分(体积分数)/%	痕量	GB/T 260
机械杂质	无	GB/T 511
润滑性,磨痕直径(60℃)/μm	≤460	SH/T 0765
运动黏度(20℃)/$mm^2 \cdot s^{-1}$	2.0～8.0	GB/T 265
凝点/℃	≤−10	GB/T 510

续表

项目	指标	参考文献
冷凝点/℃	≤−5	SH/T 0248
闪点(闭口)/℃	≥55	GB/T 261
十六烷值 CN	60～100	GB/T 386
馏程 5%/℃	≥155	GB/T 6536
馏程 95%/℃	≤365	GB/T 6536
密度(20℃)/kg·m^{-3}	900～1150	GB/T 1884

1.4.2 储运原则

① 储运设施规模与生产装置规模相适应。

② 工艺流程及设备布置满足工艺生产的要求。

③ 储运设施的能力要适应各生产装置操作复杂和灵活性的要求。

④ 中间罐区及成品罐区中储罐根据储存量及化学性质等选择合理的固定顶常压储罐、内浮顶储罐或压力储罐。

⑤ 闪点低于 28℃，沸点低于 85℃的易燃液体固定顶储罐或压力储罐，罐外需采用凉凉胶保温，以防止夏季储罐内温度过高而产生危险。

⑥ 环保、安全卫生等符合国家规范的要求。

⑦ 设计采用国家及行业有效的规范、标准、规定。

1.4.3 储运条件

① 标志：包装容器上应注明产品名称、生产厂名称、生产厂址、生产日期、净含量、产品标准编号等，标志应符合 GB/T 190 中易燃液体的规定。

② 包装：$PODE_n$ 应储存于不锈钢拱顶罐内，保持储罐密封，在开关容器盖子时，必须使用特制扳手，不得使用凿子及锤子，以免产生火花，引起火灾。开启前要擦净，封闭时要加垫片，以免将油弄脏。

③ 储存：$PODE_n$ 应储存于阴凉通风处，如露天放置，应用防雨布或其他材料搭棚遮盖，储存量甚大且无防雨布时，则须将桶倾斜立置并与地面成 75°角，桶上大小盖口应在同一水平线上，以防雨水渗入，最佳储存温度为常温，储存温度最低不能低于−10℃。贮存应符合 GB/T 15603 规定。

④ 运输：$PODE_n$ 用清洁、干燥的钢桶或槽车包装，在储运中须执行有关防火安全规定。必须严禁烟火，并应设置完善的消防设备，在抽注油或倒罐时，油罐及活管必须用导电的金属线接地，以防止静电聚积起火。

1.5 聚甲氧基二甲醚主要用途

目前，随着聚甲氧基二甲醚工业化提速，聚甲氧基二甲醚在不同领域的应用也成为人们研究的重点。

$PODE_{3\sim8}$ 主要用于柴油添加剂，可改善十六烷值、减少有害气体排放，添加比例为5%～15%；同时低聚合度聚甲基二甲醚 $PODE_{2\sim4}$ 属于醚类溶剂，具有馏程可调、挥发性适中、稳定性好等优点，可作为环保型溶剂，部分或完全替代芳烃类、醇醚及其醋酸酯类、酮类、酯类等溶剂，其经济效益良好，应用前景广阔。

1.5.1 柴油添加剂

目前，石油危机的加剧以及全球范围内的环境问题已经越来越受到人们的广泛关注。随着我国经济的稳定发展，柴油机作为动力的车辆数目不断增长，柴油需求量持续上升[6]。2017年全国机动车排放污染物初步核算为4472.5万吨，其中氮氧化物（NO_x）577.8万吨，碳氢化合物（HC）422.0万吨，颗粒物（PM2.5）53.4万吨，其中全国柴油车排放的 NO_x 接近汽车排放总量的70%，PM2.5超过90%[7]。因此设法降低柴油发动机的油耗及污染是目前我国亟待解决的问题。在柴油中添加5%～15%（质量分数）的聚甲氧基二甲醚，可大幅度降低尾气中 NO_x 和PM2.5的排放量，15%的 $PODE_{3\sim8}$ 混配油样性质满足0＃柴油的国标标准，可将柴油的凝点从0℃降至－6℃，十六烷值从46提高至53.6，闭口闪点从55℃升高至57℃，因此 $PODE_n$ 是一种优良的柴油添加剂。

将 $PODE_n$ 作为柴油添加剂使用，可以在不改动车辆与发动机的结构、不增加设备的基础上，通过改变燃料的物性，使燃料充分燃烧，实现节能减排的目的。用于调和柴油的典型含氧化合物的性质对比如表1-9所示，调和柴油性能指标如表1-10～表1-12所示。

表1-9　用于调和柴油的典型含氧化合物的性质对比

名称	甲醇	二甲醚	碳酸二甲酯	甲缩醛	$PODE_{3\sim8}$
分子量	32	46	90	76	136～286
密度/g·mL^{-1}	0.792	0.666	1.079	0.860	1.024～1.1
沸点/℃	64.7	－24.9	90	43	155～320

续表

名称	甲醇	二甲醚	碳酸二甲酯	甲缩醛	$PODE_{3\sim8}$
闪点/℃	11	−41	17	−18	57～63
熔(凝)点/℃	−97	−141	2～4	−105	−20(−30)
热值/$MJ \cdot kg^{-1}$	22.7	28.8	15.8	22.4	20.6～21.2
十六烷值	<8	55～60	35～36	30	70
互溶性	差	低温时差	低温时差	好	好

表 1-10　$PODE_n$ 及其调和柴油的主要理化指标

技术指标	样品名称		
	常规柴油	$PODE_n$	调和柴油
密度/$g \cdot cm^{-3}$	0.833	1.031	0.852
运动黏度/$mm^2 \cdot s^{-1}$	4.97	1.40	3.11
闭口闪点/℃	68	48	55
铜片腐蚀	1	1	1
冷滤点/℃	10	−20	10
十六烷值	43	65	48

表 1-11　整车试验数据

技术指标	样品名称			
	0号柴油	5%$PODE_n$	10%$PODE_n$	15%$PODE_n$
实际最大轮边功率/kW	39.88	43.15	42.79	42.66
烟度降低量/%	0	17.8	27.7	46.1

表 1-12　台架试验数据

排放物	国Ⅲ柴油	10%$PODE_n$ 调和柴油	偏差/%
ESC/$g \cdot (kW \cdot h)^{-1}$			
CO	1.88	1.56	−17.02
THC	0.15	0.14	−6.67
PM	0.05	0.03	−40.0
ELR			
烟度	0.46	0.22	−52.17

注：偏差=(10%$PODE_n$ 调和柴油−国Ⅲ柴油)/国Ⅲ柴油×100%；ESC—稳态循环试验排放；THC—碳氢化合物；PM—微粒物；ELR—负荷烟度试验排放。

从表 1-9 看出，甲醇的十六烷值太低，且甲醇与柴油互溶性不好，降低柴油混合物的十六烷值和闪点，同时存在腐蚀等问题，不是理想的柴油添加剂。二甲醚有较高的十六烷值，但其沸点低，在常温常压下是气体，爆炸范围较宽，作为柴油添加剂使用时，必须对发动机及油箱系统进行大量改造。甲缩醛虽然在常温常压下是液态，含氧量较高，并且有较高的氢碳比，能有效减少柴油燃烧过程中烟灰产生。但甲缩醛闪点较低（−17.8℃），并且极易挥发，混合后会降低柴油的闪点，安全性较差，使用时同样需要对柴油发动机进行改造，难以广泛应用。

从表 1-10 和表 1-11 可以看出，$PODE_n$ 因其自身优良的理化性能参数，柴油中加入 5%～15%时可以有效提高柴油的十六烷值、提升发动机的功率，大幅降低尾气中 PM2.5、CO 等有害物的排放量，被公认为极具发展潜力的环保型柴油添加组分[8～11]，具体优点如下：

① $PODE_n$ 具有较高的十六烷值（平均十六烷值≥76）和含氧量（42%～49%），能有效提高柴油的十六烷值及含氧量，大幅度减少发动机 PM2.5、NO_x、烃类物质及 CO 等污染物的排放，缩短滞燃期，使发动机冷启动更快。同时 $PODE_n$ 又是一类不含 C═C 双键的含氧化合物，其作为柴油添加剂能有效提高柴油的燃烧效率。

② $PODE_n$ 具有较高的沸点（平均沸点＞160℃）不易挥发，平均熔点较低，有较好的低温属性，且黏度与柴油相近，能够较好地与柴油完全混合。

③ $PODE_n$ 作为柴油添加剂能够有效地提高柴油的润滑性能，降低发动机的摩擦损耗，有利于延长发动机使用寿命。

④ $PODE_n$ 具有较高的闪点，安全性能高，使用时不需要对发动机及油箱等系统进行特殊改造。

⑤ $PODE_n$ 主要是由甲醇、甲醛及其衍生物合成，原料廉价易得，经济效益好。

近几年来，$PODE_n$ 作为绿色柴油调和组分及含氧燃料的燃烧性能受到国内外学者越来越多的关注。

刘海利等[12] 将 10%质量分数的 $PODE_n$ 分别加入车用柴油和普通柴油中（性质见表 1-13），考察其对柴油十六烷值、酸度、润滑性能、闪点（闭口）、密度、十六烷指数等质量性能的影响分别见图 1-1。

表 1-13　试验用柴油性质

项目	执行标准	来源	试样编号①
0 号车用柴油(Ⅴ)	GB 19147—2013	天津某炼厂	a,b,d
0 号车用柴油(Ⅳ)	GB 19147—2013	天津某炼厂	c,e,f,g,h,i
0 号普通柴油	GB 252—2015	沧州某炼厂	j,k
		石家庄某炼厂	l

① 表示不同批次的产品。

由图 1-1（a）可以看出，不同柴油试样的十六烷值均有提高，但提高程度略有不同。其中对于十六烷值低于 51 的柴油试样，其十六烷值平均提高幅度在 5.5%左右。而对于十六烷值高于 51 的柴油试样，其十六烷值平均提高幅度在 2%左右。试验结果表明，$PODE_n$ 对柴油十六烷值具有正调和效应，而 $PODE_n$ 对车用柴油

（Ⅴ）和非车用柴油（Ⅴ）具有不同的感受性。

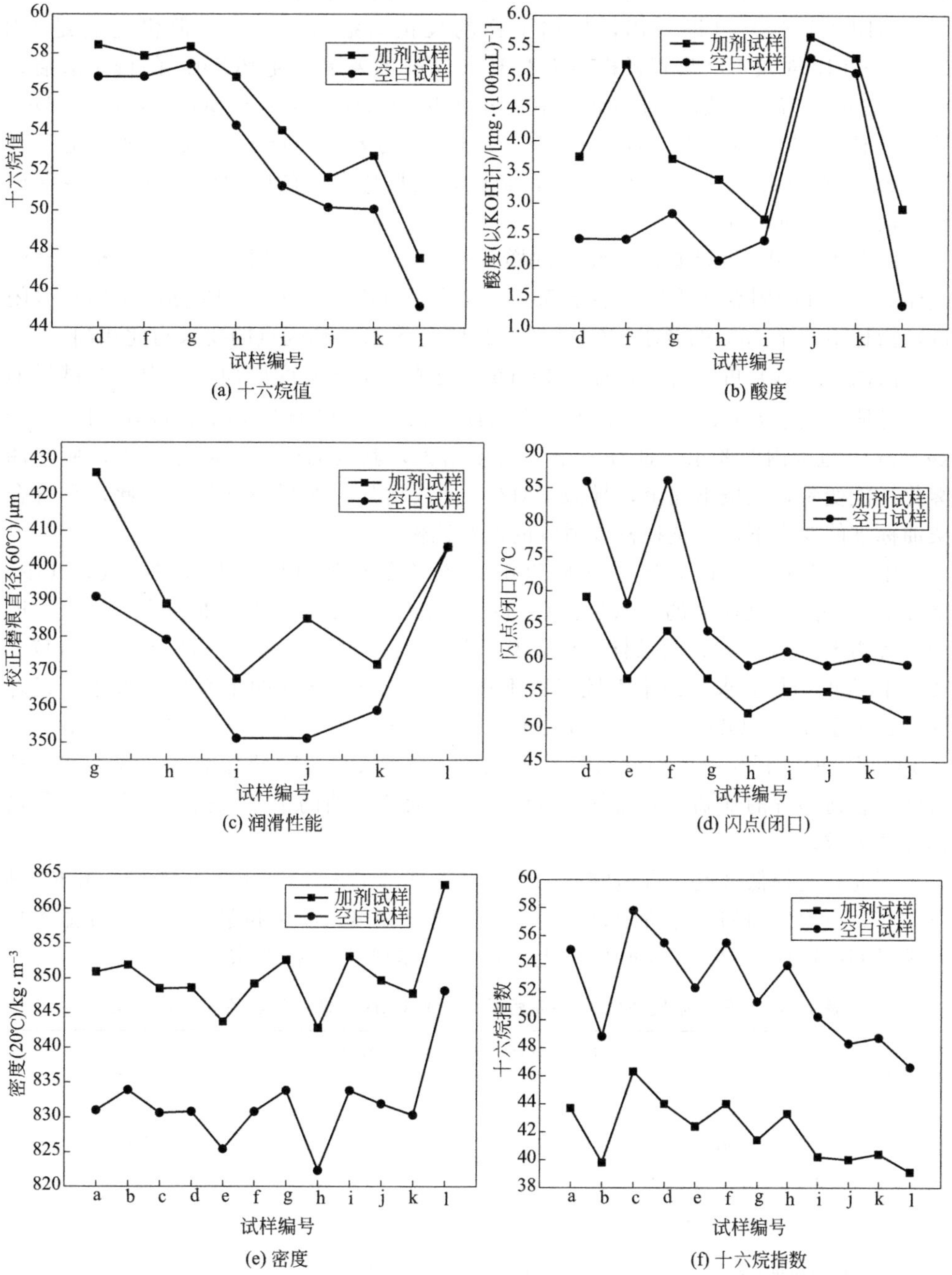

图 1-1　不同柴油试样加剂前后的质量性能

由图 1-1（b）可以看出，当 $PODE_n$ 加剂量（质量分数）为 10%时，不同柴油试样的酸度均出现增加，但均满足 GB 19147—2013 的酸度指标（以 KOH 计）不大于 7mg·（100mL）$^{-1}$ 的要求，GB 252—2015 的要求与此相同。

由图 1-1（c）可以看出，加剂试样的校正磨痕直径增大，但仍均满足 GB 19147—2013 对校正磨痕直径指标不大于 460μm 的要求。纯 $PODE_n$ 的校正磨痕直径为 563μm，而校正磨痕直径低于 460μm 的柴油试样加入 10%质量分数的 $PODE_n$ 后，试样润滑性仍符合 GB 19147—2013 标准的要求。这表明极性含氧化合物 $PODE_n$ 具有一定的润滑性能，可以在金属表面形成致密的吸附膜，有效减少摩擦和磨损，起到润滑作用。

由图 1-1（d）可以看出：柴油试样 i 和试样 j 的闪点（闭口）卡边合格。柴油试样 h、k、l 的闪点（闭口）小于 55℃，不符合 GB 19147—2013 标准中闪点（闭口）指标不低于 55℃的要求。GB 252—2015 标准对柴油闪点的要求与此相同。

由图 1-1（e）可以看出，加入 $PODE_n$ 使柴油试样密度增加，其中一些试样的密度已明显大于 850kg·m^{-3}，不符合 GB 19147—2013 标准要求密度在 810～850 kg·m^{-3} 范围内的要求。此外，柴油密度增大，其表面张力会随之增大，使柴油雾化性能变差，燃烧不完全，导致 PM2.5 排放增加，油耗亦增加。因此，在符合柴油标准的要求下，应选择密度适宜的调和比例。

由图 1-1（f）可以看出，添加 $PODE_n$ 会降低柴油试样的十六烷指数，其中：试样 l、试样 j、试样 k 的十六烷指数均不符合 GB 252—2015 标准的指标要求，即十六烷指数不小于 43；除试样 c 外，其余试样的十六烷指数均不符合 GB 19147—2013 标准的指标要求，即十六烷指数不小于 46。柴油试样的十六烷指数之所以降低，是由于加入 $PODE_n$ 后，柴油试样的馏程显著降低和密度显著增加的缘故。由于 $PODE_n$ 的馏程与密度不会改变，因此可以降低 $PODE_n$ 的加剂量，或者选择低密度、合适馏程的基础柴油馏分进行调和，从而使柴油的十六烷指数符合柴油质量标准的要求。

因此，选择低密度、合适馏程的 0 号基础柴油加入 10%质量分数的 $PODE_n$ 进行调和，所得柴油的全分析结果见表 1-14。可以看出，所调和柴油的各项性能指标均满足 GB 19147—2013 标准中车用柴油（Ⅴ）的质量指标要求。

表 1-14　0 号基础柴油加入 10%质量分数的 $PODE_n$ 调和的柴油全分析结果

项目	质量指标(GB 19147)	0 号基础柴油	0 号加剂柴油
氧化安定性/[mg·(100mL)$^{-1}$]	≤2.5	0.2	0.3
硫含量/(mg·kg^{-1})	≤10	1.0	2.2
酸度/(以 KOH 计)/[mg·(100mL)$^{-1}$]	≤7	2.1	4.5
10%蒸余物残炭(质量分数)/%	≤0.3	0.02	0.01
灰分(质量分数)/%	≤0.001	0.001	0.001
铜片腐蚀(50℃,3h)/级	≤1	1a	1a
凝点/℃	≤0	−6	−10

续表

项目	质量指标(GB 19147)	0号基础柴油	0号加剂柴油
冷滤点/℃	≤4	1	−5
闪点(闭口)/℃	≥55	60.0	56.0
十六烷值	≥51	56.8	57.8
十六烷指数	≥46	55.0	46.5
运动黏度(20℃)/($mm^2 \cdot s^{-1}$)	3.0～8.0	3.791	3.543
馏程			
50%回收温度/℃	≤300	257.1	254.6
90%回收温度/℃	≤355	333.4	330.6
95%回收温度/℃	≤365	347.5	343.8
校正磨痕直径(60℃)/μm	≤460	269	335
多环芳烃/%(质量分数)	≤11	1.6	1.5
脂肪酸甲酯/%(体积分数)	≤1.0	0.1	0.1
密度(20℃)/($kg \cdot m^{-3}$)	810～850	818.2	835.9

冯浩杰等[13] 选用 $PODE_{3\sim8}$ 作为含氧燃料，以国Ⅳ柴油为原料，向其中掺混体积分数为 5%、10%和 15%的 $PODE_{3\sim8}$ 得到混合燃油（分别记 P5、P10 和 P15），利用热重分析仪在氧气气氛下对这些混合燃料样品进行热分析（见图 1-2、表 1-15），并在柴油机上进行台架实验，对其柴油机燃烧过程和排放特性进行了研究（见图 1-3～图 1-5）。

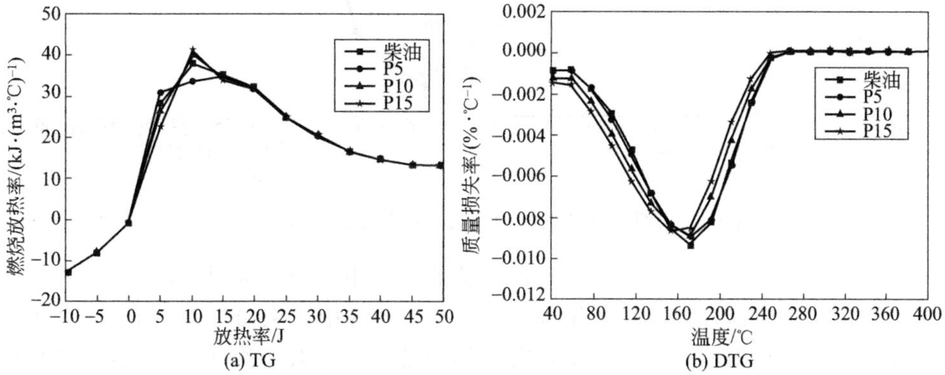

图 1-2 四种燃油在 O_2 气氛下的 TG 和 DTG 曲线

TG—热重分析；DTG—微商热重分析

表 1-15 燃油热分析参数

燃油	T_s/℃	T_h/℃	T_e/℃	$S\times10^{13}$
柴油	59.0	236.0	112.4	0.887
P5	55.6	234.6	106.0	0.953

续表

燃油	T_s/℃	T_h/℃	T_e/℃	$S\times10^{13}$
P10	53.4	232.0	100.6	1.080
P15	52.0	229.0	95.2	1.210

注：T_s、T_h、T_e、S 分别为起始质量损失温度、最终质量损失温度、起始燃烧温度和综合燃烧特性指数。

由表 1-15 可以看出，柴油的 T_s 和 T_e 分别为 59℃和 112.4℃，P5、P10 和 P15 燃料的 T_s 降低了 3.4℃、5.6℃和 7.0℃，T_e 值降低了 6.4℃、11.8℃和 17.2℃。与柴油相比，混合燃料的 T_s 和 T_e 向低温区偏移，热稳定性降低。这是由于 $PODE_{3\sim8}$ 的馏程温度和沸点较柴油低，混合燃料的黏度下降，因此混合燃料的挥发性能优于柴油。由于混合燃料的十六烷值提高，T_e 值相对减小，着火性能改善。此外，由 DTG 曲线可知，燃油的峰值温度随掺混比例的增加逐渐向低温区域偏移，同时质量损失率峰值也有所降低，在 40～142℃温度区间内，混合燃料的质量损失率均高于柴油，燃油的蒸发和氧化燃烧性能提高。由于混合燃料前期蒸发，燃油质量损失较大，导致达到峰值时剩余的燃油量较少，燃烧剧烈程度降低，DTG 峰值均小于柴油，说明混合燃料更易挥发和氧化燃烧。

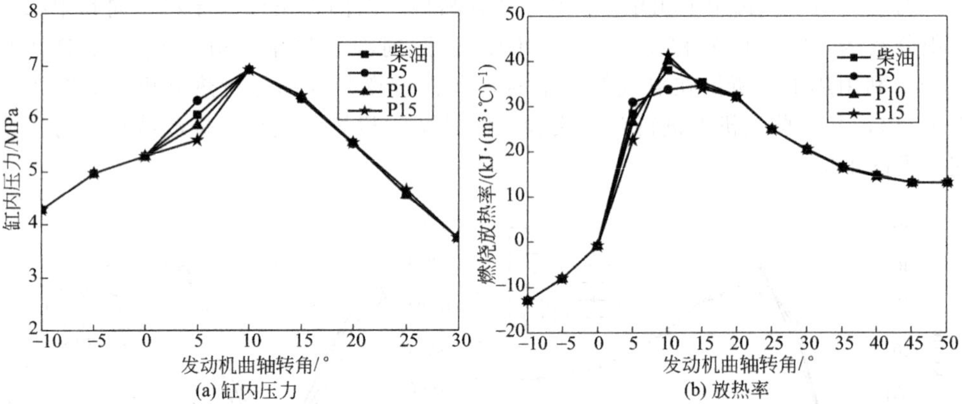

图 1-3 柴油机燃用四种燃油的缸内压力和放热率随发动机曲轴转角的变化

从缸内压力曲线看到，与柴油相比，柴油机燃用混合燃油时，滞燃期缩短，燃烧始点提前，同时最高爆发压力增大。在放热率曲线中，柴油机燃用 P5 混合燃料，预混燃烧放热率峰值略有上升，随掺混比例的进一步增大，预混燃烧放热率峰值明显降低；在扩散燃烧阶段，柴油机燃用混合燃料时，燃烧放热率峰值均高于柴油，燃烧状况明显改善。缸内压力对比曲线表明，随 $PODE_{3\sim8}$ 掺混比例的增大，滞燃期缩短。由于十六烷值是影响滞燃期的关键因素，混合燃料十六烷值随 $PODE_{3\sim8}$ 掺混比例增加而增大，滞燃期缩短。燃烧始点的提前，使预混燃烧过程更接近于上止点，最高燃烧压力略有上升。

燃烧放热率曲线表明，燃油燃烧分为预混燃烧和扩散燃烧两个阶段。在预混燃烧阶段，当柴油机燃用 P5 燃油时，虽然滞燃期略有缩短，但混合燃料的蒸发以及自含氧特性对燃烧速率的提高，使燃烧放热率峰值与柴油相近；随 $PODE_{3\sim8}$ 掺混比例的增大，滞燃期进一步缩短，滞燃期内形成的可燃混合气量减少，同时可燃混合气的热值降低，P10 和 P15 燃油在预混燃烧阶段的放热率峰值显著降低。在扩散燃烧阶段，由于扩散燃烧燃油量的增加，且在柴油中掺混 $PODE_{3\sim8}$ 有利于改善混合气的均匀性，提高扩散燃烧速率，改善扩散燃烧状况，因此燃烧放热率峰值均高于柴油。由于 P15 燃油的热值较低，燃烧放热率低于 P10 燃油，使其改善幅度降低。

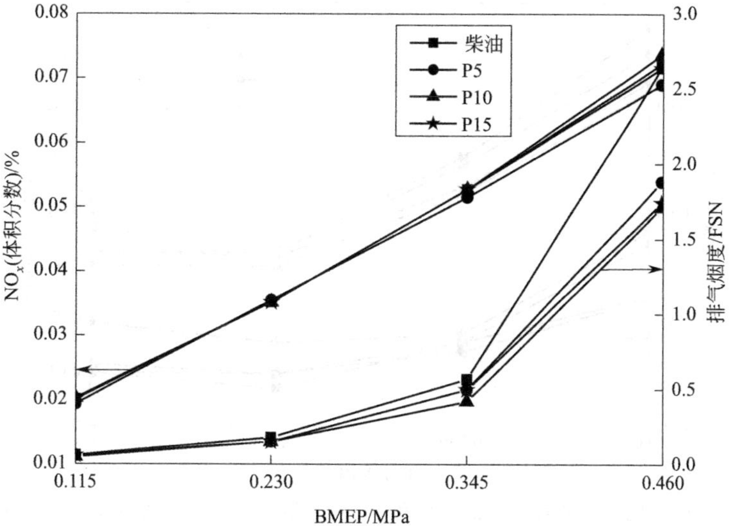

图 1-4　柴油机燃用四种燃油的 NO_x 排放和排气烟度随平均有效压力（BMEP）的变化

由图 1-4 可知，总体而言，燃用混合燃油的 NO_x 排放与燃用柴油的相差不大，但可有效降低排气烟度。

根据 Zeldovich 机理，NO_x 排放取决于最高燃烧温度、高温下的滞留时间以及燃烧过程中的氧浓度。当燃用 P5 燃油时，其放热率峰值相对于柴油略有增加，最高燃烧温度提高。同时，$PODE_{3\sim8}$ 的自含氧特性增加了燃烧过程中的氧浓度，因此 NO_x 排放增加。在全负荷时，NO_x 排放增加 3.4%。当掺混比例继续增加，由于 P10 和 P15 燃油热值的降低，相同功率下供油量增加，燃烧持续期增长，且燃烧放热率峰值低于柴油，因此最高燃烧温度降低，抑制了热力型 NO_x 的生成。而当燃用 P10 燃料时，全负荷下的 NO_x 排放与柴油相当；在该工况下，燃用 P15 混合燃油的 NO_x 排放相对于柴油降低 2.4%。在柴油中掺混 $PODE_{3\sim8}$ 可有效降低柴油机的排气烟度。额定工况下，与燃用柴油相比，燃用 P5、P10 和 P15 燃料时的排气烟度显著降低，分别降低 25.2%、30.8%和 32.1%。在柴油机中，由于油气混合的不均匀性，因而在局部高温缺氧的条件下生成碳烟，其中扩散燃烧过程是碳烟生成的主要时期。$PODE_{3\sim8}$ 可以改善过浓混合气区域缺氧的状况。同时，混合燃料沸点和黏度降低，有利于燃油的蒸发和雾化。因此，在柴油中掺混 $PODE_{3\sim8}$ 有利于促进混合气的形成以及改善燃烧状况，降低柴油机碳烟排放。

化学反应动力学分析表明，燃料中较大的碳氢基经 β 裂变反应生成小分子不饱和碳氢化合物，这些小分子不饱和碳氢化合物在高温条件下极易反应生成碳烟。$PODE_{3\sim8}$ 中的碳原子以 C—O 键的状态存在，难以参加任何生成小分子不饱和碳氢组分的反应，因此减少了碳烟先驱物的生成数量；且 $PODE_{3\sim8}$ 在燃烧初期生成大量有氧化作用的 OH 基团，它可以直接与乙烯发生氧化反应，减少乙炔的生成，从而抑制多环芳香烃的形成。

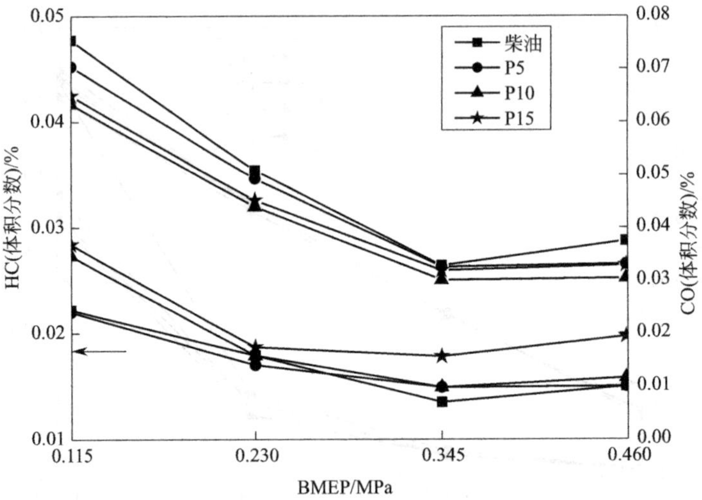

图 1-5　柴油机燃用四种燃油的 HC 和 CO 排放随平均有效压力（BMEP）的变化

由图 1-5 可以看出，与柴油相比，燃用混合燃料的 HC 排放和 CO 排放均有不同程度的降低；在额定工况下，燃用 P5、P10 和 P15 的 CO 排放分别降低了 11.8％、14.0％和 18.8％，HC 排放降低了 19.2％、21.7％和 26.8％。

CO 是燃油不完全燃烧所致，其生成量受缸内燃烧温度和混合气中氧浓度大小的影响。如上所述，$PODE_{3\sim8}$ 内的氧可有效改善其混合燃料的燃烧状况，同时蒸发性能的提高有利于提高油气混合的均匀性，降低由于不完全燃烧生成的 CO 排放。混合燃料燃烧速率加快，滞燃期缩短减弱了由于过度蒸发导致的燃油外围形成过稀混合气的程度，从而改善了柴油机 HC 排放。此外，由于 $PODE_{3\sim8}$ 的热值较柴油降低，过大的掺混比可能会导致柴油机燃烧过程放热峰值减小，燃气温度下降。因此燃烧室淬熄层变厚。由于淬熄层内燃油蒸气不发生燃烧，使 HC 排放有增多的趋势。

谢萌等[14] 为研究 $PODE_n$ 及其高比例掺混柴油混合燃料对发动机燃烧与排放的影响，在一台高压油泵柱塞直径加大的内动力 2012QB 柴油机上开展了柴油、$PODE_n$ 及 30％、50％质量比掺混柴油混合燃料（分别命名为 P0、P100、P30 和 P50）的燃烧与排放试验研究，结果见图 1-6～图 1-11。

图 1-6 和图 1-7 分别为在 1500r・min^{-1} 和 2600r・min^{-1} 下，在不同负荷时四种燃料消耗率的比较。由图 1-6（a）、图 1-7（a）可知：柴油中添加 $PODE_n$ 会使油

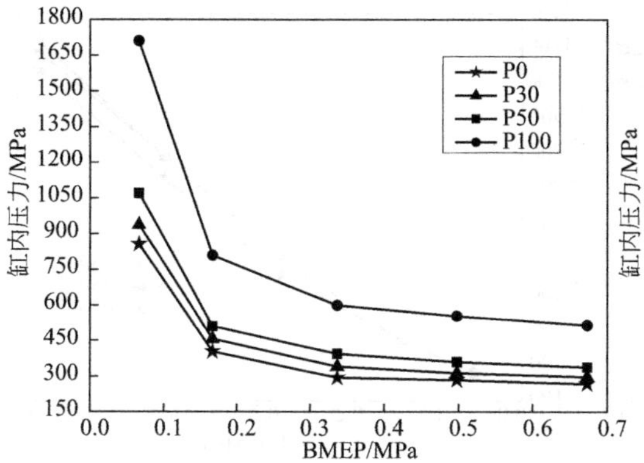

(a) 比油耗　　　　(b) 有效热效率

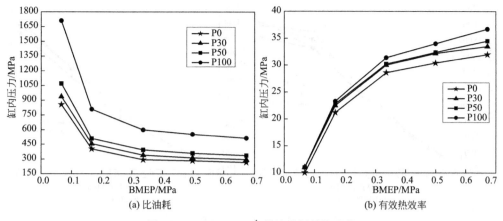

图 1-6　1500r·min^{-1} 燃油消耗特性比较

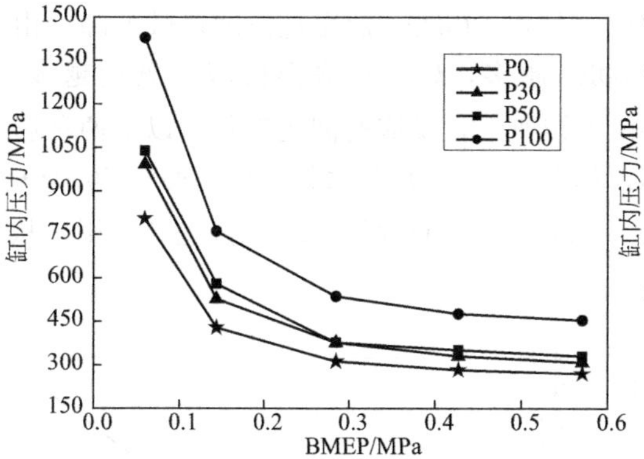

(a) 比油耗　　　　(b) 有效热效率

图 1-7　2600r·min^{-1} 燃油消耗特性比较

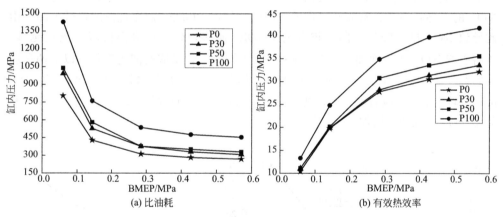

耗增加，添加的越多，油耗增加越明显。并且，在所有工况点上添加 PODE$_n$ 均能提高有效热效率，添加的越多，提升作用越明显。例如：在 1500r·min^{-1}、0.674MPa（BMEP）时，P30、P50 和 P100 的有效热效率较柴油分别提高 2.23%、2.74%和 4.70%；在 2600r·min^{-1}、0.571MPa（BMEP）时，P30、P50 和 P100 的有效热效率较柴油分别提高 1.5%、3.4%和 9.67%。这也说明掺混 PODE$_n$ 在高速、高负荷工况下对有效热效率的提升更加显著。

因此，掺混 PODE$_n$ 后燃烧持续期缩短，放热更加集中，而较低的缸内温度使得传热损失减小，同时 PODE$_n$ 的高含氧量又使得燃料燃烧更加完全，在其综合作用下发动机的有效热效率有所提高。

图 1-8 为 4 种燃料在 1500r·min^{-1} 和 2600r·min^{-1} 工况下的 NO_x 排放情况。可以看出，2600r·min^{-1} 工况下 NO_x 排放整体上要比 1500r·min^{-1} 工况低，原因是 2600r·min^{-1} 下反应时间短。与柴油相比，2600r·min^{-1} 下掺混 PODE$_n$ 后

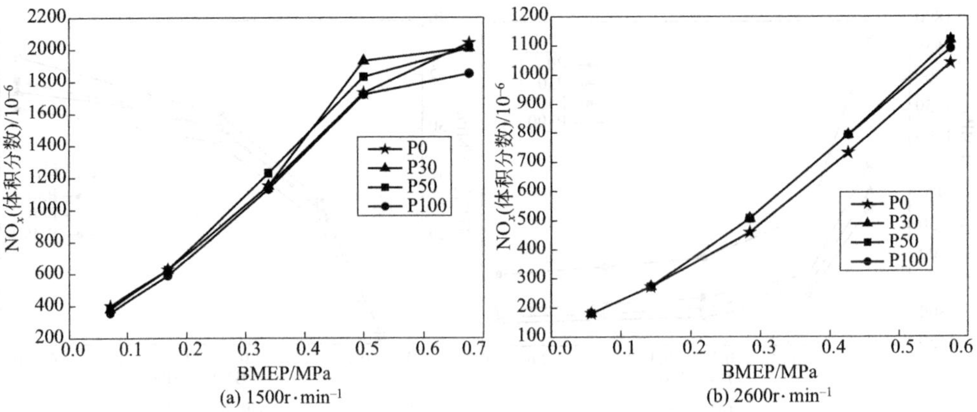

图 1-8　PODE$_n$ 对 NO$_x$ 排放的影响

NO$_x$ 排放略微升高，1500r·min^{-1} 下掺混 PODE$_n$ 后 NO$_x$ 排放基本不变。产生 NO$_x$ 的条件是高温、富氧及一定反应时间。掺混 PODE$_n$ 后燃烧温度略微下降，由此导致 NO$_x$ 排放降低，同时掺混的 PODE$_n$ 越多，燃烧的高温区域含氧量越多，这将引起 NO$_x$ 排放增加。在 1500r·min^{-1} 转速下，反应时间足够长，以上两种影响同时发挥作用，最终表现为 4 种 PODE$_n$ 掺混的 NO$_x$ 排放大致相同，而在 2600r·min^{-1} 转速下，反应时间缩短，此时掺混 PODE$_n$ 引起的含氧量增多占主导作用，从而使 NO$_x$ 排放略微增加。

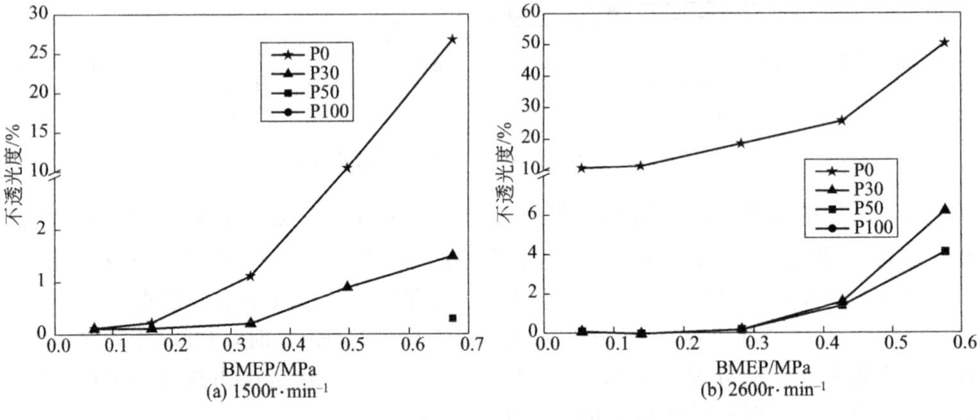

图 1-9　PODE$_n$ 对排气不透光度的影响

图 1-9 为在 1500r·min^{-1} 和 2600r·min^{-1} 工况下，4 种燃料对排气不透光度的影响。由图 1-9 可知：柴油排气烟度主要在高负荷工况下产生，此时掺混质量分数为 30%的 PODE$_n$ 在 1500r·min^{-1} 和 2600r·min^{-1} 工况下的排气烟度分别降低 94.6%和 88.1%，而纯 PODE$_n$ 的排气烟度趋于 0。燃料含氧将大大改善柴油机扩散燃烧过程中偏浓区域的燃烧状况，PODE$_n$ 分子均为碳氧键相连，燃烧过程中不

会产生碳烟，这两方面的因素均使掺混 $PODE_n$ 后发动机的排气烟度得到极大改善。

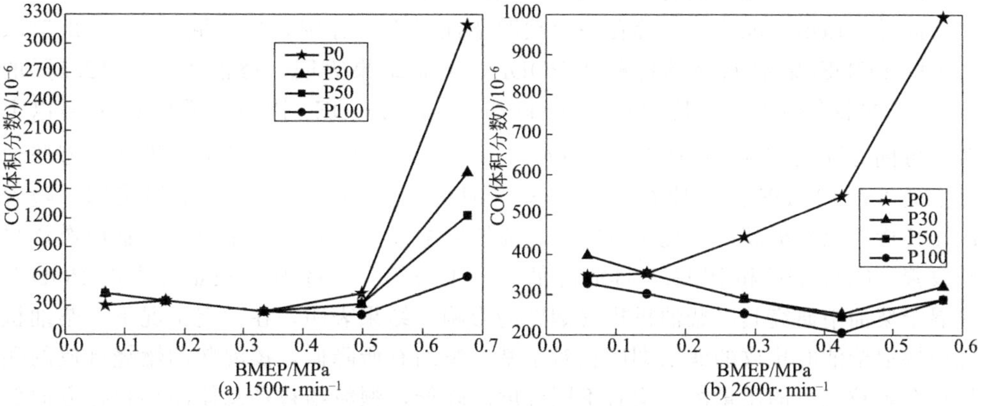

图 1-10 $PODE_n$ 对 CO 排放的影响

图 1-10 为 2 种转速下的 CO 排放情况。可以看出：低速、中小负荷下 4 种燃料的 CO 排放相差不大，而低速全负荷时 P30、P50、P100 能使 CO 排放分别降低 47.5%、61.9%和 81.0%；高速、小负荷下 4 种燃料的 CO 排放也相差不大，而在高速、中高负荷下掺混质量分数为 30%的 $PODE_n$ 可使 CO 排放平均降低 50%。CO 排放是燃烧反应缺少氧气或反应温度较低造成的。在柴油机燃烧过程中，宏观过量空气系数非常大，所以柴油机的 CO 排放并不大，但当负荷较高时，扩散燃烧致使燃烧过程中缺氧，导致 CO 排放量迅速增大。$PODE_n$ 自身含氧，添加 $PODE_n$ 后改善了燃烧室中扩散燃烧时局部缺氧区域的燃烧状况，从而减少了 CO 排放量。

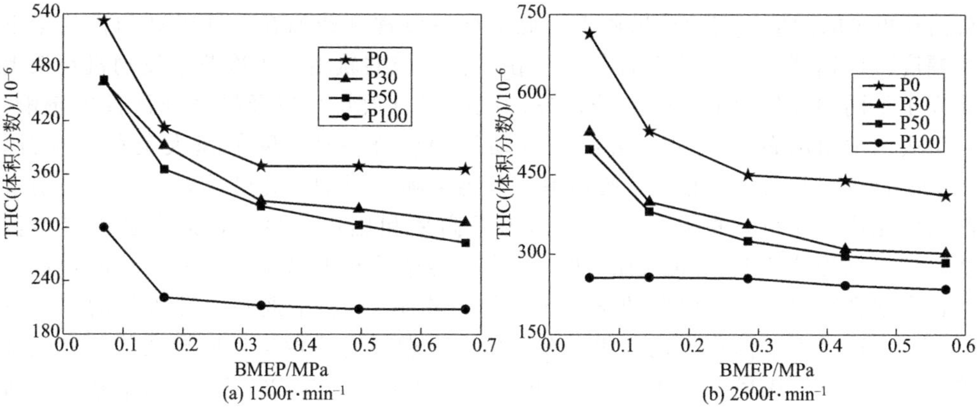

图 1-11 $PODE_n$ 对 THC 排放的影响

图 1-11 为 2 种转速下的机动车排出的总烃（THC）的浓度情况。由图可知：在小负荷下 THC 生成量较多，添加 $PODE_n$ 之后能降低 THC 排放；$PODE_n$ 的 THC 排放保持在一个较低的水平，大概为柴油的 1/2。柴油机的 THC 排放主要来

自于喷油油束外围形成的过稀混合气，加入 $PODE_n$ 后十六烷值增大，着火性能提高，滞燃期缩短，过稀混合区域减小，从而降低了 THC 排放。

此外，Leonardo[15,16] 等在一台欧四柴油机上，分别燃用掺混 10%、12.5%、50%的 PODE/柴油混合燃料和纯 PODE，试验结果表明，掺混 10%～12.5%的 $PODE_n$ 的混合燃料，可使 PM2.5 降低约 40%；$PODE_n$ 掺混比增加到 50%以上时，可同时降低 NO_x 和 PM2.5 排放。Liu 等[17,18] 分别在轻型柴油机和重型柴油机上研究了 PODE 掺混比在 10%～30%时的燃烧和排放特性，结果表明，随着 PODE 掺混比例提高，燃烧始点提前、滞燃期缩短、有效热效率提高、缸内燃烧得到改善、CO、HC 和 PM2.5 排放降低。王玉梅等[19] 将 10%质量分数的 $PODE_n$ 掺混于柴油中研究其对柴油机排气烟度的影响。结果表明，在额定工况下，柴油机燃用掺混柴油时排放的滤纸烟度相对于基准柴油有所降低，掺混柴油燃烧排放的颗粒物在各粒径下的质量浓度均有不同程度的降低，颗粒物粒径总体向小粒径方向偏移。邓小丹等[20] 研究了不同 $PODE_{3\sim8}$ 添加量对 0 号柴油性能指标的影响，研究表明添加量为 20%质量分数时，柴油性质得到很好改善，其凝点下降 6℃，十六烷值升高 6 个单位，闭口闪点升高 2℃，其他性能指标都符合国家标准要求。Li 等[21] 将 $PODE_{3\sim5}$ 以质量分数 10%添加到柴油当中，在将此混配柴油注入柴油机持续燃烧 50h，发现 $PODE_{3\sim5}$ 的加入对柴油机的动力性能几乎没有影响，在累计获得几乎相等量的扭转力矩和动力的情况下，混配柴油的消耗量较普通柴油增加 7%，而与普通柴油相比，混配柴油的尾气和烟的排放强度大大降低。Wang 等[22] 在涡轮增压柴油机上研究了含有质量分数为 10%的低聚合度聚甲氧基甲缩醛的混配柴油，发现混配柴油较普通柴油功率下降 3.44%，而衡量柴油机燃料经济性的指标燃油消耗率下降 $0.13MJ \cdot kW^{-1} \cdot h^{-1}$，这意味着在提供同样功率的情况下，柴油机消耗更少的能量。实验结果还表明混配柴油较常规柴油在尾气中烟的排放量下降幅度可以达到 72%。朱益佳等[23] 在一台电控共轨增压中冷柴油发动机台架上研究了不同掺混量的 PODE 对柴油发动机燃烧排放特性以及燃油经济性的影响。结果表明 PODE 的掺混可显著影响发动机的燃烧特性，除低速大负荷工况外，PODE 的掺入可明显降低预喷放热率，改善主喷燃料的雾化性能，加大主喷前缸内的活化成分比例，提升主喷期间压力升高率和燃烧放热率，提高缸内燃烧温度，缩短燃烧持续期。Pellegrini 等[24] 在轻型柴油车上试验了混配柴油的排放特性，发现含聚甲氧基二甲醚的柴油尾气排放物中 CO、甲醛及多环芳烃的含量有所增加，这是由于催化氧化催化剂在使用含氧燃料时活性不足而导致的。刘佳林等[25] 针对汽油压燃（GCI）在不同负荷存在的问题，将 $PODE_n$ 与汽油掺混，研究了 $PODE_n$ 对 GCI 燃烧与排放特性的影响，以优化汽油的燃料特性，发现在大负荷工况下，掺混体积分数为 20%的 $PODE_n$ 能同时显著改善 GCI 的碳烟（soot）排放和压力升高率，随着喷油压力的增加，两者的改善程度增加。综上所述，添加聚甲氧基二甲醚的柴油可以改善燃料燃烧状况，能够提高柴油机燃油经济性，并能大幅降低污染物的排放。

1.5.2 汽油添加剂

柴油与汽油掺混能降低燃料辛烷值，改善中、小负荷工况下的燃烧可控性、燃烧效率及燃烧稳定性，同时改善大负荷工况下的压力升高率。但柴油是一种极易生成碳烟（soot）的燃料，与汽油燃料掺混，尤其在大负荷工况会使碳烟排放显著增加。因而，采用柴油与汽油掺混不能同时兼顾不同负荷工况的要求。近年来，PODE$_n$ 作为一种新型的汽油替代燃料开始受到关注。

刘佳林等[25] 通过一台多缸重型柴油机研究 PODE$_n$ 掺混体积分数为 20%的 PODE$_n$/汽油混合燃料（记为 G80P20）耦合不同喷油压力对汽油压燃（GCI）在不同负荷燃烧和排放特性的影响，结果见图 1-12 和图 1-13。

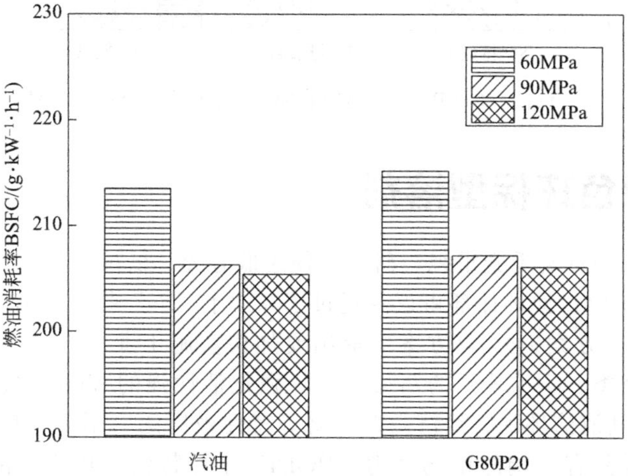

图 1-12 不同喷油压力下汽油和 G80P20 对燃油消耗率的影响

从图 1-12 中可以看出，汽油和 G80P20 的有效燃油消耗率随着喷油压力的增加而降低，主要原因是缩短了燃烧持续期、提高了燃烧效率以及减少了压缩负功。在喷油压力为 120MPa 下，与柴油相比，汽油的有效燃油消耗率增加了 3.2%，主要原因为：①汽油的预混燃烧放热率峰值高，燃烧温度增加，导致传热损失增加；②汽油燃烧效率比柴油略低；③由于汽油的黏度较低，高压油泵的燃油泄漏量增加，使高压油泵的附件功增加。G80P20 比汽油的有效燃油消耗率略高，虽然 G80P20 对燃烧效率有略微改善作用，但其燃油消耗率增加主要受到以下两方面因素的影响：首先，G80P20 导致着火时刻提前，压缩负功增加；其次，G80P20 的热值较低，喷油持续期较长，燃烧持续增加。

从图 1-13 中可以看出，汽油比柴油的预混燃烧放热率峰值高，燃烧温度高，因而其 NO_x 排放量较高；由于汽油的挥发性好、滞燃期长、稀混合气区域相对较多，导致汽油的 HC 和 CO 排放量较高. 在汽油中添加体积分数为 20%的 PODE$_n$ 之后，预混燃烧放热率峰值降低，燃烧温度降低，因而 NO_x 排放量降低；G80P20

含氧量高的特点提高了氧化速率，使 HC 和 CO 排放量降低。

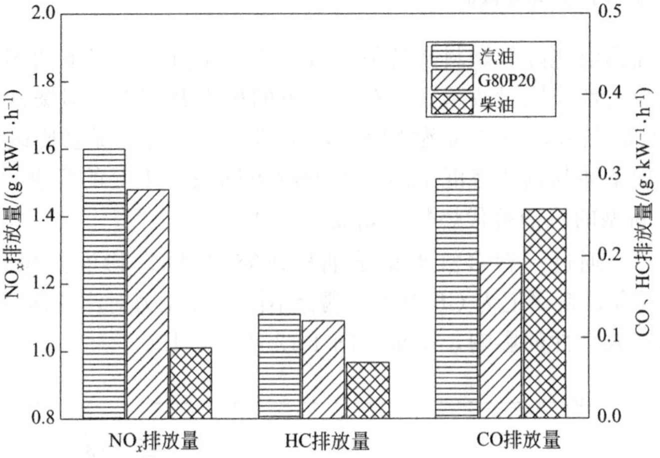

图 1-13　汽油、G80P20 和柴油对 NO_x、HC 和 CO 排放量的影响

1.5.3　绿色环保型溶剂

随着环境问题日益受到重视，研发和使用低芳烃、低硫的环保溶剂油成为产业发展方向。2017 年，原环保部审议并通过了《“十三五”挥发性有机物污染防治工作方案》（简称《方案》），《方案》提出要加快实施工业源 VOCs（包括芳香烃、烯烃、炔烃、醛类、酮类等）的污染防治，强化活性强的 VOCs 组分减排。因此，$PODE_{2\sim4}$ 由于其清洁环保、经济效益显著等特性被广泛应用于涂料、油墨、树脂、印刷等行业，并具有广阔的市场潜力。$PODE_{2\sim4}$ 可替代市场典型溶剂产品，价格对比如表 1-16 所示。$PODE_n$ 用于环保溶剂替代组分具有以下优点。

① 溶解性好。$PODE_{2\sim4}$ 具有远超芳烃的溶解能力，能溶解树脂（聚酯、丙烯酸酯、环氧树脂等）、油类和蜡，溶解力比乙醚、丙酮强，是芳烃溶剂（甲苯、二甲苯）、DMF（二甲基甲酰胺）、卤代烃及醚类溶剂的良好替代品；在烷烃、环烷烃、芳烃、醇、醚、酮、酯、醇醚、醚酯和卤代烃等绝大多数溶剂中都有良好的互溶性，可做增溶剂；可以弥补现有环保型溶剂油由于芳烃脱除带来的溶解能力差的不足；$PODE_2$ 的沸点是 105℃，可替代 120 号溶剂油、D20、D30 环保型特种溶剂油。$PODE_2$ 单独或选择性地与其他常规溶剂复配，可广泛用于橡胶、医药、再生胶利用、黏合剂调制、金属清洗剂、香料、医药中间体用油、干洗剂、印染助剂或油漆涂料稀释剂制备等领域；$PODE_{3\sim4}$ 的沸程是 155～202℃，可替代 200 号溶剂油、D40、D60、D65 环保型特种溶剂油。$PODE_{3\sim4}$ 按照一定比例与 200 号低芳烃油漆溶剂油混合，可明显改善其溶解性能，是一种理想的油漆、涂料溶剂。

② 馏程可调。$PODE_{2\sim4}$ 可帮助调节整个溶剂系统的挥发速率，典型馏程是 105～202℃，是良好的馏程可调、可控溶剂；$PODE_2$ 的沸点是 105℃，是中沸点有

表 1-16　$PODE_{2\sim4}$ 可替代市场典型溶剂产品价格　单位：元/t

原料名称	原料简称	市场价格	原料名称	原料简称	市场价格
二甲苯(溶剂级)	XYL	6650～6800	甲乙酮	MEK	7850～8100
三甲苯(溶剂级)	TYL	6600～7200	甲基异丁基酮	MIBK	11000～12000
乙二醇甲醚	EM	9500～10500	异佛尔酮	IPHO	17500～18500
乙二醇乙醚	ECS	9700～12000	二丙酮醇	DAA	11000～13000
乙二醇丁醚	BCS	11800～12200	丙烯酸丁酯	BA	10000～10500
乙二醇乙醚醋酸酯	CAC	11800～12900	混合二元酸酯	DBE	8000～10000
乙二醇丁醚醋酸酯	BGA	13800～14800	碳酸二甲酯	DMC	6100～6400
乙二醇二醋酸酯	EGDA	6800～8200	醋酸正丙酯	PAC	9000～9600
丙二醇甲醚	PM	12200～13000	醋酸正丁酯	NBAC	7700～8100
二丙二醇甲醚	DPM	12000～14000	醋酸异丁酯	IBAC	12000～12600
丙二醇甲醚醋酸酯	PM	11400～12000	3-乙氧基丙酸乙酯	EEP	11000～15000
环己酮	CYC	11000～12000	3-甲氧基丙酸甲酯	MMP	9000～12000
聚甲氧基二甲醚	$PODE_{2\sim4}$	7700～8300			

机溶剂优良调和、替代组分；$PODE_{3\sim4}$ 的沸程是 155～202℃，可调和、替代高沸点有机溶剂。

③ 清洁环保。$PODE_{2\sim4}$ 可作为环境友好型、绿色环保农药增溶剂或乳油；$PODE_{2\sim4}$ 在有机溶剂中，是毒害性最低的一类（同系物甲缩醛为微毒），不含硫、铅、芳烃等有毒有害物质，可生物降解；$PODE_{2\sim4}$ 比甲苯、二甲苯、乙二醇醚安全，清洁、环保，添加调和后可大幅度减少油漆、涂料、农药中的有害物质，减少对人体造成的健康危害与对大气土壤造成的严重污染。

④ 油水两亲。$PODE_{2\sim4}$ 油水两亲，偏非极性，常温下在水中溶解 30%～40%（质量分数），水在产品中溶解 4%～5%（质量分数）；$PODE_{2\sim4}$ 是一种理想的农药增溶剂，可提高农药活性组分和水的互溶性，甚至可以直接作为乳油使用；$PODE_{2\sim4}$ 也可作为水性油漆（含乳胶漆）中有机溶剂组分的替代品，可降低水性油漆成本。

⑤ 效益显著。使用甲醇为唯一原料生产，原料及加工成本相对低廉；按一定的比例添加、调和到油漆、涂料、农药中，能明显降低产品成本；与毒性高、价格高的醇醚、芳烃等溶剂以及脱芳烃溶剂相比，价格优势显著。

在此以涂料行业的应用为例说明 $PODE_n$ 的应用特性。根据国家涂料协会不完全统计，2016 年涂料行业全年规模以上工业企业产量达 1899.78 万吨，同比增长 7.2%；主营业务收入达 4354.49 亿元，同比增长 5.6%。其中工业涂料总产量达 1260.89 万吨（66.37%）；建筑涂料总产量为 638.89 万吨（33.63%）。2017 年涂料产量已达到 2041 万吨，增速在 12.9%左右，其中溶剂用量超过 600 万吨。

$PODE_n$ 对于很宽范围的涂料聚合物具有良好的溶解性，独特的分子结构使得 $PODE_n$ 具有其他溶剂所不具备的一些性质，如挥发速度慢，在烘烤应用中不易发生溶剂迸裂，对很宽范围的聚合物具有高溶解度，溶液黏度低，涂膜具有良好的溶剂释放性，在很宽范围的涂料中都具有良好的流动和均涂性质。$PODE_n$ 还具有小气味、低表面张力、高电阻率的特点，有帮助银粉定向排列、防止银粉返粗发黑的特殊功能。$PODE_n$ 在涂料行业的应用特点如下。

① 气味小，可满足净味木器漆、小气味卷材、高温烤漆涂料、玩具漆、塑胶漆等产品要求，不管是油漆、溶剂自身、施工过程还是漆膜的气味，都会因添加 $PODE_n$ 而降低；

② $PODE_n$ 为高含氧类溶剂，具有独特的高逸度系数，从而对漆膜干燥的稳定性很有帮助，有利于气体的溢出，有利于湿膜自流平，提高光泽，流平，防止起泡；

③ $PODE_n$ 为弱极性溶剂类型，与其他型号溶剂和树脂材料有良好的混合使用性。分子之间产生的位阻低，自身馏程可调，在成膜过程当中逃溢速度足够快；

④ $PODE_n$ 属于低毒性、低气味、环保溶剂；溶解力：比丙二醇甲醚醋酸酯（PMA）、乙二醇乙醚醋酸酯（CAC）、乙二醇单丁醚（BCS）、二丙酮醇（DAA）的溶解力要强，和 3-乙氧基丙酸乙酯（EEP）、混合二元酸酯（DBE）、乙二醇二醋酸酯（EGDA）相当，较环已酮要弱；

⑤ $PODE_n$ 产品含水量一般小于 0.05%，明显优于其他酯类溶剂，能够增加产品储存稳定性。

综上所述，$PODE_n$ 适用于聚氨酯涂料（PU）、不饱和聚酯涂料（PE）、聚酯热固化、聚酯多元醇、热塑性丙烯酸、硝基漆（NC）、热固丙烯酸等多种体系。由于产品本身属于中性，不含有氨和游离酸等成分，含水量极低（≤0.05%），适合做更具储存稳定性要求的产品，产品属于含氧类溶剂，适合特殊的热固化+UV（紫外线）固化体系，单一的 UV 固化体系会有一定的氧阻聚特点。

$PODE_n$ 与典型涂料溶剂性能对比见表 1-17。

表 1-17　$PODE_n$ 与典型涂料溶剂性能对比

项目	备注
气味	$PODE_n$<CAC<PMA<CYC
溶解力	CAC<PMA<$PODE_n$<CYC
干燥速度($PODE_{3\sim8}$)	前期：$PODE_n$<CYC<CAC<PMA 后期：CYC<CAC<PMA<$PODE_n$
可使用时间	相当，无显著差异
开稀黏度	PMA<CAC<$PODE_n$<CYC
流平性	较 PMA、CAC 优，较 CYC 微弱
包装时间(实干)	较 CAC、PMA、CYC 快

注：CAC 为乙二醇乙醚醋酸酯、PMA 为丙二醇甲醚醋酸酯、CYC 为环已酮。

由表 1-17 可以看出，$PODE_n$ 在 PU 体系中可完全等量替代 PMA、CAC、CYC；$PODE_n$ 在干燥（实干）、流平性、气味方面有更好的优势；$PODE_n$ 在 PE 体系中对流平性改进明显，并提高漆膜打磨的干爽性。

此外，众多学者对 $PODE_n$ 在绿色环保型溶剂方面的应用做了研究。王立志等[26] 公开了一种以聚甲氧基二甲醚为主要成分的无毒卸甲水及其制备方法。以环保型溶剂 $PODE_{3\sim4}$ 为主剂，辅助表面活性剂、水、甘油等物质，无毒副作用，溶解能力强，去除指甲油仅需几分钟甚至几十秒钟。避免了传统卸甲水时间较长及对人体的毒副作用的缺陷。

1.5.4 $PODE_2$ 的新应用

由于合成 $PODE_n$ 的产物分布符合 Schulz-Flory 规律，产物中甲缩醛和 $PODE_2$ 的质量分数占到 50%以上，适合作为柴油添加剂的 $PODE_{3\sim5}$ 质量分数相对较少。因此，将生产柴油添加剂（$PODE_n$）的副产物 $PODE_2$ 直接加工为经济价值更高的产品的研究也成为国内外学者研究的新方向。

洪正鹏等[27] 公开了聚甲氧基二甲醚作为环保型溶剂油的新用途，将 $PODE_2$ 以单剂的形式或选择性的与常规溶剂复配，用于制备橡胶、胶黏剂、医药、再生胶，或应用于金属清洗剂制备、香料制备、医药中间体用油制备、清洗剂制备、干洗剂制备、印染助剂制备或油漆涂料稀释剂制备领域，具体如下：

① 取 1,3-丁二烯单体、引发剂和 $PODE_2$ 溶剂加入四釜串联的反应釜中反应，用于制备顺丁橡胶，最后一釜中加入终止剂乙醇和防老剂 2,6-二叔丁基-4-甲基苯酚。首釜控制温度<95℃，末釜控制温度<100℃，每釜停留时间 1h。结果发现生产过程中 $PODE_2$ 溶解效果好，制备的顺丁橡胶不会出现挂胶现象，且由于 $PODE_2$ 杂质含量低，不会造成顺丁橡胶质量的波动。

② 取乙酸乙酯、丙酮、正庚烷和 $PODE_2$ 以质量比 1∶1∶1∶2 的比例进行调和得到混合溶剂 A，将混合溶剂 A 溶解氯丁橡胶，即得到氯丁胶黏剂。结果表明，制备得到的氯丁胶黏剂稳定性好，无沉淀物，黏度为 $103mPa\cdot s^{-1}$，剥离强度为 $5.8N\cdot m^{-1}$，具有较好的流变性，进而说明由乙酸乙酯、丙酮、正庚烷和 $PODE_2$ 复配的混合溶剂是一种优良的氯丁胶黏剂溶剂。

③ 取 $PODE_2$、偏硅酸钠、氢氧化钠和去离子水以质量比 8∶2∶2∶82 的比例混合得到轴承清洗剂。此轴承清洗剂在 20～60℃下完全无泡，特别适合快速清洗过程。

④ 取 $PODE_2$ 和丙二醇乙醚以质量比 7∶3 的比例进行调和得到混合溶剂 B，将混合溶剂 B 和三羟基丙烷加入三口烧瓶中，加热三羟基丙烷直至溶解，然后抽真空脱水，并加入抗氧剂，于 50℃下加入甲苯二异氰酸酯，在 70～80℃下保持 3h，然后降温，即可制得满足指标聚氨酯固化剂，取样检测指标如表 1-18 所示。

表 1-18 溶剂体系聚氨酯固化剂指标

项目	溶剂体系
颜色	无色
黏度/$mPa\cdot s^{-1}$	350
—NCO/%(质量分数)	8.96
固含量/%	45.7

⑤ 将 $PODE_2$ 和乙酸乙酯以质量比为 9∶1 的比例进行调和得到混合溶剂，将混合溶剂加入三口烧瓶中，边搅拌边加入增黏树脂，搅拌 20～30min 使其完全溶解，然后加入弹性体（SBS），并搅拌 SBS 使其完全溶解，最后加入防老剂，搅拌均匀，即可得制得满足指标的 SBS 万能胶，取样检测指标如表 1-19 所示。

表 1-19　溶剂体系 SBS 万能胶指标

项目	SBS
外观	浅黄色半透明黏稠液体
黏度/mPa·s^{-1}	350
拉伸剪切强度/mPa	1.7
固含量/%	38

此外，中国科学院大连化学物理研究所 Ni 等[28] 开发出以 $PODE_2$、一氧化碳、氢气为主要原料合成制备乙二醇的中间体的聚甲氧基二甲醚羰化物，再通过加氢水解得到乙二醇的工艺路线。采用该方法，$PODE_2$ 原料转化率高，反应条件温和，产物通过后期处理可得到乙二醇，为不太适合作为柴油添加剂的 $PODE_2$ 产品应用开辟了新的途径。有学者[26] 采用 $PODE_2$ 代替甲醛与苯酚在磷酸催化下合成双酚 F。利用 $PODE_n$ 在酸性条件下发生水解缓慢释放甲醛的特点，合理控制了反应过程中甲醛的加入量。该方法与传统的以甲醛为原料相比，产物选择性有了显著提升，双酚 F 的收率和选择性可达 99%和 95.8%。该方法将 $PODE_2$ 作为“固定”甲醛的化合物，为 $PODE_2$ 产品应用提供了新的思路。

1.5.5 聚甲氧基二甲醚的产业背景

中国正面临着日益凸显的能源短缺和环境污染的双重压力，其中石油资源对外依存度逐年增加，目前已逾 60%，对能源经济发展和国家能源安全提出了严峻挑战。2018 年《BP 世界能源统计年鉴》[29] 指出，中国占全球能源消费量的 23.2%和全球能源消费增长的 33.6%，其中一次能源消费总量居世界首位，但人均一次能源消费量仍仅为美国等发达国家的 1/3。中国连续 17 年稳居全球能源消费增长榜首，可预见在未来较长时期内，中国能源消费总量仍将保持快速增长。

近几年来，全国性和频发性的雾霾天气受到广泛关注，其对生态环境、人类健康以及国民经济等造成极大的负面影响。汽柴油是城市交通、生产建设和运输不可或缺的动力来源，而柴油燃烧过程中形成的氮氧化物、颗粒物（PM2.5）、CO、二次气溶胶等是大气污染物之一，是雾霾天气的重要诱因之一。中国科学院地球环境研究所和瑞士 Paul Scherrer Institute（PSI）研究所[30] 联合在国际著名刊物《自然》（*Nature*）发文报道指出，巨大的一次能源消费是我国雾霾天气的主要诱因，30%～77%的 PM2.5 和二次气溶胶来源于汽柴油、煤炭和生物质等的燃烧排放。

可以看出，能源消费总量的继续攀升与能源燃烧所诱发雾霾天气的严重化形成了尖锐的矛盾，成为亟须解决的研究热点和难点。在能源消费量继续攀升的前提下，通过使用油品添加剂，提升柴油品质以实现清洁燃烧且降低尾气、二次气溶胶排放量已成为缓解雾霾天气的可行方案。

$PODE_n$ 是国际上公认的降低油耗和减少烟气排放的新型环保型燃油含氧组分，具有较高的含氧量和十六烷值。根据聚合度不同，其含氧量在45%～50%之间，十六烷值可高达70～90。在常规柴油中调和5%～20%（质量分数）的 $PODE_n$ 不仅不需要对汽车发动机做任何改动还可降低柴油凝点，显著改善柴油燃烧效率，降低尾气中二次气溶胶、颗粒物和氮氧化物的排放，并能生产出符合欧Ⅴ标准的柴油，满足清洁油品市场的需求。

因此，对于我国目前原油大量依赖进口和柴油燃烧尾气污染严重的严峻局面而言，开发绿色柴油含氧调和组分具有重要的社会经济及战略意义。另外，我国甲醇行业产能充裕，以甲醇为原料生产 $PODE_n$ 新型柴油改良剂可充分利用我国丰富的甲醇产能，缓解石油资源供需不足的矛盾，同时缓解雾霾污染，具有广阔的应用前景。目前，工信部已将以甲醇为原料制备 $PODE_n$ 列为国家重点发展的化工新产品目录中。近年我国甲醇行业产能、产量及开工率数据如表1-20所示。

表1-20　近年我国甲醇产能、产量及开工率数据集

年份	产能/万吨	实际产量/万吨	开工率/%
2011	4700	2294	48.86
2012	5068	2640	52.10
2013	5580	2755	49.28
2014	6860	3676	53.29
2015	7176	3930	54.77
2016	7639	4314	56.47
2017	8167	4782	58.55

1.6 聚甲氧基二甲醚的发展前景

1.6.1 聚甲氧基二甲醚的研究进展

由 $PODE_n$ 的结构式 $CH_3O(CH_2O)_nCH_3$ 可知，其分子结构当中，中间部分为低聚甲醛，两头是甲基或甲氧基。因此，合成 $PODE_n$ 的原料主要由提供两端封端基团的化合物（主要包括甲醇、二甲醚、甲缩醛等）以及提供中间主链—CH_2O—的化合物（主要为甲醛、三聚甲醛、多聚甲醛等）组成，具体原料种类如表1-21所示。

表 1-21　合成 $PODE_n$ 的原料种类

提供中间主链—CH_2O—的化合物			提供封端甲基的化合物		
名称	分子式	相态	名称	分子式	相态
甲醛	HCHO	气态	甲醇	CH_3OH	液态
三聚甲醛	$\leftarrow CH_2O \rightarrow_3$	固态	二甲醚(DME)	CH_3OCH_3	气态
多聚甲醛	$HO(CH_2O)_nH$	固态	甲缩醛($PODE_1$)	$CH_3OCH_2OCH_3$	液态

这些原料由煤、天然气、生物质、二氧化碳等原材料先经过反应得到，主要合成路线如图 1-14 所示。其先经过反应得到甲醇和二甲醚，再由甲醇、二甲醚一步直接制得 $PODE_n$ 或由甲醇、二甲醚先反应得到甲醛、三聚甲醛、多聚甲醛进而合成 $PODE_n$。

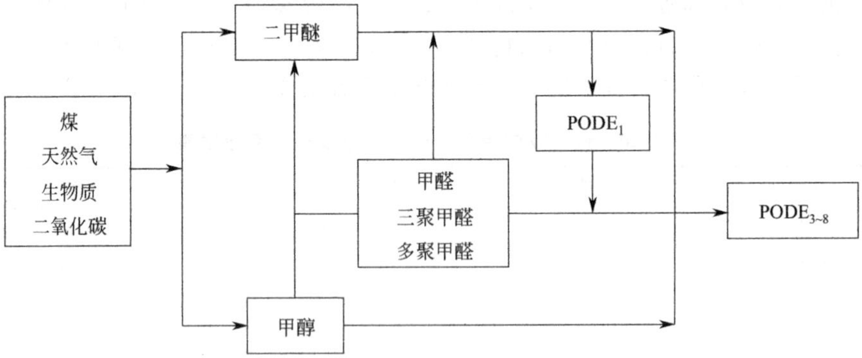

图 1-14　聚甲氧基二甲醚的合成路线

由于我国甲醇产能丰富，目前主要以甲醇为原料合成 $PODE_n$，具体合成路线如图 1-15 所示。由此可见，甲醇经过一系列化学反应可得到甲缩醛、甲醛、二甲醚、三聚甲醛、多聚甲醛等中间产物，这些中间产物再经过反应最终得到 $PODE_n$ 的两大类主要反应路径，包括 18 种可能的路径。第一类是甲醇先制得甲醛、甲缩醛和二甲醚，再由甲醛得到三聚甲醛和多聚甲醛：①甲缩醛与甲醛反应制得 $PODE_n$；②甲缩醛与三聚甲醛反应制得 $PODE_n$；③甲缩醛与多聚甲醛反应制得 $PODE_n$；④甲醇与甲醛反应制得 $PODE_n$；⑤甲醇与三聚甲醛反应制得 $PODE_n$；⑥甲醇与多聚甲醛反应制得 $PODE_n$；⑦二甲醚与甲醛反应制得 $PODE_n$；⑧二甲醚与三聚甲醛反应制得 $PODE_n$；⑨二甲醚与多聚甲醛反应制得 $PODE_n$。第二类是甲醇先制得甲缩醛和二甲醚，再由二甲醚得到三聚甲醛和多聚甲醛，后续反应与第一类相同。

1925 年，Staudinger[31,32] 在酸性催化剂作用下于密闭容器中通过高温加热多聚甲醛和甲醇得到聚甲氧基二甲醚，但存在产品收率低、浓酸催化剂后处理复杂等核心问题无法解决。在上述研究的基础上，Thomas 等[33] 提供了一种醛和醇在浓硫酸催化下合成 $PODE_n$ 的方法，提出无水体系（水含量低于 5%）是保证 $PODE_n$ 高收率的关键因素；William 等[34] 提出由醛和烷基缩醛合成低聚合度聚甲氧基二

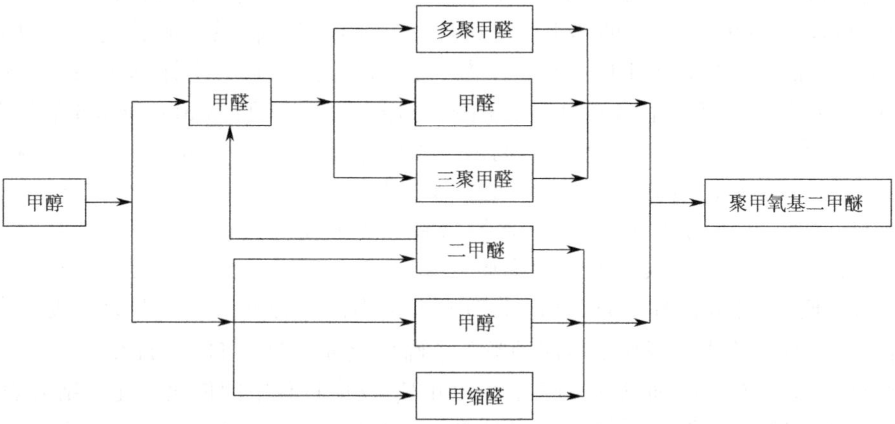

图 1-15　以甲醇为原料合成聚甲氧基二甲醚的路线

基醚（$PODE_{2\sim4}$）的方法，其中反应物醛来源于无水甲醛聚合物，浓硫酸催化剂用量约为反应体系的 2%，反应温度为 80～100℃，反应后用强碱中和硫酸催化剂及消耗未反应的甲醛，再通过蒸馏实现不同产物的分离。Glenn 等[35] 提出了一种由带羟基的醛聚合物与硫酸二甲酯或原甲酸三甲酯等甲基化剂接触合成 $PODE_n$ 的方法，但由于硫酸二甲酯的毒性等问题而未能得以推广。美国 BPAmoco 公司的 Hagen 等[36～40] 提出用甲醇或二甲醚氧化或脱氢制取甲醇-甲醛混合物，进一步在酸性催化剂作用下与甲醇或二甲醚合成 $PODE_n$ 产品，并利用催化精馏实现产物分离的技术路线，但目标产物 $PODE_{3\sim8}$ 收率低，仅在 10%以下。2005 年，意大利的 Snamprogetti SPA 公司[41] 提供了甲缩醛和聚甲醛在硫酸或卤代磺酸类物质催化下合成 $PODE_n$ 的方法，虽然 $PODE_{2\sim5}$ 的选择性可达 94.8%，但硫酸或卤代磺酸类物质造成了严重的设备腐蚀，并且不利于催化剂的分离回收利用。BASF 的 Schelling 等[42] 提出了由甲醇及甲醛作原料经三聚甲醛和 PODE 为中间产物在酸性催化剂作用下缩醛化反应制 $PODE_n$ 的工艺路线，但存在产物分离困难的问题。之后，BASF 的 Stroefer 等[43,44] 提出了由高浓度甲醛溶液和甲醇在酸性催化剂作用下合成 $PODE_{3\sim4}$ 的工艺方法，采用甲醛溶液代替三聚甲醛以降低成本为目标，但由于引入水造成的产物水解及其生成的副产物分离等问题使操作成本增加。2008 年，Doucet 等[45] 提出了甲缩醛和三聚甲醛在 50℃下使用 Amberlyst A15 强酸性阳离子交换树脂催化合成 $PODE_n$ 的技术路线，反应 1h 后用 15%碳酸钠溶液对产物进行洗涤，然后经过精馏分离得到目标产物 $PODE_{3\sim8}$，其他未反应的原料和副产物被循环返回反应器中。此阶段研究者主要针对聚甲氧基二甲醚的合成方法的开展研究工作，但存在 $PODE_n$ 产物分布不合理，浓硫酸等均相无机酸作催化剂导致严重设备腐蚀和催化剂分离困难等问题。2010 年前后，研究者逐渐开展了关于合成 $PODE_n$ 的反应过程中的催化体系、产物分布以及反应动力学等若干关键科学问题的学术研究工作。

雷艳华等[46] 采用密度泛函理论（density function theory，DFT）对 $PODE_n$

系列化合物进行了全优化和振动分析计算，获得了相应的热力学数据，进而判断以不同原料合成 $PODE_n$ 反应的热力学可行性。但是由于醛体系（尤其是三聚甲醛和多聚甲醛）的特殊性，该 DFT 计算结果存在一定偏差，热力学计算结果准确性较差。Burger 等[47] 基于甲缩醛和三聚甲醛在阳离子交换树脂 Amberlyst36 催化下合成 $PODE_n$ 的工艺路线，在间歇式密封反应釜中研究了温度在 50～90℃范围内反应过程中的动力学和化学平衡问题，提出一种吸附动力学模型（Adsorption-based Kinetic Model），该吸附动力学模型将吸附过程和表面反应过程分开，其中吸附过程是反应控制步骤，能够很好地预测实验结果。Zhao 等[48] 提出多聚甲醛和甲缩醛合成 $PODE_n$ 产物符合 Schulz-Flory 分布模型，不同聚合度组分按照聚合度逐一升高而生成。赵启等[49] 研究了不同种类分子筛催化剂（包括 HY、HZSM-5、Hβ 和 HMCM-22 等）在甲醇和三聚甲醛合成 $PODE_n$ 反应过程中的催化性能。结果表明，HY 分子筛催化下短链的甲缩醛选择性高，HZSM-5 和 Hβ 分子筛上 $PODE_n$ 产物聚合度主要分布在 1～3 的范围，HMCM-22 分子筛则明显增加长链聚合物的收率，其中 $PODE_{3\sim8}$ 的收率最高可达到 29.39%。高晓晨等[50] 研究了一系列不同磷含量改性的 HZSM-5 分子筛在甲醇和三聚甲醛合成聚甲氧基二甲醚反应过程中的催化行为，结果表明，硅铝比为 50，粒径尺寸为 5μm，P_2O_5 含量较低（0%～6%）的 HZSM-5 分子筛表现出较高的催化活性和 $PODE_n$ 的选择性，在 130℃，原料甲醇和三聚甲醛的质量比为 2∶1 的优化条件下反应时，三聚甲醛转化率可达到 95.2%，产物中 $PODE_{2\sim5}$ 的选择性为 62.9%。施敏浩等[51] 研究了甲醇和甲醛在固定床管式反应器中以改性大孔阳离子交换树脂为催化剂合成 $PODE_n$ 的反应过程，表明在温度 70℃、甲醛/甲醇摩尔比 3∶1、液相空速 $1.32h^{-1}$、反应压力 2.0MPa 的条件下，甲醇的转化率为 69.72%，$PODE_{3\sim8}$ 选择性为 62.08%。赵强等[52] 研究了 Bronsted 酸性离子液体在甲缩醛和多聚甲醛缩合制备 $PODE_n$ 反应过程中的催化效果，结果显示，当离子液体 HSO_4 的用量为 2.0%、质量比 m(PODE)/m(多聚甲醛)=2、反应温度 110℃、反应时间 6h 时，甲缩醛的转化率和 $PODE_{3\sim8}$ 的选择性分别为 52.28%和 49.18%。2013 年，Zheng 等[53] 针对甲缩醛和多聚甲醛在离子交换树脂催化剂催化作用下合成 $PODE_n$ 反应过程展开研究。研究表明，具有高交换容量和一定孔结构的强酸性离子交换树脂具有优异的催化活性，多聚甲醛转化率达到 85.1%，产物中 $PODE_{3\sim5}$ 的选择性为 36.6%；$PODE_n$ 产物合成过程遵循逐步缩聚反应机理。李为民等[54] 研究了酸功能化离子液体催化三聚甲醛和甲醇缩合制备 $PODE_n$ 的反应过程，发现当 $[PyN(CH_3)SO_3H]HSO_4$ 的用量为 2.0%、$m(CH_3OH)$∶m(三聚甲醛)=2.0（质量比）、反应温度 110℃、反应压力 2.0MPa、反应时间 6h，三聚甲醛的转化率和 $PODE_{3\sim8}$ 选择性分别为 97.69%和 32.54%。Li 等[55]、Wu 等[56] 和 Wu 等[57] 分别研究了三聚甲醛和 PODE 在 SO_4^{2-}/TiO_2、高硅铝比 HZSM-5 和 Bronst 离子液体催化下的反应过程。Li 等[58] 研究了三聚甲醛和甲醇在 SO_4^{2-}/Fe_2O_3-SiO_2 固体酸催化下合成 $PODE_n$ 的反应过程。Wang 等[59] 研究了离子液体催化三聚甲醛或多聚甲醛和甲醇或甲缩醛合成 $PODE_n$ 的反应机理。Zheng 等[60,61] 基于逐步缩聚反应机理理论推导出甲缩醛和多聚甲醛合成 $PODE_n$ 的产物遵循 Schulz-Flory 分布模型，且与实验数据吻合度很好；聚合反应的正反应和逆反应分别遵循二级反应和一级反应动力学；另外，采用响应曲面法对多聚甲醛转化率和产物分布进行优化，得到最优操作点（T=105℃，$PODE/CH_2O$ 摩尔比=1.1）时，多聚甲醛转化率达到 92.4%，产物中 $PODE_{3\sim5}$ 选择性为 33.2%。

上述研究主要集中在各种原料路线合成 $PODE_n$ 的方法及产物选择性上。20 世纪末至 21 世纪初，基于严峻的环境污染形势和新型煤化工战略，$PODE_n$ 作为绿色柴油调和组分受到越来越多的关注，相应的合成方法和催化体系等研究更加丰富。

1.6.2 聚甲氧基二甲醚的工业化进程

国外关于 $PODE_n$ 的技术研究主要集中在小试研究和工艺路线设想层面，杜邦公司、BP 公司和 BASF 公司等，均申请了专利，但未发展到工业化技术水平，未出现 $PODE_n$ 的工业化示范装置。我国关于 $PODE_n$ 的技术研究虽然起步较晚，但清华大学、兰州化学物理研究所和中国石油大学（华东）等科研机构与企业合作基于不同的反应原料、催化体系、反应器和工艺路线开发了 $PODE_n$ 合成技术，陆续建成了万吨级 $PODE_n$ 工业化示范装置。目前，数十万吨级生产装置正在规划建设推动聚甲氧基二甲醚 $PODE_n$ 产业化进程，详情如表 1-22 所示。

表 1-22 $PODE_n$ 生产装置汇总

企业	地点	规模/(万吨/年)			技术来源	项目进展
		投产	在建	拟建		
山东辰信新能源有限公司	菏泽	1	—	20	兰州化学物理研究所	2013 年 7 月完成万吨工业示范装置;9 月 20 万吨项目进行环评一次公示
河南亿家能实业有限公司	义马	—	5	40	兰州化学物理研究所	2013 年 12 月开工建设，一期投资 4.9 亿元，2017 年 9 月完工
东营市润成碳材料科技有限公司	东营	3	—	—	中国石油大学(华东)	2014 年 11 月试车成功，产品为 $PODE_{2\sim4}$
山东玉皇化工有限公司	菏泽	1	—	30	清华大学	2014 年 7 月通过了中国石油和化学工业联合会组织的科技成果鉴定，筹建 30 万吨
津昌助燃材料科技有限公司	淄博	4	—	46	青岛迈特达新材料公司	2013 年 12 月 4 万吨工业示范装置开车成功，正在筹建 30 万吨
四川达兴能源股份有限公司	达州	0.1	—	10	北京东方红升新能源应用技术研究院和中国石油大学	2013 年 12 月千吨级工业装置试车成功，2014 年 10 月 10 万吨项目完成可行性论证
北京旭阳化工研究院	邢台	0.1	—	—	—	编制 6 万吨工艺包，项目推广

续表

企业	地点	规模/(万吨/年)			技术来源	项目进展
		投产	在建	拟建		
巴州天星化工有限公司	巴州	—	—	12	—	规划中
山东滨州新天阳有限责任公司	滨州	—	—	10	—	采用中国石油大学、东营市润、青岛珀特化工技术服公司、无锡熙源工程公司联合开发的技术
宝鸡正源化工科技有限公司	宝鸡			4	江苏凯茂技术	2016年5月项目进入设计阶段
陕西中润新能源	韩城	—	—	15	青岛迈特达新材料公司	规划中
兖矿集团内蒙古荣信化工	达拉特	—	—	30	山东科技大学	规划中
总计		9.2	5	217		

清华大学和山东玉皇化工（集团）有限公司合作开发了聚甲氧基二甲醚技术，以甲醇-甲醛-多聚甲醛为原料路线，采用专用固体酸催化剂和气液固三相多级流化床反应器，目标产品为$PODE_{3\sim5}$，在山东菏泽建成万吨级示范装置。2014年7月，中国石油和化学工业联合会组织专家召开“聚甲氧基二甲醚万吨级工业化技术”科技成果鉴定会，该技术被鉴定为国际领先水平。目前，山东玉皇化工（集团）有限公司已经启动了30万吨聚甲氧基二甲醚的审批建设。中国科学院兰州化学物理研究所开发了以离子液体催化甲醇与三聚甲醛合成聚甲氧基二甲醚的技术。2013年，山东辰信新能源有限公司采用该技术在山东菏泽建成万吨级工业化示范装置。中国石油大学（华东）和北京东方红升新能源应用技术研究院合作开发聚甲氧基二甲醚技术，采用搅拌釜式反应器。2013年7月，在四川达州建成千吨级工业试验装置。东营市润成碳材料科技有限公司与多方合作开发聚甲氧基二甲醚技术，采用搅拌釜式反应器。2013年，建成万吨级工业化中试装置，并于2014年11月，建成投产3万吨/年聚甲氧基二甲醚装置。江苏凯茂石化科技有限公司先后与江南大学、天津大学联合开发聚甲氧基二甲醚技术，以甲醛为原料，固体酸为催化剂，在固定床反应器中合成聚甲氧基二甲醚。北京旭阳化工技术研究院开发了聚甲氧基二甲醚技术，以甲缩醛和多聚甲醛为原料，2014年建成千吨级工业示范装置。淄博津昌助燃材料科技有限公司投产运行的全液体路线聚甲氧基二甲醚的综合装置，年产量约达4万吨，是迄今为止国内建成最大的$PODE_n$生产装置，该装置的工艺采用青岛迈特达新材料公司技术；河南亿家能实业有限公司开展建设年产量为5万吨的聚甲氧基二甲醚项目。2017年，陕西中润新能源采用青岛迈特达新材料公司的技术，拟在韩城建立15万吨/年聚甲氧基二甲醚装置。同年，兖矿集团内蒙古荣信化工采用山东科技大学的技术拟在达拉特建立30万吨/年的聚甲氧基二甲醚工业装置。截至目前，国内拟建项目的总产能达217万吨/年，但项目均处于前期筹建阶段。

参 考 文 献

[1] Burger J, Siegert M, Ströfer E, et al. Poly (oxymethylene) dimethyl ethers as components of tailored diesel fuel: Properties, synthesis and purification concepts [J]. Fuel, 2010, 89 (11): 3315-3319.

[2] 刘长舒. 聚甲氧基二甲醚制备技术及反应过程研究 [D]. 青岛: 中国石油大学(华东), 2014.

[3] 郑妍妍, 唐强, 王铁峰, 等. 聚甲氧基二甲醚的研究进展及前景 [J]. 化工进展, 2016, 35 (8): 2412-2419.

[4] 李玉阁, 曹祖宾, 李秀萍, 等. 有效碳数-内标法计算聚甲氧基二甲醚的含量 [J]. 应用化工, 2013, 42 (9): 1729-1733.

[5] 郑妍妍, 唐强, 王金福, 等. 无标样聚甲氧基二甲醚校正因子的测定 [J]. 高校化学工程学报, 2015 (3): 505-509.

[6] 张鸿伟, 史俊叶. 甲醇制聚甲氧基二甲醚产业在煤化工转型中的机遇探讨 [J]. 煤炭加工与综合利用, 2016 (4): 10-14.

[7] 时米东, 何高银, 代方方, 等. 氯化锌催化甲醇和甲醛合成聚甲氧基二甲醚 [J]. 化工学报, 2016, 67 (7): 2824-2831.

[8] 李晓云, 李晨, 于海斌. 柴油添加剂聚甲醛二甲醚的应用研究进展 [J]. 化工进展, 2008, 27 (s1): 317-319.

[9] 韩红梅. 聚甲氧基二甲醚合成技术进展及产业化建议 [J]. 煤炭加工与综合利用, 2014 (4): 30-32.

[10] 林其聪, 周翔, 刘欣, 等. 聚甲氧基二甲醚作为柴油添加剂的优势及行业进展 [J]. 化工设计通讯, 2015 (2): 26-27.

[11] 史高峰, 陈英赞, 陈学福, 等. 聚甲氧基二甲醚研究进展 [J]. 天然气化工 (C1化学与化工), 2012, 37 (2): 74-78.

[12] 刘海利, 詹月辰, 陈春会, 等. 聚甲氧基二甲醚对柴油质量性能的影响 [J]. 石油商技, 2017 (2): 40-46.

[13] 冯浩杰, 孙平, 刘军恒, 等. 聚甲氧基二甲醚-柴油混合燃料对柴油机燃烧与排放的影响 [J]. 石油学报 (石油加工), 2016, 32 (4): 816-822.

[14] 谢萌, 马志杰, 王全红, 等. 聚甲氧基二甲醚及其高比例掺混柴油混合燃料发动机燃烧与排放的试验研究 [J]. 西安交通大学学报, 2017, 51 (3): 32-37.

[15] Pellegrini L, Marchionna M, Patrini R, et al. Combustion behaviour and emission performance of neat and blended polyoxymethylene dimethyl ethers in a light-duty diesel engine [R]. SAE Technical Paper, 2012.

[16] Pellegrini L, Marchionna M, Patrini R, et al. Emission performance of neat and blended polyoxymethylene dimethyl ethers in an old light-duty diesel car [R]. SAE Technical Paper 2013.

[17] Liu H, Wang Z, Zhang J, et al. Performance, Combustion and Emission Characteristics of a Diesel Engine Fueled with Polyoxymethylene Dimethyl Ethers ($PODE_{3-4}$)/Diesel Blends [J]. Energy Procedia, 2015, 75: 2337-2344.

[18] Liu J, Wang H, Li Y, et al. Effects of diesel/PODE (polyoxymethylene dimethyl ethers) blends on combustion and emission characteristics in a heavy duty diesel engine [J]. Fuel, 2016, 177: 206-216.

[19] 王玉梅, 孙平, 冯浩杰, 等. $PODE_{3\sim8}$/柴油混合燃料对柴油机颗粒物排放特性的影响 [J]. 石油学报: 石油加工, 2017, 33 (3): 549-555.

[20] 邓小丹, 韩冬云, 李秀萍, 等. 聚甲氧基二甲醚对柴油性质的影响 [J]. 当代化工, 2013, 42 (11): 1508-1510.

[21] Li X Y, Yu H B, Sun Y M, et al. Synthesis and application of polyoxymethylene dimethyl ethers [J]. Applied Mechanics and Materials, 2014, 448: 2969-2973.

[22] Wang X D, Xiong C H, An G J, et al. Study on the effects of oxygenated fuels on diesel engine per-

formance [J]. Applied Mechanics and Materials，2014，672：1580-1583.
[23] 朱益佳，林达，魏小栋，等．掺混 PODE 对增压中冷柴油机燃烧和排放性能的影响 [J]. 上海交通大学学报，2017：33-39.
[24] Pellegrini L，Patrini R，Marchionna M. Effect of POMDME blend on PAH emissions and particulate size distribution from an in-use light-duty diesel engine [R]. SAE Technical Paper，2014.
[25] 刘佳林，王浒，郑尊清，等．$PODE_n$ 对汽油压燃燃烧过程与排放的影响 [J]. 内燃机学报，2018，36 (2)：97-106.
[26] 王立志，何卓人，王东宇．一种无毒性卸甲水及其制备方法：CN，104398404 [P]. 2015-03-11.
[27] 洪正鹏，商红岩，薛真真，等．聚甲氧基二甲醚作为环保型溶剂油的新用途；CN104031194A [P]. 2014.
[28] Ni Youming，Zhu Wenliang，Liu Hongchao，et al. Method for preparing polyoxymethylene dimethyl ether carbonyl compound and methoxyacetic acid methyl ester：WO，2015095997 [P]. 2015-07-02.
[29] British，Petroleum. BP Statistical Review of World Energy 2018 [R]. London：BP，2018.
[30] Huang R J，Zhang Y，Bozzetti C，et al. High secondaryaerosol contribution to particulate pollution during haze events in China [J]. Nature，2014，514 (7521)：218-222.
[31] Staudinger H，Lüthy M. Hochpolymere Verbindungen. 3. Mitteilung. Über die konstitution der polyoxymethylene [J]. Helvetica Chimica Acta，1925，8 (1)：41-64.
[32] Staudinger H，Singer R，Johner H，et al. Über hochpolymere verbindungen. Über die konstitution der polyoxymethylene [J]. Justus Liebigs Annalen der Chemie，1929，474 (1)：145-275.
[33] Thomas E L. Process for the production of polyoxymethylene ethers：US2512950 [P]. 1950-06-27.
[34] William F G，Lindamer E，Richard E B，et al. Preparation of polyformals：US2449469 [P]. 1948-09-14.
[35] Lenn F L. Preparation of polyoxymethylene ethers：US3393179 [P]. 1968-07-16.
[36] Hagen G P，Spangler M J. Preparation of polyoxymethylene dimethyl ethers by catalytic conversion of dimethyl ether with formaldehyde formed by oxy-dehydrogenation of dimethyl ether：US 5959156 [P]. 1999-09-28.
[37] Hagen G P，Spangler M J. Preparation of polyoxymethylene dimethyl ethers by catalytic conversion of dimethyl ether with formaldehyde formed by oxidation of methanol：US6166266 [P]. 2000-12-26.
[38] Hagen G P，Spangler M J. Preparation of polyoxymethylene dimethyl ethers by catalytic conversion of dimethyl ether with formaldehyde formed by dehydrogenation of dimethyl ether：US 160186 [P]. 2000-12-12.
[39] Hagen G P，Spangler M J. Preparation of polyoxymethylene dialkane ethers，by catalytic conversion of formaldehyde formed by dehydrogenation of methanol or dimethyl ether：US 6350919 [P]. 2002-02-26.
[40] Hagen G P，Spangler M J. Preparation of polyoxymethylene dimethyl ethers by catalytic conversion of formaldehyde formed by oxy-dehydrogenation of dimethyl ether ：US10/310624 [P]. 2002-12-05.
[41] Marchionna M，Patrini R. A process for the selective production of dialkyl-polyformals：EP1505049 A1 [P]. 2005-02-09.
[42] Schelling H，Stroefer E，Pinkos R，et al. Method for producing polyoxymethylene dimethyl ethers ：US11/575936 [P]. 2005-10-19.
[43] Stroefer E，Hasse H，Blagov S. Method for producing polyoxymethylene dimethyl ethers from methanol and formaldehyde：US7671240 [P]. 2010-03-02.
[44] Stroefer E，Hasse H，Blagov S. Process for preparing polyoxymethylene dimethyl ethers from methanol and formaldehyde：US700809 [P]. 2010-04-20.
[45] Doucet C，Germanaud L，Couturier J L，et al. Mixtures of symmetrical and unsymmetrical polyoxym-

ethylene dialkyl ethers, used in fuel compositions based on hydrocarbon distillates, especially diesel fuel: FR2906815A1 [P]. 2008-04-11.

[46] 雷艳华，孙清，陈兆旭，等．合成聚甲醛二甲基醚反应热力学的理论计算 [J]. 化学学报，2009，67 (8)：767-772.

[47] Burger J, Ströfer E, Hasse H. Chemical equilibrium and reaction kinetics of the heterogeneously catalyzed formation of poly (oxymethylene) dimethyl ethers from methylal and trioxane [J]. Industrial & Engineering Chemistry Research, 2012, 51 (39): 12751-12761.

[48] Zhao Y, Xu Z, Chen H, et al. Mechanism of chain propagation for the synthesis of polyoxymethylene dimethyl ethers [J]. Journal of Energy Chemistry, 2013, 22 (6): 833-836.

[49] 赵启，王辉，秦张峰，等．分子筛催化剂上甲醇与三聚甲醛缩合制聚甲醛二甲醚 [J]. 燃料化学学报，2015，399 (12)：918-923.

[50] 高晓晨，杨为民，刘志成，等．HZSM-5 分子筛用于合成聚甲醛二甲基醚 [J]. 催化学报，2012，33 (8)：1389-1394.

[51] 施敏浩，刘殿华，赵光，等．甲醇和甲醛催化合成聚甲氧基二甲醚 [J]. 化工学报，2013，64 (3)：931-935.

[52] 赵强，李为民，陈清林．Brønsted 酸性离子液体催化合成聚甲醛二甲醚的研究 [J]. 燃料化学学报，2015，41 (4)：463-468.

[53] Zheng Y Y, Tang Q, Wang T F, et al. Synthesis of a green fuel additive over cation resins [J]. Chemical Engineering & Technology, 2013, 36 (11): 1951-1956.

[54] 李为民，赵强，左同梅，等．酸功能化离子液体催化合成聚缩醛二甲醚 [J]. 燃料化学学报，2015，42 (4)：501-506.

[55] Li H, Song H, Zhao F, et al. Chemical equilibrium controlled synthesis of polyoxymethylene dimethyl ethers over sulfated titania [J]. Journal of Energy Chemistry, 2015, 24 (2): 239-244.

[56] Wu J, Zhu H, Wu Z, et al. High Si/Al ratio HZSM-5 zeolite: an efficient catalyst for the synthesis of polyoxymethylene dimethyl ethers from dimethoxymethane and trioxymethylene [J]. Green Chemistry, 2015, 17 (4): 2353-2357.

[57] Wu Q, Li W, Wang M, et al. Synthesis of polyoxymethylene dimethyl ethers from methylal and trioxane catalyzed by Brønsted acid ionic liquids with different alkyl groups [J]. RSC Advances, 2015, 5 (71): 57968-57974.

[58] Li H, Song H, Chen L, et al. Designed SO_4^{2-}/Fe_2O_3-SiO_2 solid acids for polyoxymethylene dimethyl ethers synthesis: the acid sites control and reaction pathways [J]. Applied Catalysis B: Environmental, 2015, 165: 466-476.

[59] Wang F, Zhu G, Li Z, et al. Mechanistic study for the formation of polyoxymethylene dimethyl ethers promoted by sulfonic acid-functionalized ionic liquids [J]. Journal of Molecular Catalysis A: Chemical, 2015, 408: 228-236.

[60] Zheng Y Y, Tang Q, Wang T F, et al. Molecular size distribution in synthesis of polyoxymethylene dimethyl ethers and process optimization using response surface methodology [J]. Chemical Engineering Journal, 2015, 278: 183-189.

[61] Zheng Y Y, Tang Q, Wang T F, et al. Kinetics of synthesis of polyoxymethylene dimethyl ethers from paraformaldehyde and dimethoxymethane catalyzed by ion-exchange resin [J]. Chemical Engineering Science, 2015, 134: 758-766.

第2章 合成路线及机理

2.1 原料

2.1.1 甲醇

甲醇又名木醇或木精，化学式是CH_3OH，分子量为32.04，是一种无色透明、易挥发、易燃、有香味的有毒液体，其一般物理性质如表2-1所示。甲醇能与水、乙醇、乙醚、苯、酮、卤代烃及其他有机溶剂混合，但不能和脂肪烃类化合物互溶，遇明火、热或氧化剂易燃烧。甲醇在空气中易燃，其蒸气与空气能形成爆炸混合物。甲醇燃烧时无烟，火焰呈淡蓝色，在较强的阳光下不易被肉眼发现。甲醇是基本有机化工原料之一，可制备甲醛、乙醇、乙酸、乙酸酐、甲酸甲酯、碳酸二甲酯等。广泛应用于农药、医药、染料、塑料、橡胶、化纤、建筑、国防等领域[1]。目前，工业上合成法生产甲醇，以天然气、石油和煤作为主要原料。

表2-1　甲醇的一般物理性质

性质	数据	性质	数据
密度(0℃)/($g \cdot mL^{-1}$)	0.8100	蒸气压(20℃)/Pa	1.2879×10^4
相对密度	0.7913	比热容	
熔点/℃	−97.8	液体(25℃)/[$J \cdot (g \cdot ℃)^{-1}$]	2.51～2.53
沸点/℃	64.5～64.7	气体(25℃)/[$J \cdot (mol \cdot ℃)^{-1}$]	45
闪点/℃		黏度(20℃)/($Pa \cdot s$)	5.945×10^4
开环	16	热导率/[$J \cdot (cm \cdot s \cdot K)^{-1}$]	2.09×10^3
闭环	12	熔融热/($kJ \cdot mol^{-1}$)	3.169
自燃点/℃		燃烧热/($kJ \cdot mol^{-1}$)	
空气中	473	液体(25℃)	238.798
氧气中	461	气体(25℃)	201.385
临界温度/℃	240	膨胀系数	0.00119
临界压力/Pa	79.54×10^5	腐蚀性	常温无腐蚀性，铅、铝除外
临界体积/($mL \cdot mol^{-1}$)	117.8	空气中爆炸性(体积分数)%	6.0～36.5

甲醇分子化学性质较活泼，能与许多化合物进行反应，生成具有工业应用价值的化工产品。甲醇的主要化学反应有：氧化反应、脱氢反应、裂解反应、置换反应、脱水反应、羰基化反应、氨化反应、酯化反应、缩合反应、氯化反应等。用于

制备聚甲氧基二甲醚的甲醇原料满足《工业用甲醇》（GB 338—2011）中优等品标准，主要质量指标如表 2-2 所示。

表 2-2　工业用甲醇技术要求

序号	项目	指标
1	色度，Hazen 单位（铂-钴色号）	≤5
2	密度/($g \cdot mL^{-1}$)	0.791～0.792
3	沸程（0℃，101.3kPa）/℃	≤0.8
4	高锰酸钾试验	≥50
5	水混溶试验	通过试验（1+3）
6	水含量（质量分数）/%	≤0.1
7	酸（以 HCOOH 计，质量分数）/%	≤0.0015
8	碱（以 NH_3 计，质量分数）%	≤0.0002
9	羰基化合物（以 HCHO 计，质量分数）/%	≤0.002
10	蒸发残渣（质量分数）/%	≤0.001
11	硫酸洗涤试验，Hazen 单位（铂-钴色号）	≤50

在以煤为原料生产甲醇[2] 的工艺过程中，主要工艺单元有空气分离、煤气化、一氧化碳变换、合成气净化、甲醇合成、甲醇精馏等，如图 2-1 所示。

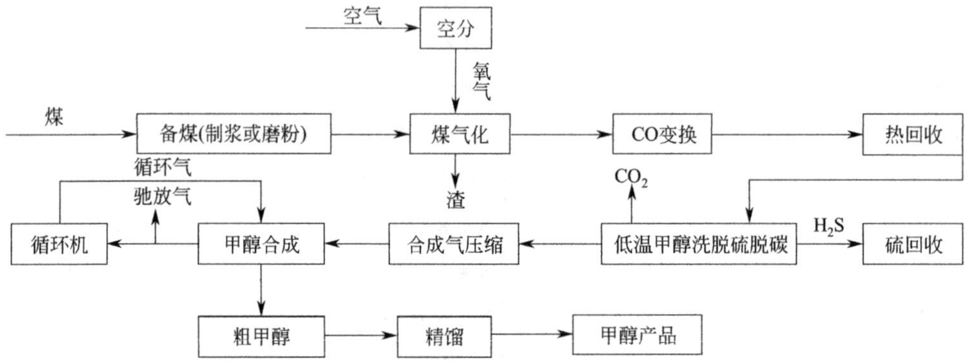

图 2-1　煤制甲醇工艺示意图

以天然气为原料制备甲醇[3]，主要的工艺单元有天然气压缩、天然气转化、甲醇合成气压缩、甲醇合成、氢回收、甲醇精馏等，如图 2-2 所示。

焦炉煤气中的主要成分是 H_2，高达 50%～55%；甲烷次之，一般为 25%～26%；还有少量的 CO、CO_2、N_2、硫及其他烃类。采用焦炉煤气生产甲醇是炼焦企业废物综合利用、减少污染的极好方法。我国各单位设计的焦炉煤气制甲醇系统大致相同，焦炉煤气制甲醇工艺流程示意图如图 2-3 所示。

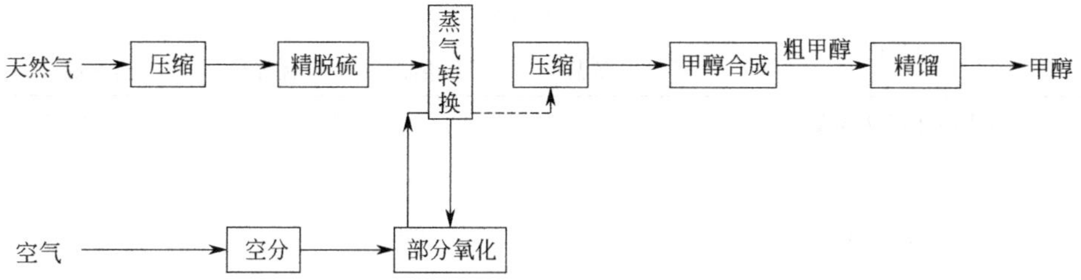

图 2-2 天然气合成甲醇工艺示意图

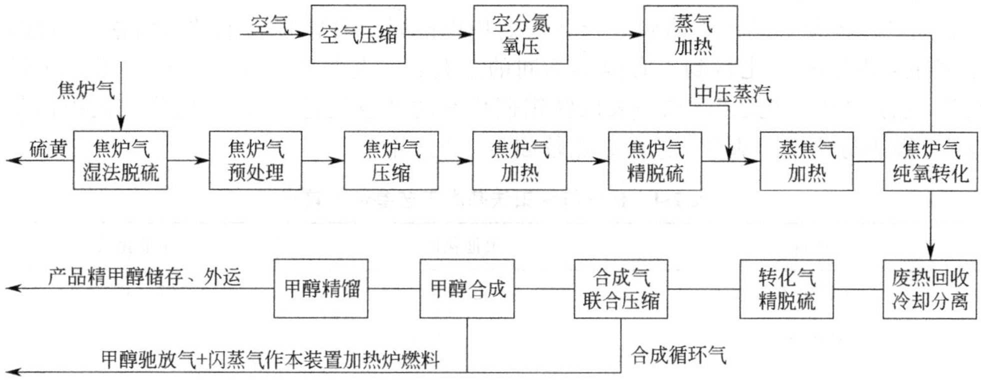

图 2-3 焦炉煤气合成甲醇工艺示意图

2.1.2 甲醛

甲醛[4] 又称蚁醛，化学式是 HCHO 或 CH_2O，分子量为 30.03，熔点为−92℃，沸点为−19.5℃，相对密度为 1.07，在−57.3℃下的饱和蒸气压为 13.33kPa，燃烧热为 2345kJ·mol^{-1}。常温常压下是一种无色气体，有特殊的刺激性气味，对人眼、鼻等有刺激作用，易溶于水和乙醇，其水溶液的浓度最高可达 55%，其浓度为 40%，称作甲醛水，俗称福尔马林。工业上甲醛产品质量标准执行 GB/T 9009—2011，如表 2-3 所示。液体在较冷时久贮易浑浊，在低温时则形成三聚甲醛沉淀。蒸发时有一部分甲醛逸出，但多数变成三聚甲醛。该物质为强还原剂，在微量碱性时还原性更强。在空气中能缓慢氧化成甲酸。

表 2-3 工业甲醛产品质量标准

项目	50%级		37%级	
	优等品	合格品	优等品	合格品
密度/(g·mL^{-1})	1.147～1.152		1.075～1.114	
甲醛含量(质量分数)/%	49.7～50.5	49.0～50.5	37.0～37.4	36.5～37.4

续表

项目	50%级		37%级	
	优等品	合格品	优等品	合格品
酸(以甲酸计,质量分数)/%	≤0.05	≤0.07	≤0.02	≤0.05
色度,Hazen(铂-钴色号)	≤10	≤15	≤10	—
铁含量(质量分数)/%	≤0.0001	≤0.0010	≤0.0001	≤0.0005
甲醇含量(质量分数)/%	≤1.5	—	—	—

甲醛属于生产工艺简单、用途广泛的大宗化工产品，是重要的化工原料之一，广泛应用于木材、纺织、防腐等行业，商用甲醛是一种浓度较低的水溶液。目前，甲醛主要由甲醇氧化得到，有两类不同的工艺：一是采用银催化剂的“甲醇过量法”，也称“银催化法”；二是采用铁钼催化剂的“空气过量法”，也称“铁钼催化法”。银法与铁钼法基本工艺参数比较如表 2-4 所示。

表 2-4　银法与铁钼法基本工艺参数比较表

项目	银催化法	铁钼催化法
甲醇转化率/%	92～96	97～98
甲醛产率/%	87.7～89.7	92.2～93.1
甲醇单耗(37% CH_3O)/(kg·t^{-1})	440～450	424～428
产品甲醇含量/%	0.3～0.7	0.3～0.7
产品甲醛浓度/%	37～54	37～55
反应温度/℃	600～660	250～400

银催化法是以电解银（纯度 99%）、浮石银等为催化剂的银法工艺，因甲醇在原料混合气中的浓度高于爆炸极限上限（44%，即在甲醇过量的情况下操作），由于反应氧化程度不足，反应温度较高（一般为 600～660℃），伴有脱氢反应同时发生，所以“银法”又称“氧化-脱氢工艺”。此方法具有投资较少、能耗低、催化剂可再生等优点。该方法作为最经典的生产甲醇的方法，早在 19 世纪 80 年代已实现了工业化。而银催化氧化法又包括电解银法、结晶银法和银网法等。其中，电解银法的优点较另外两种更突出，其性能稳定、操作简便且活性较高，基于这些优点此方法被广泛使用在工业生产中。在实际工艺生产过程中，甲醇过量但转化率较低，并且催化剂易失活和中毒。要想提高甲醇的转化率，必须要对设备进行优化和改进。

铁钼氧化物催化氧化法是指以 Fe_2O_3-MoO 作为催化剂。空气-甲醇混合气中甲醇浓度低于爆炸区的下限（小于 5.5%，即在含有过量的空气情况下操作），由于空气过剩，甲醇几乎全部被氧化，所以此法又称为“纯粹的氧化工艺”。该方法在 20 世纪 30 年代实现了大规模的工业化生产。对比银催化氧化法，用此方法，甲醇的转化率有了明显的提高，同时甲醛产品的浓度也大大提高，甚至可高达50%以上。铁钼催化剂与银催化剂相比，其耐毒性较好，但此方法的缺点是投资较大，能耗高且流程复杂。

图2-4是铁钼催化法制备甲醛[5]的工艺流程。甲醇加热汽化后与空气混合均匀后进入反应器，在铁钼催化剂作用下，将甲醇转化成甲醛。空气与甲醇的量视反应状况维持在一适当的比例，甲醛反应温度约300℃，反应压力约0.05MPa，反应产物经过甲醛吸收塔、甲醛分离塔，得到的粗甲醛以150℃进入甲醛浓缩器，高浓度液态甲醛与低浓度气态甲醛在浓缩器的分离段进行分离。

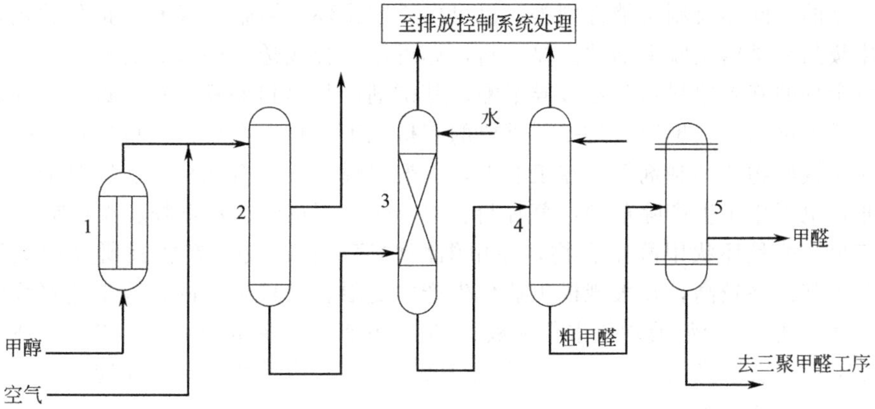

图2-4　甲醛生产工艺流程

1—甲醇蒸发器；2—甲醛反应器；

3—甲醛吸收塔；4—甲醛分离塔；5—甲醛浓缩器

2.1.3　三聚甲醛

三聚甲醛[6]（TOX）呈白色结晶状，其熔点和沸点分别为64℃和114.5℃，化学式为$C_3H_6O_3$，分子量为90.0779，在室温下的蒸气压为1.97kPa，密度为1.132g·mL^{-1}。易溶于水、乙醇、丙酮、芳香烃和其他有机溶剂，微溶于石油醚、戊烷，能与水形成共沸混合物，共沸物的沸点为91.4℃，约含70%（质量分数）的三聚甲醛。其水溶液能被强酸逐渐解聚，但不被碱解聚。非水体系能被少量强酸转为甲醛单体，转化速度根据酸的浓度而定。三聚甲醛产品质量尚无国家标准和行业标准，执行企业标准（Q/XD 1002—2016），具体指标如表2-5所示。

表2-5　三聚甲醛技术指标

序号	项目	单位	技术指标
1	三聚甲醛	%	≥99
2	水分	%	≤0.5

续表

序号	项目	单位	技术指标
3	甲醛	10^{-6}	≤50
4	甲醇	10^{-6}	≤50
5	甲酸	10^{-6}	≤50
6	其他	%	≤0.5
7	密度(20℃)	$g \cdot mL^{-1}$	1.15～1.19

三聚甲醛是甲醛的环状三聚体，是非常稳定的晶体，用作工程塑料聚甲醛及其他化学品的中间体及制备消毒剂等，也可用于制作环氧树脂、双酚A的催化剂，是日用化妆品冷烫精及脱毛剂的主要原料，亦可用来合成透明塑料和有机锑、有机锡等热稳定剂的基础原料巯基乙酸异辛酯，其试剂产品是检验铁、铝、银、锡等金属离子的灵敏试剂。三聚甲醛是一种重要的有机化工原料，在选矿上可以作为硫化铜以及硫化铁矿物的抑制剂等。在工业上，三聚甲醛应用于合成树脂、胶黏剂、涂料等行业，也可用于生产除草剂：草甘膦、甲草胺、丁草胺、乙草胺、克草胺等。

三聚甲醛是环状甲醛聚合物，在甲缩醛中溶解性较好，在实验研究中应用较广，但因其价格较高，在大规模工业化生产中受限。三聚甲醛的合成工艺路线大致可分为气-固催化、液-液均相催化和液-固非均相催化。在实验室中，甲醛单体在硫酸催化剂、聚合浓度为60%、反应温度102℃，压力为常压下聚合反应生成三聚甲醛，反应方程式如下所示。

$$3CH_2O \longrightarrow (CH_2O)_3$$

传统的三聚甲醛的生产工艺[7] 主要是先将甲醇氧化成甲醛，再以硫酸为催化剂使甲醛在催化剂的作用下反应生产三聚甲醛粗产品，然后经过产品的精制后处理，获得高纯度的三聚甲醛产品。因此，传统工艺主要包括两个工段：甲醛的制备工段和三聚甲醛的制备工段。

最早的三聚甲醛合成工艺属于液-液均相方法，其过程主要是先将质量分数约为50%的甲醛水溶液作为原料生产三聚甲醛，由于甲醛的浓度较低所以第一步是对甲醛稀溶液进行蒸馏浓缩，浓缩后的高浓度甲醛溶液被送至三聚甲醛的合成反应器中进行均相催化反应。该反应使用的催化剂硫酸的浓度约为13%，反应温度控制在100℃。反应的转化速率比较低，反应获得的合成液中三聚甲醛的质量分数为50%～60%，剩下的大部分是没有发生反应的甲醛、水和少量的低沸物[8]。

由于三聚甲醛合成反应的转化率比较低，因此后续分离工艺是必须的。第一步是三聚甲醛在精馏塔中被浓缩，第二步则是把三聚甲醛萃取到适当的溶剂中，比如：二氯甲烷、苯或1,2-二氯乙烷。最后溶剂和三聚甲醛在精馏塔中被分离出来，然而分离出来的三聚甲醛仍然不能达到国家标准，需要进一步的提纯，直到最后得到纯的三聚甲醛。萃取单元的萃余相和其他的物料必须在另一单元被处理，并回收利用到工艺中[9]。

另一种合成工艺为液-固非均相方法。首先将甲醛单元中生产出来的被储存在储罐中的甲醛水溶液送入浓缩器中浓缩。甲醛工段生产的甲醛溶液浓度若是不高，则可以分为多级浓缩，然后将浓缩后的高浓度甲醛溶液送到三聚甲醛反应器中，在含阳离子交换树脂的催化剂作用下发生三聚反应。由于反应转化率比较低，仍有大量的甲醛没有发生反应，所以反应后的物料需要被送至精馏塔中分离，将生成的三聚甲醛从未反应的甲醛中分离出来。未反应的甲醛被送到反应器中和浓缩器过来的高浓度甲醛在催化剂作用下继续反应，浓度较高的三聚甲醛和少量未反应的甲醛，以及反应生成的部分副产物及水从精馏塔塔顶蒸出，由于此反应有副反应发生会产生甲酸，所以蒸馏出的物料必须加入烧碱来中和副反应生成的甲酸，降低甲酸的含量。在精制系统中，将反应系统中蒸馏出的三聚甲醛溶液进行分离，分离出水分和其他不纯物，来达到提纯三聚甲醛的目的，从而得到聚合级的三聚甲醛产品单体[10]。

由于三聚甲醛和水会产生共沸体系，因此普通的精馏方法不可以分离出较纯的三聚甲醛。目前从合成产物中精制分离出纯的三聚甲醛的方法有很多种，主要常见的方法有萃取法、蒸发法、精馏法、结晶法、膜渗透蒸发法以及其组合等。以萃取精馏法为例，由反应系统蒸馏出的包含少量未反应的甲醛和水分的三聚甲醛溶液被送到萃取塔，与萃取剂接触，水和大部分甲醛被留在萃余相中，三聚甲醛被萃取剂从塔顶部带出，进入萃取剂分离塔，分离出萃取剂和其他轻组分。萃取剂被送到萃取塔循环利用，塔底较纯的三聚甲醛被送到精馏塔，分离出混合在其中的微量重组分，精馏出合格的三聚甲醛。相应的三聚甲醛制备工艺如图 2-5 所示。

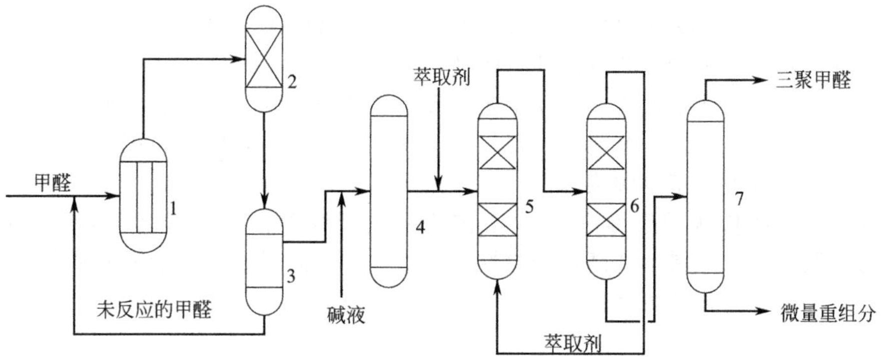

图 2-5　萃取精馏法合成工艺流程

1—浓缩器；2—三聚甲醛合成反应器；3—精馏塔；
4—除甲酸塔；5—萃取塔；6—萃取剂分离塔；7—精馏塔

2.1.4　多聚甲醛

多聚甲醛（简称 PF）是一种甲醛脱水缩聚而成的固态甲醛，一般是指低聚合度的直链甲醛聚合物，分子式为 $HO(CH_2O)_nH$（n＝8～100），是一种白色固体颗粒或结晶粉末，具有甲醛味。熔点一般在 120～170℃，相对密度为 1.39，室温下饱和蒸气压为 0.19kPa，一般不溶于乙醇，微溶于冷水，易溶于热水，能溶于稀酸、稀碱。遇明火易燃，燃烧或受热分解时，均放出大量有毒的甲醛气体。

多聚甲醛是一种通用型热塑性工程塑料，具有优良的机械性能、电性能、耐磨损性、尺寸稳定性、耐化学腐蚀性，特别是耐疲劳性突出、自润滑性能好，它是替代金属，特别是铜、铝、锌等有色金属及合金制品的理想工程塑料，广泛应用于电子电气、汽车、轻工、机械、化工、建材等领域。多聚甲醛具有纯度高、水溶性好、解聚完全、产品疏松、颗粒均匀等特点，它是工业甲醛水溶液替代品，在合成农药、合成树脂、涂料及制取熏蒸消毒剂等多种多样的甲醛下游产品生产中，很好地解决了工业甲醛包装要求高、储存稳定性差、运输不便等问题，并可减少脱水的能耗和废水处理量。

目前，工业上采用催化聚合的方法制备多聚甲醛。通过加入助剂，如碱（NaOH）、酸（H_2SO_4）、碱性碱土金属及其氧化物（MgO）、金属离子（铁、钴、镍金属）及其盐、胺类（二乙胺、三乙胺、三乙醇胺）等，可以促进甲醛迅速催化聚合，其中有些有机胺在多聚甲醛聚合度达到一定程度时能封铸聚合物的端基，使残余的水游离出来，迅速蒸发干燥。根据不同的生产工艺条件，多聚甲醛的醛含量可以达到 91%～96%。甲醛水溶液在低温或浓缩至 60%～70%时，能自主发生聚合生成多聚甲醛（白色粉状线性结构的聚合体），该反应是放热反应，一般情况下，甲醛的聚合干燥温度控制在 20～60℃，以防止温度过低引起甲醛深度聚合反应和温度过高引起甲醛和水同时蒸发。但是制备的多聚甲醛在造粒前需要相对高温。反应方程式如下所示。

$$HCHO + H_2O \longrightarrow HOCH_2OH$$

$$HOCH_2OH + nCH_2O \longrightarrow HO(CH_2O)_{n+1}H$$

目前，具体的生产工艺方法共有四种。

其一，真空耙式干燥法。具体工艺流程包括真空浓缩、聚合、干燥、筛分、粉碎及包装，此工艺高效、节能，投资较少、粉尘排放量少，但出料困难、生产周期较长。目前，此方法基本淘汰。

其二，金属传送带干燥法[11]。工艺流程包括浓缩、冷却固化、刮片、干燥、粉碎与包装，此工艺灵活性高，密封性和清洁性好，同时通过对干燥介质相关参数的控制，保证了操作的可靠性与有效性，再者，设备安装简便，但缺点为占地面积较大、运行噪声大等，同时生产时需要粉碎。

其三，喷雾干燥法。工艺流程包括解聚、真空压缩、干燥、喷雾造粒等。此方法获得的多聚甲醛，呈细颗粒状，同时具有良好的水溶性和流动性。为了增加多聚甲醛的含量，可采用两段干燥，二者温度分别控制在 45～70℃与 70～100℃。其中醛含量均在 90%以上。此方法干燥时间较短、多聚甲醛颗粒可调、流动性与灵活性好，但难以有效分离、热效率较低、设备容积较大及粉尘回收较难。

其四，共沸精馏法。工艺流程是甲醛浓缩后的浓醛溶液导入装有惰性有机液的反应釜，共沸脱水，过滤有沉淀的釜液，将固体干燥，蒸去低沸点有机液，可制得醛含量 91%～99%的多聚甲醛。虽然此方法制备的多聚甲醛产品质量较高，但对共沸剂要求高且难回收。

制备多聚甲醛的关键在于控制产品的聚合度，防止甲醛高度聚合，缩短干燥脱水时间，提高产品收率。在工业生产中制备多聚甲醛的甲醛溶液通过进行解聚，形成甲二醇或游离的甲醛分子的方式避免了出现由于溶液中有部分低聚物存在而导致产品聚合度过高的问题。图 2-6 是喷雾干燥法制备多聚甲醛的工艺流程。

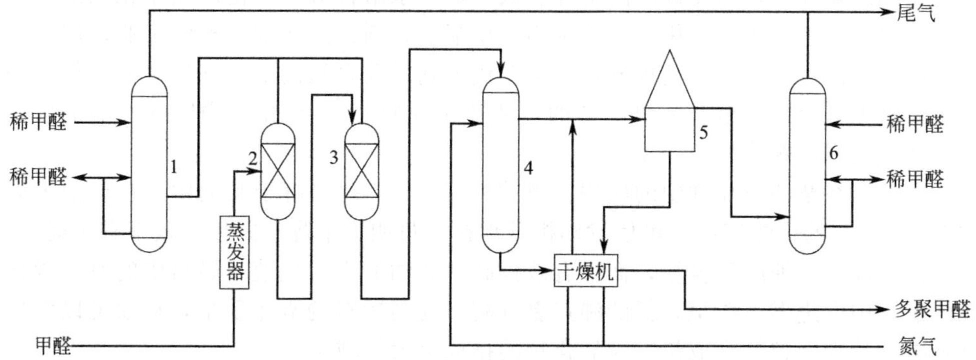

图 2-6　喷雾干燥法制备多聚甲醛工艺流程

1—吸收塔 1；2—分离器 1；3—分离器 2；
4—多聚甲醛造粒塔；5—旋风分离器；6—吸收塔 2

该工艺流程是由江苏凯茂石化科技有限公司[12] 自主研发，在江苏宜兴三木集团于 2014 年 5 月投产。该工艺将甲醛在真空条件下经过二级压缩，把甲醛质量分数提高至 85%，然后用泵打入喷雾干燥器。浓甲醛经喷嘴喷出，凝结成粒状多聚甲醛固体。该工艺生产连续化、浓甲醛喷雾造粒时间短，能形成短的线性甲醛分子链，因此产品水溶性好。

2.1.5 甲缩醛

甲缩醛又名二甲氧基甲烷，是一种无色透明、易挥发的可燃液体，有氯仿气味，对黏膜有刺激性，有麻醉作用。化学式为 $CH_3OCH_2OCH_3$，分子量为 76.10。熔点为 −104.8℃，沸点为 42.3℃，相对密度 0.8593，折射率 1.3534，闪点 −17℃，自燃点为 237℃。甲缩醛产品质量标准执行企业标准，如表 2-6 所示。甲缩醛对碱较稳定，与稀盐酸一起加热时，易分解成甲醛和甲醇。能与醇、醚、丙酮混溶，能溶解树脂和油类，溶解能力比乙醚、丙酮强；和甲醇形成的共沸混合物能溶解含氮量高的硝化纤维素。

表 2-6　甲缩醛产品质量标准

项目	质量指标	
	普通浓度级	高纯浓度级
甲缩醛含量/%	86～92	99.0
甲醇含量/%	8～14	≤0.3
水分/%	≤0.2	≤0.2

根据甲缩醛的溶解特性，它可作为部分卤代烃溶剂的代用品。甲缩醛与许多溶剂的互溶性好，尤其是与LPG（液化石油气）、DME（二甲醚）的相溶性比较好，甲缩醛具有优良的水溶性和渗透性，对橡塑材料有较强的渗透溶胀作用。甲缩醛具有优良的理化性能，即良好的溶解性、低沸点、水溶性好，广泛应用于化妆品、药品、家庭用品、工业汽车用品、杀虫剂、皮革上光剂、清洁剂、橡胶工业、油漆等产品中，去油污能力强，其挥发特性可替代氟利昂及含氯溶剂的环保产品。作为一种环保型无苯溶剂和聚合醛醚等类的重要化工原料[13]，在化工中间体、溶剂以及燃料和燃料添加剂等领域应用广泛。

甲缩醛在柴油添加剂中的应用：甲缩醛能100%地溶解于柴油中，在柴油里添加5%～10%的甲缩醛后，可使发动机碳烟排放量明显下降，并使热效率有所提高。其不仅提高了燃油的氧含量，而且有效提高了柴油的十六烷值，燃料中的氧元素在燃烧过程中促进燃料燃烧，低的沸点更有利于提高燃料的雾化质量，从而可以大幅度地减少碳烟微粒的生成量，氮氧化物的排放也大量减少。

甲缩醛在空气清新剂中的应用：现代清新剂配方中，甲缩醛作为溶剂应用广泛。其具有强溶解性、良好的水溶性、扩散性高等优点，可使香精的溶解性能得到很大改善，同时提高清新剂的香味，减少有毒气体的排放。由于其具有较低的沸点，甲缩醛可以提高气雾剂的挥发速度[14]。甲缩醛的毒性低，对人体危害小，对臭氧层无破坏作用，而且可生物降解，是环境友好型溶剂。

甲缩醛在杀虫剂及医药中的应用：杀虫气雾剂在生活中占有重要地位，用甲缩醛代替二氯甲烷、丙酮等溶剂来溶解胺菊酯、氯菊酯、嗅氰菊酯等制成杀虫剂，不仅雾化率高，溶解性好，亲水亲油性好，而且可以用于水剂产品，减少VOCs（挥发性有机物）排放，且毒性比用二氯甲烷等对环境污染小，成本适中。另外，由于甲缩醛黏度低，表面张力小，并且能够增强靶标穿透力，因此常作为医药中活性材料的载体。

甲缩醛在汽车护理及工业产品中[15]的应用：常见的汽车护理用品和工业技术产品要求有良好的溶解性，较快的挥发速度，无残留等，甲缩醛可以满足这些要求。在脱漆剂中，用甲缩醛代替二氯甲烷，不仅增强了油漆的剥离效果，而且毒性低，不会有致癌以及短期诱变性的问题。

甲缩醛在彩带中[16]的应用：现在彩带配方中采用的溶剂是高分子聚丙烯酸酯类，对大气层有严重破坏，并且随着氟利昂的禁用，用高分子聚丙烯酸酯类制成的彩带市场空间越来越小。如果改用甲缩醛作为溶剂，不仅可提高溶解性和挥发性速度，而且对环境影响小。此外，甲缩醛在涂料、重整制氢以及制备其他有机试剂中[17]都具有广泛的应用。基于甲缩醛独特的理化性能，近些年来，对其研究开发和衍生开发及应用较热[18,19]。

甲缩醛的合成工艺有多种，主要有甲醇甲醛缩醛反应法、甲醇和多聚甲醛反应法、甲醇二甲醚氧化法、二溴甲烷合成法和甲醇一步氧化法。在合成甲缩醛的众多工艺中，以甲醇和甲醛为原料，反应生成甲缩醛的工艺最为成熟，也是目前工业上合成甲缩醛的主要方法。该方法具有原料易得，操作方便，反应过程温和，对设备要求不高的特点。该方法中，反应在酸性催化剂上进行，如液体酸催化剂（浓硫酸、对甲苯磺酸）、杂多酸催化剂、离子液体催化剂、酸性分子筛催化剂以及阳离子交换树脂催化剂等。目前多采用反应精馏技术制备甲缩醛，由于反应精馏技术将反应和产品提纯两个工段耦合在一起，大大节省了设备投资。目前，可采用连续合成工艺、间歇工艺和催化反应精馏工艺三种工艺合成甲缩醛。

（1）连续合成工艺　连续合成工艺是将两个或多个装填固体酸催化剂的反应器连接到一个蒸馏塔上，组成催化反应蒸馏系统。甲醇和甲醛水溶液按一定配比进入反应器，在固体酸催化剂作用下生成甲缩醛。从反应器出来的甲缩醛和未反应的甲醇、甲醛及水一部分由泵送入蒸馏塔，另一部分循环，进一步与催化剂接触提高转化率和产率。每个反应器流出的反应产物进入蒸馏塔的位置不同，从不同高度的塔板进料，高浓度甲醇组分从上部塔板进料。进入蒸馏塔的反应产物与上升蒸汽接触进行传质操作，以使甲缩醛的浓度逐渐增加，保持塔顶温度在42℃，将产品贮入贮槽中，未反应的甲醇、甲醛和水由塔底排出。

以四个反应器为例，其相应的工艺参数为：甲醇和甲醛化学计量比 2∶1，反应温度：45～90℃。随着反应器中循环溶液组分变化及精馏塔内操作压力的变化，越靠近精馏塔顶部的反应器反应温度越低。每个反应器的操作温度为：45～70℃、55～75℃、65～85℃、70～90℃。循环量：以甲醛蒸气计，其循环量通常为 2～100 倍，最好在 25～50 倍。精馏塔压力：大气压 0.1～0.3MPa，回流溶液温度取决于操作压力（60～100℃）。精馏塔温度：有四个反应器的精馏塔对应温度为 45～70℃、55～75℃、65～85℃、65～90℃。其中第一组温度对应于最靠近精馏塔顶的反应器，最后一组温度则对应于远离塔顶的反应器相连之塔板。回流比为 2.14∶3（质量比）；催化剂用量：以甲缩醛蒸气计催化剂用量为 0.02%～2.0%，最佳范围 0.05%～1.0%。图 2-7 即为甲缩醛的连续型生产工艺流程[20]。

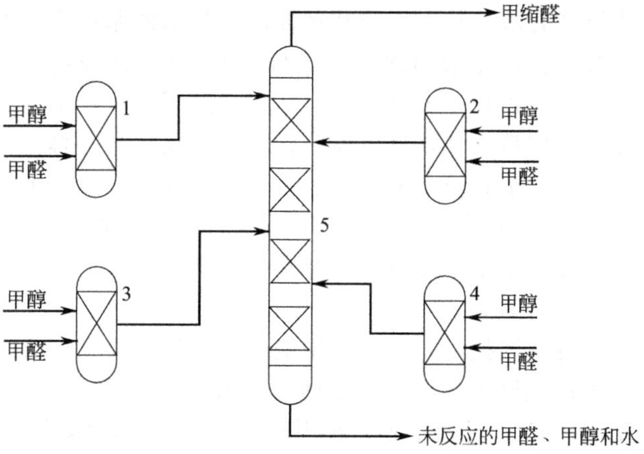

图 2-7　甲缩醛的连续型生产工艺流程

1—反应器 A；2—反应器 B；3—反应器 C；4—反应器 D；5—蒸馏塔

连续合成工艺可以使反应和精馏系统长期连续操作，固体酸催化剂容易与未反应甲醇、甲醛和水的溶液分离、再生使用。如果反应器中安装有塞板时可使反应器不停车而使催化剂再生、转化和回收，不需中断甲缩醛生产过程。

（2）间歇工艺　间歇工艺是在反应釜中一次性加入按一定配比计量的甲醇和甲醛水溶液，反应釜设有换热冷却夹套和磁力搅拌装置，反应过程温度保持恒定，催化剂充分悬浮分散。为避免反应物料损失，尤其是低沸点甲缩醛产品的损失，反应釜上方设有回流冷凝装置，冷却介质用工业酒精。物料加好后加热至反应温度，在搅拌下瞬间加入一定量催化剂（5%～6%，质量分数）使反应开始进行，待反应终止冷却放料至精馏系统，采用精馏制得甲缩醛产品。

（3）催化反应精馏工艺　催化反应精馏技术是一种新的反应工程技术，是指一个可把化学反应和产物精馏集于一体的化工单元操作。它具有转化率高、选择性好、能耗低、产品纯度高、易操作、投资少等诸多优点。国内用该项技术已用于MTBE（甲基叔丁基醚）的生产和异丙苯的生产。

催化反应精馏装置设备采用不锈钢材质，由塔顶冷凝回收段、精馏段、提馏段、反应段和再沸器组成。反应段填装有用丝网将固体酸催化剂包裹成异型柱状的催化剂填料。提馏段内填装有上述方法制备的催化剂填料。精馏段内填装有高效不锈钢丝网填料，提高传质效率。

塔顶设有冷凝回收器，用于控制回流比。采用催化反应精馏工艺制取甲缩醛，可以采用稀醛为原料。实践证明，甲醛质量浓度在7%～37%时都可以制得适合浓度的甲缩醛。甲缩醛的生产一直沿用硫酸法，对设备的腐蚀严重。为解决传统工业法的弊病和配合甲缩醛装置，日本开发了以催化精馏法合成甲缩醛的新工艺。催化剂采用固体树脂，从根本上解决了设备腐蚀的问题，并大大提高了产品的产量和品质。山东烟台大学在日本工艺的基础上，成功研发了固体催化剂的反应和蒸馏联合技术，解决催化剂再生困难的难题。

江苏凯茂石化科技有限公司在反应和精馏联合技术的基础上，开发了自有知识产权的甲缩醛生产技术：首先采用预反应器与精馏外挂反应器相结合的生产工艺，创新性采用了预反应器，延长了催化剂的寿命，提高了单套甲缩醛设备的生产能力并且可以降低能耗，采用精馏外挂反应器替代精馏与反应器一体方式，增加了反应催化剂的装填量，增加了单套设备的生产能力，目前该工艺单套生产能力已达到12万吨/年，而且进一步扩产基本无放大风险；其次，该工艺将提馏段与精馏段分离，降低了设备投资。另外，由于甲缩醛与甲醇在93%浓度时形成共沸物，因此目前市场上甲缩醛产品的浓度多为90%～93%，无法得到高浓度甲缩醛，但江苏凯茂石化科技有限公司采用自有精馏技术，可以将甲缩醛的浓度提高到99.5%，解决了高浓度甲缩醛的供应问题；且该工艺可以充分利用PODE装置萃取塔的稀甲醛溶液为原料，解决了PODE装置生产过程中副产稀甲醛的综合利用，同时该技术路线中精馏塔塔釜排出水中的COD（化学需氧量）小于200×10^{-6}，不仅减少了COD的排放，减轻了废水处理的负担，而且节省了投资。符合循环经济的指导思想，达到了资源综合利用的目的。

2.1.6 二甲醚

二甲醚[21] 又称甲醚、木醚，分子式是 C_2H_6O，结构式是 $CH_3—O—CH_3$，分子量 46.069，在常温、常压下是一种无色、无臭气体，加压后为轻微醚香味的无色液体，且易挥发，二甲醚气体的相对密度为 1.617，燃烧热为 1456.17kJ·mol^{-1}，室温下密度为 0.666g·mL^{-1}，熔点是－141.5℃，沸点是－24.9℃，室温下蒸气压为 0.53MPa，性能与液化石油气相似，燃烧热（气态）为 1455kJ·mol^{-1}。加入少量助剂后，二甲醚可与水以任意比互溶，且二甲醚易溶于汽油、醇、乙醚、乙酸、丙酮和氯仿等多种有机溶剂。常温下二甲醚具有惰性，不易自动氧化，难于活化，如果长期受日光直接照射，可能形成不稳定过氧化物，这种过氧化物能自发爆炸或受热后爆炸[22,23]。二甲醚无腐蚀、无致癌性，但在辐射或加热条件下可分解成甲烷、乙烷和甲醛等。

二甲醚作为一种新兴的化工原料，由于其良好的易压缩、冷凝、气化以及与多极性或非极性溶剂互溶特性，使得二甲醚在制药、燃料和农药等化学工业中有许多独特的用途，如高纯度的二甲醚可代替氟利昂用作气溶胶喷射剂和致冷剂，减少对大气环境的污染和臭氧层的破坏；另外也可用于化学品合成，用途比较广泛。由于其良好的水溶性和油溶性，使其应用范围大大优于丙烷和丁烷等石油化学品。此外，用二甲醚代替甲醇用作甲醛生产的新原料，可以明显降低甲醛生产成本，在大型甲醛装置中更显示出其优越性。作为民用燃料气，其储运和燃烧安全性、预混气热值和理论燃烧温度等性能指标均优于石油液化气，可作为城市管道煤气的调峰气和液化气掺混气；同时，二甲醚也是柴油发动机的理想燃料，与甲醇燃料汽车相比，不存在汽车冷启动问题，而且它还是未来制取低碳烯烃的主要原料之一。

工业上用甲醇蒸气通过磷酸铝催化剂在一定条件下制取二甲醚：

$$2CH_3OH \xrightarrow[350\sim400℃,\ 1.5\times10^6Pa]{AlPO_4} H_3C—O—CH_3 + H_2O$$

实验室中常用甲醇与浓硫酸作用制备二甲醚：

$$CH_3OH + H_2SO_4 \rightleftharpoons CH_3OSO_2OH + H_2O$$

$$CH_3OSO_2OH + CH_3OH \rightleftharpoons H_3C—O—CH_3 + H_2SO_4$$

二甲醚制备工艺[24] 包括一步法和二步法。一步法包括气相一步法、三相淤浆床一步法和天然气直接合成二甲醚；二步法先由合成气合成甲醇，再由甲醇脱水制备二甲醚，包括液相二步法和气相二步法。

一步法是以天然气或煤气化生成的合成气为原料，在反应器中同时完成甲醇合成和甲醇脱水两个反应过程和变换反应，产物为甲醇和二甲醚的混合物；经分馏装置分离出二甲醚，甲醇返回反应器继续参与脱水反应。一步法采用双功能催化剂，该催化剂一般由两类催化剂物理混合而成。其中一类为甲醇合成催化剂，如 Cu-Zn-Al 基催化剂，BASFS3-85 和 ICI-512 等，另一类为甲醇脱水催化剂，如 Al_2O_3、多孔 SiO_2、Y 型分子筛、ZSM-5 分子筛和丝光沸石等，该工艺不需要专门的甲醇合成装置。与传统的由甲醇合成和甲醇脱水两步得到二甲醚两步法相比，一步法具有流程短、操作压力低、设备规模小、单程转化率高等优点，经济上更加合理。

目前，大型二甲醚制备基本都采用一步法合成，国内外一步法合成工艺主要包括固定床工艺和浆态床工艺。

固定床工艺制取二甲醚的优点是具有较高的转化率，但由于二甲醚合成反应是强放热反应，反应所产生的热量如果无法及时移走，致使催化剂床层局部区域产生热点，进而导致催化剂铜晶粒长大，并使催化剂活性降低甚至失去活性。同时，在目前所使用的催化剂上，具有催化甲醇合成的功能团和具有催化甲醇脱水功能的酸中心之间存在相互作用，易导致催化剂失活，而且这两个功能团的最佳反应温度范围也互不相同，因此当同时进行甲醇合成和甲醇脱水这两个反应时，提高反应温度势必降低另一部分催化剂的寿命，致使整个催化剂寿命缩短。

浆态床工艺是指双功能催化剂悬浮在惰性溶剂中，在一定条件下通入合成气进行反应，由于惰性介质的存在，使反应器具有良好的传热性能。反应可在恒温下进行，反应过程中气-液-固三相的接触，使反应与传热相互耦合，有利于反应速度和时空收率的提高。另外，由于液相惰性介质热容大，易实现恒温操作，从而使催化剂积碳现象得到缓解，而且氢气在惰性溶剂中的溶解度大于CO的溶解度，故可利用贫氢合成气作为原料气。典型的三相法浆态床反应技术有美国Air Products的液相二甲醚（LPDME^{TM}）工艺和日本NKK公司的液相一步法工艺。

美国空气化学品（Air Products）公司成功开发了液相二甲醚（LPDME^{TM}）工艺[25]，其工艺流程如图2-8所示，该工艺采用浆态床法生产二甲醚，主要特点是使

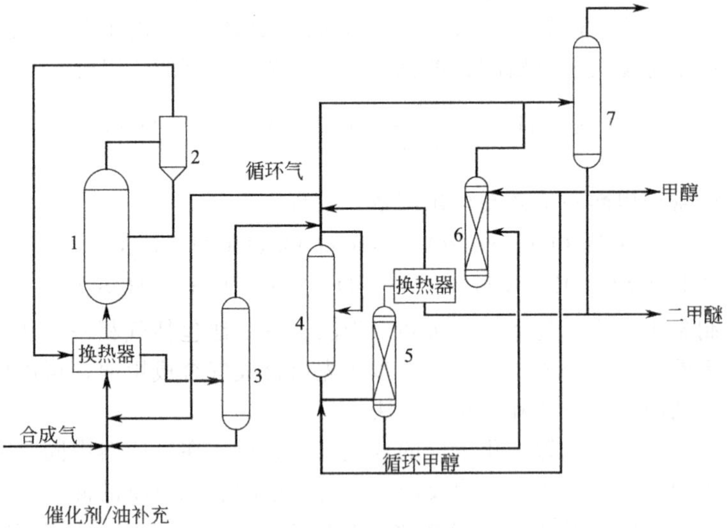

图2-8　美国空气化学品公司开发的LPDME^{TM}工艺流程

1—反应器；2—分离器；3—焦油罐；4—分离塔；
5—二甲醚分馏塔；6—甲醇分馏塔；7—甲醇洗涤塔

用了浆液鼓泡塔反应器，以细粉状的催化剂颗粒与惰性矿物油形成浆液，其高压反应气体从塔底进入并鼓泡，原料气与催化剂在矿物油的作用下混合得非常充分，实现了等温操作，易于进行温度控制，有效避免了催化剂的飞温。

日本 NKK 公司开发的三相浆态床反应器，原料可以选用天然气或煤气化的合成气等，图 2-9 为日本 NKK 的浆态床二甲醚合成工艺流程[26]。由此可见，在浆态床反应后的产物经冷却、分馏后，部分未反应的合成气循环回反应器，从塔顶得到的二甲醚产品的纯度可以达到 95%～99%，从塔底可以得到二甲醚、甲醇和水的粗产品。

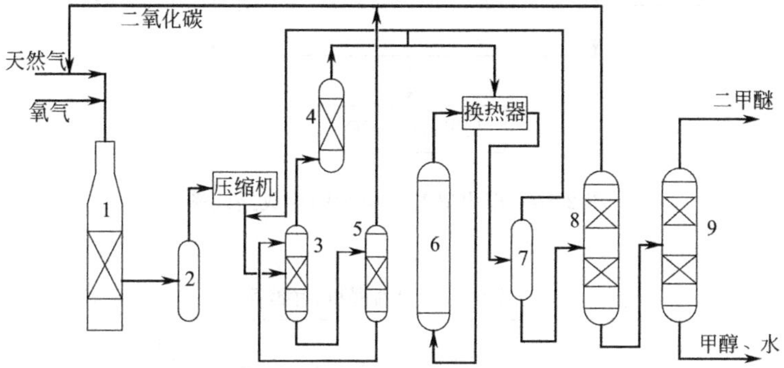

图 2-9　日本 NKK 的浆态床二甲醚合成工艺流程

1—造气炉；2—冷却器；3—吸收塔；4—脱硫塔；
5—再生塔；6—反应器；7—冷却塔；8—脱 CO_2 塔；9—二甲醚精馏塔

2.2 合成路线

按聚甲氧基二甲醚的合成原料可将合成工艺分为 3 类：甲醇和甲醛、三聚甲醛、多聚甲醛中的一种或几种反应生成 $PODE_n$；二甲醚和甲醛、三聚甲醛、多聚甲醛中的一种或几种反应生成 $PODE_n$；甲缩醛和甲醇、三聚甲醛、多聚甲醛中的一种或几种反应生成 $PODE_n$。聚甲氧基二甲醚的合成线路如图 2-10 所示。

2.2.1 甲醇和低聚甲醛合成路线

2.2.1.1 甲醇和甲醛制备 $PODE_n$

BASF 公司研究了以甲醇和甲醛为起始原料制备 $PODE_n$ 的工艺[27]，工艺过程如图 2-11 所示。

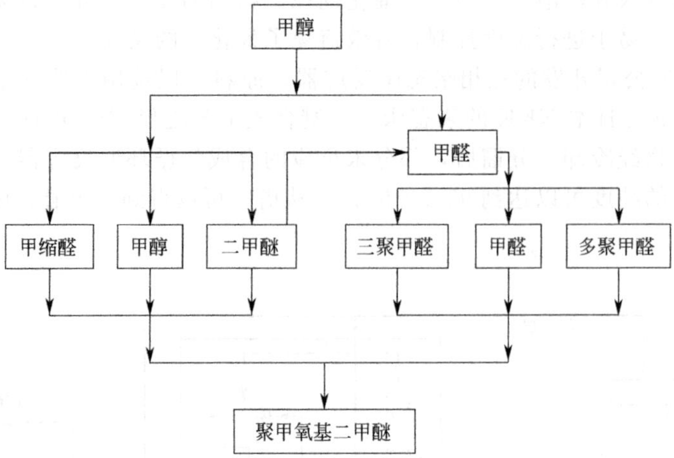

图 2-10 聚甲氧基二甲醚的合成路线图

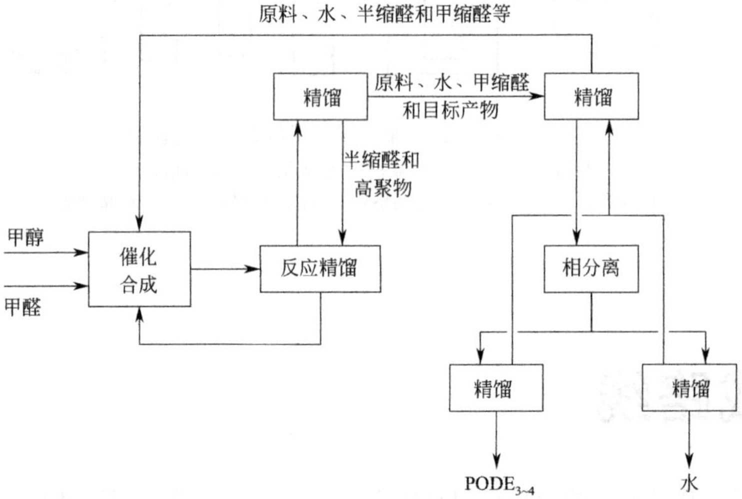

图 2-11 BASF 甲醇和甲醛合成 $PODE_n$ 工艺过程（一）

该工艺主要包括反应单元、反应精馏单元、相分离和精馏单元四部分。甲醛和甲醇溶液进行催化合成反应，产物混合物再进入反应精馏单元进行反应精馏，分离出轻馏分和重馏分，重馏分返回催化合成单元进行合成反应，轻馏分进入第一精馏单元进行分离，分离出轻、重两馏分，重馏分（含有高沸点的半缩醛和高聚物）返回反应精馏单元，轻馏分再经过多次精馏及相分离后得到目标产物 $PODE_{3\sim4}$。

BASF公司的另一种甲醇和甲醛反应工艺过程[28,29] 如图2-12所示。

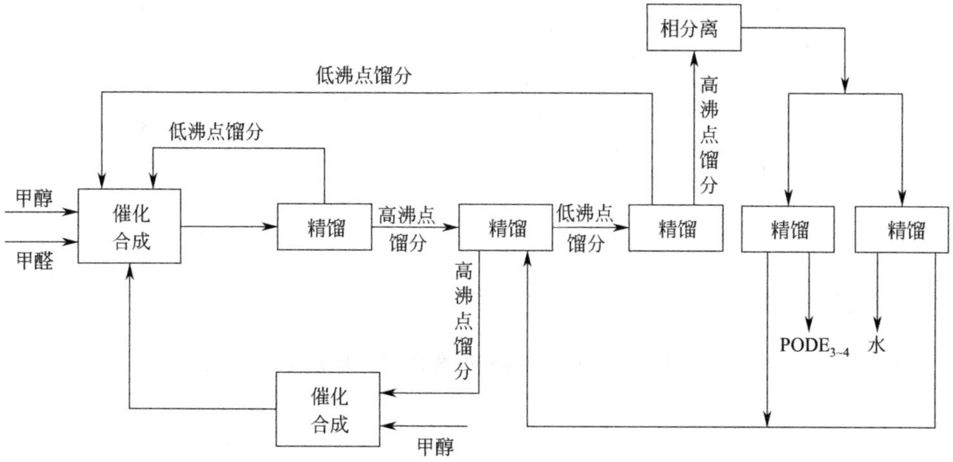

图2-12 BASF甲醇和甲醛合成$PODE_n$工艺过程（二）

该工艺主要包括两个反应单元和五个精馏单元。在该工艺中，甲醛溶液和甲醇一起进入第一反应单元进行反应；反应产物进入第一精精馏单元分离成低沸点馏分和高沸点馏分，低沸点馏分返回第一反应单元继续反应，高沸点馏分进入第二精馏单元进行精馏，分离成低沸点馏分和高沸点馏分，高沸点馏分和新鲜甲醇进入第二反应单元进行反应，反应产物返回第一反应单元，低沸点馏分依次经过第三、四精馏单元、相分离单元和第五精馏单元得到$PODE_{3\sim4}$产物。

中国科学院兰州化学物理研究所专利公布了一种以甲醛溶液和甲醇为反应原料，以离子液体为催化剂合成$PODE_n$的方法和工艺[30,31]。该工艺包括两个反应单元、两个精馏单元、一个膜蒸发单元和一个相分离单元。该工艺方法中，水合甲醛溶液在离子液体ILI的催化作用下，反应生成水合三聚甲醛，和甲醛形成混合溶液，然后生成的水合三聚甲醛和甲醛混合溶液在离子液体ILII的催化作用下，和甲醇发生反应，再经精馏、膜蒸发、相分离后生成$PODE_{3\sim6}$。工艺过程如图2-13所示。

BP公司也研究了甲醇与甲醛反应合成$PODE_n$的工艺，该工艺由两部分组成。第一步甲醇催化氧化制甲醛，甲醇经高温氧化脱氢后可得纯度较高的甲醛、甲醇和水的混合液；第二步甲醛与甲醇反应合成$PODE_n$，采用负载有促进缩合反应的活性组分的非均相催化剂，来自上一步的甲醛和甲醇溶液在反应精馏塔中反应精馏，得到甲缩醛和较高分子量的$PODE_n$。

2.2.1.2 甲醇和三聚甲醛合成$PODE_n$

北京科尔帝美技术工程有限公司公开了一种制备$PODE_n$的工艺装置[32,33]，工艺过程如图2-14所示。

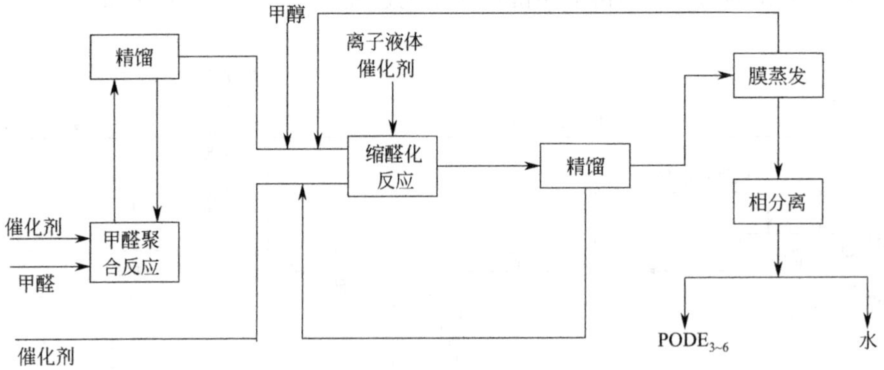

图 2-13 中科院兰化所甲醇和甲醛合成 $PODE_n$ 的工艺过程

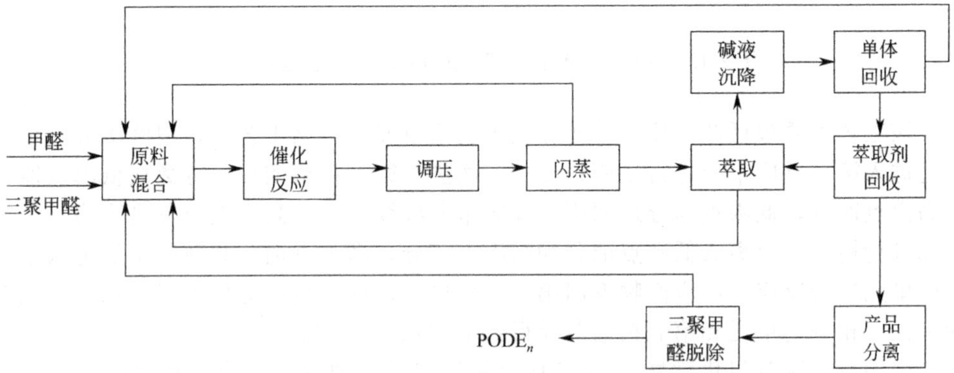

图 2-14 科尔帝美公司合成 $PODE_n$ 的工艺过程

该工艺主要由反应单元、减压闪蒸单元、萃取单元、碱洗单元、萃取剂回收单元和精馏分离单元组成。甲醇、三聚甲醛、回收单体和离子液体催化剂先进行充分混合，然后进入催化反应单元进行催化反应；反应单元出来的产物经过调压后进行闪蒸，分离出部分单体返回反应单元；另一部分物料进入萃取单元进行萃取，分离出产物和催化剂，催化剂可以循环使用，萃取剂碱洗后打入单体回收塔，回收单体作为循环原料返回反应单元；部分萃取液进入萃取剂回收单元回收萃取剂，萃取剂返回萃取单元；萃取剂回收单元产物进入产品精馏分离单元，脱除三聚甲醛后得到目标产物。

2.2.2 二甲醚和低聚甲醛合成路线

BP 公司专利中公布了一种以二甲醚与甲醛为原料合成 $PODE_n$ 的工艺方法[34]。该工艺由两步完成，第一步是二甲醚氧化脱氢生成甲醛，生成的甲醛溶液中含有质量分数为55%的甲醛、43%的甲醇和2%的水分；第二步是二甲醚与上一步来的甲醛溶液反应，采用膨润土、蒙脱土、阳离子交换树脂、磺化氟烯烃树脂衍生物中的一种或多种作为催化剂，于20～150℃、1.5～2.5MPa下反应合成 $PODE_n$，没有水生成。该工艺采用相对便宜的二甲醚和甲醛为原料合成 $PODE_n$，降低了生产成本。但是到目前为止，还没有该工艺工业化的相关报道。

BP公司还对甲醇氧化制甲醛，然后用甲醛与二甲醚反应制备 $PODE_n$ 工艺[35]进行过研究，但至今未见其工业化的报道。

Hagen G P等人[36]在由二甲醚和二甲醚脱氢氧化反应形成甲醛合成聚甲氧基二甲醚的专利中介绍了一种由二甲醚合成 $PODE_n$ 的方法。首先二甲醚在以银为活性组分的催化剂作用下脱氢氧化生成甲醛，然后由甲醇与甲醛反应制备 $PODE_n$。该工艺方法不仅解决了甲醛运输过程中带来的不便，并且与由甲醇制备甲醛相比，所得甲醛水溶液中甲醛的含量大幅提高，有利于提高 $PODE_n$ 合成反应的转化率。在整个工艺的核心装置——催化精馏塔中，含有甲醇、甲醛和催化剂助剂的物料进入催化精馏塔发生反应，与此同时，产物中低聚合度的 $PODE_1$ 被分离出去。另外，由于催化精馏塔中还装有阴离子交换树脂，能够脱除产物的酸性，使产物能够直接和柴油进行调和。

Hagen G P等人[37]介绍一种连续催化生产 $PODE_n$ 的工艺。该工艺过程如图2-15所示。

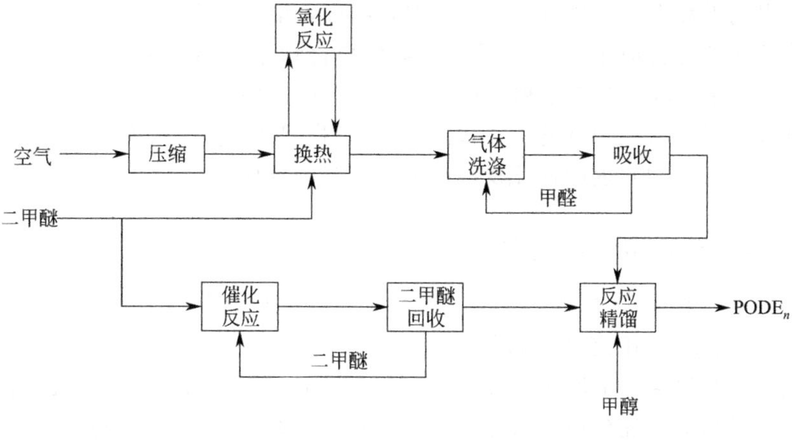

图2-15　以二甲醚为原料连续催化生产 $PODE_n$ 的工艺过程

该装置的主要设备是固定床反应器、反应精馏塔、二甲醚氧化反应器、吸收塔、回收塔、喷淋式气体洗涤塔、原料储存罐、换热器、压缩机和鼓风机。该工艺先将二甲醚原料分为两股物流，其中一股二甲醚和空气进入脱氢氧化装置，在氧气的作用下转化为甲醛，随后和另一股含有非均相催化剂的二甲醚物流混合进入固定床反应器反应，得到以PODE为主的混合物。接下来对混合物中未反应的二甲醚进行回收，使之循环回反应器继续与甲醛反应。剩余混合物进入下一级催化反应精馏塔中，在酸性催化剂作用下，混合物中主要的副产物甲醛和新鲜甲醇进一步转化为 $PODE_n$，并将 $PODE_1$ 分离开来。

2.2.3 甲缩醛和低聚甲醛合成路线

2.2.3.1 甲缩醛和三聚甲醛合成 $PODE_n$

BASF 公司公开了甲缩醛和三聚甲醛在酸性催化剂作用下制备聚甲氧基二甲醚的工艺[38]。该工艺过程如图 2-16 所示。

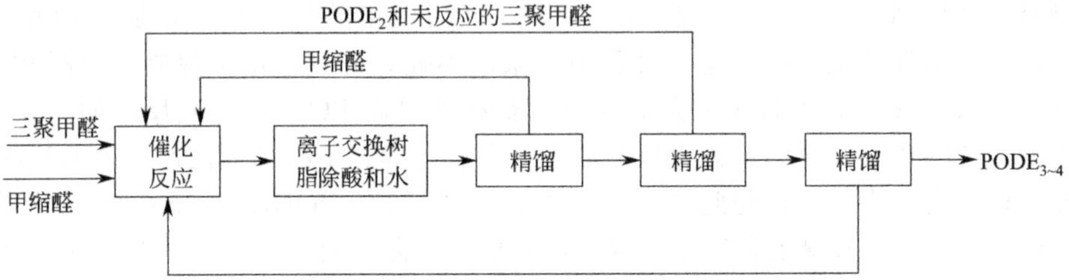

图 2-16 BASF 甲缩醛和三聚甲醛合成 $PODE_n$ 工艺过程

该工艺主要包括反应单元、离子交换单元、三个精馏单元。新鲜原料甲缩醛和三聚甲醛进入催化反应单元进行反应，反应后的物料混合物经过离子交换单元除去酸和水，得到无酸少水的物料混合物，混合物进入第一精馏单元进行分离，未反应的甲缩醛返回催化反应单元循环反应，剩余混合物进入第二个精馏单元，$PODE_2$ 和未反应的三聚甲醛从第二个精馏单元馏出，并返回催化反应单元继续反应，剩余混合物进入第三个精馏单元进行分离，目的产物 $PODE_{3\sim4}$ 从第三精馏单元馏出，重馏分混合物（$n>4$）返回催化反应单元继续参与反应。

2.2.3.2 甲缩醛和甲醛合成 $PODE_n$

江苏凯茂石化科技有限公司专利公开了一种 $PODE_n$ 的制备工艺装置及方法[39]，其工艺过程如图 2-17 所示。

该工艺主要包括一个催化反应单元、一个闪蒸单元、两个萃取单元、四个分离单元。甲缩醛和甲醛混合物进入催化反应单元发生聚合反应；反应产物进入闪蒸单元气化分离，闪蒸单元部分流出的混合物经冷凝后一部分返回催化反应单元循环反应，另一部分产物依次送入一级萃取单元、二级萃取单元进行萃取，随后进入四个分离单元进行分离，得到目标产物 $PODE_2$、$PODE_4$、$PODE_{3\sim5}$、$PODE_5$。

2.2.3.3 甲缩醛和多聚甲醛合成 $PODE_n$

清华大学王金福等人[40] 在一种生产聚甲氧基二甲醚的方法中，介绍了一种以甲缩醛和多聚甲醛为原料，以固体酸催化剂为反应催化剂的合成方法。该合成方法

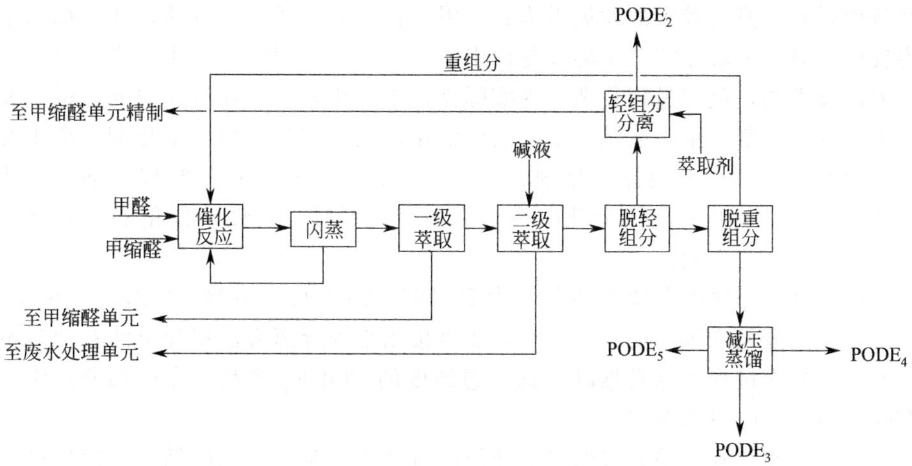

图 2-17 凯茂石化甲缩醛和甲醛合成 $PODE_n$ 的工艺过程

的工艺过程如图 2-18 所示。该工艺主要包括催化反应单元、预精馏单元、萃取精馏单元和真空精馏单元。甲缩醛和多聚甲醛在催化反应器中与固体酸催化剂接触发生反应，反应所得产物为同系混合物聚甲氧基二甲醚 $PODE_n$（$n>1$）。产物进入预精馏单元、萃取精馏单元和真空精馏单元进行分离。在预精馏单元中分离出甲缩醛，分离出的甲缩醛中的一部分回流，其余部分返回甲缩醛进料段，$PODE_2$ 于预精馏单元中采出并循环回催化反应单元继续反应。预精馏单元流出的混合物送至萃取精馏单元进行萃取精馏，混合物中未反应的醛类物质、醇类副产物及酸类杂质进入萃取液，萃取液经处理将萃取剂及醛类原料回收利用。萃取精馏单元剩余混合物进入真空精馏单元再进行精馏，得到目标产物 $PODE_{3\sim n}$，（$n>3$），n 根据产品需要进行调整，塔底得到 $PODE_{(n+1)\sim m}$ 组分（$m>n+1$）。

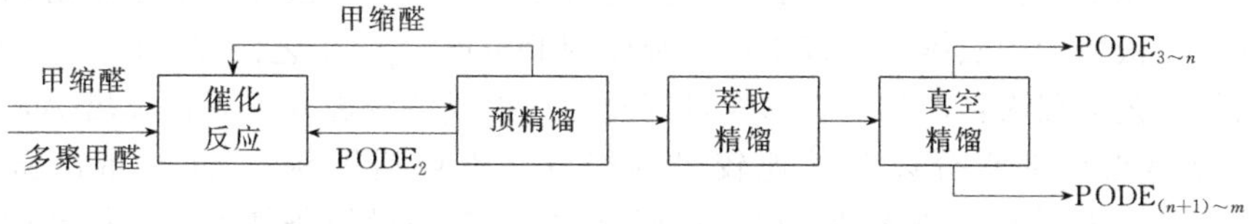

图 2-18 甲缩醛和多聚甲醛合成 $PODE_n$（$n>1$）的工艺过程

2.2.4 产物精制

在上述的各类合成 $PODE_n$ 的工艺中，主要包括三个操作单元，原料制备单元、反应单元和产物分离单元。在原料制备过程中，由于近年来，我国煤化工行业的发展，甲醇产能一直处于过剩状态，因而甲醇原料便宜且易得；三聚甲醛是环状甲醛聚合物，在甲缩醛中溶解性较好，在实验研究中应用较广，但其价格较高，在大规模工业化生产中受限；多聚甲醛由于其价格相对低廉，进行大规模工业化生产潜在的经济效益好，具有较大的发展潜力；二甲醚在常温常压下是气体，在选用二甲醚作为反应物时，一般先将二甲醚氧化成甲醛，然后再与甲醇或二甲醚进行反应，对反应温度要求高，反应过程复杂，在实际操作中应用较少。在反应单元，最主要的影响因素为催化剂，聚甲氧基二甲醚反应催化剂主要包括无机酸催化剂、离子交换树脂催化剂、酸性离子液体催化剂、分子筛催化剂、固体超强酸催化剂。除此之外，研究者又相继开发出了氧化石墨、离子交换纤维、酸性碳催化剂等新型催化剂，并取得了一定成效。

聚甲氧基二甲醚的合成产物是包含 $PODE_n$（$n \geqslant 1$）、甲醇、甲醛、三聚甲醛、甲酸、甲酸甲酯及水等物质的混合物，而直接用常规分离方法提纯虽然看似简单可行，但实际操作过程中总是难以得到理想纯度的 $PODE_n$ 产品。在产物分离中，主要有除水精制和除甲醛精制。

因此，要想得到合乎要求的产品必须进行聚甲氧基二甲醚的精制，即通过某一中间环节进一步降低甚至除去反应产物中的甲醛、水和酸，使得后期能够通过现有技术，如常规的精馏等方法分离得到所需要的反应产物，或者在分离提纯过程中耦合各种方法进一步消除甲醛聚合，抑制反应物水解，简化工艺，保证生产的连续性。近年来，国内外学者也在聚甲氧基二甲醚精制分离方向进行了大量研究，并取得了一定的进展。

2.2.4.1 产物分离

天津大学雷志刚等人[41] 提出了一种合成聚甲氧基二甲醚反应产物分离的工艺方法。该法以甲缩醛和浓甲醛水溶液为原料催化合成聚甲氧基二甲醚，反应产物包括 $PODE_n$、甲缩醛、甲醛单体、甲二醇、半缩醛、聚甲氧基半缩醛、少量水分、甲醇、甲酸及甲酸甲酯多种混合物。其分离工艺设备包括：操作压力从接近常压至负压递次降压的三台常规精馏塔和一台接近常压操作的离子液体萃取精馏塔以及一套回收离子液体的闪蒸罐，可以生产高纯度的 $PODE_{3\sim6}$。工艺流程如图 2-19 所示。

具体工艺流程为：产物混合物经过闪蒸、汽提或节流进入常规精馏塔 A，通过提馏段分离出全部水分以及其他较轻的组分（不包括甲酸），同时带出微量的 $PODE_2$，以气相的形式进入精馏段。在回流比 1～5 的操作条件下，在精馏段内轻组分不断浓缩，经过塔顶冷凝器凝结的馏出液一部分回流到塔顶，另一部分送至萃取精馏塔进行脱水、脱甲醇。含有少量三聚甲醛、甲二醇、二甲氧基甲二醇、二甲氧基半缩醛和很少量甲酸的 $PODE_{2\sim10}$ 从常规精馏塔 A 底部采出直接送入常规精馏塔 B。

常规精馏塔 B 在压力为 0.03～0.06MPa 和回流比为 1～1.5 的条件下操作，主要实现 $PODE_2$ 与 $PODE_{3\sim10}$ 的分离。塔顶采出高浓度的 $PODE_2$，以及少量的 $PODE_3$、三聚甲醛、甲二醇、二甲氧基甲二醇和二甲氧基半缩醛，经过进一步精制可以作为环保型溶剂，也可以全部或部分再循环回到聚甲氧基二甲醚合成单元，以

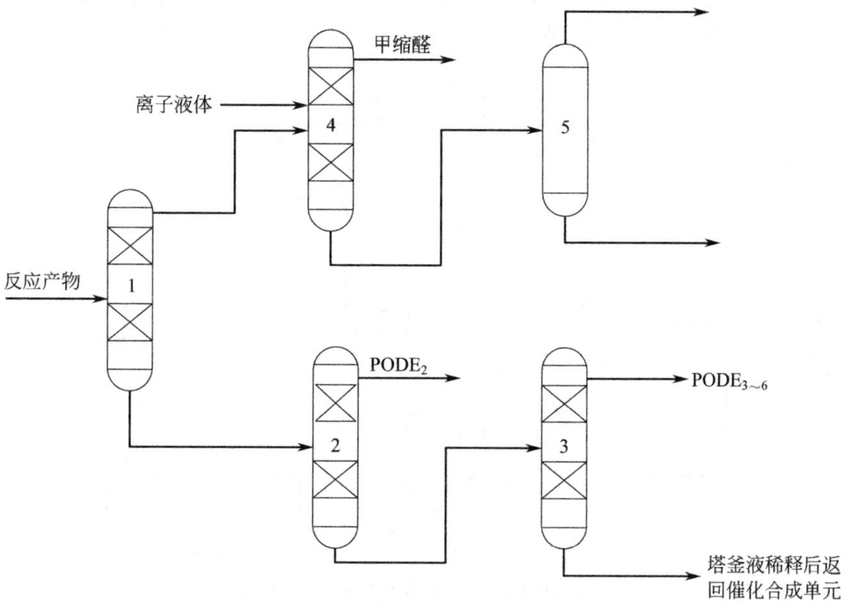

图 2-19 聚甲氧基二甲醚反应产物分离的工艺流程图

1—常规精馏塔 A；2—常规精馏塔 B；3—常规精馏塔 C；4—萃取精馏塔；5—闪蒸罐

提高 $PODE_{3\sim6}$ 在反应产物中的选择性。仅含少量有机酸的 $PODE_{3\sim10}$ 由塔底采出液直接送入常规精馏塔 C。

常规精馏塔 C 在压力为 0.003～0.006MPa 和回流比为 1～1.5 的条件下操作，其主要功能是从 $PODE_{3\sim10}$ 混合物中分离出作为柴油清洁组分的目的产物 $PODE_{3\sim6}$。根据对目的产物聚合度范围的不同要求，适当调整进料口位置或塔釜温度。塔顶馏出物中含有少量有机酸，目的产物纯度在 99.5%以上。冷却并经过常规弱碱性阴离子交换树脂吸附等脱酸处理后即可得到合格的目的产物。从塔底采出的 $PODE_{6\sim10}$ 液体混合物经原料液稀释后再循环回催化合成单元。

萃取蒸馏塔在接近常压下操作，进料质量流量约为常规精馏塔 A 进料流量的 1/3～1/2。离子液体则从萃取精馏塔精馏段的适当位置送入。精馏段回流比 0.5～5，塔顶馏出液中甲缩醛浓度在 97%以上，甲醇浓度小于 0.5%～0.9%，可以再循环至聚甲氧基二甲醚催化合成单元。借助离子液体对于水与甲醇的选择性溶解，进入精馏系统；几乎所有的水和甲醇都被离子液体萃取进入萃取精馏塔的塔底。离子液体萃取液继而经加热进入真空度较高的闪蒸罐闪蒸脱水、脱甲醇。根据其组成，经冷凝后可再循环到合成聚甲氧基二甲醚的原料甲缩醛的合成单元。由于离子液体不挥发、不可燃，在作为萃取溶剂反复使用过程中几乎没有损失。

四川鑫达新能源科技有限公司的刘江等人[42] 提出一种聚甲氧基二甲醚精制分离系统及利用该系统制备聚甲氧基二甲醚的方法。该精制分离系统包括依次连接的粗制系统、精制系统和除杂系统。通过精制系统将 $PODE_{3\sim4}$ 和 $PODE_{5\sim8}$ 的分离，使产品多样化，使用范围更加广泛，并且本方法利用物料本身的热量作为再沸器的热源，减少了蒸汽量的使用，节约了成本。该工艺流程如图 2-20 所示。

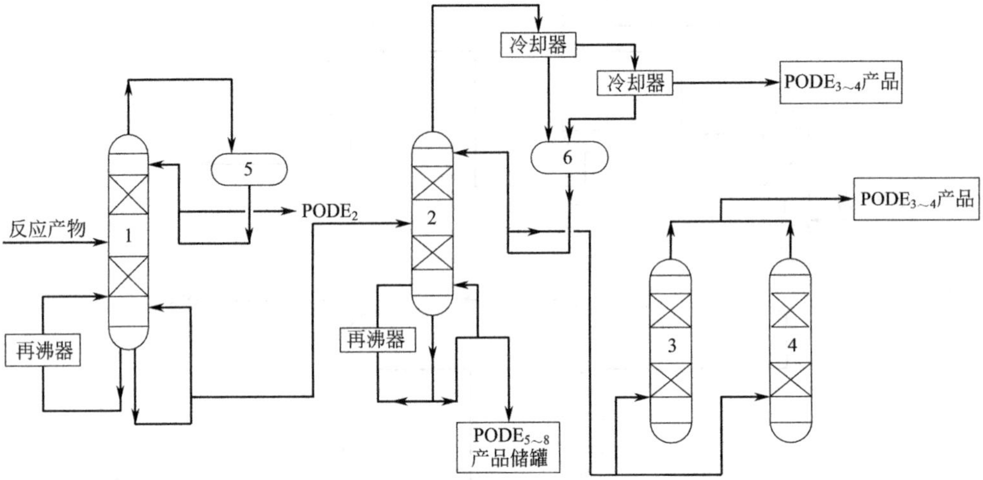

图 2-20　聚甲氧基二甲醚精制分离系统工艺流程图

1—产品塔；2—精制塔；3—第一吸附罐；

4—第二吸附罐；5—$PODE_2$ 产品储罐；6—$PODE_{3\sim4}$ 产品储罐

粗制系统：将来自脱轻塔的 $PODE_{2\sim8}$ 产品输送至产品塔中，通过精馏将分离得到的 $PODE_2$ 产品从产品塔顶部送至 $PODE_2$ 产品储罐，将分离得到的 $PODE_{3\sim8}$ 产品从产品塔底部输出至精制塔中，产品塔的操作温度为 138℃。

精制系统：将 $PODE_{3\sim8}$ 产品在精制塔中精馏，将分离得到的 $PODE_{3\sim4}$ 产品从精制塔顶部送至预冷却设备中冷却至 40℃，将分离得到的 $PODE_{5\sim8}$ 产品从精制塔底部输出，$PODE_{5\sim8}$ 产品出料分成两股，其中一股在再沸器循环泵的作用下经第二再沸器利用后再次返回至精制塔中，另一股作为产品输出，精制塔的操作温度为 173℃。在开车生产 $PODE_{3\sim4}$ 产品之前，对精制塔的管路以及泵进行预热，预热至 75～80℃。打开预冷却设备的冷却水进出口阀门，开启蒸汽喷射泵，并且调节精制塔塔内的压力至－94kPa。

当塔底液位占精制塔容积的 20%时，开启第二再沸器，调节精制塔塔釜的运行温度为 170～175℃，塔顶温度为 95～100℃，控制塔底正常运行液位为占精制塔容积的 60%。待精制塔塔釜物料中 $PODE_5$ 含量达到 28%时，开启第二塔釜出料泵，采出 $PODE_{5\sim8}$ 产品，待精制塔塔顶的 $PODE_{3\sim4}$ 纯度达到 99.5%时，开启第二塔顶出料泵，将 $PODE_{3\sim4}$ 产品输送至除杂系统中。

除杂系统：将来自精制塔的 $PODE_{3\sim4}$ 产品分成两股分别输入至除杂系统的第一吸附罐和第二吸附罐中进行吸附除杂，其系统温度不高于 80℃，除去 $PODE_{3\sim4}$ 产品中残留的少量甲醛，得到精制产品。

具体操作流程为：将来自脱轻塔的 $PODE_{2\sim8}$ 产品输送至粗制塔中进行蒸馏分

离，得到 $PODE_2$ 产品和 $PODE_{3\sim8}$ 产品。将分离得到的 $PODE_2$ 从粗制塔的顶部物料出口输出，在 $PODE_2$ 产品储罐中收集。$PODE_2$ 产品储罐的出口与第一塔顶出料泵连接，在第一塔顶出料泵的作用下，一部分 $PODE_2$ 产品直接泵送至精馏塔，进一步提纯，另一部分泵送至粗制塔的顶段，进行再次蒸馏，以提高产品纯度。将分离得到的 $PODE_{3\sim8}$ 从粗制塔的底部物料出口输出，在第一塔釜出料泵的作用下，一部分 $PODE_{3\sim8}$ 产品直接泵送至精制塔，进行下一步分离，另一部分泵送至粗制塔的底段，进行再次蒸馏，将混杂在 $PODE_{3\sim8}$ 产品中的 $PODE_2$ 分离出去。将来自粗制塔的 $PODE_{3\sim8}$ 产品从精制塔的物料入口输入，精馏后得到 $PODE_{3\sim4}$ 产品和 $PODE_{5\sim8}$ 产品。将分离得到的 $PODE_{3\sim4}$ 从精制塔的顶部物料出口输出，经冷却设备第一冷却器和第二冷却器冷却后，在塔顶受液罐中收集。塔顶受液罐的出口与第二塔顶出料泵连接，在第二塔顶出料泵的作用下，一部分 $PODE_{3\sim4}$ 产品直接泵送至塔顶出料冷却器，进一步冷却后输送至除杂系统进行除杂处理；另一部分泵送至精制塔的顶段，进行再次精馏提高 $PODE_{3\sim4}$ 产品纯度。将分离得到的 $PODE_{5\sim8}$ 从精制塔的底部物料出口输出并分成两股，一股 $PODE_{5\sim8}$ 产品在第二塔釜出料泵的作用下泵送至塔釜出料冷却器冷却，然后装桶；另一股 $PODE_{5\sim8}$ 产品在再沸器循环泵的作用下送至第二再沸器中，为第二再沸器提供热源，换热后再返回至精制塔中进行再次精馏，将混杂在 $PODE_{5\sim8}$ 产品中的 $PODE_{3\sim4}$ 分离出去。

2.2.4.2 催化加氢精制

北京东方红升新能源应用技术研究院商红岩等人[43] 提出了一种固定床催化加氢精制聚甲醛二烷基醚的方法。采用固定床加氢精制反应器，在负载型的 Ni 基催化剂体系或非载型的 Cu 基催化剂体系条件下，对含有聚甲氧基二甲醚产物的平衡体系进行催化加氢精制，以除去其中含有的甲醛，并对除去甲醛后的产物进行后续的提取操作。其工艺流程如图 2-21 所示，其中，负载型的 Ni 基催化剂体系为 K、Mg 或 Zn 改性的 Ni/Al_2O_3 负载型催化剂，以催化剂的总质量计，活性组分 Ni 的负载量为 5%～25%，K、Mg 或 Zn 的负载量为 0.5%～5%；非负载型 Cu-Cr-Al 催化剂，以催化剂的总质量计，其中活性组分 CuO 的含量是 30%～60%，活性组分 Cr_2O_3 的含量 10%～45%、Al_2O_3 的含量为 10%～30%。加氢精制的工艺条件为：氢气压力为 2～6MPa，加氢精制反应温度是 100～130℃，液体空速 1～2h^{-1}，氢油体积比（200∶1）～(400∶1)。

该工艺主要包括三个工艺单元。

① 合成单元。包括固定床合成反应器、缓冲罐、干燥塔；在固定床合成反应器合成得到的平衡体系，依次在缓冲塔进行脱酸、在干燥塔进行脱水处理；其中聚甲氧基二甲醚的合成原料主要包括两部分：一部分是提供低聚甲醛的化合物，包括甲醛溶液、三聚甲醛、多聚甲醛等；另一部分提供封端化合物，包括甲醇、二甲醚、甲缩醛等，合成反应是在酸性催化剂催化下的梯级聚合反应、热力学平衡反应。

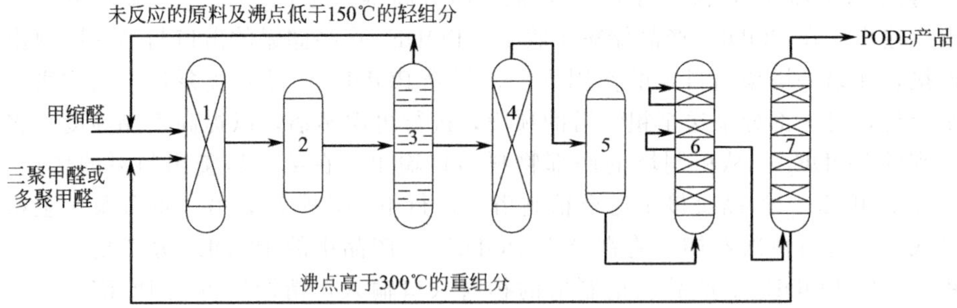

图 2-21 固定床催化加氢精制 PODE 的工艺流程图

1—合成反应器；2—缓冲罐；3—干燥塔；

4—固定床精制反应器；5—缓冲罐；6—常压精馏塔；7—减压精馏塔

② 预处理、催化精制单元。该单元的结构组成包括：固定床加氢精制反应器和缓冲罐；平衡体系依次经固定床加氢精制反应器和缓冲罐进行处理，以除去没有反应的甲醛。

③ 精馏分离以进行提取的单元。其结构组成为常压精馏塔和减压精馏塔；平衡体系在通过常压精馏塔、减压精馏塔后最终得到高纯度的聚甲氧基二烷基醚。没有反应的轻组分甲缩醛、甲醇以及沸点低于 150℃的聚甲氧基二烷基醚返回到所述固定床合成反应器循环使用；沸点高于 320℃的聚甲氧基二烷基醚重组分也返回到所述固定床合成反应器循环反应。最后获得的聚甲氧基二甲醚的纯度大于 99.5%，收率大于 97%，原子利用率将近 100%。

商红岩等人[44] 也提出了一种浆态床催化加氢精制聚甲氧基二甲醚的方法。与上述的固定床加氢精制方法类似，将反应产物通过浆态床，用骨架金属催化剂将产物中的甲醛加氢还原为甲醇，进而对产物进行常-减压精馏。该工艺共包括合成、精制和分离三个操作单元，采用浆态床反应器，催化剂为雷尼钴（Raney-Co)、雷尼铁（Raney-Fe)、雷尼钌（Raney-Ru)、雷尼镍（Raney-Ni)、雷尼铜（Raney-Cu）催化剂中的一种或几种组合。其中，加氢精制的工艺条件为：氢气压力为 2～6MPa，反应温度为 70～120℃，反应时间是 3～6h。最后获得的聚甲氧基二甲醚的纯度大于 99.5%，收率大于 97%，原子利用率近 100%。

2.2.4.3 除甲醛精制

在合成聚甲氧基二甲醚的产物中，含有部分甲醛，对整个合成工艺及反应设备造成一定的影响。一是精馏过程中甲醛气体在设备内壁及管道内易遇冷聚合成多聚甲醛固体堵塞管道，影响生产的连续性；二是反应产物中含有一定的酸值。随着精馏过程中低沸点组分不断被分离，反应平衡逆向进行，$PODE_n$ 在酸性条件下水解不断生成甲醇和甲醛。这不仅会使反应产物中甲醇难以彻底除去，同时水解又会释放出新的甲醛导致一系列连锁反应，甚至导致精馏过程中塔釜在高温时聚合结块。由于以上问题的存在，即使合成过程中产物的收率再高、选择性再好，也难以得到合乎实际要求的产品。目前，研究者提出了几种精制的方法，如：向反应产物中加入碱性物质（浓 NaOH 水溶液、固体亚硫酸盐和过碳酸钠、通入过量氨气）、化学吸附-脱附以及常压-减压精馏相结合的方法等。

洪正鹏等人[45] 在一种精制及提纯聚甲醛二烷基醚的专利中介绍了一种除醛精制的方法：通过向聚甲氧基二甲醚反应产物中加入质量分数为 40%～50%的浓 NaOH 水溶液，加入量为平衡产物质量的 10%～20%，并在 50～60℃下进行冷凝回流处理 0.5～1.0h。静置分层，并将上层不含醛的液相产物进行干燥处理得到精制后反应产物。

洪正鹏等人[46] 在一种精制及提纯聚甲醛二烷基醚的专利中介绍的除甲醛精制的方法是向反应产物中加入过碳酸钠。具体方法是向反应后的平衡产物中投入占所述平衡产物质量 3%～7%的过碳酸钠（可一次或多次分批加入），于 40～60℃温度下进行回流冷凝处理 0.5～2.0h，将得到的混合物进行固液分离，收集液相产物，最后对所得到的液相产物进行后续的提取操作处理。一般的提纯操作是常压蒸馏、减压蒸馏、闪蒸、精馏、相分离、过滤中的一种或多种的组合。常压蒸馏收集 40～110℃以前馏分为甲醇、甲缩醛和少量的二聚产物，所得 110℃之后的馏分即为二聚及更高聚合度产物；减压蒸馏的真空度为 0～0.1MPa，改变操作时的真空度即可获得不同聚合度产物；闪蒸操作的压力为 0.01～0.5MPa，改变压力可对粗产物进行粗分离，减轻后续分离负荷；精馏操作的塔釜温度为 100～150℃，回流比为 1～2。该方法属于固相反应，反应后杂质易分离，工艺简单，而且反应温和，易操作；过碳酸钠在除去甲醛的同时，会在聚甲氧基二甲醚上增加少量的过氧链，这些过氧链会有助于聚甲氧基二甲醚十六烷值的提高；由于过碳酸钠以固相投入，不存在甲醇等物料在水溶液中溶解的问题，因此，产物的回收率高，可以有效降低生产成本。

洪正鹏等人[47] 在一种精制及提纯聚甲醛二烷基醚的专利中介绍除甲醛精制的方法是向反应产物中加入固体亚硫酸盐。该方法与向反应产物中加入过碳酸钠类似。具体操作是向反应后的平衡产物中加入质量为产物质量的 5%～15%的亚硫酸盐（亚硫酸钠、亚硫酸氢钠和偏重亚硫酸钠中的一种或几种的组合），进行冷凝回流处理 0.5～2.5h，温度控制在 25～50℃，将得到的混合物进行固液分离，收集液相产物，最后对所得到的液相产物进行后续的提取操作处理。

商红岩等人[48] 在一种精制制取聚甲氧基二烷基醚的专利中介绍了一种向平衡产物中通入过量氨气的方法除甲醛精制方法。具体操作为向反应后的平衡产物中通入纯度大于 60% 的过量氨气（反应温度为 50～70℃，氨气的压力为 0.02～0.5MPa），在 10～70℃下冷凝回流处理，得到固液混合物并进行沉降分离（时间为 8～12h），将得到的反应液进行蒸发结晶，把反应液中的轻组分——过量的氨、甲醇、水等蒸发掉，同时液相中的六亚甲基四胺不断结晶析出，再进行固液分离分别得到六亚甲基四胺结晶体和精制后聚甲氧基二甲醚产物。该方法能够达到除醛目的，并且有效降低了产物的酸值。但在蒸发结晶除去氨、甲醇的同时，低沸点组分甲缩醛也会随之损失。

华东理工大学胡国庆等[49]采用氢氧化钠溶液萃取反应产物中的甲醛，除去大部分甲醛，其质量分数从5.59%降至0.07%，随后采用4A分子筛对产品液进行干燥，同时可以除去大部分甲醇，质量分数从4.23%降至0.72%。以此为分离料液，进行下一步的分离，初期采用常压精馏，分离出99.06%的甲缩醛，可作为原料直接回收利用；然后进行减压精馏分离得到97.81%的二聚产物、99.68%的三聚产物以及99.62%的四聚产物。该方法能除去产品液中大部分的甲醛和甲醇，减轻塔中结料和共沸现象，同时避免了塔釜的结焦，得到纯度较高的二聚、三聚、四聚组分，缩短了试验周期，也降低了减压精馏的难度，但是采用该萃取方法进行精制物料损失比例较高。

以上方法通过向产物中加入其他物质与甲醛发生化学反应来除甲醛，避免了精馏过程中甲醛聚合问题，同时中和产物的酸值，得到无酸无醛的溶液，可以直接进行精馏分离，采用常规的精制方法。但同时也会造成一定比例反应产物的流失，难以完全回收，同时造成被除去的甲醛无法重复利用，生成一定量的污染废水，同时溶解在反应产物中的少量盐在后期连续生产过程中不断积累产生新的不确定性影响。近年来，研究人员也相继研发了一些新型、环保的精制工艺，并取得了一定成果。

安高军等[50]提出通过化学吸附-脱附的方法除甲醛精制，通过研发出一种用于碱性除甲醛的吸附材料，以硅胶、纤维树脂或活性炭为载体，并以带氨基活性基团的有机物（如：单乙基胺、二甲胺、二乙醇胺、*N*-甲基二乙醇胺，2-氨基-2-甲基-1-丙醇等）进行改性制得。将聚甲氧基二甲醚产品送入装有该吸附材料的吸附塔中进行甲醛吸附，待吸附塔中吸附材料饱和后在150℃下进行脱附再生，并再次对聚甲氧基二甲醚产物进行吸附脱醛。该方法有利于后续产品的分离，同时回收一部分未反应的甲醛，提高甲醛利用率，降低生产成本，从而有利于工业化的实现。

2.2.4.4 除水精制

在酸性条件下水的存在会使反应产物 $PODE_n$ 水解，极大影响了反应产物的分离效果。且 $PODE_2$ 与水共沸，$PODE_2$ 产品中含有大量水会形成油水两相，必须除水才能得到较纯的 $PODE_2$ 产品。

钟娅玲等[51]研发出一种聚甲氧基二甲醚气相物料流脱水的方法，该方法中气相物料流各组成成分（体积分数）为2%～10%水、3%～5%甲醇、60%～80% $PODE_2$、剩余为 $PODE_{3\sim8}$。首先将气相物料流从一级吸附塔顶通入，在吸附塔内完成吸附反应，随后气相物料流被送入二级吸附塔进行同样吸附过程，一级吸附塔进入再生阶段，再生完成后物料流再返回第一吸附塔进行吸附，第二吸附塔进行再生阶段，如此反复直到产物中的含水量达到要求。再生阶段的解吸液则可返回前一工段循环利用。采用此工艺方法能够将气相物料流的含水量控制在质量分数0.05%以下，同时无污染物排放，保证了生产连续性。图2-22即为该工艺流程。

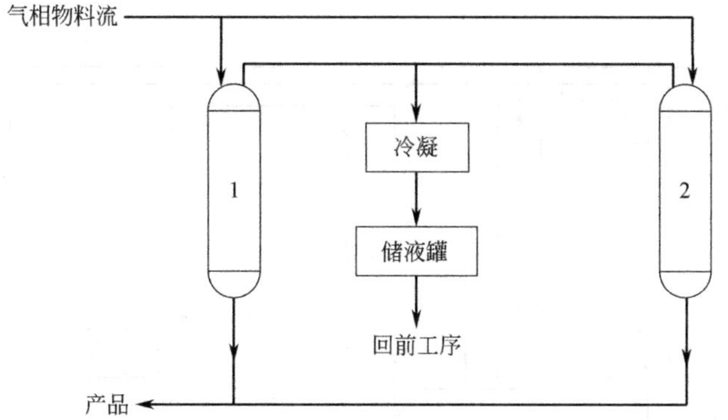

图 2-22　PODE气相物料流脱水工艺流程图

1—一级吸附塔；2—二级吸附塔

北京东方红升新能源应用技术研究院有限公司开发出一种用于制取聚甲氧基二烷基醚的液相变温吸附分离脱水方法[52]。吸附塔中的干燥剂为活性氧化铝、分子筛、硅胶等干燥剂中的一种或按任意比例组合的两种。该工艺包括吸附阶段、卸料阶段；再生阶段、冷却阶段和充压阶段。主要工艺过程为：待干燥液体物料进入干燥系统，经吸附塔吸收水分，得到已干燥液体物料，当吸附阶段结束后，进入卸料阶段，打开吸附塔底部排放阀经卸料冷却器进行卸料，卸料时，吸附塔的顶部通入再生载气，当吸附塔液相物料全部出完后，利用循环的再生载气将吸附塔内的剩余液相物料全部卸至卸料回收罐中，卸料回收罐中的液相物料送至待干燥液相物料系统或已干燥液相物料系统进行回收利用。卸料阶段完成后，对再生载气进行加热，利用被加热后的循环再生载气对吸附塔的干燥剂进行加热，同时启动吸附塔自身的加热系统，对干燥剂进行加热；干燥剂在吸收过程中吸收的水分和物料被解吸出来并被再生载气送至再生载气冷凝器中，在再生载气冷凝器中，水和物料被冷凝，并与再生载气分离进入冷凝液分离罐中，未冷凝的再生载气进入再生载气储罐中，并通过循环压缩机升压，升压后的再生载气经加热器加热后循环利用。冷凝液分离罐中被冷凝的液相物料（主要是油相）和水利用油和水相互不相溶的原理，将其在冷凝液分离罐内分离，其中油相返回待干燥液相物料系统进行回收利用，水相经废水泵送至废水处理站处理达标后排放。再生阶段结束后，停止再生载气加热器和吸附塔的加热，关闭再生载气冷凝器的底部阀门，打开吸附塔的冷却系统，利用循环再生载气及吸附塔自身的冷却系统对干燥剂进行冷却，直到干燥剂的温度被冷却至规定温度后。冷却阶段结束后，打开吸附塔进口阀门，同时打开顶部排气阀，控制待干燥液体物料或已干燥液体物料的流量缓慢进入吸附塔，逐步使吸附塔充满液体，待液体充满后，该吸附塔备用。其中吸附塔的吸附压力为0.1～3.0MPa，吸附温度为0～50℃；吸附塔的再生压力为－0.1～0.5MPa，再生温度为50～250℃。采用该工艺能够有效除去液相反应产物中的水，将产物含水量降低至$10\times10^{-6}\sim100\times10^{-6}$。同时使得再生过程中部分冷凝液得以回收利用，无二次污染。图2-23即为该工艺流程示意图。

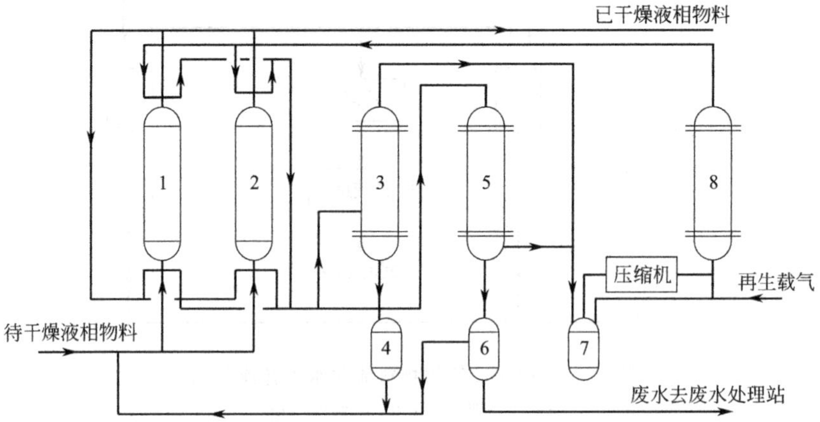

图 2-23　液相变温吸附分离除水精制 PODE 工艺流程

1—吸附塔 A；2—吸附塔 B；3—卸料冷却器；4—卸料回收罐；5—再生载气冷凝器；6—冷凝液分离罐；7—再生载气储罐；8—再生载气加热器

2.2.5　各类工艺方案对比

$PODE_n$ 合成原料可以采用甲醇、二甲醚、甲缩醛与甲醛、三聚甲醛、多聚甲醛，也可以采用三种或三种以上原料。以三聚甲醛为原料的工艺，原料价格较贵，且反应之前需进行解聚，需要比较多的原料罐，增加了原料和设备投入，工业化困难。甲醇与甲醛为原料合成 $PODE_n$，产生的水会分解产物，降低产物收率和产品质量。开发合成过程同步脱水的工艺，可以解决水的影响问题。甲缩醛国内产能大量过剩，价格便宜，和甲醛反应过程中无水产生，所以开发采用甲缩醛与多聚甲醛（固体甲醛）为原料合成 $PODE_n$ 工艺具有现实意义，但今后仍应继续寻求更廉价的原料。

目前国外对于 $PODE_n$ 的研究主要集中在 BP 公司和 BASF 公司。BP 公司在专利中公开了分别选用甲醇、甲醛、二甲醚以及甲缩醛为原料合成 $PODE_n$ 工艺。该公司报道的方法中描述，该工艺的第一过程即甲醇气相催化氧化制甲醛，采用适宜的催化剂将甲醇在高温下气相脱氢可得到甲醛、甲醇、氢气和一氧化碳的混合气，进一步冷却使甲醇浓缩，并收集甲醛、分离氢气和一氧化碳。第二过程甲醇和甲醛在多相酸性催化剂条件下，在催化精馏塔中反应得到甲缩醛和更高聚合度的 $PODE_n$，并将二者分离。进一步，将产物通过一种阴离子交换树脂即得到可直接混入柴油的无酸产品，也可继续分馏得到更优质的柴油添加组分。该工艺采用价廉易得的原料通过多相催化的方法合成聚甲氧基二甲醚，然而其产率较低，$PODE_{3\sim7}$ 不超过 24%。此研究为实验室研究，未见工业化报道。

巴斯夫公司公开了甲缩醛和三氧杂环己烷在酸性催化剂存在下制备聚甲氧基二

甲醚（$PODE_n$）工艺。该方法是将甲缩醛、三氧杂环己烷加入反应器中，在酸性催化剂条件下反应，通过蒸馏获得包含其中 $n=3$ 和 $n=4$ 的 $PODE_n$ 馏分，而甲缩醛、三氧杂环己烷和 $n<3$、$n>4$ 的 PODE 再循环进入反应器。由于制备方法中会形成不稳定的半缩醛，并且半缩醛与 $PODE_n$ 具有相近的沸点，不容易被分离出来，会一直存在于最终产品中。半缩醛的存在将在一定程度上降低柴油混合物的闪点，进而损害该混合物的品质。柴油混合物的闪点过低，会导致掺和柴油不满足相关标准规定的规格要求，所以不太适合用作柴油添加剂。此技术至今未见到工业化的报道。此技术研究中，在放大到工业生产规模时，可能会受到三氧杂环己烷的批量供应的数量和价格的制约。

目前，我国聚甲氧基二甲醚的生产工艺发展迅速，以下对 5 种主要不同工艺分别从原料、反应条件、转化率、产品组分、质量、技术成熟度和工艺方面进行了对比，如表 2-7 所示[53]。

表 2-7　各类生产 $PODE_n$ 工艺汇总

类型	兰州化学物理研究所	清华大学	中国石油大学（华东）	旭阳化工研究院	江苏凯茂
原料	三聚甲醛、甲缩醛	多聚甲醛、甲缩醛	多聚甲醛、甲醇	多聚甲醛、甲缩醛	甲醛、甲缩醛
反应条件	130℃、3MPa	<100℃、>0.5MPa	150℃、<2MPa	80℃、0.2MPa	80～200℃、0.2～1.5MPa
转化率	三聚甲醛转化率≥90%，选择性≥68.3%，单程收率≥61.3%	多聚甲醛单程转化率达到 85%	>85%	>83%	>90%
产品组成	$PODE_{3\sim8}$	$PODE_{3\sim5}$	$PODE_{3\sim8}$	$PODE_{3\sim8}$	$PODE_{3\sim5}$
反应器	釜式反应器	流化床	固定床	固定床	固定床
催化剂	离子液体	固体酸	液体酸	固体酸	固体酸
单耗	1.32	1.3	1.38～1.45	1.34	1.4
技术成熟度	1 万吨工业示范装置	1 万吨工业示范装置	1000 吨中试装置	1000 吨中试技术	—

从原料上看，江苏凯茂石化科技有限公司（简称：江苏凯茂）采用甲醛和甲缩醛为原料，不经过三聚甲醛或多聚甲醛等中间产物，反应流程短，设备投资相对较少；从产物来看，清华大学和江苏凯茂的工艺产物是 $PODE_{3\sim5}$，而其他工艺的产物为 $PODE_{3\sim8}$，江苏凯茂的甲醇生产单耗较高，而其他工艺的单耗是每 1 吨产品约消耗 1.3t 的甲醇；从技术成熟度看，兰州化学物理研究所和清华大学的技术完成了万吨级 $PODE_n$ 工业化生产装置的连续稳定运行，其中兰州化学物理研究所技术累计生产产品 3000t，三聚甲醛的转化率不小于 90%，选择性不小于 68.3%，单程产品的收率不小于 61.3%，甲醇单耗小于 1.32t，清华大学实现了长时间连续稳定运行，多聚甲醛单程转化率达到 85%，产品 $PODE_{3\sim5}$ 的含量大于 97%，中国石油大学（华东）与北京旭阳化工技术研究院有限公司（简称：旭阳化工研究院）

技术均完成了千吨级中试，未达到工业化示范，与其他技术相比稍显不足。

2.3 $PODE_n$ 合成机理

尽管合成聚甲氧基二甲醚的原料和工艺各不相同，但是，目前研究者认为 $PODE_n$ 的合成反应机理有两种，一种为链增长机理，即甲醛分子直接和 $PODE_{n-1}$ 反应生成 $PODE_n$；另一种为缩醛化反应机理。

2.3.1 链增长反应机理

以甲缩醛和低聚甲醛为原料合成聚甲氧基二甲醚，首先环状的低聚甲醛解聚成甲醛，然后甲缩醛再与解聚后的甲醛反应生成 $PODE_2$，$PODE_2$ 继续与解聚的甲醛反应生成 $PODE_3$，以此继续反应，生成更高聚合度的 $PODE_n$。

Zhang 等[54] 在釜式反应器中以甲缩醛和三聚甲醛为原料，分别以硫酸、磺化活性炭和酸性树脂为催化剂，研究了不同催化剂作用下聚甲氧基二甲醚的链增长机理，提出合成 $PODE_n$ 的过程包括 3 步，下面以 $PODE_1$ 生成 $PODE_2$ 为例说明该机理。

第一步：三聚甲醛分解为小分子的甲醛单元；甲缩醛分解为 CH_3OCH_2O—和—CH_3 或者是 CH_3O—和—CH_2OCH_3，该过程为基团生成过程。

第二步：甲醛分子逐个键合到 CH_3OCH_2O—或者—CH_2OCH_3 基团上，该步是链增长过程，在示意图 2-24 中是方向向右的过程，逐步生成分子量较高的聚合物前体。

第三步：第二步中生成的中间基团与甲基或者是甲氧基反应生成不同聚合度的目标产物 $PODE_n$，在示意图 2-24 中是方向向下的反应过程，该过程是基团重组过程，也是链终止过程。

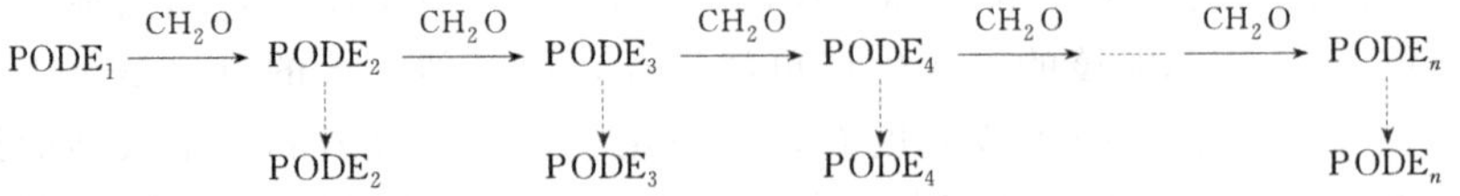

图 2-24 由 $PODE_1$ 逐步缩合生成 $PODE_n$

研究者将 $PODE_2$ 和催化剂量的硫酸放在一起，经一段时间后分析其组成，发现产物中含有各种聚合度的 $PODE_n$，这说明在该实验条件下，$PODE_2$ 确实经历了分解并重新组装的过程，证实了基团重组链增长模型在一定程度上的合理性。Li

等[55]以磺化的氧化钛为催化剂，以 $PODE_2$、$PODE_3$ 取代 $PODE_1$ 与三聚甲醛反应，发现 $PODE_2$、$PODE_3$ 的转化率都很低，产物中除反应物外的不同聚合度的聚甲氧基二甲醚含量随聚合度的增加其含量减少，从整体来看，在该体系中反应受到化学平衡的限制。他们认为链增长机理是单纯的 $PODE_n$ 分子在酸催化下结合一个甲醛分子生成 $PODE_{n+1}$，图 2-25 为 $PODE_1$ 在酸性催化剂的作用下与甲醛缩合形成 $PODE_2$ 的反应过程示意图，该种链增长反应机理为单纯链增长机理模型。

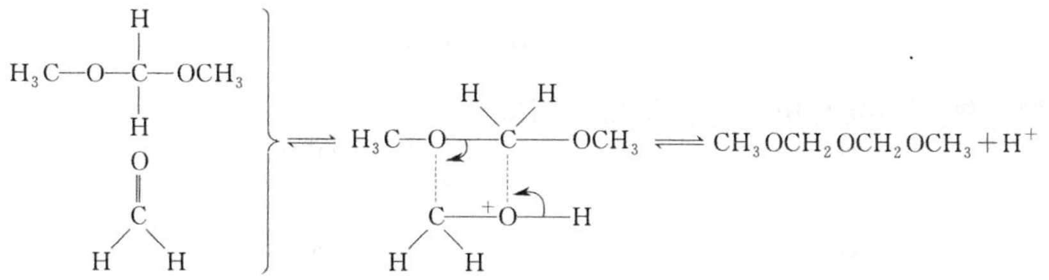

图 2-25　由 $PODE_1$ 缩合生成 $PODE_2$ 的反应示意图

Wang 等人[56]在聚甲氧基二甲醚合成的动力学研究中也研究了合成机理，他们以三聚甲醛和甲缩醛为原料，硫酸等酸性液体粒子为催化剂，提出了合成聚甲氧基二甲醚的链增长机理。他们认为在反应过程中三聚甲醛首先解聚生成甲醛，然后甲醛和甲缩醛再以链增长的方式合成 $PODE_n$，离子液体催化剂的阳离子和阴离子促进了链增长反应，同时，在反应过程中形成的中间产物（如：碳正离子）也可以在离子液体的作用下稳定存在。他们认为链增长反应包括 5 步，如图 2-26 所示。第一步：甲缩醛在酸性催化剂作用下被活化；第二步：生成 C_1 正离子，同时生成甲醇；第三步：甲醛参与反应，生成 C_2 正离子；第四步：甲醇作为封端基团与 C_2 正离子反应生成 C_2 自由基；第五步：C_2 自由基失活，$PODE_2$ 合成。

$$PODE_1 + * \underset{k_{-1}}{\overset{k_1}{\rightleftharpoons}} PODE_1^*$$

$$PODE_1^* \underset{k_{-2}}{\overset{k_2}{\rightleftharpoons}} CH_3OH + PODE_{1+}^*$$

$$PODE_{1+}^* + CH_2O \underset{k_{-3}}{\overset{k_3}{\rightleftharpoons}} PODE_{2+}^*$$

$$PODE_{2+}^* + CH_3OH \underset{k_{-4}}{\overset{k_4}{\rightleftharpoons}} PODE_2^*$$

$$PODE_2^* \underset{k_{-5}}{\overset{k_5}{\rightleftharpoons}} PODE_{2+}^*$$

图 2-26　离子液体催化作用下的链增长合成机理示意图

2.3.2 缩醛化反应机理

2.3.2.1 甲醇和三聚甲醛合成机理[57]

首先，环状的三聚甲醛解聚成甲醛

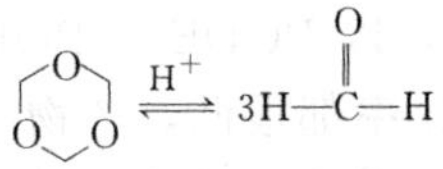

其次，甲醇和甲醛生成半缩醛

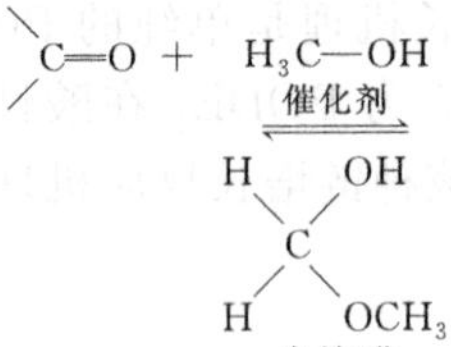

半缩醛

产物半缩醛继续与甲醇反应生成甲缩醛

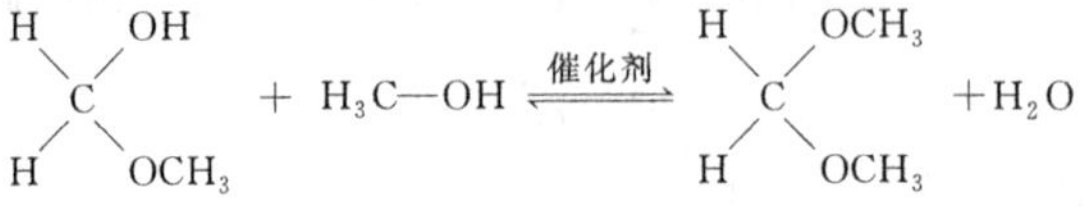

甲缩醛

产物甲缩醛与甲醛反应生成聚甲氧基二甲醚

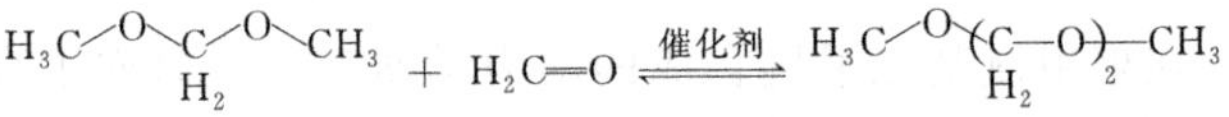

聚甲氧基甲缩醛

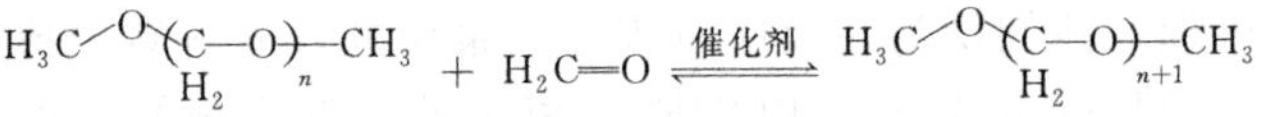

聚甲氧基二甲醚

2.3.2.2 甲醇与甲醛缩醛化合成机理

中国石油大学学者在制备 $PODE_n$ 的试验中，将自制的强酸性大孔树脂在一定浓度的氯化锌水溶液中浸泡 30h，之后用去离子水将负载催化剂洗至无氯离子，一定温度下真空干燥，得到氯化锌改性树脂，并将其作为催化剂研究了甲醛和甲醇反应机理，如图 2-27 所示[58]。首先甲醛中碳氧双键与氯化锌形成鎓盐，增加羰基碳原子的亲电性，然后再与甲醇反应生成两个碳原子的半缩醛，半缩醛不稳定，羟基氧原子与氯化锌可以形成鎓盐，失去 1 分子水后生成碳正离子，再与甲醇反应生成

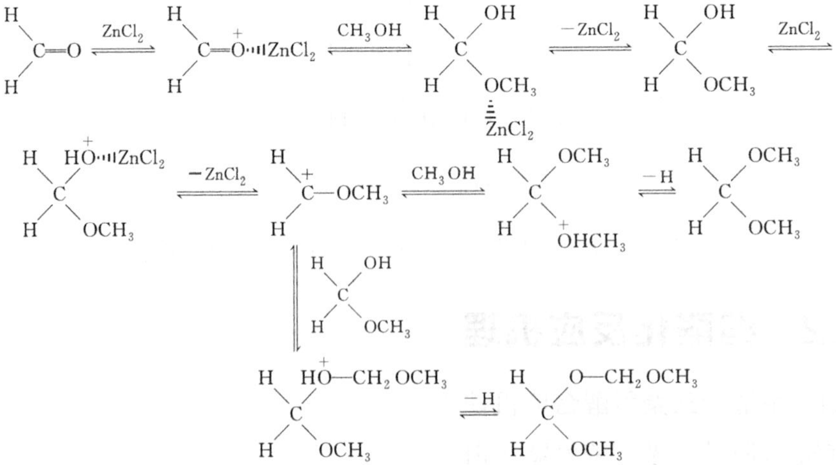

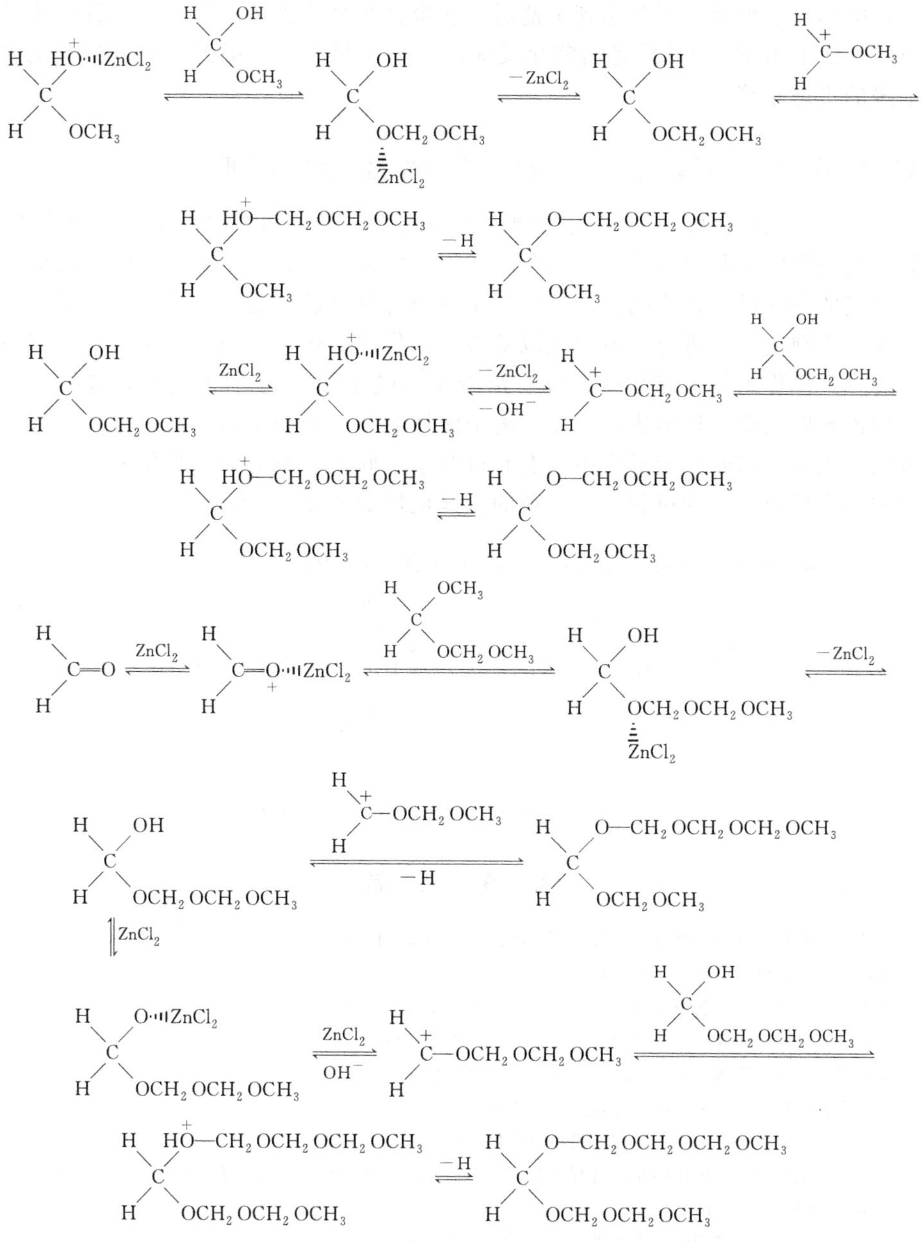

图 2-27　甲醇和甲醛反应生成 $PODE_n$ 的推测机理

甲缩醛。上述羟基氧形成的盐失去 1 分子水后，也可以与 2 个碳原子的半缩醛反应生成 $PODE_2$。如果甲醛碳氧双键与氯化锌形成的盐，与两个碳原子的半缩醛反应形成新的 3 个碳原子半缩醛，则其可以与 2 个碳原子、3 个碳原子、4 个碳原子的半缩醛生成 $PODE_3$、$PODE_4$ 和 $PODE_5$，同理 4 个碳原子半缩醛之间也可以反应生成 $PODE_6$。由于盐和碳正离子的稳定性、难易程度不同，同时各反应物质之间存在一定的热力学平衡，因此达到平衡后，各聚合产物的含量不同。氯化锌催化甲醇与甲醛生成 $PODE_n$ 的反应是缩醛化反应，这与文献中[59] 提到的固体酸催化甲醇与甲醛的机理相符。

2.3.2.3 甲醇或甲缩醛和三聚甲醛、多聚甲醛的合成机理

研究者 Wang 等人[60] 研究了甲醇或甲缩醛和三聚甲醛、多聚甲醛的合成机理。他们认为三聚甲醛和多聚甲醛首先分解成甲醛单体，然后与甲醇或甲缩醛反应。然而，它们的分解过程是不同的，其中三聚甲醛的分解过程是两步进行，而多聚甲醛的分解过程则是一步进行。该研究以硫酸为催化剂，在聚甲氧基二甲醚的形成过程中，选择甲醇作为封端基团时，反应沿着半乙酰-碳正离子通道进行，选择甲缩醛时反应沿着碳正离子通道进行。发现离子液体的阳离子和阴离子通过质子转移协同促进缩合反应，同时稳定形成中间态和过渡态。此外，所有与三聚甲醛、多聚甲醛分解和缩合反应有关的过程都是可逆的。该机理如图 2-28 所示。

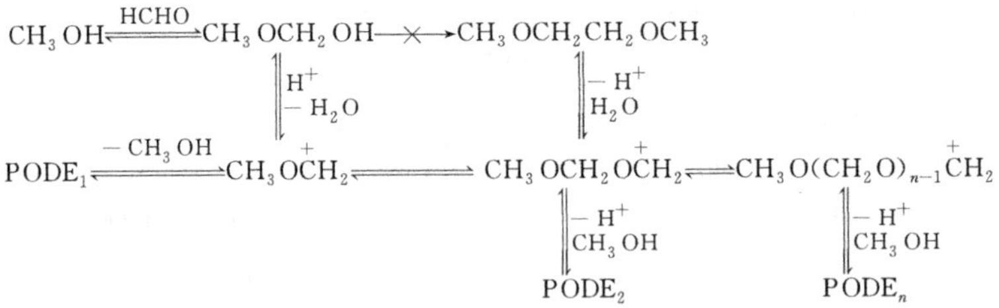

图 2-28 甲醇和多聚甲醛、三聚甲醛合成机理

参 考 文 献

[1] 叶蓓蓉．甲醇及其衍生物（二）[J]．安徽化工，1998，91（1）：18-20.

[2] 肖珍平．大型煤制甲醇工艺技术研究 [D]．上海：华东理工大学，2012.

[3] 徐士彬．甲醇合成工艺技术分析及选用 [J]．石油和化工设备，2008，11（6）：33-38.

[4] 冯晓波．甲醛市场现状及发展趋势刍议 [J]．中氮肥，2017（6）：51-54.

[5] 郝吉鹏．铁钼法甲醇氧化制甲醛工艺及过程控制分析 [J]．化工技术与开发，2013（3）：58-61.

[6] 云天化股份有限公司．年产 1 万吨聚甲醛装置工艺手册 [M]．2015：2-219.

[7] 任晓晗．三聚甲醛合成工艺过程的模拟与优化 [D]．青岛：青岛科技大学，2014.

[8] 王广铨，王桂英．三聚甲醛精制过程开发与研究（I）：三聚甲醛—甲醛，水—溶剂 [J]．吉林化工学院学报，1990（4）：9-15.

[9] 陈显立，李洋．共聚甲醛生产技术的进展 [J]．四川化工，2008，11（2）：19-21.

[10] 宋恭华，胡鸿．反应条件及添加惰性物质对三聚甲醛合成反应的影响 [J]．华东理工大学学报，1994（4）：555-560.

[11] 刘晓欢．毛竹苯酚液化物/多聚甲醛树脂的合成及其泡沫体的制备研究 [D]．杭州：浙江农林大学，2011.

[12] 杨科岐，郭兵．最新喷雾干燥法制多聚甲醛工艺 [J]．煤炭加工与综合利用，2016（4）：52-56.

[13] 林彬．新一代环保溶剂——甲缩醛 [J]．气雾剂通讯，2008（6）：6-9.

[14] Zhu R，Wang X，Miao H，et al. Performance and emission characteristics of diesel engines fueled with

diesel-dimethoxymethane (DMM) blends [J]. Energy & Fuels，2009，23 (1)：286-293.
[15] 林彬，黄结玲．甲缩醛在空气清新气雾剂产品中的应用 [J]．气雾剂通讯，2009 (1)：18-20.
[16] 郝强．甲缩醛在杀虫气雾剂中的应用 [J]．气雾剂通讯，2009 (2)：10-12.
[17] 徐春伟．甲缩醛在汽车护理及工业技术产品中的应用 [J]．气雾剂通讯，2009 (1)：15-17.
[18] Yang L，Wang Y，Zhang G，et al. Simultaneous quantitative and qualitative analysis of bioactive phenols in var. by high-performance liquid chromatography coupled with mass spectrometry and diode array detection [J]. Biomedical Chromatography，2010，21 (7)：687-694.
[19] Won J H，Kim J Y，Yun K J，et al. Gigantol isolated from the whole plants of cymbidium goeringii inhibits the LPS-induced iNOS and COX-2 expression via NF-κB inactivation in RAW 264. 7 macrophages cells [J]. Planta Medica，2006，72 (13)：1181-1187.
[20] 王志宏．连续催化合成甲缩醛工艺研究 [J]．精细化工中间体，2012，42 (2)：43-45.
[21] 刘佳林．浅谈关于二甲醚的工艺技术应用 [J]．化工管理，2018 (11)：179-180.
[22] 刘亚斌．二甲醚掺混燃烧特性的研究与应用 [D]．重庆：重庆大学，2009.
[23] 李伟，张希良．国内二甲醚研究述评 [J]．煤炭转化，2007，30 (3)：88-95.
[24] 刘卫平，宋伯苍．二甲醚生产工艺概述 [J]．化工设计，2008 (2)：11-14.
[25] Peng X D，Wang A W，And B A T，et al. Single-step syngas-to-dimethyl ether processes for optimal productivity，minimal emissions，and natural gas-derived syngas [J]. Industrial & Engineering Chemistry Research，1999，38 (11)：4381-4388.
[26] Ogawa T，Inoue N，Shikada T，et al. Direct dimethyl ether synthesis [J]. Journal of Natural Gas Chemistry，2003，12 (4)：219-227.
[27] Stroefer E，Hasse H，Blagov S. Method for producing polyoxymethylene dimethyl ethers from methanol andformaldehyde [P]. US：7671240，2010.
[28] Stroefer E，Hasse H，Blagov S. Process for preparingpolyoxymethylene dimethyl ethers from methanol andformaldehyde [P]. US：20080221368，2008.
[29] Stroefer E，Hasse H，Blagov S. Process for preparingpolyoxymethylene dimethyl ethers from methanol andformaldehyde [P]. US：7700809，2010.
[30] 向家勇，许引，杨科歧，等．一种聚甲氧基二甲醚的制备工艺装置及方法 [P]．CN：103626640，2014.
[31] 夏春谷，宋河远，陈静，等．甲醛与甲醇缩醛化反应制备聚甲氧基二甲醚的工艺过程 [P]．CN：102249868，2011.
[32] 韦先庆，王清洋，黄小科，等．一种制备聚甲氧基二甲醚的系统装置及工艺 [P]．CN：102701923，2012.
[33] 韦先庆，王清洋，黄小科，等．一种制备聚甲氧基二甲醚的系统装置 [P]．CN：202808649，2013.
[34] Hagen G P，Spangler M J. Preparation of polyoxymethylene dimethyl ethers by acid-activated catalyticconversion of methanol with formaldehyde formed by oxy-dehydrogenation of dimethyl ether [P]. US：6265528，2001.
[35] Hagen G P，Spangler M J. Preparation of polyoxymethylene dimethyl ethers by catalytic conversion of dimethyl ether with formaldehyde formed by oxydehydrogenation of methanol [P]. US：6160174，2000.
[36] Hagen G P，Spangler M J. Preparation of polyoxymethylene dimethyl ethers by catalytic conversion of dimethyl ether with formaldehyde formed by oxydehydrogenation of dimethyl ether [P]. US：6265528B1，2001-07-24.
[37] Hagen G P，Spangler M J. Preparation of polyoxymethylene dimethyl ethers by catalytic conversion of diethyl ether with formaldehyde formed by oxydehydrogention of dimethyl ether [P]. US：5959156，1999-09-28.
[38] Schelling H，Stroefer E，Pinkos R，et al. Method forproducing polyoxymethylene dimethyl ethers [P]. US：20070260094，2007.

[39] 向家勇，许引，杨科歧，等．一种聚甲氧基二甲醚的制备工艺装置及方法［P］．CN：103626640，2014.
[40] 王金福，唐强，郑妍妍，等．一种生产聚甲氧基二甲醚的方法［P］．CN：104974025A，2015-10-14.
[41] 雷志刚，韩振为，洪正鹏，等．一种合成聚甲氧基二甲醚反应产物分离的工艺方法［P］．CN108164400A，2018-06-15.
[42] 刘江，廖川，蔡昌庚，等．聚甲氧基二甲醚精制分离系统及利用该系统制备聚甲氧基二甲醚的方法［P］．CN107935825A，2018-04-20.
[43] 商红岩，赵会吉，洪正鹏，等．一种固定床催化加氢精制聚甲醛二烷基醚的方法［P］．CN：103333059，2014-09-17.
[44] 商红岩，赵会吉，洪正鹏，等．一种浆态床催化加氢精制聚甲醛二烷基醚的方法［P］．CN：103333055，2015-03-18.
[45] 洪正鹏，商红岩，郭振国，等．一种精制及提纯聚甲醛二烷基醚的方法［P］．CN：103333060A，2013-10-02.
[46] 洪正鹏，商红岩，郭振国，等．一种精制及提纯聚甲醛二烷基醚的方法［P］．CN：103319319A，2013-09-25.
[47] 洪正鹏，商红岩，郭振国，等．一种精制及提纯聚甲醛二烷基醚的方法［P］．CN：103333061A，2013-10-02.
[48] 商红岩，洪正鹏，叶子茂，等．一种精制聚甲氧基二烷基醚的方法［P］．CN：104672067，2015-06-03.
[49] 胡国庆，田恒水，魏永梅，等．新型柴油添加剂聚缩醛二甲醚的分离研究［J］．石油与天然气化工，2015，(5)：52-54，59.
[50] 安高军，商红岩，鲁长波，等．一种聚甲氧基二烷基醚的精制方法［P］．CN：105906487A，2016-08-31.
[51] 钟娅玲，钟雨明，肖军，等．一种聚甲氧基二甲醚生产过程中的气相物料流脱水方法［P］．CN：104725198，2015-06-24.
[52] 商红岩，冯孝庭，朱德江，等．用于制取聚甲氧基二烷基醚的液相变温吸附分离脱水方法［P］．CN：104803833，2015-07-29.
[53] 王佳臻，韩艳辉，胡慧敏，等．我国聚甲氧基二甲醚技术现状和产业化进展［J］．现代化工，2017，37(8)：15-18.
[54] Zhang J Q，Fang D Y，Liu D H. Evaluation of Zr-alumina inproduction of polyoxymethylene dimethyl ethers from methanol and formaldehyde：performance tests and kinetic investigations［J］．Industrial & Engineering Chemistry Research，2014，53(35)：13589-13597.
[55] Li H，Song H，Zhao F，et al. Chemical equilibrium controlled synthesis of polyoxymethylene dimethyl ethers over sulfated titania［J］．Journal of Energy Chemistry，2015，24(2)：239-244.
[56] Wang D，Zhao F，Zhu G L，et al. Production of eco-friendly poly (oxymethylene) dimethyl ethers catalyzed by acidic ionic liquid：A kinetic investigation［J］．Chemical Engineering Journal，2018，334：2616-2624.
[57] 晁伟辉．聚甲氧基二甲醚的合成研究［D］．西安：西北大学，2016.
[58] 时米东，何高银，代方方，等．氯化锌催化甲醇和甲醛合成聚甲氧基二甲醚［J］．化工学报，2016，67(7)：2824-2831.
[59] Zhang J，Fang D，Liu D. Evaluation of Zr-Alumina in production of polyoxymethylene dimethyl ethers from methanol and formaldehyde：performance tests and kinetic investigations［J］．Industrial & Engineering Chemistry Research，2014，53(35)：13589-13597.
[60] Wang F，Zhu G，Li Z，et al. Mechanistic study for the formation of polyoxymethylene dimethyl ethers promoted by sulfonic acid-functionalized ionic liquids［J］．Journal of Molecular Catalysis A Chemical，2015，408：228-236.

第3章 催化方法

$PODE_n$ 合成按使用催化剂种类分为以下几类方法：液体酸催化法、固体酸催化法、阳离子交换树脂催化法、离子液体催化法、金属氧化物催化法等。

3.1 液体酸催化法

酸催化反应是化学工业中重要的反应过程之一。酸催化反应和酸催化剂是包括烃类裂解、重整、异构等石油炼制以及烯烃水合、芳烃烷基化、醇酸酯化、醚化、缩醛化等石油化工在内的一系列重要工业的基础，同时也是高附加值精细化学品合成的关键部分。从酸催化反应和酸催化剂研究的发展历史看，最早还是从利用液体酸催化剂开始的，这是因为这些液体酸催化剂都具有确定的酸强度、酸度和酸型，且在较低温度下就有相当高的催化活性[1]。

3.1.1 液体酸概述

常用的液体酸催化剂可分为无机液体酸催化剂和有机液体酸催化剂两大类。无机液体酸催化剂包括：硫酸、盐酸、磷酸、卤素取代的磺酸类物质等[2]。如硫酸具有活性高、价格便宜、使用方便等优点，对于有机化工中烷基化、水合、水解、异构化等一类酸碱型反应，都可用硫酸作为催化剂。利用硫酸、磷酸、HF 等无机酸催化剂的一些工业上重要的催化反应如表 3-1 所示[1]。

表 3-1　工业上重要的催化反应

反应类别	过程	液体酸	温度/℃	缺点
烷基化	苯＋乙烯→乙苯	BF_3,HF		(1)腐蚀 (2)操作条件苛刻 (3)催化剂难分离 (4)有毒
	2-甲基丙烷＋2-甲基丙烯→异辛烷	浓硫酸 HF	8～12 30～40	
酯化	邻苯二甲酸酐＋丙烯醇→ 苯二甲酸二丙基酯 乙酸＋沉香醇→乙酸里那酯 水杨酸＋甲醇→水杨酸甲酯 环氧氯丙烷＋乙烯醇→氯丙酸乙酯	浓硫酸 对甲苯磺酸	＞120	(1)产品有色 (2)副反应 (3)腐蚀 (4)废水处理 (5)催化剂难分离
异构化	Beckman 重排：己内酰胺→ε 己内酯 歧化： 邻(间)二甲苯→对二甲苯	硫酸＋ 发烟硫酸 HF-BF_3	＜100	(1)生成大量硫铵 (2)腐蚀 (3)废水处理

续表

反应类别	过程	液体酸	温度/℃	缺点
加成/消除	水合： 正丁烯→仲丁醇异丁烯→叔丁醇	硫酸		废水处理
	醇化： 环氧乙烷/乙二醇＋醇→乙二醇酯	硫酸，BF_3	120～150	(1)腐蚀 (2)催化剂分离难
脱水/水解/酯化	丙酮合氰化氢＋甲醇→ 乙甲基丙烯酸甲酯	硫酸	80～100	(1)副产品硫铵 (2)废水处理 (3)污染及腐蚀 (4)硫酸回收
	丙烯腈＋烷基酸→ 丙烯酸酯	硫酸		(1)废水及污染 (2)催化剂回收
缩合	Prinz 反应：α 烯烃＋甲醛→ 羟基醇＋烷基二烷→异戊二烯	硫酸	30～60	(1)有副产物 (2)硫酸与多余甲醛回收困难
聚合/齐聚，开环聚合	正丁烯→聚丁烯	HF_3		(1)腐蚀 (2)催化剂分离
	α 烯烃→齐聚物	BF_3		催化剂失活
	四氢呋喃→聚丁基醚	发烟硫酸		催化剂失活

有机液体酸催化剂包括：三氟甲磺酸、甲酸、芳香磺酸、烷基磺酸等，如三氟甲磺酸有强烈刺激味的无色透明液体，其典型物性如表 3-2 所示。与水可以任意比例混溶，也溶于二甲基甲酰胺（DMF）、环丁砜、二甲亚砜及丙烯腈等极性有机溶剂。在湿空气中产生白烟，这是因为三氟甲磺酸与水反应生成稳定的一水合物（熔点 34℃）。

表 3-2　三氟甲磺酸的主要物性

化学式	CF_3SO_3H
分子量	150.02
沸点	160℃/760mmHg 84℃/43mmHg
凝固点	−40℃
密度	1.696g·mL^{-1}/24.3℃
折射率 n_D^{12}	1.325

注：1mmHg＝133.28Pa。

三氟甲磺酸具有极高的耐热性、耐氧化还原性。此外，在强亲核试剂的存在时，也不会游离出氟离子，故有无卤液体有机超强酸的功能。并且，其共轭碱三氟磺酸阴离子（CF_3SO^-）因负电荷分布于构成离子的所有原子，故有特异的非亲核性、非配位性的特征。因此，三氟甲磺酸在一系列化学过程中用作催化剂或反应物有很大的优点[3]。

液体酸是合成 $PODE_n$ 最早使用的催化剂，由于液体酸催化剂具有酸强度和酸浓度均可调变、廉价易得、反应转化率高等特点，所以在早期合成 $PODE_n$ 研究较多[4]。

3.1.2 液体酸催化法合成 $PODE_n$

缩醛化反应合成 $PODE_n$ 的研究可以追溯到 20 世纪 20 年代。1925 年，研究者在较苛刻的条件下反应合成了低分子量的 $PODE_n$，反应过程中有副产物 CO_2 生成[5]。

1948 年，杜邦公司的 Willian F[6] 利用 30mol 甲醇-甲缩醛共沸物与 8mol 低聚甲醛为原料，在 0.3mol 硫酸存在下加热，冷凝回流反应 5.5h 后，产物利用 20% 的 NaOH 溶液加热除去未反应完全的甲醛，然后冷却，上层液用 K_2CO_3 干燥，并对干燥后溶液进行精馏，得到 $PODE_{2\sim4}$ 的单体，最终产物 $PODE_{2\sim4}$ 的质量分数为 90%～95%。

Eckhard Stroefer[7] 以三聚甲醛（30g）和二甲醚（63g）为原料，硫酸（0.2g）为催化剂，在反应釜中加热反应一段时间，并每隔 1h 取样一次，发现 8h 后反应达到平衡。操作条件为：反应温度 100℃，反应时间 16h。最终平衡组分质量分数分布为：$PODE_2=18\%$，$PODE_3=58\%$，$PODE_4=16\%$。余量是 $PODE_n$（$n>4$）以及取样、分析误差。

David S[8] 以甲缩醛和多聚甲醛为原料，n(甲缩醛)∶n(多聚甲醛)=1∶5，以甲酸作为催化剂，催化剂以质量含量为标准，不超过总原料质量的 0.1%，采用高压釜反应器，在温度区间为 150～240℃下，压力为 2～6.89MPa 时，反应 4～7h，两种原料制备出的 $PODE_n$ 分子量均约为 80～350。

Patrini[9] 以三氟甲磺酸为催化剂，甲缩醛和多聚甲醛为原料在高压反应釜中合成 $PODE_n$，采用惰性气体调节系统压力。三氟甲磺酸的酸性很强，催化产物主要是二聚物。在催化剂用量（质量分数）为 7.8%、甲缩醛和多聚甲醛的摩尔比为 0.74、120℃、反应 40min 条件下，多聚甲醛转化率为 54.7%，$PODE_{3\sim5}$ 选择性为 45.2%。

巴斯夫公司[10] 采用催化剂为硫酸和三氟甲磺酸，合成原料选用甲缩醛和低聚甲醛、三聚甲醛，使用的反应器是高压反应釜。在三氟甲磺酸催化剂加入量（质量分数）0.1%、甲缩醛、三聚甲醛和二聚物的质量比为 1∶2∶1 以及 100℃条件下，合成反应中甲缩醛转化率和产物选择性分别为 66.5%、31.9%。

以上国外研究者采用了不同的原料合成 $PODE_n$，但使用的催化剂均为液体酸，合成产物主要为低聚合度 $PODE_{2\sim4}$，且选择性较好，转化率较高。相较于三氟甲磺酸和甲酸，以硫酸催化合成 $PODE_n$ 反应效果较好，表现为催化剂用量少、原料转化率及产物选择性都较高，但也存在着缺点，如反应时间较长，有些反应中会有中间产物过剩和水的生成且催化剂与产物为同一相态等问题，对后续分离精制造成很大困难等。

国内研究者也对液体酸合成 $PODE_n$ 进行了相关研究，上海师范大学许风云[11]以甲缩醛和多聚甲醛为原料合成 $PODE_n$。筛选出最优的液体酸催化剂并探究了酸催化反应条件。

在反应温度为 115℃，甲缩醛和多聚甲醛质量比 2∶1，反应时间为 4h，转速 $200r \cdot min^{-1}$，液体酸用量为起始反应原料总量的 0.05%（质量分数），自生压条件下，比较了常见液体酸的催化性能。

表 3-3　液体酸 p*K*a 对反应性能的影响

液体酸种类	酸度系数 p*K*a	甲缩醛转化率/%	$PODE_{2\sim6}$ 收率/%
磷酸	2.1	0.5	0.9
浓盐酸	−6.3	24.2	23.1
硫酸	−3.0	50.0	49.2
三氟甲磺酸	−15.0	22.0	21.2

从表 3-3 可得，硫酸的反应产物收率最好，浓盐酸次之，磷酸和三氟甲磺酸相对较差。结合 p*K*a 可知，酸性太强或太弱，反应效率均下降。酸性太强，即使生成了 $PODE_n$，部分也会出现分解现象；由于浓酸引入的水量几乎可以忽略不计，所以甲缩醛不会水解，所以硫酸反应效果最好。浓盐酸的质量分数为 37%，当加入的酸总质量一定时，浓盐酸相比浓硫酸引入的酸量少，所以反应效果比硫酸差。总之，液体酸的 p*K*a 接近−3.0 为宜。

研究者以硫酸为催化剂，甲缩醛和多聚甲醛为原料，考察了转速、温度、配比、反应时间、压力、酸量等条件对催化合成 $PODE_n$ 的影响。

（1）转速的影响　在同一个 0.3L 快开式旋转搅拌反应釜中考察了甲缩醛和多聚甲醛质量比 2∶1，反应时间为 1h、反应温度 115℃、硫酸用量为起始反应原料总量的 0.05%（质量分数）条件下、转速对反应的影响，反应结果见表 3-4。

表 3-4　$PODE_n$ 收率与转速的关系

转速/($r \cdot min^{-1}$)	收率/%					
	$PODE_{2\sim6}$	$n=2$	$n=3$	$n=4$	$n=5$	$n=6$
200	47.6	17.7	13.3	8.2	4.9	3.5
250	47.1	16.9	12.7	7.9	5.7	3.9
300	48.4	18.0	13.1	7.9	6.1	3.4
350	45.5	16.6	12.3	7.5	5.7	3.4
500	47.3	15.8	12.4	8.3	6.6	4.3

从表 3-4 可知转速对反应影响较小，可能由于多聚甲醛受热容易分解成甲醛，在此反应温度和转速下，反应釜中只存在气液两相，传热和传质速度非常快。由于转数越高，能耗越大，所以转速定为 $200r \cdot min^{-1}$ 比较适宜。

（2）温度的影响　在甲缩醛和多聚甲醛质量比 2∶1、反应时间为 1h、硫酸用量为起始反应原料总量的 0.05%（质量分数）、转速 $200r \cdot min^{-1}$ 条件下，研究者考察了温度对该反应的影响。

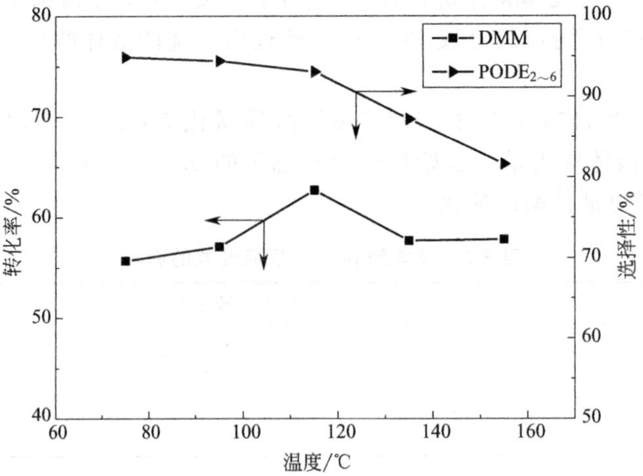

图 3-1　温度对甲缩醛转化率和 $PODE_{2\sim6}$ 选择性的影响

从图 3-1 可以看出，温度对转化率和选择性有一定的影响。甲缩醛转化率随着温度的升高先增大后减小，当温度为 115℃时，其值最大。当温度小于 115℃时，$PODE_{2\sim6}$ 的选择性随着温度的升高略微减小；当温度超过 115℃时，其值明显下降，这可能与 $PODE_n$ 在更高的温度下容易分解有关。因此，反应的最佳温度为 115℃。

（3）配比的影响　在反应温度为 115℃、反应时间为 1h、硫酸用量为起始反应原料总量的 0.05%（质量分数）、转速 200r · min^{-1} 条件下，考察了配比对该反应的影响。

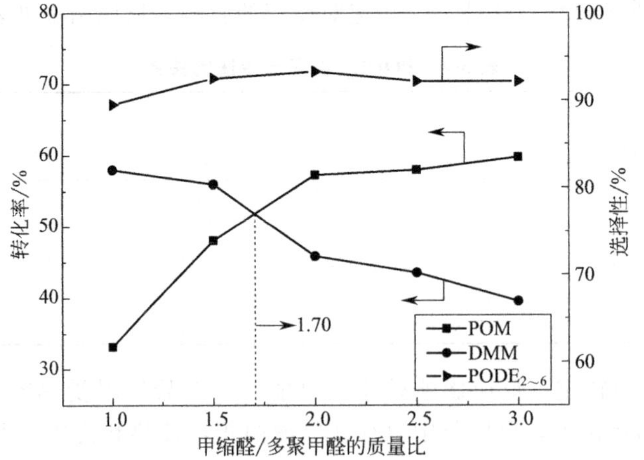

图 3-2　起始原料的质量比对反应转化率和 $PODE_{2\sim6}$ 选择性的影响

从图 3-2 中可以看出，随着甲缩醛/多聚甲醛投料比增加，多聚甲醛的转化率随之增加，在质量比超过 2 后增长幅度减缓，甲缩醛的转化率呈下降趋势，$PODE_n$

的选择性在质量比为 2 时最大，且当质量比为 1.7 时甲缩醛和多聚甲醛的转化率相等。由化学平衡移动原理可知，甲缩醛/多聚甲醛投料比增加，反应正向进行，但是甲缩醛转化率反而下降，多聚甲醛转化率则呈上升趋势，在质量比超过 2 后增长幅度减缓可能是由于甲缩醛量的增多导致多聚甲醛溶解度增大，但实际上参与反应的甲醛单体量增加放缓所致。为了保持最佳反应活性，综合考虑，甲缩醛/多聚甲醛的质量比定为 2 为宜。

（4）反应时间的影响　在反应温度为 115℃、甲缩醛和多聚甲醛质量比 2∶1、硫酸用量为起始反应原料总量的 0.05%（质量分数）、转速 $200r \cdot min^{-1}$ 条件下，考察时间对该反应的影响。

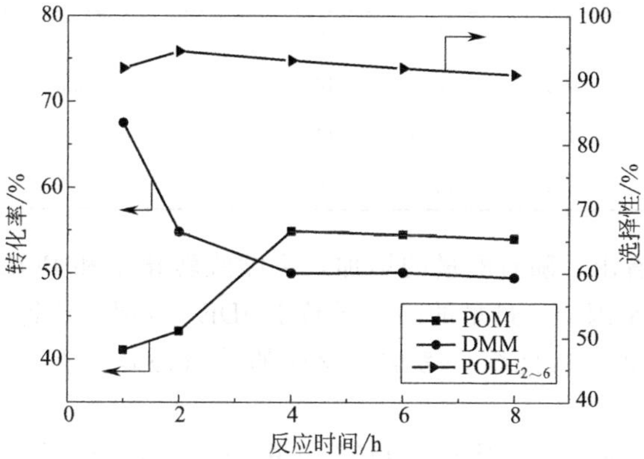

图 3-3　反应时间对反应物转化率和 $PODE_{2\sim6}$ 选择性的影响

从图 3-3 中可以看出，随着反应时间的增大，$PODE_{2\sim6}$ 的选择性几乎没发生变化，甲缩醛的转化率先减小，多聚甲醛的转化率先增加，然后两者皆在 4h 后趋于平衡。出现上述情况的原因可能是反应刚开始甲缩醛会部分水解成甲醇，多聚甲醛分解产生的甲醛逐渐与之反应生成 $PODE_{2\sim6}$。综合考虑，反应时间定为 4h 为宜。

（5）压力的影响　在反应温度为 115℃、甲缩醛和多聚甲醛质量比 2∶1、反应时间为 4h、硫酸用量为起始反应原料总量的 0.05%（质量分数）、转速 $200r \cdot min^{-1}$ 条件下，通过充入惰性气体 N_2 来改变反应釜中压力，从而考察了压力对反应的影响。

表 3-5　$PODE_n$ 收率与反应压力的关系

反应压力/MPa	甲缩醛转化率/%	收率/%						
		$n=2$	$n=3$	$n=4$	$n=5$	$n=6$	$n\geqslant7$	$PODE_{2\sim6}$
2	61.8	16.5	13.1	8.7	5.9	4.7	—	48.9
1	59.8	13.8	10.8	7.1	5.7	3.7	—	41.1
0.4(自升压)	49.6	17.8	13.0	7.7	5.2	3.3	—	47.0

从表 3-5 可知压力对本反应没有太大的影响，随着压力的升高，甲缩醛转化率有明显的增加，但是 $PODE_n$ 收率并没有显著增大。这可能是外压增大，甲缩醛蒸

气压减小，导致液相中的甲缩醛的含量增大，但是 $PODE_n$ 收率并没有增大，而是更多地生成副产物。因此，对于甲缩醛和多聚甲醛反应，采用自生压的方式进行即可。

（6）酸量的影响　在反应温度为 115℃、甲缩醛和多聚甲醛质量比 2∶1、反应时间为 4h、转速 $200r \cdot min^{-1}$、自生压条件下，考察了硫酸酸量对反应的影响。

表 3-6　$PODE_n$ 收率与硫酸酸量的关系

硫酸占总投料的质量分数/%	甲缩醛转化率/%	收率/%						
		$n=2$	$n=3$	$n=4$	$n=5$	$n=6$	$n\geqslant7$	$PODE_{2\sim6}$
0.05	45.6	17.5	12.8	7.8	5.4	3.7	—	47.2
0.1	53.5	20.6	16.4	10.6	7.1	5.5	—	60.2
0.2	59.1	20.4	16.6	11.0	10.0	5.8	—	63.7
0.5	52.7	19.7	14.5	8.5	5.0	3.5		51.2

从表 3-6 可以看出，随着酸量的增加，甲缩醛转化率和 $PODE_n$ 收率都会先增大后减小趋势，这是因为，过量的酸会导致 $PODE_n$ 分解。值得注意的是，液体强酸会对设备造成腐蚀，因此综合考虑，反应的酸量还是定在 0.05%（质量分数）为宜。

（7）放量的影响　反应温度为 115℃、甲缩醛和多聚甲醛质量比 2∶1、反应时间为 4h、转速 $200r \cdot min^{-1}$、硫酸用量为起始反应原料总量的 0.05%（质量分数）、自生压条件下、在不同体积的反应釜中考察了放大倍数对反应的影响。

表 3-7　$PODE_n$ 收率与投料倍数的关系

放大倍数	甲缩醛转化率/%	收率/%						
		$n=2$	$n=3$	$n=4$	$n=5$	$n=6$	$n\geqslant7$	$PODE_{2\sim6}$
1	45.6	17.5	12.8	7.8	5.4	3.7	—	47.2
10	49.2	20.5	14.7	8.7	5.5	3.9	—	53.3
15	58.8	18.3	14.7	10.0	6.9	5.5	—	55.4

从表 3-7 可以看出，随着放量增加，甲缩醛转化率和 $PODE_n$ 得率都会显著增大，这可能与投料总量的增加导致反应物接触面积更大、反应更充分有关。因此，反应放大倍数应尽可能地大。

以硫酸作催化剂合成 $PODE_n$ 的最优的反应条件为：转速 $200r \cdot min^{-1}$，温度 115℃，甲缩醛/多聚甲醛的质量比 2，反应时间 4h，自生压，酸量占原料总量的 0.05%（质量分数），放大倍数可根据实验条件适当放大。其中，转速和压力对反应影响较小，可根据物耗和能耗的情况来选择。

以上文献及专利主要报道了以液体酸为催化剂合成 $PODE_n$ 的相关方法，主要集中于研究浓硫酸、三氟甲磺酸等均相液体酸的催化性能，但存在严重的设备腐蚀和催化剂分离困难等缺点，且合成单元关键技术未能取得突破，极大地限制了相关技术的工业化应用。从而引发了人们对新的绿色催化体系的探讨[12]。

3.2 离子液体催化法

离子液体[13] （ionic liquid）又称为室温离子液体（room temperature ionic liquid），是由特定有机阳离子和无机或有机阴离子构成的在室温或近室温下呈液态的物质。离子液体也被称作“可设计的溶剂”，其阴、阳离子具有可修饰性和调变性，可以根据需要进行设计[14,15]。这种经设计而满足专一性要求的离子液体就是功能化的离子液体，其阴离子或阳离子中含有官能团，并且这种官能团的存在对离子液体有很大的影响，使得该离子液体具有某些独特的性质，包括针对物理性质（如流动性、液态范围、溶解性、传导能力）的功能化和针对化学性质（如极性、酸碱性、手性、配位能力）的功能化。

离子液体引入酸性基团而使得离子液体本身具有酸性时，这类离子液体就称为功能化的酸性离子液体[16]。功能化的酸性离子液体既具有离子液体的优点又兼有固体酸和液体酸的优点：与固体酸相似，没有挥发性、易分离、不腐蚀设备污染环境，且本身可兼具 Brönsted 酸和 Lewis 酸性，而离子液体酸性的调节更容易、更精细、有利于催化机理的研究和催化剂的优化；且兼备液体无机酸的优势，如：流动性好，酸性位密度高和酸强度分布均匀，通过改变和修饰离子液体阴、阳离子的结构，可以实现多相反应体系的优化。所以酸性离子液体在酸催化反应中可以替代传统酸催化系统，作为催化反应的溶剂和催化剂。

3.2.1 离子液体概述

3.2.1.1 离子液体的分类

离子液体种类繁多，改变阳离子、阴离子的不同组合，可以设计出不同的离子液体。如 *N*,*N*-二烷基咪唑阳离子可通过改变烷基链的长短或者添加烷基链上的官能团以使离子液体的一些性质发生根本性的变化，这一点也正是突出体现了离子液体被称为“可设计的溶剂”的特点。离子液体中常见阳离子的结构、名称和简写见表 3-8[17]。

表 3-8　常见离子液体阳离子的结构、名称和简写

结构	名称	简写
	*N*,*N*-二烷基取代咪唑离子	$[RRTM]^+$
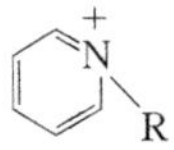	*N*-烷基取代吡啶离子	$[RPy]^+$
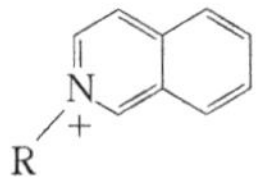	*N*-烷基取代异喹啉离子	
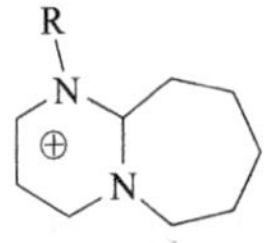	8-烷基-1,8-二氮二环[5,4,0]-7-十一烯离子	$[BDBU]^+$
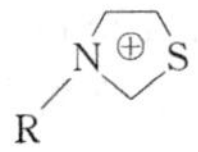	*N*-烷基取代烷基噻唑离子	
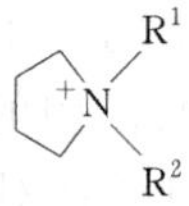	*N*,*N*-二烷基取代氢化吡咯离子	
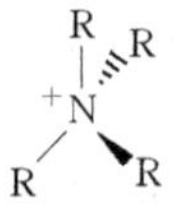	季铵离子	$[NR_4]^+$
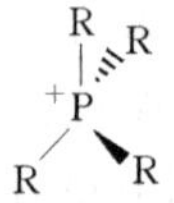	季鏻离子	$[PR_4]^+$
$[SR_3]^+$	巯盐离子	

组成离子液体的阴离子主要有两类：

（1）多核阴离子　如 $Al_2Cl_7^-$、$Al_3Cl_{10}^-$、$Ga_2Cl_7^-$、$Fe_2Cl_7^-$、$Sb_2F_{11}^-$ 等。

（2）单核阴离子　如 BF_4^-、PF_6^-、SbF_6^-、$InCl_3^-$、$CuCl_2^-$、$SnCl_3^-$、$AlCl_4^-$、$N(CF_3SO_2)_2^-$、$N(C_2F_5SO_2)_2^-$、$N(FSO_2)_2^-$、$C(CF_3SO_2)_3^-$、$CF_3CO_2^-$、$CF_3SO_3^-$、$CH_3SO_3^-$ 等。有机阳离子和无机阴离子以不同的配比结合，可以得到性能各异的离子液体。因此，可以从分子水平实现离子液体的设计，以期达到理想的性能。

功能化的酸性离子液体包括 Brönsted 酸性和 Lewis 酸性两种[16]。Lewis 酸性离子液体主要是指由金属卤化物 MCl_x 和有机卤化物（如卤化的四铵盐、四级鏻盐等）按一定比例混合加热制成的。当 MCl_x 的摩尔分数足够大时，离子液体可呈 Lewis 酸性。这类具有 Lewis 酸性的离子液体中最具代表性的是 $AlCl_3$ 类离子液体。阴离子的存在形态随 $AlCl_3$ 的摩尔分数不同可以为 $AlCl_4$、Al_2Cl_7、$Al_3Cl_{10}^-$ 等。由

于 $AlCl_3$ 遇水不稳定，容易发生水解反应生成 $Al(OH)_3$，从而导致催化活性下降，离子液体难以循环使用。另外，水解产物 $Al(OH)_3$ 也难以从反应产物中分离。Lewis 酸性离子液体由于其“对空气和水都相当敏感”的特殊性质，而大大限制了它们的应用范围，特别是不能用于反应过程有水生成的反应。

Brönsted 酸性离子液体是指结构中含有活泼氢的酸性基团（或氢离子）的离子液体。这类离子液体的制备通常是使用两端分别含有卤素和酸基的卤代酸，利用烷基化反应使得含有卤素的那一端连接到离子液体阳离子上，从而得到所需要的带有酸性官能团的离子液体；使用活泼性强的内酯也能实现烷基化反应。目前，研究报道较多的功能化酸性离子液体是在二烷基咪唑阳离子的侧链上引入含 O、N、S 的官能团，引入的官能团常见的有羧酸基、磺酸基。

3.2.1.2 离子液体的合成

（1）常规离子液体的制备　制备方法可以分为一步合成法和两步合成法[13]。

一步合成法：通过酸碱中和反应或季铵化反应一步合成离子液体。这种操作经济简便，没有副产物，而且产品易于纯化。比如硝基乙胺就可以通过乙胺的水溶液和硝酸中和一步反应制得。将咪唑鎓盐或烷基咪唑与所需阴离子的酸，在一定溶剂中发生中和反应，可得到特定的室温离子液体。也可以通过季铵化反应一步制备出多种离子液体，以咪唑室温离子液体为例：将 *N*-甲基咪唑和对甲苯磺酸放于三口烧瓶中，加入少量水做溶剂。加热搅拌，控制反应温度在 80℃，反应 11h 停止。产物采取减压蒸馏的方法（真空度 0.07MPa，92℃左右）分离，可以得到离子液体催化剂 [Hmin]TsO。

两步合成法：第一步是通过季铵化反应制备出含目标阳离子的卤盐，第二步为目标阴离子 Y^- 置换出 X^- 阴离子或加入 Lewis 酸 MX_y 来得到目标离子液体。在第二步反应中，使用金属盐 Y^-（常用的是 AgX 或 NH_4Y）时，产生 AgX 沉淀或 NH_3、HX 气体而容易除去。两步合成法具有普适性好、收率高的优点。以离子液体 $[Bmim]BF_4$ 的合成为例：第一步是在 N_2 保护下，取 280mL 的氯代正丁烷与 70mL 的 1-甲基咪唑混合，于 80℃下加热回流 24h，静置分层。于－30℃冷冻 12h，倾倒除去上层液体后，加入 15mL 乙腈，于 80℃搅拌溶解，再加入 250mL 乙酸乙酯，搅拌，于－30℃冷冻 12h，析出白色固体，倾倒出上层液体，将粗产物于 80℃旋转蒸发 10h，得 [Bmim]Cl。第二步是取等量 [Bmim]Cl 与 HBF_4 的水溶液混合搅拌 2h，用 CH_2Cl_2 洗涤粗品，再以去离子水洗涤三次，分离得到的下层产物于 100～110℃旋转蒸发，除去 CH_2Cl_2 及少量水，即得 $[Bmim]BF_4$ 离子液体。

（2）功能化离子液体的制备　Lewis 酸性的离子液体中最具代表性的是 $AlCl_3$ 类离子液体[18]，$AlCl_3$ 类离子液体的制备和使用都需要在非水气氛下进行，使得这类离子液体存在着操作不便、有潜在的污染、回收利用困难等问题。而以 $FeCl_3$、$CuCl_2$、$ZnCl_2$、$SnCl_2$ 等金属卤化物为原料制备 Lewis 酸性离子液体，虽然制备条件没那么苛刻，但酸强度稍弱些。离子液体酸性强弱调节方式一般可以采用以下三种：①改变氯铝酸咪唑离子液体阴离子 $AlCl_3$ 的比例；②在阳离子结构中接入不同的酸性官能团（如羧基、磺酸基等）；③改变阳离子结构中碳链的长短。

Brönsted 酸性离子液体大多数都是利用阳离子烷基侧链的功能化来获得的，因为这种反应是比较成熟的。例如 Li 等[19] 使用卤代羧酸合成的酸性离子液体已被用来进行一些酸性催化反应：

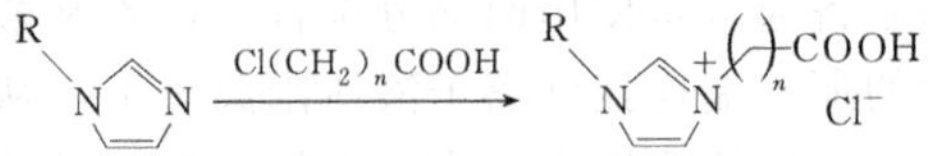

羧酸的酸性较弱，因此不能满足较强酸性反应的需求。磺酸属于中强酸，但磺酸的存在对于直接合成含有磺酸基的离子液体不利。目前均采用先合成具有磺酸根结构的离子液体，再经过酸化得到含有磺酸基的离子液体，即胺或膦与磺酸内酯反应得到具有磺酸根的自阴阳离子，自阴阳离子再与强酸直接混合制备而成[20]：

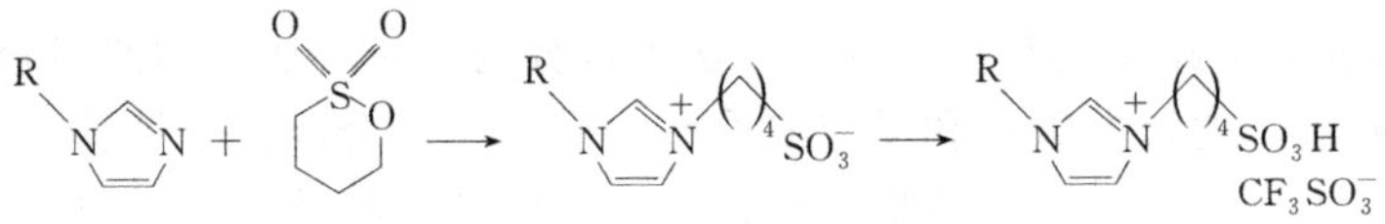

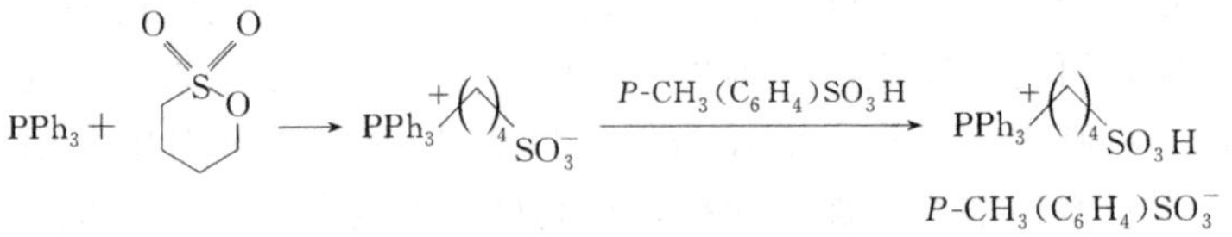

阴离子功能化的离子液体通常用阴离子装置反应获得，使用多元强酸对阴离子为卤素的离子液体前体或自阴阳离子进行酸化，可以合成阴离子的具有 Brönsted 酸性的离子液体，合成过程是将卤化物离子液体前体与 H_2SO_4、H_3PO_4 混合加热，除去 HCl、H_2O 后，得到了相应的离子液体。同样方法也适合于合成含有 $B(HSO_4)_4^-$ 的 Brönsted 酸性离子液体[21]。

离子液体结构调节的灵活性使得在同一离子液体中引入两个甚至多个官能团成为可能，多个官能团使得离子液体具有不同的性质。合成阴阳离子均含有 Brönsted 酸的离子液体与前述方法一致，只能用酸化磺酸根自阴阳离子的强酸选用了多元的硫酸，因此，离子液体的酸密度更高一些。下图为合成得到的双磺酸功能化离子液体的结构[22]。

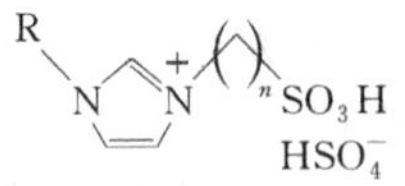

3.2.1.3 酸性离子液体的酸性表征

对于大多数酸催化反应，不同类型的酸催化剂（质子/非质子酸，Lewis/Brönsted 酸）以及不同类型酸各自的酸含量和酸强度都会影响反应的活性和选择性，尽可能地掌握有关酸性/活性的信息对于了解酸催化反应的催化机理、寻找合适的催化剂具有重要的指导意义[18]。

离子液体的酸性测定研究工作[23] 可以分为两大类，第一类是采用核磁共振（AlNMR、^{1}HNMR）或电化学方法直接观测离子液体自身的物化性质与其组成（酸性）间的联系。第二类是间接观测各种碱性探针分子在不同酸性离子液体中的光谱或电化学行为。表征离子液体酸性的手段主要有：采用电位滴定法，通过 KOH 标准溶液滴定，测得离解常数 pKa 值；用吡啶或乙腈作为 FT-IR 谱探针分子测定 Brönsted/Lewis 酸性类型；也可利用 UV-Vis 谱测定 Hammett 指数以表示其酸强度。

朴玲钰等[24] 报道了采用乙腈红外探针的方法可以区分具有 Lewis 酸性和 Brönsted 酸性的离子液体，其研究结果表明：乙腈中加入具有 Brönsted 酸性的离子液体后，其红外吸收峰形状不变，位置向高波数移动；具有 Lewis 酸性的液体则在 2330cm^{-1} 处出现新的吸收峰，对具有不同阴离子的离子液体的 Lewis 酸性差异有一定的指示作用。

吡啶可以与不同类型的酸作用发生配位或生成吡啶阳离子，这种性质已被用于固体酸的酸性测定，即通过观察作用后的吡啶在 1400～1700cm^{-1} 环振动区的吸收带可以判酸的类型和酸的强度。杨雅立等[25] 采用吡啶红外光谱探针法测定了离子液体的酸性。结果表明，吡啶在 1450cm^{-1} 附近的吸收带可以指示离子液体的 Lewis 酸性，1540cm^{-1} 附近的吸收带可以指示离子液体的 Brönsted 酸性，这与固体酸测定的结果一致。将吡啶加入 $AlCl_3$ 摩尔分数不同的［Bmim］Cl/$AlCl_3$ 类离子液体时发现，随 $AlCl_3$ 含量增加即离子液体 Lewis 酸性的增大，1450cm^{-1} 附近的 Lewis 酸指示峰会发生蓝移。进一步将吡啶加入由不同金属氯化物制成的离子液体［Bmim］Cl/MCl_y，（MCl_y 的摩尔分数 x 为 0.67）中，结果表明，根据 1450cm^{-1} 附近吸收带的位移可以粗略地判断离子液体的 Lewis 酸强度。

黄宝华等[26] 合成了以 2-吡咯烷酮和 N-甲基咪唑为阳离子（［Hnhp］$^{+}$ 和［Hmim］$^{+}$），HSO_4^-、$H_2PO_4^-$ 和 BF_4^- 为阴离子的一系列 Brönsted 酸性离子液体，分别为 A～F（如下所示）。采用弱碱性指示剂 4-硝基苯胺和甲基黄测定了各酸性离子液体在乙醇中的 Hammett 酸度函数 H_0 值。结果表明，六种离子液体的酸性强弱顺序为硫酸＞A＞B＞D＞C＞F＞E；阴离子相同时，吡咯烷酮类离子液体的酸性比咪唑类的强且催化效果较好。

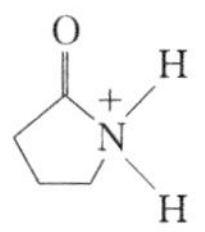
HSO_4^-/BF_4^-/$H_2PO_4^-$　A[Hnhp]HSO_4、B[Hnhp] H_2PO_4、C[Hnhp] BF_4

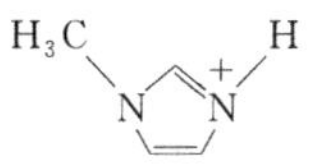
HSO_4^-/BF_4^-/$H_2PO_4^-$　D[Hmim]HSO_4、E[Hmim]H_2PO_4、F[Hmim]BF_4

传统的有机合成中所使用的溶剂存在有毒、易挥发、易燃、易爆等不安全因素，危害人们的身体健康和空气质量。无毒、无污染合成是有机合成中追求可持续发展的重要目标，溶剂的绿色化成为主要手段之一，离子液体的独特性质使溶剂的绿色化成为可能。另外，它们可以很容易地从产物中分离出来，所以可以循环使用这些液体，进而实现了合成的绿色化。近年来功能化离子液体在有机合成中作为溶剂或催化剂得到广泛的应用。

3.2.2 离子液体法合成 $PODE_n$

离子液体具有活性高、用量少、合成长链产物较多、目的产物选择性较高，且反应条件温和等特点，国内众多研究机构在选择离子液体作为催化剂合成 $PODE_n$ 方面做了大量研究，其代表主要为中国科学院兰州化学物理研究所和常州大学。

兰州化物所[27~29] 开发了以离子液体为催化剂，反应制得清洁柴油组分 $PODE_n$ 的新技术。是以甲醇和三聚甲醛为原料（其摩尔比为 0.1～2.0），离子液体为催化剂，用量为总反应物的 0.01%～10%（质量分数），控制温度为 60～140℃、压力为 0.5～4MPa。该反应产物分布好，原料利用率高达到 90.3%，有效的柴油添加组分 $PODE_{3\sim8}$ 含量可达 43.7%。

催化剂中离子液体的阳离子部分选自吡啶阳离子、季鏻盐阳离子、咪唑阳离子或季铵盐阳离子，阴离子部分选自三氟乙酸、三氟甲基磺酸根、甲基磺酸根、对甲基苯磺酸根或硫酸氢根。阴阳离子结构式如下：

咪唑阳离子结构式：

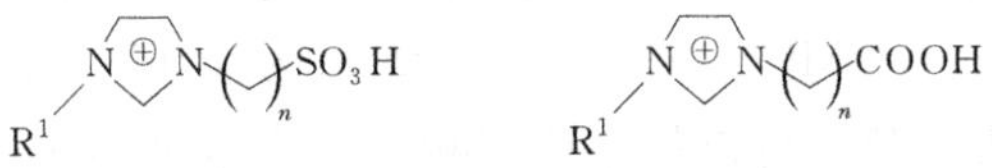

式中，n 代表 0～15 的整数，R^1 代表烷基或者芳基。

咪唑阳离子选自以下种类中的一种：

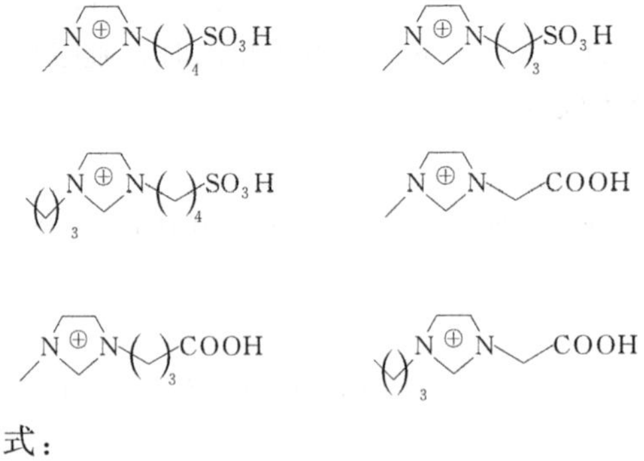

吡啶阳离子结构式：

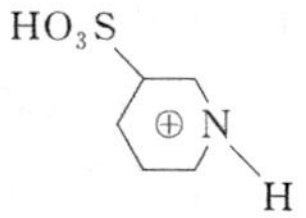

式中，n 代表 0～15 的整数。

吡啶阳离子选自以下种类中的一种：

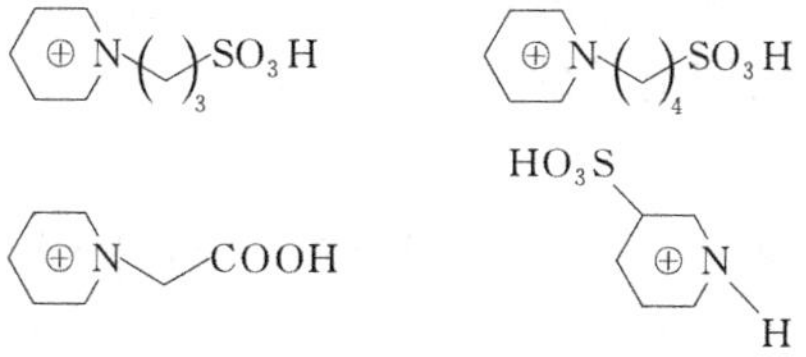

季铵盐阳离子结构式：

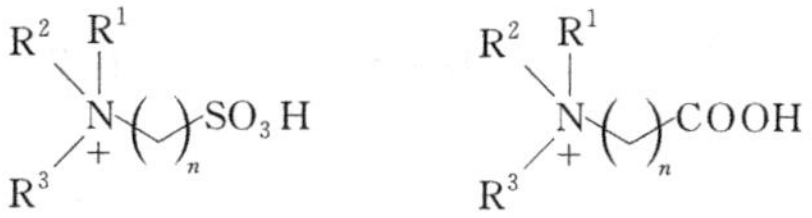

式中，n 代表 0～15 的整数，R^1、R^2、R^3 代表碳原子数 1～3 的直链烷烃基或者苯基。

季铵盐阳离子选自以下种类中的一种：

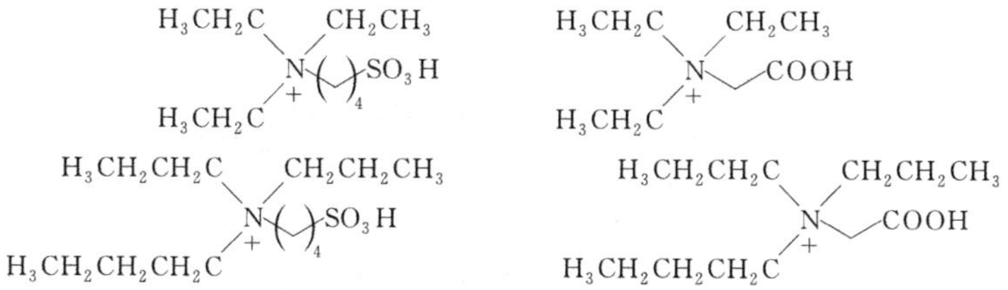

季鏻盐阳离子结构式：

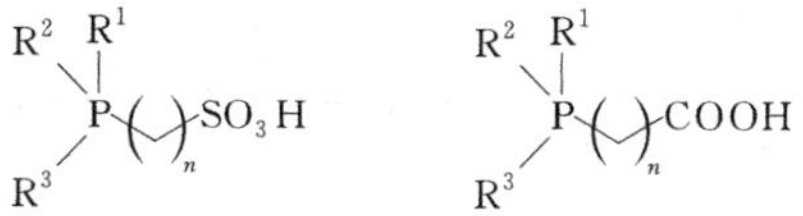

式中，n 代表 0～15 的整数，R^1、R^2、R^3 为碳数 1～3 的直链烷基或者苯基。

季鏻盐阳离子选自以下种类中的一种：

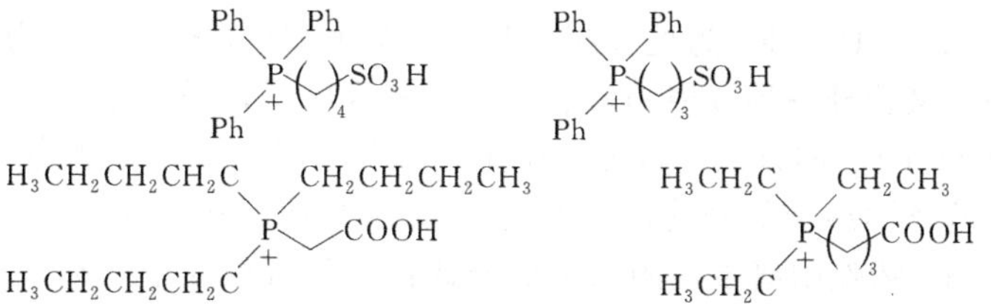

其后，兰州化物所发现哑铃型离子液体中含有两对阴阳离子中心，在水热稳定性、酸碱性和挥发性等方面比一般离子液体表现出了更好的特性，因此又发明了一种哑铃型离子液体催化合成 $PODE_n$ 的方法。该方法使用甲醇和三聚甲醛为反应原料，采用哑铃型离子液体作为催化剂，在反应温度 333～423K，反应压力 0.5～

3.0MPa 的反应条件下催化合成聚甲氧基二甲醚。该方法反应转化率最高可达 91.5%，产物选择性高，有效柴油添加组分 $PODE_{3\sim8}$ 的含量可达 49.6%。其中哑铃型离子液体的阳离子部分选自双季铵盐类阳离子、双咪唑类阳离子、双吡啶类阳离子、双吡咯类阳离子、双吡咯烷类阳离子、双哌啶类阳离子、双吗啉类阳离子中的一种，阴离子部分选自对甲基苯磺酸根、三氟甲基磺酸根、三氟乙酸根、甲基磺酸根、硫酸氢根、磷酸二氢根、硝酸根、氯离子、溴离子中的一种。

偶联哑铃型离子液体的阳离子的结构式如下：

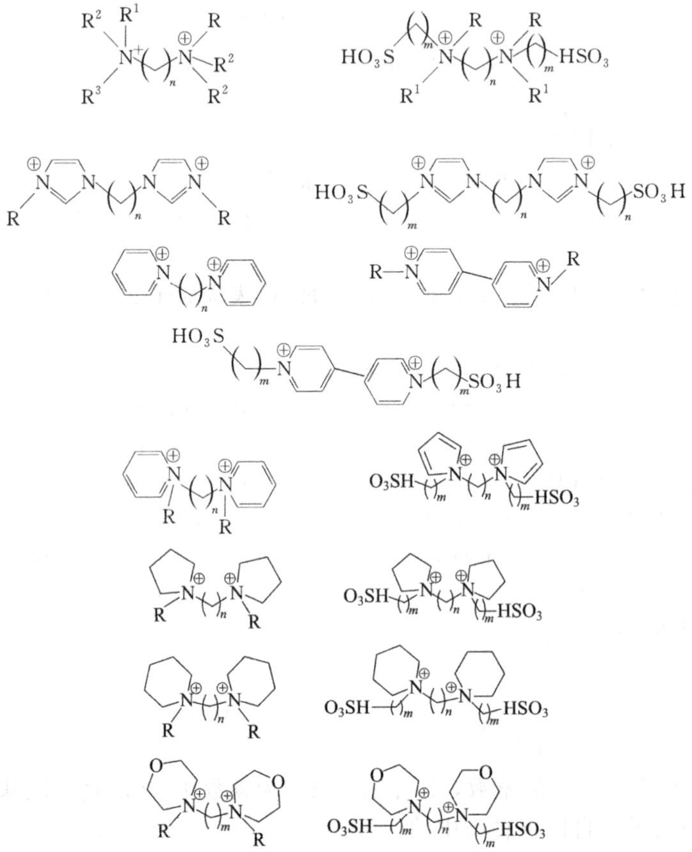

式中，R、R^1、R^2、R^3 为烷基或芳基，n 为 0～15 的整数，m 为 3 或 4。

兰州化物所又公开一种以甲缩醛、三聚甲醛为原料，采用酸性功能化离子液作为催化剂合成 $PODE_n$ 的方法，该方法中甲缩醛与三聚甲醛摩尔比为 0.1～3.0；功能化酸性离子液体阳离子部分选自 1-甲基-3-(4-磺酸基丁基)咪唑阳离子或 1-甲基-3-(4-丁基磺酸甲酯)咪唑阳离子，阴离子部分选自硫酸氢根或甲基磺酸根，催化剂用量为总投料量的 0.5%～8.0%（质量分数），反应温度为 110～120℃，反应压力为 1.5～3.0MPa。三聚甲醛的转化率最高可达 95%，$PODE_{3\sim8}$ 的选择性可达 53.4%。

综上所述，兰州化物所公开了一系列以离子液体为催化剂合成 $PODE_n$ 的方法，具有催化剂活性高、添加量少、产物PODE聚合度均为$n=3\sim8$等优点，以酸功能化离子液体为催化剂相比较于传统的离子液体和哑铃型离子液体具有催化剂用料较少、原料转化率高、产物选择性好等优势。

常州大学赵强等[30] 选择甲缩醛和多聚甲醛为原料，以Brönsted酸性功能化离子液（[Hnmp]HSO_4）和（[Hnmp]PTSA）为催化剂，进行催化缩合制备$PODE_n$的研究。首先自主合成离子液体并通过FT-IR、酸度法和热分析进行了表征，然后考察了离子液体种类、原料配比、催化剂用量、反应温度等条件对反应转化率和选择性的影响。

（1）离子液体合成　在带有机械搅拌装置的三口烧瓶中加入一定量的*N*-甲基-2-吡咯烷酮，冰浴下缓慢滴加等物质的量的浓硫酸（或对甲苯磺酸水溶液），滴加完毕后在60℃水浴中搅拌24h，然后用乙酸乙酯溶液洗涤三次，旋转蒸发、真空干燥后即得淡黄色黏稠状离子液体[Hnmp] HSO_4（或白色粉末状离子液体[Hnmp] PTSA）。离子液体的结构示意图如下。

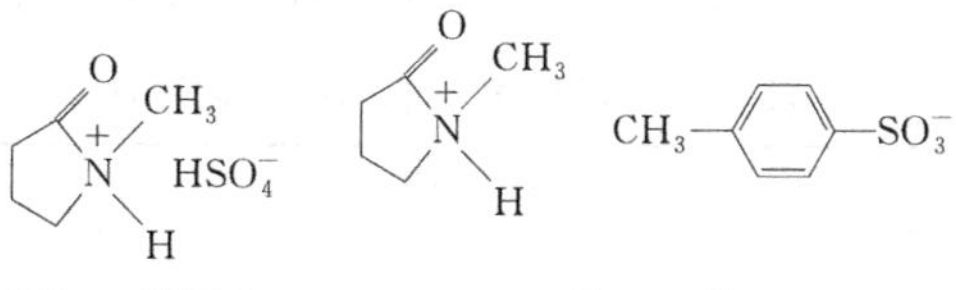

[Hnmp]HSO_4　　[Hnmp]PTSA

（2）离子液体催化制备$PODE_n$　在带控温和磁力搅拌装置的100mL高压反应釜中加入一定比例的甲缩醛和多聚甲醛，加入0.5%～4.5%的离子液体催化剂，缓慢加热至100～130℃后开始计时，反应4～12h后，冷却静置取样分析。

（3）离子液体的表征　[Hnmp]HSO_4离子液体FT-IR中3381.0cm^{-1}为—OH伸缩振动峰，说明离子液体中的水未完全除去或以水合物的形式存在；2952.4cm^{-1}、2485.5cm^{-1}、1697.4cm^{-1}、1409.7cm^{-1}分别为丁内酰胺环上的C—H、N—H、C═O、C—N伸缩振动峰；1457.5cm^{-1}、1311.5cm^{-1}分别为—CH_3的不对称和对称振动峰，1069.1cm^{-1}和1046.0cm^{-1}为S═O伸缩振动峰；884.7cm^{-1}和575.5cm^{-1}为丁内酰胺环上C—H面外弯曲振动峰。[Hnmp]PTSA中3412.1cm^{-1}为—OH伸缩振动峰，说明离子液体中的水也未完全除去或以水合物的形式存在；3060.6cm^{-1}、3027.5cm^{-1}附近出现芳环上C—H伸缩振动峰；在2945.5cm^{-1}、1651.4cm^{-1}、1401.3cm^{-1}附近分别出现丁内酰胺环上C—H、C═O、C—N伸缩振动峰；在2551.9cm^{-1}、2357.1cm^{-1}、2339.1cm^{-1}附近出现丁内酰胺环上N—H伸缩振动峰；在1509.9cm^{-1}、1495.4cm^{-1}、1455.3cm^{-1}附近出现芳环C═C骨架振动峰；在1258.0cm^{-1}、1035.5cm^{-1}附近出现S═O伸缩振动峰；在851.3cm^{-1}附近出现丁内酰胺环上C—H面外弯曲振动峰；828.5cm^{-1}和682.0cm^{-1}附近出现芳环上C—H面外弯曲振动峰。

离子液体的酸性与热稳定性：不同浓度离子液体的酸性（以pH值计），结果见表3-9。由表3-9可以看出，在浓度为0.1～0.5mol·L^{-1}，两种离子液体均显示出较强酸性，且 pH 值随浓度增加而降低。两种离子液体的酸性顺序为：[Hnmp] HSO_4>[Hnmp]PTSA，这是因为硫酸的酸性强于对甲苯磺酸。

表 3-9　不同浓度离子液体的酸性（pH 值）

离子液体	浓度 c/mol·L^{-1}				
	0.1	0.2	0.3	0.4	0.5
[Hnmp]HSO_4	1.55	1.36	1.23	1.16	1.08
[Hnmp]PTSA	1.71	1.45	1.30	1.24	1.16

热重分析：离子液体 [Hnmp]HSO_4 和 [Hnmp] PTSA 失重极值温度分别为 231.8℃和 242.1℃。其中，[Hnmp] HSO_4 在 346.6℃时失重率为 83.80%，[Hnmp] PTSA 在 320.2℃时的失重率为 75.18%。由此可见，两种离子液体的热稳定性相当，可用于制备 $PODE_n$。

不同离子液体的催化活性：由表 3-10 可知，离子液体的催化活性为：[Hnmp] HSO_4>[Hnmp] PTSA，这与表 3-9 中离子液体的酸性变化趋势一致。

表 3-10　不同离子液体的催化活性

项目	[Hnmp]HSO_4	[Hnmp]PTSA
$PODE_n$ 转化率 x/%	52.28	46.12
$PODE_{3\sim8}$ 选择性 s/%	49.18	43.76

注：m(PODE)/m(PF)=2.00，110℃，6h，催化剂用量为总反应物质量的 2.0%（质量分数）。

选择催化活性较高的 [Hnmp]HSO_4 对影响反应的因素进行考察。

（1）原料配比对反应的影响　表 3-11 为原料配比对 $PODE_n$ 分布的影响。由表 3-11 可知，初始原料中甲缩醛和多聚甲醛的质量比对反应产物 $PODE_n$ 的分布有较大影响；随着甲缩醛用量的增加，产物中 $PODE_2$ 的含量增加不多，但 $PODE_3$～$PODE_8$ 的含量均有不同程度地减少，且甲缩醛的转化率也呈下降的趋势。这可能是由于甲缩醛用量增加，反应体系的水也有一定程度地增加，不利于 $PODE_n$ 的稳定存在；多聚甲醛的量不足，增加甲缩醛的量并不能提高 $PODE_n$ 的含量。同时当 m(甲缩醛)/m(多聚甲醛) 小于 2.00 时，产物为乳白色悬浊液，甚至为白色膏状物；综合考虑，m(甲缩醛)/m(多聚甲醛) 为 2.00 时最有利于生成 $PODE_{3\sim8}$。

表 3-11　原料配比对聚甲氧基二甲醚 $PODE_n$ 产物分布的影响

m(PODE)/m(PF)	$PODE_n$/%							x(PODE)/%	s($PODE_{3\sim8}$)/%
	$PODE_2$	$PODE_3$	$PODE_4$	$PODE_5$	$PODE_6$	$PODE_7$	$PODE_8$		
2.00	28.87	14.13	8.77	3.44	1.14	0.39	0.07	52.28	49.18
2.25	28.92	12.51	7.60	310	1.10	0.32	0.04	52.19	46.03
2.50	28.95	11.98	7.30	3.06	1.04	0.28	0.01	50.43	44.98
2.75	28.96	11.43	6.16	2.33	0.80	0.23	—	43.38	41.98
3.00	28.99	10.85	5.40	1.86	0.59	0.17	—	42.57	39.43

注：反应条件：110℃，6h，[Hnmp]HSO_4 用量为总反应物质量的 2.0%。

（2） [Hnmp] HSO_4 用量的影响 图 3-4 为［Hnmp］HSO_4 用量对反应的影响。由图 3-4 可知，随着离子液体用量的增加，甲缩醛的转化率和 $PODE_{3\sim8}$ 的选择性均先升高后降低；离子液体用量超过 2％时，甲缩醛的转化率先升高后降低，而 $PODE_{3\sim8}$ 的选择性却一直下降，离子液体的 pH 值随着浓度的增加而降低，［Hnmp］HSO_4 用量越大，反应体系的酸性越强，则有可能不利于 $PODE_n$ 和甲缩醛的稳定存在。综合考虑，［Hnmp］HSO_4 用量为 2％。

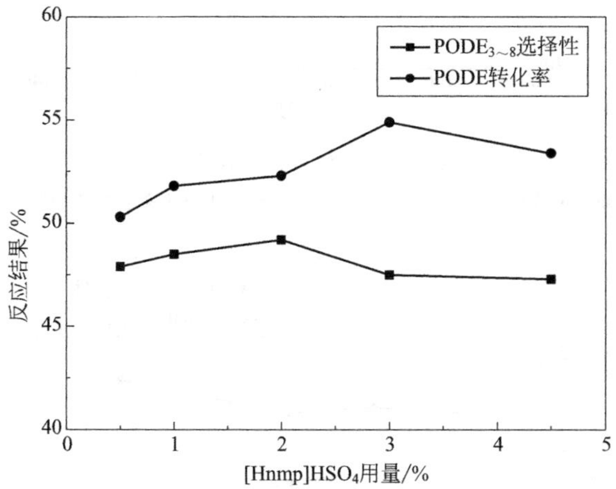

图 3-4 ［Hnmp］HSO_4 用量对反应的影响

m(PODE)/m(PF)＝2.00，110℃，6h

（3）反应温度的影响 图 3-5 为反应温度对反应的影响，由图 3-5 可知，温度对该反应的结果有着比较明显的影响。温度较低时，由于反应活性较低，甲缩醛的转化率不是很高，随着反应温度的不断升高，反应活性也随着增大，此时反应的转化率和选择性均呈现出上升的趋势；当温度达到 110℃时，甲缩醛的转化率达到最大值 52.28％；当温度达到 120℃时，$PODE_{3\sim8}$ 的选择性达到最大值 50.12％，但当温度由 110℃升至 120℃时，产物中 $PODE_{3\sim8}$ 的含量却由 27.94％降至 25.65％；继续提高温度，反应的转化率和选择性呈下降趋势。原因可能是，首先，虽然升高温度可以提高反应物的活性，促使反应正方向的进行，但反应为放热反应，温度过高时会促使逆反应进行加快，抑制反应产物的生成；其次，温度过高时，原料中的甲缩醛气化量加大，液相中甲缩醛的浓度相对降低，同时也不利于体系中 $PODE_n$ 的稳定存在。综合考虑，选择反应温度为 110℃较佳。

（4）反应时间的影响 图 3-6 为反应时间对反应的影响。由图 3-6 可知，随着反应时间的延长，甲缩醛的转化率不断升高；$PODE_{3\sim8}$ 的选择性在 6h 时达到峰值 49.18％，然后呈下降趋势。这是因为反应时间过短，反应进行的不充分；当反应达到平衡后，在有水的酸性体系中，继续延长反应时间，甲缩醛和 $PODE_n$ 都发生了不同程度的水解，时间越长，水解的程度越大。综合考虑，选择反应时间为 6h 为最宜。

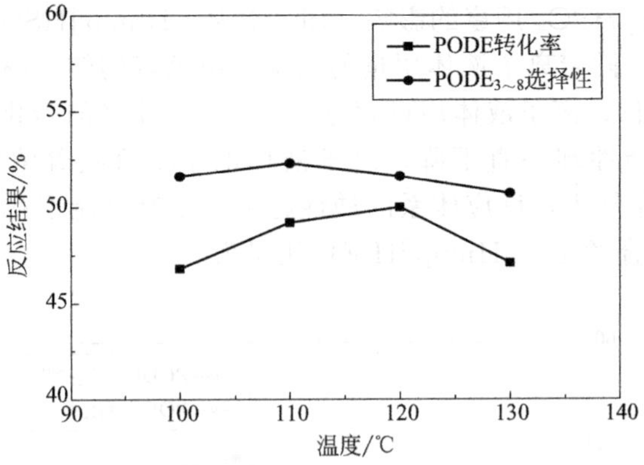

图 3-5 反应温度对反应的影响

m(PODE)/m(PF)=2.00，6h，[Hnmp]HSO_4 用量为总反应物质量的 2.0%

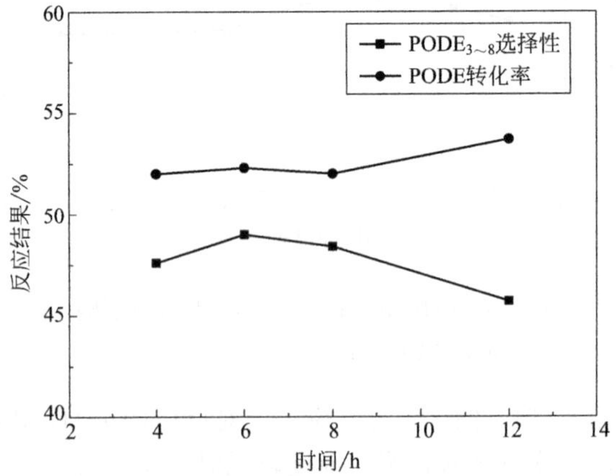

图 3-6 反应时间对反应的影响

m(PODE)/m(PF)=2.00，110℃，[Hnmp]HSO_4 用量为总反应物质量的 2.0%

（5） [Hnmp]HSO_4 的重复使用性能　为了考察离子液体［Hnmp]HSO_4 的重复使用稳定性，研究者对反应后的离子液体［Hnmp]HSO_4 未经处理，也不考虑回收时的损耗，直接用于后续的重复实验中，测试了回收离子液体的反应性能，反应结果见表 3-12。由表 3-12 可知，离子液体［Hnmp]HSO_4 重复使用五次后，仍有较高的催化活性，甲缩醛的转化率和 $PODE_{3\sim8}$ 的选择性没有明显地降低。这说明离子液体［Hnmp]HSO_4 催化甲缩醛与多聚甲醛制备聚甲醛二甲醚具有较好的重复使用稳定性，是适宜制备 $PODE_n$ 的催化剂。

表 3-12 离子液体［Hnmp]HSO_4 的稳定性

重复使用次数	1	2	3	4	5
$PODE_n$ 转化率 x/%	50.79	51.21	50.12	51.34	52.65
$PODE_{3\sim8}$ 选择性 s/%	49.15	48.78	48.17	48.35	48.26

注：m(PODE)/m(PF)=2.00，110℃，6h。

研究表明，离子液体的催化活性与酸强度呈相关性，其中，离子液体[Hnmp]HSO_4具有较高的催化活性；较适宜的反应条件为m(甲缩醛)/m(多聚甲醛)=2.00、[Hnmp]HSO_4用量为2%（质量分数）、110℃、反应时间6h、此时甲缩醛的转化率和$PODE_{3\sim8}$的选择性分别为52.28%和49.18%且离子液体[Hnmp]HSO_4易与反应产物分离，具有较好的重复使用稳定性。

常州大学李为民等[31]采用功能化酸性离子液体（[Hnmp]HSO_4、[Hnmp]PTSA、[Hnmp]H_2PO_4、[PyN$(CH_2)_3SO_3H$]HSO_4）对甲醇和三聚甲醛合成$PODE_n$进行了研究。首先对离子液体的热稳定性和酸性进行了表征分析，继而考察了离子液体的种类、物料配比、催化剂用量、反应温度等条件对反应活性的影响。

[Hnmp]HSO_4、[Hnmp]H_2PO_4/[Hnmp] PTSA的合成：向带有机械搅拌装置的250mL四口烧瓶中加入一定量的N-甲基吡咯烷酮，冰浴下用恒压漏斗缓慢滴加等物质的量的98%硫酸（或80%磷酸或对甲苯磺酸水溶液），控制速率在10s每滴，以防反应过于剧烈；滴加完毕后在60℃水浴中搅拌24h。将得到的液体用乙酸乙酯反复洗涤三次，旋转蒸发、真空干燥后得到淡黄色黏稠状离子液体N-甲基吡咯烷酮硫酸氢盐（[Hnmp]HSO_4、无色透明黏稠状离子液体N-甲基吡咯烷酮磷酸二氢盐（[Hnmp]H_2PO_4）或白色粉末状离子液体N-甲基吡咯烷酮对甲苯磺酸盐（[Hnmp] PTSA)。

[PyN$(CH_2)_3SO_3H$]HSO_4的合成向带有机械搅拌装置的250mL四口烧瓶中加入一定量的1,3-丙烷磺酸内酯，加入适量无水乙醇作为溶剂，置于水浴锅中加热至60℃；再称取与1,3-丙烷磺酸内酯等物质的量的吡啶，用恒压漏斗缓慢滴加到烧瓶中，控制烧瓶内温度不超过60℃，滴加完毕后密封搅拌24h。将反应结束后的液体抽滤除去溶剂，然后用乙酸乙酯反复洗涤三次，烘干后得到白色固体，此白色固体即为离子液体1-(3-磺酸基)丙基吡啶硫酸氢盐的前体。将烘干后的白色固体称重后放入四口烧瓶中，加入适量的无水乙醇作为溶剂，称取与上述物质等物质的量的98%硫酸，用恒压漏斗缓慢滴加到烧瓶中，以防浓硫酸放热过于剧烈，控制烧瓶内温度不超过60℃，密封搅拌72h得淡黄色液体；在90℃下减压蒸馏除去乙醇，蒸馏结束后，将所得到的液体用乙酸乙酯反复洗涤三次；旋转蒸发、真空干燥后得到淡黄色黏稠状离子液体1-(3-磺酸基)丙基吡啶硫酸氢盐[PyN$(CH_2)_3SO_3H$]-HSO_4。四种离子液体的结构示意图如下。

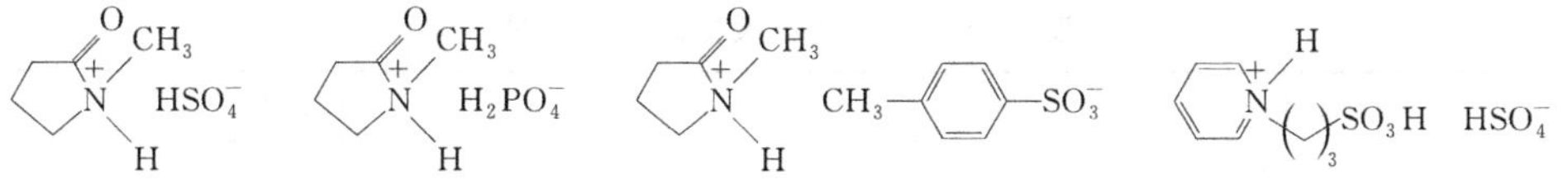

[Hnmp]HSO_4　[Hnmp]H_2PO_4　[Hnmp] PTSA　[PyN$(CH_2)_3SO_3H$]HSO_4

离子液体酸性与热稳定性以离子液体水溶液的pH值来表示离子液体的酸性，不同浓度离子液体的pH值见表3-13。由表3-13可知，在浓度为0.1～0.5mol/L，四种离子液体均显示出较强酸性，且pH值随其浓度的增加而降低。四种离子液体的酸性顺序为：[PyN$(CH_2)_3SO_3H$]HSO_4≈[Hnmp]HSO_4>[Hnmp]PTSA>[Hnmp]H_2PO_4。

表 3-13 不同浓度离子液体的酸性（pH 值）

c /mol·L^{-1}	pH 值			
	[Hnmp]HSO_4	[Hnmp]H_2PO_4	[Hnmp]PTSA	[PyN$(CH_2)_3SO_3H$]HSO_4
0.1	1.55	1.90	1.71	1.57
0.2	1.36	1.81	1.45	1.37
0.3	1.23	1.76	1.30	1.23
0.4	1.16	1.69	1.24	1.16
0.5	1.08	1.65	1.16	1.03

离子液体的热重分析所得最大失重率温度值（DTG_{max}）见表 3-14。[PyN-$(CH_2)_3SO_3H$]HSO_4、[Hnmp]HSO_4 和 [Hnmp] PTSA 在 200～400℃基本上都只有一个 DTG 峰，因此，在该实验反应温度（<150℃）条件下均具有足够的热稳定性。[Hnmp]H_2PO_4 出现了两个 DTG 峰，另外一个 DTG 峰由于进行分析时失重下限（>650℃）没有给出，故无法得到。

表 3-14 离子液体的热重分析

离子液体	[Hnmp]HSO_4	[Hnmp]H_2PO_4	[Hnmp]PTSA	[PyN$(CH_2)_3SO_3H$]HSO_4
DTG_{max}/℃	275.9	275.5	300.6	340.9

不同离子液体的催化活性表 3-15 为四种离子液体的催化活性。分析可知，[Hnmp]H_2PO_4 的催化活性最低，$PODE_{3\sim8}$ 的选择性只有 0.14%，且三聚甲醛的转化率也不高，只有 57.65%；相比之下，[Hnmp]HSO_4、[Hnmp] PTSA 的催化活性较高，三聚甲醛的转化率分别为 95.84%、94.42%，$PODE_{3\sim8}$ 的选择性分别为 25.31%、21.49%；[PyN$(CH_2)_3SO_3H$]HSO_4 的催化活性最高，三聚甲醛的转化率和 $PODE_{3\sim8}$ 的选择性分别为 97.69%和 32.54%，同时，其可以和产物自动分层，通过简单的静置就可以将离子液体回收。四种离子液体的催化活性顺序与表 3-13 中离子液体的酸性变化趋势几乎一致，离子液体的酸性越强，其催化活性越高；导致 [PyN$(CH_2)_3SO_3H$]HSO_4 催化活性较高的原因可能是由于其热稳定性相对于其他三种离子液体偏高，且其带有较长的支链和独特的双磺酸结构，在较高温度下可能更容易给出 H^+，使其酸性更强。因此，该研究选择催化活性最高的离子液体 [PyN$(CH_2)_3SO_3H$]HSO_4 对影响反应的其他因素进行考察。

表 3-15 不同离子液体的催化活性

离子液体	转化率 x/%	选择性 s/%
[Hnmp]HSO_4	95.84	25.31
[Hnmp]H_2PO_4	57.65	0.14
[Hnmp]PTSA	94.42	21.49
[PyN$(CH_2)_3SO_3H$]HSO_4	97.69	32.54

注：n(TR)/n(MeOH)=1.0∶2.0，110℃，6h，2.0MPa，催化剂用量为总反应物质量的 2.0%。

反应的影响因素如下。

（1）催化剂用量的影响　图 3-7 为催化剂用量对转化率和选择性的影响。由图 3-7 知，当催化剂用量较小时，适当增加催化剂的用量，三聚甲醛的转化率和 $PODE_{3\sim8}$ 的选择性随之增大；当催化剂用量为 2.0％时，三聚甲醛转化率和 $PODE_{3\sim8}$ 的选择性分别为 97.69％和 32.54％；继续增加催化剂用量，三聚甲醛的转化率无明显变化，$PODE_{3\sim8}$ 的选择性则呈下降趋势。由前文所述可知，离子液体的酸性随着浓度的增大而增强，催化剂的用量越大，反应体系的酸性越强，会导致 $PODE_n$ 发生水解，同时还增加了成本。因此，综合考虑催化剂的用量选择为 2.0％。

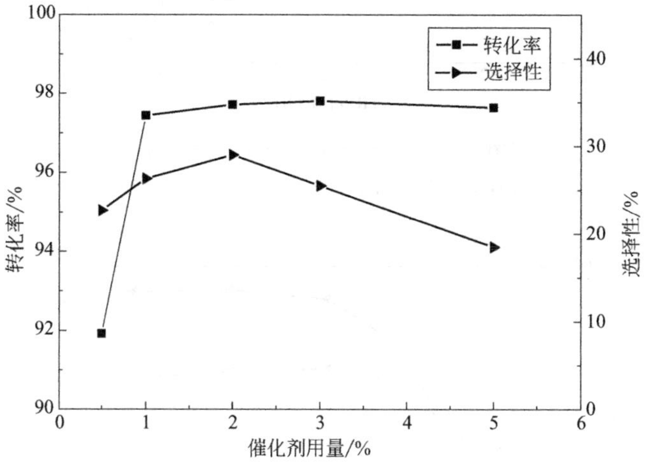

图 3-7　催化剂用量对反应活性的影响

n(TR)/n(MeOH)＝1.0:2.0,110℃,6h,2.0MPa

（2）物料配比的影响　图 3-8 为物料配比对反应活性的影响。由图 3-8 可知，三聚甲醛和甲醇的物质的量比对反应有较大的影响。随着甲醇用量的增加，三聚甲醛的转化率呈现一定程度的上升趋势，$PODE_{3\sim8}$ 的选择性则呈现出下降趋势；当 n(TR)/n(MeOH) 小于 2.0 时，反应结束后，产物呈现浑浊状态，静置一段时间后，有大量白色物质产生，这是由于三聚甲醛过量造成的；但是当甲醇过量时会导致生成大量的甲缩醛和 $PODE_2$。综合考虑，n(TR)/n(MeOH) 为 1∶2 时最有利于生成 $PODE_{3\sim8}$。

（3）反应温度的影响　图 3-9 为反应温度对反应活性的影响。由图 3-9 可知，温度对反应活性的影响比较明显。温度较低时，反应物活性较低，随着反应温度的升高，反应物的活性也随之提高，此时三聚甲醛的转化率和 $PODE_{3\sim8}$ 的选择性均呈现上升趋势；反应温度由 90℃升高至 110℃时，三聚甲醛的转化率由 80.39％上升到 97.69％，$PODE_{3\sim8}$ 的选择性由 0.99％上升至 32.54％；继续升高温度，三聚甲醛的转化率和 $PODE_{3\sim8}$ 的选择性无明显变化。因此，选择反应温度为 110℃。

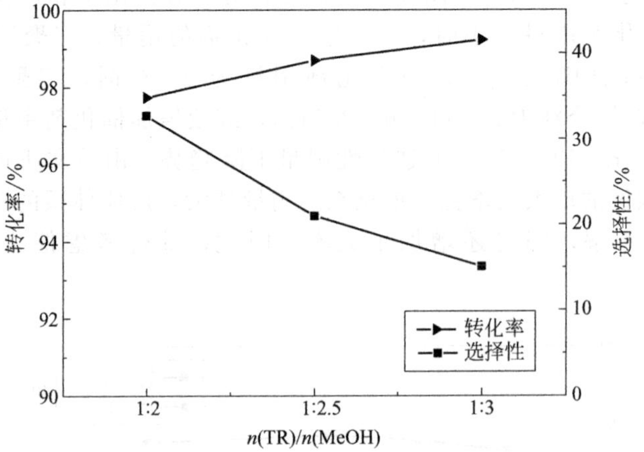

图 3-8　物料配比对反应活性的影响

110℃，6h，2.0MPa，催化剂用量为总反应物质量的 2.0%

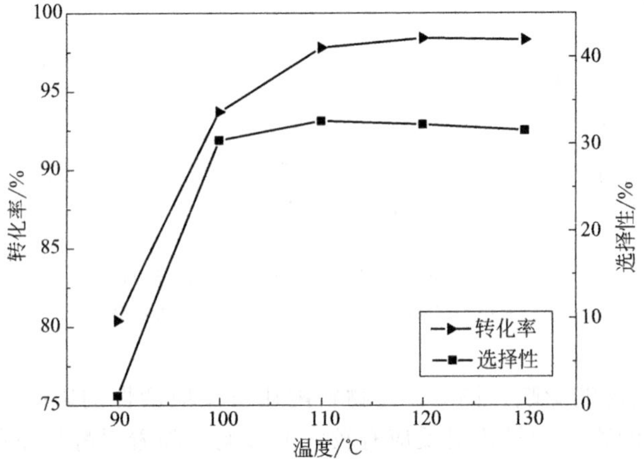

图 3-9　反应温度对反应活性的影响

110℃，6h，2.0MPa，催化剂用量为总反应物质量的 2.0%

(4) 反应时间的影响　图 3-10 为反应时间对反应活性的影响。由图 3-10 可知，反应时间较短时，三聚甲醛的转化率和 $PODE_{3\sim8}$ 的选择性较低，这是由于反应不完全造成的；适当延长反应时间，三聚甲醛的转化率和 $PODE_{3\sim8}$ 的选择性随之增大，反应时间达到 6h 时，$PODE_{3\sim8}$ 的选择性达到最大值 32.54%，继续延长反应时间，虽然三聚甲醛的转化率有所增加，但是 $PODE_{3\sim8}$ 的选择性却随之降低，反应时间为 10h 时，$PODE_{3\sim8}$ 的选择性降至 21.99%；说明反应时间为 6h 时，反应已经达到了平衡，继续延长反应时间，在含水的酸性环境中，$PODE_{3\sim8}$ 发生了不同程度的水解，导致其选择性降低，同时也增加了能耗。综合考虑，反应时间控制在 6h 为最佳。

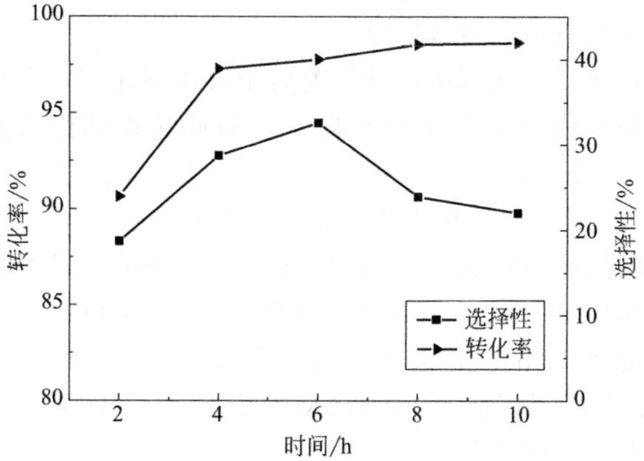

图 3-10　反应时间对反应活性的影响

n(TR)/n(MeOH)=1.0∶2.0，110℃，2.0MPa，催化剂用量为总反应物质量的 2.0%

（5）反应压力的影响　该反应中，N_2 并不参与反应，其作用仅仅只是为系统提供一定的压力，对反应没有直接影响。图 3-11 为反应压力对反应活性的影响。由图 3-11 可知，压力对反应活性的影响较小，适当提高反应压力，三聚甲醛的转化率没有明显的变化，$PODE_{3\sim8}$ 的选择性却有小幅度的变化，呈现出先上升后下降的趋势，当压力为 2.0MPa 时，$PODE_{3\sim8}$ 的选择性达到峰值 32.54%。因此，反应压力选择为 2.0MPa 较佳。

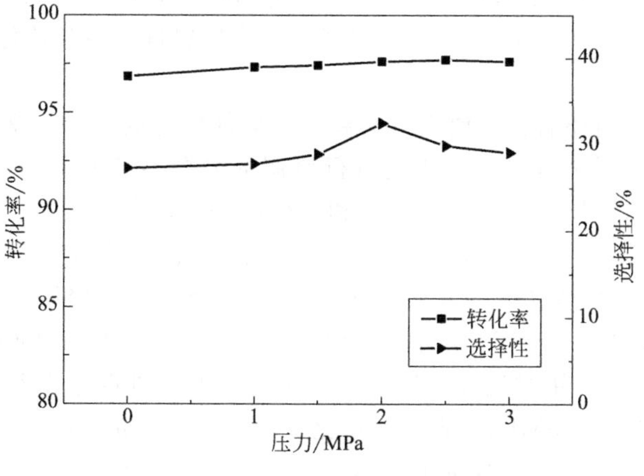

图 3-11　反应压力对反应活性的影响

n(TR)/n(MeOH)=1∶2，110℃，6h，催化剂用量为总反应物质量的 2.0%

通过以上研究可知：离子液体的催化活性与其酸性呈相关性，其中，[PyN$(CH_2)_3SO_3H$]HSO_4 具有较高的催化活性；当[PyN$(CH_2)_3SO_3H$]HSO_4 的用量为 2.0%（质量分数）、n(三聚甲醛)∶n(甲醇)=1∶2、反应温度 110℃、反应时间 6h、反应压力 2.0MPa 时，三聚甲醛的转化率和 $PODE_{3\sim8}$ 的选择性分别为

97.69%和32.54%，反应结束后，$[PyN(CH_2)_3SO_3H]HSO_4$ 与产物能自动分成两相，通过简单的分离就可以将其回收。

常州大学李为民等[32] 又利用环酰胺类离子液体催化剂，采用甲醇和甲缩醛分别与三聚甲醛在高压反应釜中合成 $PODE_n$。经过筛选得到优选催化剂，其结构式如下图(a)，在催化剂添加量1%（质量分数）、三聚甲醛和甲醇质量比为2.15、缓慢升温至100℃、氮气控制系统压力1.5MPa条件下反应1h，三聚甲醛转化率高达98%，$PODE_{3\sim8}$ 选择性可达39.1%。而后使用已内酰胺为阳离子的离子液体催化剂，以甲缩醛和多聚甲醛为原料在高压反应釜中合成 $PODE_n$。经过筛选得到优选催化剂，其结构式见下图(b)。在催化剂用量为0.1%（质量分数）、甲缩醛和多聚甲醛质量比为2、105℃、氮气升压至0.9MPa条件下反应5h，多聚甲醛转化率和聚合物 $PODE_{3\sim8}$ 选择性分别达100%和42.8%。

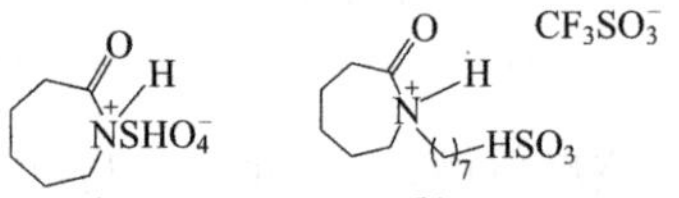

(a)　　(b)

以上常州大学的研究者通过对比不同酸功能离子液体酸性、原料转化率及产物选择性发现离子液体的催化活性与其酸性呈相关性，即酸性越强催化活性越高，优选出 $[Hnmp]HSO_4$ 和 $[PyN(CH_2)_3SO_3H]HSO_4$ 离子液体为催化剂，继而考察合成 $PODE_n$ 的影响因素，分别得到了最优的合成条件。其中 $[PyN(CH_2)_3SO_3H]HSO_4$ 离子液体聚合物 $PODE_{3\sim8}$ 选择性高于 $[Hnmp]HSO_4$，但原料的转化率相对较低，而后开发以已内酰胺为阳离子的离子液体催化剂在原料选择性和转化率上表现出较大优势。

除此之外，国内还有很多研究者对离子液体催化合成聚甲氧基二甲醚的合成进行了研究，例如：邓小丹等[33] 使用自行研制的复合型硫酸氢根-离子液体作为催化剂，在间歇式高压反应釜中使用甲醇和三聚甲醛进行合成研究。最终得到最高转化率时的反应条件：催化剂用量5%（质量分数）、温度100℃、压力2.0MPa、m(三聚甲醛)：m(甲醇质量)=1.3，反应4h，聚合反应三聚甲醛最佳转化率高达96.66%。赵变红等[34] 为了研究离子液体阴阳离子对甲醇（MeOH）与三聚甲醛（TOX）合成聚甲醛二甲醚反应的影响，该实验采用不同的离子液体进行催化反应。在温度120℃、釜压2.0MPa、原料摩尔比 $[n(MeOH)/n(TOX)]=2:1$、催化剂用量2.1%（质量分数）、反应时间4h的反应条件下，探讨了离子液体阴阳离子结构对反应性能的影响，通过聚甲醛二甲醚选择性大小的比较，得出了不同离子液体的催化活性顺序。继而得出离子液体阴阳离子协同催化甲醇与三聚甲醛合成聚甲醛二甲醚的反应机理。结果表明，功能化离子液体在催化甲醇和三聚甲醛合成聚甲醛二甲醚的反应中均具有良好的活性，三聚甲醛的转化率达到了90%以上，$PODE_{3\sim8}$ 的选择性达到了40%以上；在相同的工艺条件下，不同的离子液体对甲醇和三聚甲醛合成聚甲醛二甲醚的反应催化效果不同，离子液体的催化作用并非单个阴离子作用或单个阳离子作用，而是阴离子和阳离子协同作用的结果。

通过国内学者的不断探索研究和在环境危机的大背景下，离子液体的催化优势显而易见，可通过对其阴阳离子进行调节，调控其理化性质，根据原料和反应条件的异同，需要合理的选择或设计最佳的离子液体，但因其有机配体毒性大，操作要求高，原料成本昂贵，且要求反应体系中水的量不能超过阈值，必将成为其发展的制约性因素。因此，用低成本和低毒性或无毒的有机配体、合成高活性的离子液体将成为其研究的发展方向。

3.3 固体酸催化法

固体酸是一种具有广泛工业应用前景的环境友好型催化剂，成为当前催化研究的热点之一。固体酸一般指能使碱性指示剂变色的固体。严格来说，固体酸是指能给出质子或者能够接受孤对电子的固体，即具有 Brönsted 酸中心和 Lewis 酸中心的固体[35]。

3.3.1 固体酸法概述

1979 年，日本科学家 Hino 等人首次合成出 SO_4^{2-}/Fe_2O_3 固体酸，引起了学者的广泛重视，从而对固体酸进行了大量研究，并合成了一系列固体酸体系催化剂。固体酸大致可分为 7 类，见表 3-16[36]。

表 3-16 固体酸的分类

序号	酸类型	实例
1	固体超强酸	SO_4^{2-}/Fe_2O_3、SO_4^{2-}/ZrO_2、WO_3/ZrO_2、B_2O_3/ZrO_2
2	沸石分子筛	ZSM-5 沸石、X 沸石、Y 沸石、B 沸石，非沸石分子筛
3	杂多酸	$H_4SiW_{12}O_{40}$、$H_3PW_{12}O_{40}$、$H_3PMo_{12}O_{40}$
4	固载化液体酸	HF/Al_2O_3、BF_3/Al_2O_3、H_3PO_4/硅藻土
5	天然黏土矿	高岭土、膨润土、蒙脱土
6	氧化物	简单：Al_2O_3、SiO_2、B_2O_3、Nb_2O_5 复杂：Al_2O_3-SiO_2、Al_2O_3/B_2O_3
7	硫化物	CdS、ZnS

下面将主要介绍固体超强酸、分子筛和杂多酸 3 类固体酸催化剂。

3.3.1.1 固体超强酸

固体超强酸是指酸性超过 100%硫酸的固体酸。在表示酸强度时常采用 Hammett 酸强度函数 H_0 来定量描述，H_0 酸强度函数愈小，表明酸强度愈强。100% H_2SO_4 酸强度为 $H_0=-11.94$，固体超强酸的酸强度的 $H_0<-11.94$[37]。

（1）结构　固体超强酸按负载物和载体可分多种，其活性和选择性同制备的原料（前驱体）、制备方法和助剂的添加有较大的关系，研究较多的固体超强酸是 SO_4^{2-}/M_xO_y 型金属氧化物超强酸，其结构如下图所示。

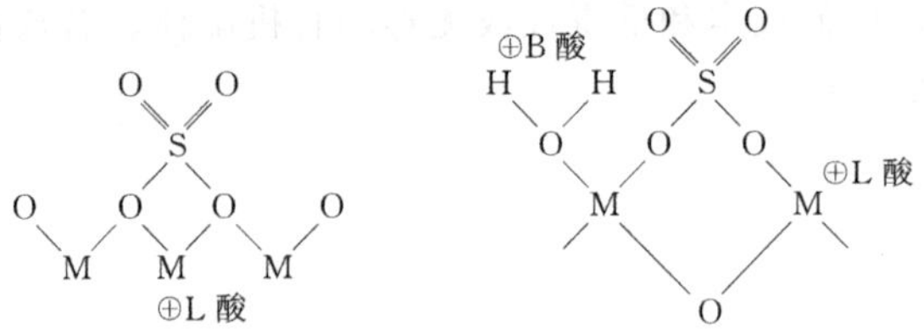

(a)　　(b)

(a) 构型与 (b) 构型的不同在于 SO_4^{2-} 是与单个 M 配位还是与 2 个 M 配位。SO_4^{2-}/M_xO_y 体系的酸性与表面 S-M 配合物种类有关，它是以金属氧化物为底物，SO_4^{2-} 为助剂，生成硫助金属氧化物，而不是金属硫酸盐。在双配位硫酸根离子的强诱导作用下，金属离子的静电场增大，成为 L 酸中心，当 L 酸中心上有水存在时，在静电场作用下形成 B 酸中心，两个或两个以上酸中心形成基团协同作用将成为超强酸中心，从而产生高催化活性。SEM 分析表明，SO_4^{2-}/M_xO_y 的表面很不平整，呈多孔穴的蜂窝状疏松结构，这种结构有利于提高催化剂的比表面和和表面自由能，有利于提高反应活性和降低反应活化能。

（2）性能　SO_4^{2-}/M_xO_y 超强酸在有机合成中作催化剂，反应温度低，副反应少且产率较高。而且，其超强酸性使得一般的单键化合物，如烷烃的 C—C 键、C—H 键对该酸也表现出碱性。但超强酸与烷烃中的 C—C 或 C—H 键作用，生成高活性的碳正离子，使原来惰性的烷烃活化，在石油化工中已得到广泛应用。M_xO_y 首选 ZrO_2、TiO_2，制得的催化剂酸强度大、活性高。如催化合成增塑剂邻苯二甲酸二辛酯（DOP）时，SO_4^{2-}/ZrO_2 与 SO_4^{2-}/Al_2O_3 相比，有催化活性高、选择性高、反应温度低等优点，并克服了传统硫酸催化工艺复杂、反应温度难控制使原料或产品碳化而降低产率、活性炭脱色使产品损失等缺点。除 Ti、Zr、Fe、Sn、Al 等的金属氧化物外，由其他金属氧化物制得的固体酸不能被称为超强酸，这与氧化物中金属离子的电负性及配位数的大小有关。制备超强酸时需要无定形的金属氧化物（Al_2O_3 除外），由结晶态氧化物制得的催化剂无超强酸特性。无定形金属氧化物可以是现成的氧化物，也可以由金属盐水解成氢氧化物再加热分解制得。以 Ti、Zr 为主要成分，复合少量的 Al、Fe、Sn、Mo、W、La（尤其 La）等的金属氧化物制成的复合催化剂，其他组元的引入往往能获得协作效应，使催化剂的活性和寿命均得到改善。

3.3.1.2　分子筛

分子筛催化剂（molecular sieve based catalysts）又称沸石催化剂。指以分子筛为催化剂活性组分或主要活性组分之一的催化剂，具有骨架结构的微孔结晶性材料，分子筛结构中含有大量的结晶水分子加热时可汽化除去，产生类似沸腾的现象，因此分子筛又称沸石。通常自然界中存在的称为沸石，人工合成的称为分子筛，有时也称为沸石分子筛。

分子筛具有离子交换性能、均一的分子大小的孔道、酸催化活性，并有良好的热稳定性和水热稳定性，可制成对许多反应有高活性、高选择性的催化剂。用研究者第一次发表提出的一个或者几个字母来命名，如 A 型、X 型、Y 型、ZSM（zeolitesoconymobil）型、VPI-5（VirginiaPolytchnicInstitute No. 5）等。用离子交换法制得不同型号的分子筛，以离子命名，如 NaA（钠 A）型、KA（钾 A）型、CaA（钙 A）型，商业上又用 4A、3A、5A 的牌号来表示。用天然沸石矿物命名的，如 M 型又可称丝光沸石型，Y 型又可称八面沸石型。应用最广的有 X 型、Y 型、丝光沸石、ZSM-5 等类型的分子筛，工业上用量最大的是分子筛裂化催化剂。

从分子筛的发展过程看，主要经历了传统的沸石、中孔材料和复合分子筛 3 个阶段[36]。

（1）沸石类分子筛　沸石分子筛的酸性中心来源于骨架结构中的羟基，包括存在于硅铝氧桥上的羟基和非骨架铝上的羟基。它具有很宽的可调变的酸中心和酸强度，能满足不同的酸催化反应的活性要求；比表面积大，孔分布均匀，孔径可调变，对反应原料和产物有良好的形状选择性；结构稳定，机械强度高，可高温（400～600℃）活化再生后重复使用；对设备无腐蚀，生产过程中不产生“三废”，废催化剂处理简单，不污染环境。

（2）中孔分子筛　中孔分子筛指以表面活性剂为模板剂，利用溶胶、凝胶、乳化或微乳等化学过程，通过有机物和无机物之间的界面作用组装生成的一类孔径在 1.3～30nm，孔分布窄且具有规则孔道结构的无机多孔材料。它克服了传统分子筛比表面积和孔径较小，较大分子不易进入其内表面，多数在外表面反应，有效活性和选择性低等缺点。1992 年美国 Mo-il 公司的 Beck 等最先用液晶模板技术合成了孔径在 1.5～10nm 范围内，且孔径可调的新型中孔分子筛 M41S 族。但中孔分子筛的孔壁是无定形的，它的热稳定性，尤其是水热稳定性较差，以后的研究方向是如何提高它的水热稳定性。通过增加其孔壁厚度和在其表面嵌入疏水基团的方法可对其进行改进。

（3）复合型分子筛　单纯的分子筛催化剂已不能满足工业发展的要求，人们开始研制复合型分子筛。如将 SO_4^{2-}/ZrO_2 负载在分子筛载体上制得分子筛超强酸，采用的分子筛主要有 ZSM-5、HZSM-5、MCM-41、SBA 等。

3.3.1.3 杂多酸及其化合物

由不同种类的含氧酸根阴离子缩合形成的叫杂多阴离子（如 $WO_4^{2-}+PO_4^{3-} \longrightarrow PW_{12}O_{40}^{3-}$），其酸叫杂多酸（HPA）。球形杂多酸分子表面上电荷密度低，且电荷是非定域的，质子的活动性相当大，使其成为很强的 Brönsted 酸，$H_3PW_{12}O_{40}$，就是经典的杂多酸12-磷钨酸。20世纪70年代以来，由于它在工业上的成功应用，引起了世界各国学者的关注，许多学者对杂多酸在催化领域中的应用产生了极大兴趣。

将杂多酸及其盐负载在适当的载体上，提高其比表面积和催化活性，但要减少在使用过程中活性组分杂多酸的溶脱。碱性载体会导致杂多酸的部分分解，所以常用中性或酸性载体 SiO_2、活性炭、TiO_2、离子交换树脂、大孔的 MCM-41 分子筛、层柱材料、有机高分子和杂多酸自身难溶盐等，其中 TiO_2 和活性炭最为常用，在非极性反应体系中，TiO_2 负载杂多酸活性最高，而在极性溶剂中，活性炭能牢固地负载杂多酸[36]。

3.3.2 固体酸催化法合成 $PODE_n$

相比较于液体酸催化剂，以固体酸为催化剂可有效避免催化剂与产品分离难、设备腐蚀严重以及环境污染等问题。研究者以此类型催化剂催化合成 $PODE_n$ 进行了大量的研究。

3.3.2.1 固体超强酸催化研究

赵峰等[38] 选择了与其他同类型的超强酸相比具有来源广、成本低、无毒性等优势的 SO_4^{2-}/Fe_2O_3 固体超强酸对三聚甲醛与甲醇开环缩合反应制备 $PODE_n$ 的反应条件进行了研究。首先制备合成固体超强酸，通过 XRD、SEM、NH_3-TPD、IR 等表征手段对催化剂的结构、表面形貌和酸性进行了表征，然后考察了醇醛比、反应温度、反应时间和反应压力对催化活性的影响，同时考察了催化剂的重复使用稳定性。

（1）催化剂的制备　将硝酸铁溶解到一定量的去离子水中，向溶液中逐滴滴加质量分数为25%的氨水至 pH=8 左右，室温下陈化15h，过滤、洗涤至中性，80℃干燥得到氢氧化铁。研细过100目筛，用 $0.5mol \cdot L^{-1}$ 的硫酸浸渍，洗涤，80℃干燥后，在500℃焙烧5h，得到 SO_4^{2-}/Fe_2O_3 固体超强酸催化剂。为了对比，还制备了未经硫酸浸渍的 Fe_2O_3。

（2）催化剂表征　通过对 Fe_2O_3、SO_4^{2-}/Fe_2O_3 以及反应后 SO_4^{2-}/Fe_2O_3 进行 XRD 表征可得，Fe_2O_3 与 SO_4^{2-}/Fe_2O_3 均为 α-Fe_2O_3。取3个最强峰（33°、35.7°、54°）由谢乐公式得出其平均粒径分别为：（a）37.8nm；（b）18.8nm；（c）18.7nm。故浸渍硫酸后 Fe_2O_3 的结晶度降低，颗粒变小，反应后 Fe_2O_3 的晶粒尺寸基本保持不变。

表 3-17　催化剂的比表面积和孔结构性质

催化剂	比表面积 A /$m^2 \cdot g^{-1}$	孔体积 V /$cm^3 \cdot g^{-1}$	孔径 D /nm
Fe_2O_3	19.6	0.16	30.8
SO_4^{2-}/Fe_2O_3	47.3	0.22	18.4
反应后 SO_4^{2-}/Fe_2O_3	46.0	0.22	19.7

由表 3-17 可以看出，浸渍硫酸后催化剂的比表面积和孔体积增大，孔径变小。结合 Fe_2O_3、SO_4^{2-}/Fe_2O_3 的 SEM 扫描结果可知：催化剂在浸渍硫酸后，表面颗粒变得比原颗粒细小，可以部分解释催化剂在引入硫酸根后比表面积变大。由反应后 SO_4^{2-}/Fe_2O_3 的 SEM 扫描结果可以看出，催化剂在使用 4 次后，催化剂总体形貌变化不大；SEM 的表征结果与 XRD 吻合。

分子结构为 SO_4^{2-}/M_xO_y 型金属氧化物固体超强酸的红外吸收光谱在 900～1200cm^{-1} 处，有 4 个吸收峰（980～990cm^{-1}，1030～1068cm^{-1}，1120～1150cm^{-1}，1210～1230cm^{-1}），都是双配位的硫酸盐配合在金属元素上的特征峰。由 Fe_2O_3、SO_4^{2-}/Fe_2O_3 以及反应后 SO_4^{2-}/Fe_2O_3 的红外表征可知，在 1212cm^{-1}，1125cm^{-1}，990cm^{-1} 处均有吸收峰，这表明 SO_4^{2-} 与 Fe_2O_3 之间形成了化合键，且以桥式配合物为主。538cm^{-1} 与 452cm^{-1} 为 Fe—O 吸收峰，1600cm^{-1} 左右是—OH 的弯曲振动吸收峰。催化剂在使用 4 次后，在 900～1200cm^{-1} 之间仍然具有 3 个吸收峰，表明使用 4 次后催化剂表面 SO_4^{2-}/Fe_2O_3 之间仍保持着配位结构，但强度比新鲜催化剂有所降低。

三聚甲醛和甲醇开环缩合反应为酸催化反应，因此酸的性质对该反应有较大影响。由 Fe_2O_3、SO_4^{2-}/Fe_2O_3 以及反应后 SO_4^{2-}/Fe_2O_3 的 NH_3-TPD 结果可得，催化剂主要含有弱酸位和中强酸位，脱附最高温度在 180℃ 的峰位，属于弱酸位，380℃的峰位属于中强酸位，520℃的峰位属于超强酸位，且中强酸的含量相对较多。根据文献报道，催化剂表面弱酸位有利于短链产物的生成，中强酸位有利于长链产物的生成，酸性位过强不利于长链产物的稳定存在。催化剂经 4 次循环使用后，中强酸位明显减少，源于 SO_4^{2-} 的流失；但弱酸位依然存在，对照反应结果，弱酸位在三聚甲醛与甲醇的开环缩合反应中具有决定性作用。

（3）三聚甲醛与甲醇的反应性能考察　该反应以甲醇与三聚甲醛为原料，三聚甲醛首先在酸性催化剂上开环形成高浓度甲醛，甲醛与甲醇发生缩合反应形成 $PODE_n$，反应涉及三聚甲醛的开环以及与甲醇的缩合，比较复杂。为了考察反应条件对催化剂性能的影响，研究者设计了 L_{25} 正交表格，考察了原料配比（醇醛比）、反应温度、反应时间、反应压力和催化剂用量对 $PODE_{3\sim8}$ 收率的影响。由表 3-18 极差数值可知，醇醛比对此反应的影响最大，其余 4 个因素对反应影响相差不大。

表 3-18　正交实验表格

水平＼因素	$n(CH_3OH)/n[(CH_2O)_3]$	反应时间/h	反应温度/℃	反应压力/MPa	催化剂占总反应物的质量分数/%
1	1.5	1	100	0.1	1.2
2	3.0	2	110	0.5	0.8
3	4.0	3	120	1.0	1.5
4	5.5	4	130	1.2	3.0
5	8.5	6	140	1.5	5.0
极差	12	6.8	6.5	6.4	5.8

① 醇醛比对反应性能的影响。在正交试验初步优化条件为反应温度 120℃、反应压力 1MPa、反应时间 4h、催化剂用量为总反应物质量的 1.5%。由图 3-12 可知，当醇醛比为 0.75（此时产物分为液固两相，取清液分析）和 1.2 时 $PODE_{3\sim8}$ 收率最大，随着醇醛比的升高 $PODE_{3\sim8}$ 收率呈降低趋势，因此最佳的醇醛配比为 1.2。

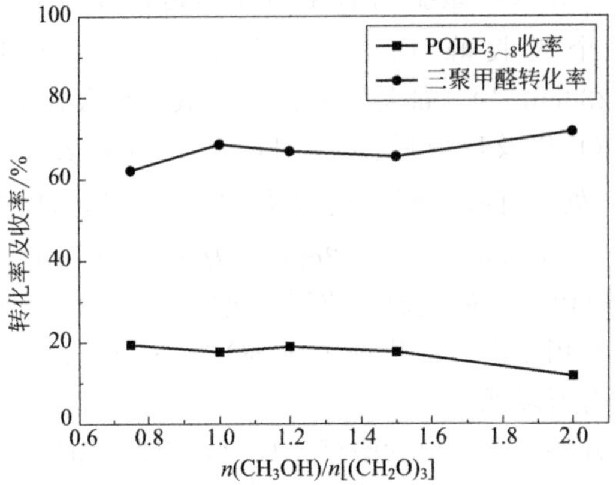

图 3-12　不同醇醛比对反应活性的影响

反应温度 120℃、时间 4h、压力 1MPa、催化剂用量为总反应物质量的 1.5%

由图 3-13 可知，随着醇醛比的升高，$PODE_1$ 和 $PODE_2$ 的收率逐渐增大，而高分子量的产物呈下降趋势。因此，当反应物中甲醇含量较高时，有利于短链产物 $PODE_1$ 和 $PODE_2$ 的生成，同时反应产生的水也不利于长链产物的生成。甲醇含量较低时，反应产物向长链产物转移。甲醇含量过低（如醇醛比 0.75 时），三聚甲醛分解生成的高浓度甲醛容易聚合生成白色固体多聚甲醛。

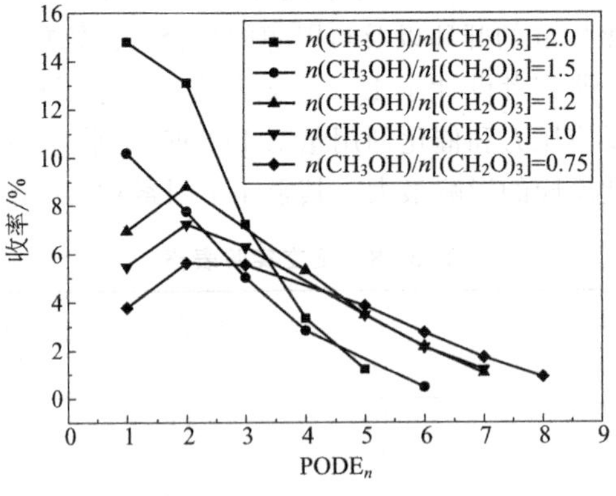

图 3-13　不同醇醛比对反应产物分布的影响

反应温度 120℃、时间 4h、压力 1MPa、催化剂用量为总反应物质量的 1.5%

② 反应温度对反应性能的影响。在最佳醇醛比 1.2 条件下考察了温度对反应的影响，结果如图 3-14 所示。温度对三聚甲醛转化率影响较大，随着反应温度的升高三聚甲醛的转化率逐渐增大。$PODE_{3\sim8}$ 的收率开始呈增大趋势，最后趋于平衡。从能耗与收率两方面综合考虑，此反应的最佳反应温度为 130℃。

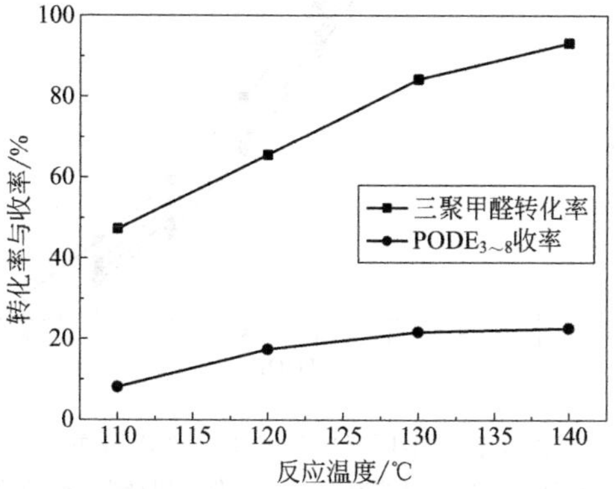

图 3-14　反应温度对催化活性的影响

醇醛比 1.2、时间 4h、压力 1MPa、催化剂用量为总反应物质量的 1.5%

③ 反应时间对反应性能的影响。在醇醛比为 1.2，反应温度为 130℃的条件下，考察了反应时间对该反应的影响。由图 3-15 可见，随着反应时间的延长，三聚甲醛的转化率呈上升趋势，而 $PODE_{3\sim8}$ 的收率在反应 2h 已经基本达到平衡。在反应进行到 5h，$PODE_{3\sim8}$ 收率有所下降，可能因为反应体系中生成的水，使长链产物发生水解所致。因此，此反应的最佳反应时间为 2h。

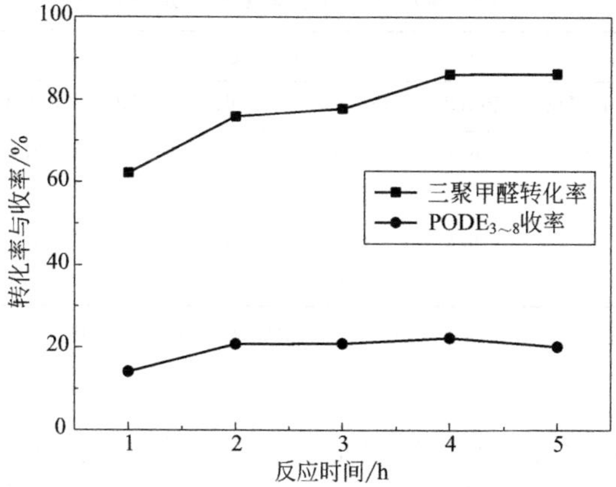

图 3-15　反应时间对催化活性的影响

醇醛比 1.2、反应温度 130℃、压力 1MPa、催化剂用量为总反应物质量的 1.5%

④ 反应压力对反应性能的影响。在醇醛比 1.2、反应温度 130℃、反应时间 2h 的条件下，考察了反应压力的影响。由图 3-16 可知，随压力的升高 $PODE_{3\sim8}$ 产物

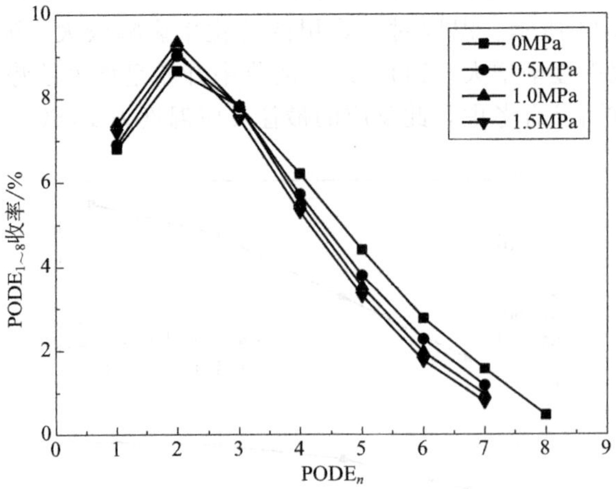

图 3-16 不同反应压力下各产物分布

醇醛比 1.2、反应温度 130℃、反应时间 2h、催化剂用量为总反应物质量的 1.5%

收率呈下降趋势。此外，不同反应温度和不同反应时间的 $PODE_{1\sim8}$ 分布趋势与反应压力的产物分布趋势基本一致。

⑤ 催化剂的循环使用性能。将反应后催化剂进行过滤洗涤、80℃干燥、500℃焙烧 2h，用于后续重复性试验，反应结果见表 3-19。可以看出，此催化剂在重复使用 4 次后，仍然具有较高的催化活性。这说明，SO_4^{2-}/Fe_2O_3 固体超强酸催化剂具有较好的重复使用性。

表 3-19 SO_4^{2-}/Fe_2O_3 催化剂稳定性试验

重复使用次数	产物收率/%								
	$PODE_1$	$PODE_2$	$PODE_3$	$PODE_4$	$PODE_5$	$PODE_6$	$PODE_7$	$PODE_8$	$PODE_{3\sim8}$
1	6.9	6.7	6.7	5.6	4.3	3.1	2.0	1.0	22.7
2	10.8	5.7	5.4	4.8	4.0	3.0	1.9	1.0	20.1
3	6.9	6.7	6.6	6.0	4.8	3.8	2.4	1.4	24.6
4	5.8	7.5	7.3	5.8	4.1	2.7	1.5	0.6	22.1

注：反应条件为醇醛比 1.2、反应温度 130℃、反应时间 2h、压力 0.1MPa、催化剂用量为总反应物质量的 1.5%。

表 3-20 为重复使用后的催化剂的元素组成分析结果。SO_4^{2-}/M_xO_y 型催化剂的失活，主要与催化剂表面硫酸根的流失和积炭有关。缩合反应生成的水在体系中与催化剂表面硫酸根接触，造成表面硫酸根流失，使酸中心减少，导致酸度减弱。有机相中有机物在催化剂表面吸附、沉积，造成催化剂活性中心积炭，使活性降低。结合表 3-20 和表 3-19 可知，尽管 SO_4^{2-}/Fe_2O_3 存在 SO_4^{2-} 的流失，只要催化剂存在弱酸位，则催化性能可基本保持。

表 3-20　重复使用后催化剂元素组成分析

重复使用次数	催化剂元素质量(分数组成)/%	
	SO_3	Fe_2O_3
1	10.5	89.3
2	9.3	90.4
3	7.3	92.3
4	5.0	94.5

综上所述，以 SO_4^{2-}/Fe_2O_3 固体超强酸为催化剂，甲醇可与三聚甲醛开环缩合反应制备聚甲醛二甲基醚。醇醛比、反应温度和反应时间等反应条件对产物收率影响较大，$PODE_{3\sim8}$ 为目标产物时，较为适宜的反应条件为：醇醛比 1.2，反应温度 130℃、时间 2h、压力 0.1MPa，催化剂用量为总反应物质量的 1.5%。原料中甲醇含量较高时，有利于短链产物的生成，降低甲醇量，产物分布向长链产物转移。SO_4^{2-} 的部分流失对催化剂弱酸位的影响不大，从而使催化剂在重复使用中能维持较好活性。

河南煤业化工集团李丰等[39] 公开一种以固体超强酸为 SO_4^{2-}/ZrO_2、SO_4^{2-}/Fe_2O_3、Cl^-/TiO_2、Cl^-/Fe_2O_3、SO_4^{2-}/Al_2O_3、$S_2O_8^{2-}/ZrO_2$ 中的至少 1 种为催化剂，以甲醇、甲缩醛和多聚甲醛为原料合成 $PODE_n$，该反应产物分布中 $PODE_{2\sim10}$ 可达 70%，具有较好的选择性，且原料多聚甲醛廉价，催化剂易分离，应用前景较好。

其后公开的专利[40] 介绍了以甲醇与甲醛为原料合成聚甲醛二甲醚的方法，该方法以甲醇和三聚甲醛为原料，固体超强酸作为催化剂催化合成聚甲氧基二甲醚，n(甲醇)∶n(三聚甲醛)=(1.0～5.0)∶1，催化剂用量为原料总质量的 1.0%～5.0%，反应温度为 100～500℃，反应压力为 0.5～4.0MPa，反应时为 4h，产物 $PODE_{2\sim4}$ 为 77.4%（质量分数）。其中所述的固体超强酸催化剂的活性组分选自硫酸、盐酸或过硫酸或其盐中的至少一种；载体选 ZrO_2、TiO_2、SiO_2、Al_2O_3、Fe_2O_3、SnO_2、WO_3 中的至少一种。虽然该催化剂取得了较好的原料转化率，然而由于固体超强酸的酸性强，规则的孔结构使得产物中副产物中甲缩醛的选择性在 20%～50%，甲缩醛的大量存在会降低柴油混合物的闪点并因此损害其质量，使得产品不太适合作为柴油的添加剂。

综上所述，固体超强酸催化剂表面结构上具有弱酸位、中强酸位、超强酸位等多个酸位，影响着不同长度链产物的生成，故有利于目标产物的合成。用固体超强酸作催化剂，具有对设备无腐蚀，催化剂易于分离等优点，但相比较于液体酸催化剂在原料转化率和产物的选择性方面较低，且对于某些反应由于选择的原料和催化剂酸位含量的不同及反应过程中有水的生成，其选择性，转换性、收率等会存在差异。固体超强酸催化剂表面活性组分易流失，导致其催化活性降低，由于 $PODE_n$ 合成反应对酸强度有较高要求。因此，针对不同反应体系，研究一种产物分配较好的高活性固体超强酸催化剂是极其重要的。

3.3.2.2 分子筛催化合成研究

由于分子筛具有独特的孔道结构、表面酸性、离子交换特性和良好的热稳定性，且其孔道结构和表面酸性可用多种的方法在较大范围内调变，制备 $PODE_n$ 的缩合过程主要依靠催化剂的酸性作用加上分子筛催化剂易分离、可再生，因此分子筛催化剂也被用于聚甲氧基二甲醚的合成研究中。

赵启等[41] 以甲醇和三聚甲醛为原料，选择了四种 H 型分子筛（HY、HZSM-5、Hβ 和 HMCM-22）作为催化剂，进行了催化缩合制聚甲氧基二甲醚反应的研究。通过 XRD、NH_3-TPD 等手段对催化剂的结构和酸性进行了表征，考察了分子筛孔径和酸性对其催化性能的影响。

（1）催化剂的制备 NaMCM-22 分子筛制备方法如下：以六亚甲基亚胺（HMI）为模板剂、铝酸钠为铝源、硅溶胶为硅源，将模板剂 HMI 加入含有一定量氢氧化钠和铝酸钠的水溶液中，搅拌 1h 后加入一定量的硅溶胶，再将上述混合物在 30℃下搅拌、陈化 24h；陈化后的混合物转移到 100mL 聚四氟乙烯内衬的不锈钢釜中，于 170℃动态晶化 72h；晶化结束后，将产物抽滤和洗涤，所得白色滤饼在 120℃下干燥 12h，580℃下焙烧 6h，即得到一系列不同硅铝比的 Na 型 MCM-22 分子筛。

H 型分子筛催化剂由上述 Na 型分子筛经离子交换获得。在 $2mol \cdot L^{-1}$ 的硝酸铵溶液中按 $100mL \cdot g^{-1}$ 比例加入 Na 型分子分子筛，80℃下搅拌 10h 后，抽滤和洗涤；重复三次上述操作后的样品，经室温干燥，550℃下焙烧 5h 得到 H 型分子筛催化剂。

（2）催化剂的表征 对孔道结构不同的分子筛催化剂 HY、HZSM-5、Hβ 和 HMCM-22（Si/Al=200）进行 XRD 分析。结果显示这些分子筛形貌完美、结晶度良好且无杂相。

表 3-21 为 HY、HZSM-5、Hβ、HMCM-22（Si/Al=200）分子筛催化剂的氮气吸附表征结果。HZSM-5 分子筛的比表面积和孔体积较小；HY、Hβ 和 HMCM-22 分子筛，尤其后两者，它们具有超笼结构，具有较高的比表面积和孔体积，适合于用作生成分子尺寸较大的 $PODE_{3\sim8}$ 产物的催化剂。

表 3-21 分子筛催化剂的比表面积和孔结构性质

催化剂	比表面积 A/$m^2 \cdot g^{-1}$	孔体积 V/$cm^3 \cdot g^{-1}$	孔径 D/nm
HY	632.1	0.36	0.26
HZSM-5	239.9	0.13	0.09
Hβ	424.1	0.33	0.15
HMCM-22	474.2	0.47	0.18

这些分子筛的表面酸性也有较大的差异。由 HY、HZSM-5、Hβ 和 HMCM-22（Si/Al=200）分子筛的 NH_3-TPD 谱图分析可得，HY 分子筛只有一个酸中心，其 NH_3 脱附位为 240℃，属于弱酸中心，即 HY 分子筛上的酸性位以弱酸为主；HZSM-5 分子筛具有两个酸中心，其 NH_3 脱附峰分别位于 230℃和 420℃，并且强

酸位要远远多于弱酸位；Hβ分子筛上的 NH_3 脱附峰位于240℃和343℃，分别对应于弱酸位和中强酸位，其中的中强酸含量相对较少；HMCM-22分子筛也具有两个酸中心，弱酸中心位于219℃，中强酸中心位于358℃，且中强酸含量相对较多。

表3-22　不同硅铝比 HMCM-22 的酸性分布

Si/Al 比	弱酸		中强酸	
	温度 T/℃	分布/%	温度 T/℃	分布/%
25	228	63	339	37
50	206	46	370	54
100	204	39	362	61
200	219	33	358	67
300	194	51	344	49

鉴于HMCM-22具有较大的孔径和较高的中强酸量，研究者合成了不同Si/Al比的HMCM-22分子筛，试图对其酸性进一步调变。通过分析不同Si/Al比的HMCM-22的 NH_3-TPD和表3-22不同Si/Al比HMCM-22的酸性分布可得，不同Si/Al比的HMCM-22催化剂都有两类酸性位，即为弱酸和中强酸位。随着Si/Al比的增加，HMCM-22的表面酸量逐渐减少，但弱酸和中强酸量减少的比例不尽相同。随着Si/Al比的增加，HMCM-22催化剂表面的弱酸位相对含量先减小后增加，而中强酸的相对含量先增加后减少；Si/Al比为100和200的HMCM-22酸量适中，中强酸所占比例较高。

（3）催化反应条件的确定　该反应体系较为复杂，反应条件和反应物配比对三聚甲醛转化率和产物分布的影响较大。为此，研究者首先以Hβ分子筛为催化剂，考察了反应物配比、反应时间和温度对反应产物分布的影响，见表3-23。在所考察的反应条件下，三聚甲醛的转化率都接近100%，因此该研究主要讨论各种因素对产物选择性的影响。

① 原料中甲醇和三聚甲醛的摩尔比。120℃下，反应10h，初始原料中甲醇和三聚甲醛的摩尔比 n(甲醇)/n(三聚甲醛）对反应产物 $PODE_n$ 的分布有较大的影响；n(甲醇)/n(三聚甲醛）为2时，柴油添加剂组分 $PODE_{3\sim8}$ 的选择性为13.78%，n(甲醇)/n(三聚甲醛）为1和3时的选择性仅为8.59%和2.83%。反应物料中甲醇含量较低时，所提供的长链聚合产物封端甲基可能不足；而当甲醇含量过高，则又有可能促进甲醇与三聚甲醛分解产物甲醛发生反应生成 $PODE_n$，同时反应体系中的水也不利于长链产物的稳定存在。综合考虑这两方面因素，n(甲醇)/n(三聚甲醛）为2时最有利于生成 $PODE_{3\sim8}$ 产物。

表3-23　反应条件对Hβ分子筛上甲醇与三聚甲醛缩合制 $PODE_n$ 产物分布的影响

n(甲醇)/n(三聚甲醛)	温度 T/℃	时间 t/h	产物选择性 s/%								
			PODE	$PODE_2$	$PODE_3$	$PODE_4$	$PODE_5$	$PODE_6$	$PODE_7$	$PODE_8$	$PODE_{3\sim8}$
1	120	10	69.68	21.44	6.13	1.73	0.52	0.14	0.05	0.02	8.59
2	120	10	60.06	25.80	9.37	3.10	0.96	0.28	0.06	0.01	13.78

续表

n(甲醇)/n(三聚甲醛)	温度 T/℃	时间 t/h	产物选择性 s/%								
			PODE	$PODE_2$	$PODE_3$	$PODE_4$	$PODE_5$	$PODE_6$	$PODE_7$	$PODE_8$	$PODE_{3\sim8}$
3	120	10	81.83	15.31	2.41	0.36	0.05	0.01	—	—	2.83
2	110	10	67.50	23.40	6.42	1.78	0.50	0.12	0.03	—	8.85
2	130	10	85.14	12.55	1.32	0.25	0.03	0.01	—	—	1.61
2	120	6	75.19	21.07	2.83	0.55	0.23	0.03	0.01	—	3.65
2	120	8	64.97	25.62	6.90	1.70	0.41	0.09	0.02	—	9.12
2	120	12	64.67	25.04	7.28	2.07	0.57	0.14	0.02	—	10.08

在反应物配比 n(甲醇)/n(三聚甲醛) 为 2，反应时间 10h 的条件下，考察了反应温度的影响。由表 3-23 可见，随着反应温度的升高，$PODE_{3\sim8}$ 的选择性先增加后降低，以反应温度为 120℃时 $PODE_{3\sim8}$ 的收率最佳。进一步在反应物配比 n(甲醇)/n(三聚甲醛) 为 2，120℃下，考察了反应时间的影响。由表 3-23 可以看出，随着反应时间的增加，$PODE_{3\sim8}$ 的选择性先增加后减少；反应时间为 10h 时 $PODE_{3\sim8}$ 的选择性最高，此时最有利于 $PODE_{3\sim8}$ 产物的生成。综合考虑各种反应条件对甲醇与三聚甲醛缩合制 $PODE_n$ 产物分布的影响，可以得出生成柴油添加组分 $PODE_{3\sim8}$ 的最佳条件为：120℃，n(甲醇)/n(三聚甲醛)=2，反应时间 10h。

② 不同分子筛催化性能比较。在前面所确定的最佳反应条件下，对 HY、HZSM-5、Hβ 和 HMCM-22（Si/Al=200）分子筛上甲醇和三聚甲醛反应合成 $PODE_n$ 的催化性能进行了评价，结果见表 3-24。

表 3-24　不同分子筛催化剂上甲醇与三聚甲醛转化率制 $PODE_n$ 反应性能

催化剂	产物选择性 s/%								
	PODE	$PODE_2$	$PODE_3$	$PODE_4$	$PODE_5$	$PODE_6$	$PODE_7$	$PODE_8$	$PODE_{3\sim8}$
HY	92.87	6.72	0.41	—	—	—	—	—	0.41
HZSM-5	72.99	20.38	5.03	1.10	0.24	0.03	—	—	6.40
Hβ	60.06	25.80	9.37	3.10	0.96	0.28	0.06	0.01	13.78
HMCM-22	35.89	33.25	16.6	7.38	3.23	1.41	0.58	0.19	29.39

注：催化剂用量为总反应物质量的 5%；n(甲醇)/n(三聚甲醛)=2；120℃；反应时间 10h。

由表 3-24 可以看出，催化剂 HY 上的生成产物以短链的 $PODE_{1\sim3}$ 为主，其目标产物 $PODE_{3\sim8}$ 的选择性仅为 0.41%；其次为 HZSM-5 和 Hβ，$PODE_{3\sim8}$ 的选择性分别为 6.40%和 13.78%；而以 HMCM-22 为催化剂时，其 $PODE_{3\sim8}$ 的收率得到显著提高，达到 29.39%。

对于甲醇与三聚甲醛缩合反应，分子筛的催化活性和产物选择性应与其孔道结构和酸性密切相关。结合各种分子筛的 NH_3-TPD 表征结果可以看出，甲醇与三聚甲醛反应产物 $PODE_n$ 的分布与分子筛催化剂的酸性质相关。催化剂表面的弱酸位可能有利于短链产物 $PODE_n$ 的生成。随着强酸位密度的增加，长链 $PODE_n$ 产物相对含量增加；但是酸性太强，如 HZSM-5，则有可能不利于长链产物的稳定存在，影响 $PODE_{3\sim8}$ 的收率。因此，分子筛上的中强酸位可能最有利于长链目标产物 $PODE_{3\sim8}$ 的生成。HMCM-22 分子筛不仅具有较高的比表面积和超笼结构，而且具有较多的中强酸量；当 HMCM-22 用作甲醇与三聚甲醛缩合反应催化剂时，长链 $PODE_{3\sim8}$ 产物的选择性最高。

③ 不同 Si/Al 比 HMCM-22 上的催化反应性能。如前所述，HMCM-22 分子筛上的中强酸位有利于生成 $PODE_{3\sim8}$ 产物生成，而通过调整分子筛的 Si/Al 比，可有效调变分子筛的酸性和其催化反应性能。为此，研究者考察了不同硅铝比的 HMCM-22 分子筛上甲醇和三聚甲醛反应合成 $PODE_n$ 的催化性能，其结果见表 3-25。

表 3-25　不同 Si/Al 比 HMCM-22 上的甲醇与三聚甲醛转化率制 $PODE_n$ 催化反应性能

Si/Al 比	产物选择性 s/%								
	PODE	$PODE_2$	$PODE_3$	$PODE_4$	$PODE_5$	$PODE_6$	$PODE_7$	$PODE_8$	$PODE_{3\sim8}$
25	64.78	24.09	7.68	2.23	0.62	0.17	0.02	—	10.72
50	58.37	28.02	9.45	2.60	0.61	0.11	—	—	12.77
100	44.76	29.39	14.40	6.25	2.56	0.99	0.35	0.05	24.6
200	35.89	33.25	16.6	7.38	3.23	1.41	0.58	0.19	29.39
300	38.62	31.98	16.10	7.07	3.04	1.29	0.50	0.16	28.16

注：催化剂用量为总反应物质量的 5%；n(甲醇)/n(三聚甲醛)=2；120℃；反应时间 10h。

由表 3-25 可以看出，随着 Si/Al 比的增加，目标产物 $PODE_{3\sim8}$ 的收率先增加后减少。当 Si/Al 比为 200 的时候，$PODE_{3\sim8}$ 的选择性最高，为 29.39%。结合 NH_3-TPD 表征结果可以得出，分子筛催化剂表面的中强酸位对目标产物 $PODE_{3\sim8}$ 的收率起着重要的作用；随着中强酸相对含量的增加，目标产物 $PODE_{3\sim8}$ 的选择性也逐渐升高。Si/Al 比为 200 的 HMCM-22 酸量适中，中强酸所占比例较高，作为甲醇与三聚甲醛缩合催化剂时，$PODE_{3\sim8}$ 的选择性也最高。

④ HMCM-22 (Si/Al=200) 分子筛的催化稳定性。由于 Si/Al 比为 200 的 HMCM-22 分子筛酸量适中，用作甲醇与三聚甲醛转化制聚甲氧基二甲醚催化剂时，具有较高的 $PODE_{3\sim8}$ 的选择性。为考察其重复使用稳定性，对反应使用后的催化剂进行过滤、干燥后，直接用于后续重复反应实验中，测试了回收催化剂的反应性能，其结果见表 3-26。当催化剂重复使用四次后，催化剂仍具有较高的活性；产物中 $PODE_{3\sim8}$ 的选择性下降并不明显，具有较好的重复使用稳定性，是适宜的制备 $PODE_{3\sim8}$ 的催化剂。

表 3-26　HMCM-2(Si/Al=200) 分子筛催化剂的重复使用稳定性实验

重复次数	产物选择性 s/%								
	PODE	$PODE_2$	$PODE_3$	$PODE_4$	$PODE_5$	$PODE_6$	$PODE_7$	$PODE_8$	$PODE_{3\sim8}$
1	35.89	33.25	16.6	7.38	3.23	1.41	0.58	0.19	29.39
2	37.80	33.36	15.39	7.06	3.53	1.29	0.67	0.20	27.15
3	37.42	32.81	15.42	6.29	3.19	1.39	0.60	0.16	27.04
4	42.24	30.05	15.24	6.58	2.83	1.28	0.34	0.05	26.32

注：催化剂用量为总反应物质量的 5%；n(甲醇)/n(三聚甲醛)=2；120℃；反应时间 10h。

综上所述，以酸性分子筛为催化剂，较适宜的反应条件为120℃，甲醇/三聚甲醛摩尔比为2，反应时间为10h。HY分子筛上反应产物主要为短链的甲缩醛；HZSM-5和Hβ分子筛上反应产物以$PODE_{1\sim3}$为主，柴油添加剂组分$PODE_{3\sim8}$的收率分别为6.40%和13.78%；HMCM-22分子筛为催化剂时，长链的聚合物收率明显增加，其柴油添加剂组分$PODE_{3\sim8}$的选择性可以达到29.39%，且具有较好的重复使用稳定性；表面弱酸位有利于短链产物$PODE_n$的生成，而中等强度的表面酸性位则能促进柴油添加组分$PODE_{3\sim8}$的生成。硅铝比为200的HMCM-22分子筛上为催化剂时柴油添加组分$PODE_{3\sim8}$的选择性最高，这可能与其具有超笼结构、较高的比表面积、较高比例的中强酸等性质有关。

此外，高晓晨[42]通过以ZSM-5分子筛催化甲醇和三聚甲醛反应研究分子筛催化剂对$PODE_n$合成的影响。研究了分子筛的Si/Al比和粒径尺寸以及在分子筛上负载磷等方法对产物变化情况。结果表明分子筛Si/Al比增大时，其酸性减弱，反应物转化率和产物$PODE_{n>3}$的收率都减少。分子筛粒径的减小对产物选择性的提高有较为明显的效果，这一结论与赵启等人所得结论基本一致。

以上研究表明了分子筛催化合成$PODE_n$具有较好的性能，由于分子筛上存在弱酸位和中强酸位，有较高的比表面积，且多次重复使用后催化活性基本不变。对于有些分子筛催化剂可以改变组成的硅铝比使得对于目标产物选择性提高，但与固体超强酸相比较，其酸性较弱，酸量较低，收率较低。众多学者为了提高分子筛催化剂的酸量，增强反应活性，对分子筛也进行了大量改性研究。

河北科技大学张向京等[43]对分子筛修饰改性，以甲醇与三聚甲醛为原料，采用磷钨酸负载的HMCM-22分子筛作为催化剂用于$PODE_n$合成，探索了催化剂制备条件对反应结果的影响，以期同时实现高酸性与高催化活性的复合。

（1）催化剂制备　将一定量的磷钨酸溶于适量蒸馏水中，完全溶解后加入一定量HMCM-22分子筛，并调整pH值，室温下搅拌12h，然后利用旋转蒸发器将水除去，在100℃下使其干燥至恒重，然后在一定温度下煅烧一定时间，可制得不同负载量的PW/HMCM-22催化剂。

（2）磷钨酸负载量对催化效果的影响

① 不同负载量对聚甲醛二甲醚合成反应的影响。在煅烧温度400℃，焙烧时间4h的条件下制备了不同负载量的PW/HMCM-22催化剂，并进行了催化合成聚甲氧基二甲醚的反应，结果如图3-17所示。磷钨酸负载量从0%增加到30%（质量分数），三聚甲醛转化率和$PODE_{2\sim8}$选择性均逐渐升高，磷钨酸负载量为30%时催化活性最高，这可能是由于磷钨酸负载量不超过30%时，磷钨酸在HMCM-22分子筛载体表面分散较均匀，此时，随着磷钨酸负载量的增加，其酸量也有所增加，催化剂的活性中心数量增加，提高了三聚甲醛的转化率。但磷钨酸负载量超过30%后，转化率和选择性均降低，催化剂反应活性下降。这可能是由于负载量超过30%

后磷钨酸分子间发生团聚，在 HMCM-22 载体表面形成晶粒，使其在 HMCM-22 表面分布不均匀，甚至 HMCM-22 部分孔道被磷钨酸聚集体堵塞，从而使起催化作用的酸中心数目减少。为了更好地解释这一现象，对不同负载量 PW/HMCM-22 催化剂进行了 NH_3-TPD 检测和 BET 分析，催化剂的 NH_3-TPD 曲线都出现了高温和低温脱附峰，分别对应着强酸位和弱酸位。从 0%到 30%，随着负载量的增加，催化剂出现 NH_3 脱附峰的温度向高温方向有偏移的趋势，但变化不明显，说明 PW/HMCM-22 表面酸强度主要为弱酸。且随着负载量的增加，弱酸位的强度和酸度都呈逐渐增加的趋势。当负载量超过 30%时，随着磷钨酸负载量的不断增加，弱酸位的酸强度呈逐渐增强的趋势，但酸量却呈逐渐降低的趋势。温度为 550℃左右的峰为强酸位，且远远少于弱酸位，随着负载量增加强酸位强度逐渐增加，但酸量呈现了降低的趋势。说明负载量较高时，虽然酸性位的强度有所增加，但酸量却降低明显。

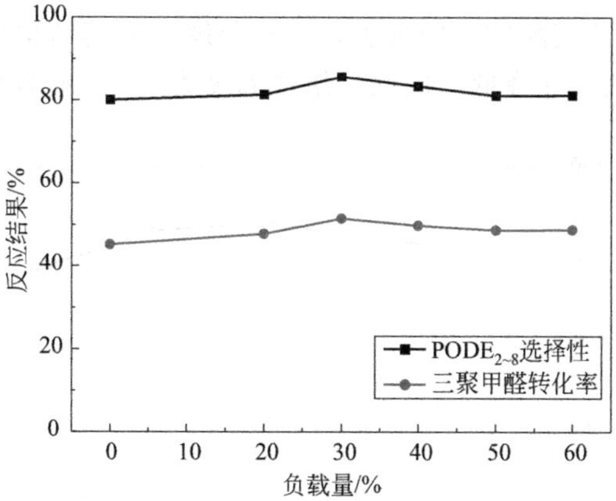

图 3-17　磷钨酸负载量对反应的影响

表 3-27 列出了 HMCM-22 以及不同负载量 PW/HMCM-22 催化剂的比表面积、孔体积以及孔径的数据。与 HMCM-22 相比，负载量为 20%的 PW/HMCM-22 比表面积、孔体积分别由原来的 $423m^2 \cdot g^{-1}$，$0.41cm^3 \cdot g^{-1}$ 下降到 $403m^2 \cdot g^{-1}$ 和 $0.39cm^3 \cdot g^{-1}$，且随着负载量的不断增加，比表面积和孔体积呈下降趋势，说明了负载磷钨酸的 HMCM-22 孔结构有所变化，磷钨酸负载到了 HMCM-22 的孔道内。

表 3-27　HMCM-22 和 PW/HMCM-22 的 BET 数据

催化剂	比表面积/$m^2 \cdot g^{-1}$	孔体积 $V/cm^3 \cdot g^{-1}$	孔径 D/nm
HMCM-22	423	0.41	0.52
20%PW/HMCM-22	403	0.39	0.57
30%PW/HMCM-22	370	0.35	0.62
40%PW/HMCM-22	332	0.32	0.66
50%PW/HMCM-22	297	0.25	0.71
60%PW/HMCM-22	192	0.14	0.78

但随着负载量增加，孔体积和比表面积减小也导致活性位减少，从而降低了催化剂的催化活性，即负载量不宜过多。而 PW/HMCM-22 的平均孔径随着负载量的增加而增加，这可能是由于负载磷钨酸后导致 HMCM-22 孔径不均匀所致。结合不同负载量的 PW/HMCM-22 催化剂的催化性能曲线和 NH_3-TPD 曲线及 BET 数据可得，较优的负载量应选择 30%。

② 焙烧温度对催化效果的影响。在 HMCM-22 催化剂上负载磷钨酸时的焙烧温度对其催化活性有较大的影响。选用负载量为 30%的 PW/HMCM-22 为催化剂，焙烧时间 4h，如前所述的反应条件，考察焙烧温度对反应的影响，结果如图 3-18 所示。由图可知，随着焙烧温度的升高，反应转化率和选择性均呈先增后减的趋势，当焙烧温度为 300℃ 时，转化率和选择性最高，分别达到了 54.84% 和 87.12%。这是由于焙烧温度低时，磷钨酸与 HMCM-22 中的硅氧键结合得不好，使 PW/HMCM-22 催化活性较低；随着温度升高，两者间硅氧键结合逐渐牢固，而且失去部分结晶水，逐渐显露活性中心，增强其催化活性；当焙烧温度过高时，磷钨酸容易失水过多导致其酸质子的失去，甚至分解造成其结构破坏，导致催化活性降低，$PODE_{2\sim8}$ 的选择性降低。因此，焙烧温度为 300℃时较合适。

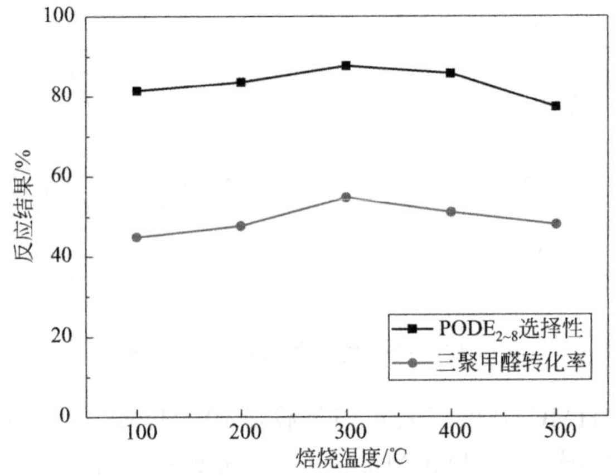

图 3-18　焙烧温度对反应的影响

③ 焙烧时间对催化效果的影响。图 3-19 为不同焙烧时间对聚甲醛二甲醚合成反应的影响。固定 PW/HMCM-22 催化剂处理条件为负载量 30%，焙烧温度 300℃，反应条件如前所述。由图 3-19 中可知，随着焙烧时间的延长，反应转化率和总选择性均有所增加，焙烧 4h 时 PW/HMCM-22 催化剂对该反应有较强的催化效果。焙烧时间进一步延长后，三聚甲醛转化率和产物选择性都明显下降。这可能是因为焙烧时间过长使 PW/HMCM-22 的大量孔道结构坍塌，造成 HMCM-22 分子筛部分孔道堵塞，导致催化剂的催化活性降低。所以选择合适的焙烧时间为 4h。

为了验证 PW/HMCM-22 催化剂的重复使用性能，反应后将催化剂经过滤，洗涤，干燥后在如前所述的反应条件下重复进行反应，考察不同循环次数后催化性能

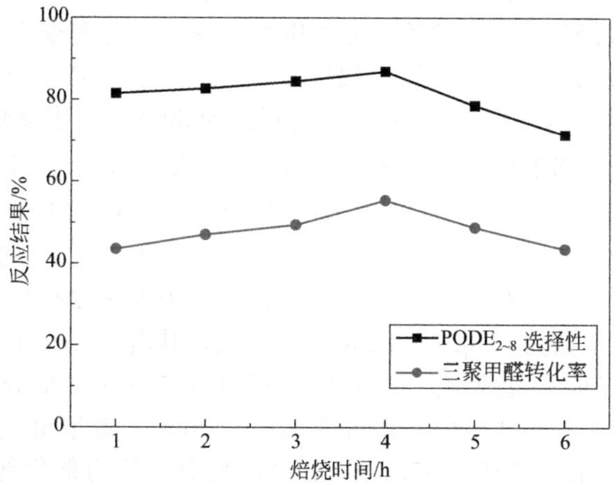

图 3-19 焙烧时间对反应的影响

的变化情况，结果见图 3-20。由图 3-20 可以看出，经五次重复使用后，催化剂催化活性变化不大，少许下降可能是由于反应过程中的磨损和再生过程中过滤洗涤等导致催化剂有少量损失，活性组分相对减少。由此可得，该 PW/HMCM-22 催化剂重复使用性较好。

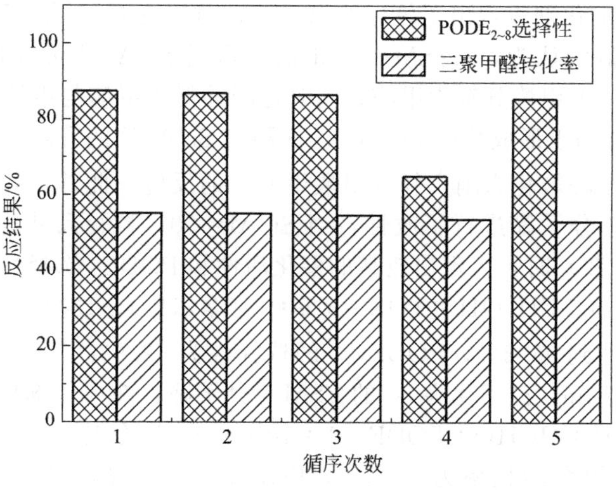

图 3-20 催化剂重复使用性能

通过对分子筛催化剂进行改性，可使其酸性和酸强度显著改善，原料转化率及目标产物选择性得到较大提高，多次使用后负载的活性组分减少较少，催化性能基本不变，是工业化生产 $PODE_n$ 的理想催化剂。

另外，冯伟樑等[44] 报道了 β 沸石、Y 型分子筛等催化剂体系，在催化剂 HY 用量为 1.1%（质量分数）、CH_3OH ∶ TOX＝2.2 ∶ 1（摩尔比）、150℃、1.0MPa 的条件下反应 4h，三聚甲醛的转化率为 91.8%，$PODE_{3\sim10}$ 选择性为 50.2%。李丰等[45] 报道了基于一定硅铝比的不同类型催化剂（β沸石、X型沸石、Y型沸石、ZSM-5分子筛、MCM-22分子筛等）催化甲缩醛或甲醇与多聚甲醛的缩醛化反应。在催化剂用量为1.1%（质量分数），温度130℃、压力0.5MPa的条件下反应4h，甲醛的转化率达到了94.2%，$PODE_{3\sim10}$选择性为50.8%。该研究团队还报道了固体超强酸负载的分子筛催化剂，在SO_4^{2-}/ZrO_2/SBA-15催化剂用量0.3%（质量分数），CH_3OH∶TOX=2.2∶1（摩尔比）、130℃、0.7MPa的条件下反应4h，三聚甲醛的转化率为92.4%，$PODE_{3\sim10}$选择性为55.2%[46]。曹健等[47] 也研究了分子筛孔道结构、酸位等对反应的影响。研究发现HMCM-22分子筛具有六方片状晶粒结构，晶粒粒径约为0.8μm×1μm×0.05μm，其内部Brönsted酸位比例最高，所以表现出了最好的催化活性。在催化剂用量为5%（质量分数）、CH_3OH∶TOX=2∶1（摩尔比）、120℃的条件下反应10h，三聚甲醛转化率为39.8%，$PODE_{2\sim8}$的选择性最高达到了65.1%。以MOR分子筛为催化剂时，在同等条件下反应，$PODE_{2\sim8}$的选择性仅为23.2%。他们认为，催化剂中强的Brönsted酸位是催化缩醛化反应的主要因素，分子筛中强酸位可以促进$PODE_n$中长链分子的生成。但是分子筛孔道增加并不利于$PODE_n$的生成，$PODE_n$生成过程与孔道结构没有直接关系。

Wu等[48] 考察了HZSM-5分子筛Si/Al比对缩醛化反应的影响。当Si/Al=580时表现出了最好的催化活性，三聚甲醛转化率为85.3%，$PODE_{2\sim8}$的选择性为88.5%。同时催化剂表现出了较好的稳定性，循环使用15次，$PODE_{2\sim8}$的收率未见明显降低。他们认为，HZSM-5催化剂上适当Si/Al比可以提供充足的酸位点，有效地促使三聚甲醛分解为甲醛，同时也能够促进甲醛与甲缩醛反应，从而使短链$PODE_n$更有利于形成长链$PODE_n$。而随着Si/Al比的升高强酸位点会逐步减少，这也会抑制甲醛转化为副产物（甲酸甲酯）的反应。此外，高晓晨等[49] 采用P_2O_5对HZSM-5分子筛进行了改性，当Si/Al=50，粒径尺寸为5μm，P_2O_5含量≤6%（质量分数）时，表现出较高的催化活性和$PODE_n$选择性。在催化剂用量为1%（质量分数）、CH_3OH∶TOX=5.5∶1（摩尔比）、130℃的条件下反应，三聚甲醛转化率可达到95.2%，$PODE_{2\sim5}$的选择性为62.9%。何欣等[50] 制备了一种晶粒直径为0.2μm，硅铝比为30的ZSM-5分子筛，在催化剂用量为0.5%（质量分数）、CH_3OH∶HCHO∶PODE=1∶10∶5.5（摩尔比）、110℃、3.0MPa的条件下反应3h，甲醛转化率为81.5%，$PODE_{3\sim8}$的选择性为32.4%。2015年，刘志成等[51] 报道了金属离子（Sn、Mn、Cu、Ti等）改性的氢型强酸性分子筛催化反应性能，在催化剂用量4.0%（质量分数）、PODE∶CH_2O=0.8∶1（摩尔比）、115℃，0.6MPa的条件下反应6h，$PODE_{3\sim10}$的选择性达到了63%。

中国科学院山西煤炭化学研究所[52] 以自制高硅铝（Si/Al）比氢型分子筛为催化剂，选择甲缩醛和三聚甲醛为原料，使用高压反应釜进行合成研究。硅铝比不低于200的分子筛中ZSM-5的催化效果最佳。在甲缩醛和三聚甲醛质量比为1.7、催化剂用量为5%（质量分数）、120℃、搅拌0.75h条件下，$PODE_{3\sim8}$的选择性达

53.8%。利用自制氧化石墨烯[53] 为催化剂，选用原料为甲醇和三聚甲醛，催化剂用量质量分数为 5%，温度为 120℃、甲醇和三聚甲醛摩尔比为 2∶1、反应 10h。$PODE_{2\sim8}$ 选择性可达 68.93%。

总之，以分子筛作催化剂，可以解决催化剂腐蚀反应器以及催化剂与产物难分离的问题，反应催化活性较高，且所得产物分布较好，目的产物 $PODE_{3\sim8}$ 选择性较高，是合成 $PODE_n$ 理想的催化剂。但是在反应过程中，如何调变催化剂酸性，使其更适合于生产链长为 $n=3\sim4$ 的 PODE，以及增加 $PODE_{3\sim4}$ 收率，还有待进一步深入研究。

3.3.2.3 杂多酸催化合成研究

杂多酸稳定性好，具有可调控的氧化还原中心和酸中心，是一种多功能催化剂，DME 选择氧化合成 $PODE_n$ 的反应同时需要氧化还原中心和酸中心的参与，因此，杂多酸催化剂是科研工作者用来研究 DME 氧化合成 $PODE_n$ 反应的催化体系之一[54]。

Liu 等[55] 在 180～240℃ 下首次采用负载在 SiO_2 上具有 Keggin 结构的 $H_{3+n}V_nMo_{12-n}PO_{40}$ 催化剂实现了一步氧化甲醇或者二甲醚制备甲缩醛的反应，该双功能催化剂具有合成 $PODE_n$ 所需的氧化还原活性位和酸性活性位。催化剂中的氧化还原活性位和酸性活性位可以催化氧化 DME 转化为甲醛，同时酸性位还可以催化甲醇与甲醛发生反应生成 $PODE_n$。以 SiO_2 为载体的催化剂，因其较高的表面单层分布，有效提高了 $PODE_n$ 的生成速率和选择性，并且减少了 CO_x 的生成。V 替代 $H_3Mo_{12}PO_{40}$ 中的部分 Mo 亦可明显改善催化剂的性能。实验中对催化剂进行热处理改性后，发现催化剂中部分 B 酸的浓度降低，表明 B 酸性位不是产物生成的活性位，推测是 L 酸性位催化了缩醛反应。

Zhang 等[56] 在 $MnCl_2$、$SnCl_2$、$CuCl_2$ 改性的 $H_4SiW_{12}O_{40}/SiO_2$ 催化剂上进行了 DME 氧化制取 $PODE_n$ 的研究。实验结果表明，$H_4SiW_{12}O_{40}/SiO_2$ 催化剂在 DME 氧化反应中表现出了较强的活性，但 $PODE_n$ 的选择性仅为 4.8%。之后采用 5%（质量分数）的 $MnCl_2$ 改性，$PODE_n$ 的选择性显著提高，在 330℃ 时达 39.1%。由 $MnCl_2$ 改性后的催化剂中的 Keggin 结构几乎保持不变，$MnCl_2$ 和 $H_4SiW_{12}O_{40}$ 之间存在着相互作用，从而降低了催化剂的酸强度和酸中心数目，避免了 DME 的深度氧化，减少了 CO_x 的生成。$MnCl_2$ 改性硅钨酸后，生成二氧化锰氧化物，该氧化物的存在有利于 DME 选择氧化生成 $PODE_n$。而在研究 DME 催化氧化合成 $PODE_n$ 反应的过程中，采用 Cs_2CO_3、K_2CO_3、$Ni(NO_3)_2$、NH_4VO_3 对 $H_3PW_{12}O_{40}/SiO_2$ 催化剂进行了改性。实验结果表明，在 $H_3PW_{12}O_{40}$(40%)/SiO_2 催化剂中加入最佳量的 Cs 后，催化剂表现出优异的催化性能，DME 的转化率为 20%，$PODE_n$ 的选择性提高到 34.8%。稀土氧化物由于其独特的氧化性能和酸碱特性，是一种潜在的催化材料，被广泛用作催化剂助剂，Sm_2O_3 可用来改性催化剂的酸性，并提高催化剂的氧化还原性能。Zhang 等[57] 还研究了 DME 直接

氧化合成 $PODE_n$ 的反应中，Sm_2O_3 的加入对 Mn-$H_4SiW_{12}O_{40}/SiO_2$ 催化剂催化性能的影响。实验结果显示，Sm_2O_3 的引入显著提高了 Mn-$H_4SiW_{12}O_{40}/SiO_2$ 催化剂的活性，当 Sm_2O_3 的含量为 1%（质量分数）时，$PODE_n$ 的选择性由 36.3% 增加到 60.3%。Sm_2O_3 的加入增加了 L 酸性位和弱酸性位的数量，同时增加了 Mn-$H_4SiW_{12}O_{40}/SiO_2$ 催化剂中 Mn^{4+} 物种的量，有利于 $PODE_n$ 的形成。

对于负载型杂多酸催化剂，载体的性质也会改变催化剂的氧化还原性和酸性，进而影响反应的活性和选择性。Liu 等[58] 研究了载体对负载 $H_5PV_2Mo_{10}O_{40}$ 催化剂酸性和氧化还原性能的影响，在 SiO_2 载体表面负载的催化剂具有更多的酸中心，而 ZrO_2 和 TiO_2 载体由于与杂多酸较强的作用则有利于其氧化还原能力的提高和酸能力的降低。Zhang 等[59] 研究了不同载体对负载 $MnCl_2H_4SiW_{12}O_{40}$ 催化剂催化活性的影响。在 DME 氧化合成 $PODE_n$ 的反应中，SiO_2 作为载体的催化剂表现出最好的催化活性。SiO_2 具有较大的比表面积，可将 $MnCl_2$-$H_4SiW_{12}O_{40}$ 更好的分散在载体上，同时，SiO_2 良好的热稳定性及氧化能力也是主要因素。实验结果表明，合适的酸性载体对 DME 氧化合成 $PODE_n$ 反应是有利的，而碱性载体表现出较差的氧化活性，载体本身具有的性质及载体与活性组分之间的协同作用对催化剂活性有着明显的影响。

Zhang 等人[60] 还研究了 $H_4SiW_{12}O_{40}/SiO_2$、5%（质量分数）$MnCl_2$ + $H_4SiW_{12}O_{40}/SiO_2$、5%（质量分数）$MnCl_2$-$H_4SiW_{12}O_{40}/SiO_2$ 和 $H_4SiW_{12}O_{40}$、5%（质量分数）$MnCl_2/SiO_2$ 等四种不同的催化剂对二甲醚氧化制备甲缩醛工艺技术的催化性能。其中，后三种催化剂是采用浸渍法制备的 $MnCl_2$ 改性 $H_4SiW_{12}O_{40}$ 催化剂，5%（质量分数）$MnCl_2$ + $H_4SiW_{12}O_{40}/SiO_2$ 催化剂的制备方法为：首先在 25℃将 SiO_2 浸渍于 $H_4SiW_{12}O_{40}$ 水溶液及 $MnCl_2$ 水溶液中 4h，然后在 120℃干燥 12h，最后在 400℃下煅烧 4h，最终得到该催化剂。5%（质量分数）$MnCl_2$-$H_4SiW_{12}O_{40}/SiO_2$ 催化剂的制备方法为：先将 SiO_2 浸渍于 $H_4SiW_{12}O_{40}$ 水溶液中，干燥煅烧后，将 $MnCl_2$ 浸渍在上述样品中，制备出 5%（质量分数）$MnCl_2$-$H_4SiW_{12}O_{40}/SiO_2$ 催化剂。而 $H_4SiW_{12}O_{40}$-5%（质量分数）$MnCl_2/SiO_2$ 催化剂的制备方法是采用与 5%（质量分数）$MnCl_2$-$H_4SiW_{12}O_{40}/SiO_2$ 催化剂制备过程相反的浸渍顺序。

二甲醚氧化制备甲缩醛的催化氧化反应是在含催化剂的固定床反应器上进行，反应前催化剂在 $15mL \cdot min^{-1}$ 氧气氛流中活化 1h，催化剂（20～40 目）装填量为 5mL，并用相同体积的细瓷环进行稀释，以防止反应过程中催化剂过热而导致烧结。反应温度为 320℃，压力为 0.1MPa，气体空速为 $360h^{-1}$。原料气中二甲醚与氧气的摩尔比为 1∶1，适宜的氧气与二甲醚的配比能使二甲醚氧化反应具有较高的甲缩醛选择性，当反应体系中氧气浓度过大时，二甲醚容易被深度氧化成 CO_x，不利于甲缩醛的生成；而当体系中氧气浓度过小时，不足以使二甲醚较大程度地选择氧化为甲缩醛。反应产物采用色谱柱为 Porapak T 的气相色谱法（GC-9A）和色谱柱为 TDX-01 的 GC-4000 A 热导检测器进行检测分析。

表 3-28 显示了在不同温度煅烧的 5%（质量分数）$MnCl_2$-$H_4SiW_{12}O_{40}/SiO_2$ 催化剂催化下的二甲醚转化率、甲缩醛和其他副产物的选择性。当 5%（质量分数）$MnCl_2$-$H_4SiW_{12}O_{40}/SiO_2$ 样品在 350℃煅烧时，二甲醚转化率和甲缩醛选择性分别达到 13%和 18.6%，而副产物 CO 和 CO_2 的选择性分别为 16.4%和 19.4%。当样品在 400℃下煅烧时，二甲醚转化率为 8.6%，甲缩醛选择性提高至 39.1%，（CO+CO_2）总选择性明显下降到 6.6%。但随着煅烧温度的升高，甲缩醛选择性明显降低，CO_x 和 CH_3OH 选择性急剧增加，特别是当温度超过 400℃时，CH_3OH 是主要的副产物。因此，5%（质量分数）$MnCl_2$-$H_4SiW_{12}O_{40}/SiO_2$ 催化剂的最佳煅烧温度为 400℃，此时甲缩醛选择性较高，CO_x 选择性较低。

表 3-28　不同焙烧温度下 5%（质量分数）$MnCl_2$-$H_4SiW_{12}O_{40}/SiO_2$ 催化剂催化活性的比较

煅烧温度/℃	DME 转化率/%	选择性(物质的量)/%						
		PODE	HCHO	$HCOOCH_3$	CH_3OH	C_2H_4	CO	CO_2
350	21.5	5.5	8.5	6.1	41.8	2.0	28.9	6.3
400	10.1	16	8.3	4.1	39.2	3.1	7.8	21.4
450	8.6	39.1	8.5	9.3	33	3.6	3.2	3.4
550	9.3	33.1	6.4	9.5	42.4	3.4	3.4	1.8

注：反应温度为 320℃；压力为 0.1MPa；反应时间为 30min；空速为 $360h^{-1}$。

表 3-29 中数据说明了制备 $MnCl_2$ 改性 $H_4SiW_{12}O_{40}/SiO_2$ 催化剂的工艺顺序对催化剂性能的影响。三种 $MnCl_2$ 改性 $H_4SiW_{12}O_{40}/SiO_2$ 催化剂催化氧化二甲醚得到的甲缩醛选择性明显高于 $H_4SiW_{12}O_{40}/SiO_2$ 催化剂，说明 Mn 的改性大大提高了 $H_4SiW_{12}O_{40}/SiO_2$ 的催化活性，而采用 5%（质量分数）$MnCl_2$-$H_4SiW_{12}O_{40}/SiO_2$ 催化剂对于二甲醚氧化制备甲缩醛表现出最佳的催化性能。其中 $H_4SiW_{12}O_{40}$-5%（质量分数）$MnCl_2/SiO_2$ 催化剂具有较高的二甲醚转化率，但甲缩醛选择性相对较低，而且 CO_x 选择性达到 29.2%，尤其是 CO_2 选择性达到 21.4%，远高于 5%（质量分数）$MnCl_2$-$H_4SiW_{12}O_{40}/SiO_2$ 和 5%（质量分数）$MnCl_2$+$H_4SiW_{12}O_{40}/SiO_2$ 两种催化剂。可能是由于 $H_4SiW_{12}O_{40}$-5%（质量分数）$MnCl_2/SiO_2$ 催化剂的酸性较强，使二甲醚被吸附在催化剂上，并被深度氧化为

表 3-29　浸渍顺序对催化剂性能的影响

催化剂	DME 转化率/%	选择性(物质的量)/%							
		PODE	HCHO	$HCOOCH_3$	CH_3OH	C_2H_4	CO	CO_2	CH_4
$H_4SiW_{12}O_{40}$(40%)/SiO_2	21.5	5.5	8.5	6.1	41.8	2.0	28.9	6.3	0.9
$H_4SiW_{12}O_{40}$-5%(质量分数)$MnCl_2/SiO_2$	10.1	16	8.3	4.1	39.2	3.1	7.8	21.4	0
5%(质量分数)$MnCl_2$-$H_4SiW_{12}O_{40}/SiO_2$	8.6	39.1	8.5	9.3	33	3.6	3.2	3.4	0
5%(质量分数)$MnCl_2$+$H_4SiW_{12}O_{40}/SiO_2$	9.3	33.1	6.4	9.5	42.4	3.4	3.4	1.8	0

注：反应温度为 320℃；压力为 0.1MPa；反应时间为 30min；空速为 $360h^{-1}$。

CO_2。结果表明，采用 5%（质量分数）$MnCl_2$-$H_4SiW_{12}O_{40}/SiO_2$ 催化剂时，二甲醚转化率为 8.6%，甲缩醛的选择性提高到 39.1%，且 CO_x 选择性降低。虽然 5%（质量分数）$MnCl_2+H_4SiW_{12}O_{40}/SiO_2$ 催化剂对甲缩醛的选择性为 33.1%，但与其他催化剂相比，CH_3OH 具有较高的选择性。

表 3-30 显示了 5%（质量分数）$MnCl_2$-$H_4SiW_{12}O_{40}/SiO_2$ 催化剂催化三种不同反应物的结果。第一种为纯二甲醚与 O_2 反应时，甲缩醛为主要产物，其选择性在反应 60min 时达到 37.5%。第二种为纯甲醇与 O_2 反应，甲缩醛的选择性仅为 3.9%，而副产物二甲醚的选择性为 61.3%，C_2H_4 和 CO 的选择性分别为 11.9% 和 12.4%，同时，在气体产物中检测到 H_2。在该催化剂上，甲醇主要发生脱水反应。第三种为二甲醚、H_2O 和 O_2 反应，产物中未发现甲缩醛，而存在大量的甲醇，其选择性高达 82.1%，说明水解反应成为主要的反应，抑制了二甲醚氧化反应的进行。在 5%（质量分数）$MnCl_2$-$H_4SiW_{12}O_{40}/SiO_2$ 催化剂上催化二甲醚氧化合成甲缩醛时，除甲醛与甲醇（二甲醚水解）反应生成甲缩醛外，还可能存在另一条直接由二甲醚选择性氧化合成甲缩醛的途径。二甲醚可以吸附在最适酸位的表面，分解成甲氧基，然后在氧化还原位上氧化甲氧基。最佳酸位有助于二甲醚分解为甲氧基，当催化剂酸度过强时，二甲醚在催化剂表面吸附强烈，过度氧化为 CO_x。在 $H_4SiW_{12}O_{40}/SiO_2$ 中加入 $MnCl_2$ 可以减缓催化剂的酸性，提高催化剂的氧化活性。在 5%（质量分数）$MnCl_2$-$H_4SiW_{12}O_{40}/SiO_2$ 等双功能催化剂上，二甲醚可选择性氧化为甲缩醛。以下为二甲醚反应生成甲缩醛的总反应路线。

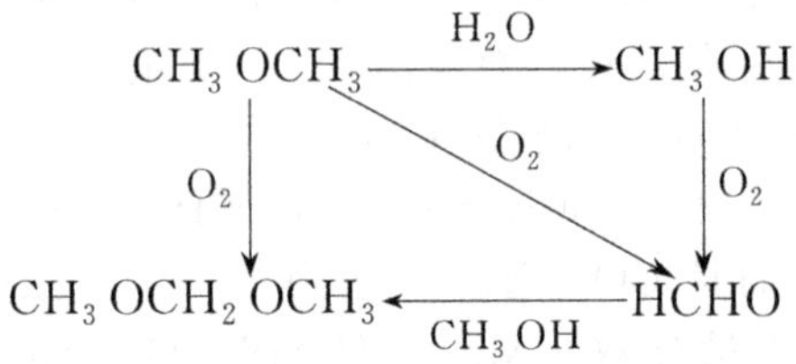

表 3-30 不同反应物在催化剂催化下的结果

反应物	DME(或 CH_3OH)转化率/%	选择性(物质的量)/%						
		PODE	HCHO	$HCOOCH_3$	CH_3OH(或 DME)	C_2H_4	CO	CO_2
DME	6.3	37.5	9.4	3.6	32.7	3.4	6.5	6.9
CH_3OH	68.4	3.9	2.5	0.8	61.3	11.9	12.4	7.2
DME+H_2O	38.9	0	1.5	0	82.1	0.3	0	16.1

注：反应温度为 320℃；压力为 0.1MPa；反应时间为 1h。

之后 Zhang 等人[61] 在 Cs、K、Ni 和 V 改性的 $H_3PW_{12}O_{40}$(40%)/SiO_2 催化剂上，将二甲醚一步催化氧化制备出甲缩醛。在温度为 360℃，压力为 0.1MPa，时间为 120min 和反应空速为 $360h^{-1}$ 的反应条件下，二甲醚的转化率和甲缩醛及其副产品的选择性见表 3-31。

表 3-31 不同催化剂催化氧化二甲醚的性能

催化剂	DME 转化率/%	选择性(物质的量)/%							
		PODE	HCHO	$HCOOCH_3$	CH_3OH	C_2H_4	CO	CO_2	CH_4
$H_3PW_{12}O_{40}$(40%)/SiO_2	49.0	1.3	6.6	0.4	23.8	0.9	53.9	11.7	1.4
$K_{2.5}H_{0.5}PW_{12}O_{40}$(40%)/$SiO_2$	37.2	2.5	1.5	2.4	12.5	1.8	63.8	13.9	1.6
$Cs_{2.5}H_{0.5}PW_{12}O_{40}$(40%)/$SiO_2$	20.0	34.8	5.3	1.6	16.6	2.6	29.1	9.5	0.5
$Cs_3PW_{12}O_{40}$(40%)/SiO_2	12.1	20.9	7.7	6.2	29.9	6.0	17.9	10.6	0.8
$Cs_{2.5}Ni_{0.2}H_{0.1}PW_{12}O_{40}$(40%)/$SiO_2$	15.3	7.1	7.6	3.9	27.5	2.9	31.6	18.5	0.9
$Cs_{2.5}H_{1.5}PW_{11}VO_{40}$(40%)/$SiO_2$	34.2	5.4	10.5	7.8	24.4	1.2	40.8	9.3	0.6
$H_5PV_2Mo_{10}O_{40}$	1.8	56.8	14.8	0.3	13.1	0	14.9	0	0

注：反应温度为 360℃，反应时间为 120min，空速为 $360h^{-1}$，压力为 0.1MPa。

由表 3-31 可知，在 $H_3PW_{12}O_{40}$(40%)/SiO_2 催化剂的催化作用下，二甲醚的转化率可达 49.0%，而甲缩醛的选择性较低，仅为 1.3%，副产物 CO 和 CO_2 的选择性分别为 53.9%和 11.7%。可能是由于二甲醚在 $H_3PW_{12}O_{40}$(40%)/SiO_2 催化剂表面被强烈吸附，并被深度氧化形成 CO_x。碱金属 K 可用来调节 $H_3PW_{12}O_{40}$(40%)/SiO_2 的酸碱度，在 $K_{2.5}H_{0.5}PW_{12}O_{40}$(40%)/$SiO_2$ 催化剂的催化下，甲缩醛的选择性仅略高于 2.5%，而 CO 的选择性提高到 63.8%。可能是 K 的加入不能有效提高 $H_3PW_{12}O_{40}$(40%)/SiO_2 的催化活性，却能促使二甲醚深度氧化。

Cs 改性的 $H_3PW_{12}O_{40}$(40%)/SiO_2 催化剂对甲缩醛合成具有较高的活性，在 $Cs_3PW_{12}O_{40}$(40%)/SiO_2 催化剂的催化下，甲缩醛的选择性提高到 20.9%，CO 的选择性降低到 17.9%。而且，在 $Cs_{2.5}H_{0.5}PW_{12}O_{40}$(40%)/$SiO_2$ 催化剂上，甲缩醛的选择性提高到 34.8%，二甲醚转化率为 20.0%，同时 CO_x 的选择性降低。当采用活性较高的过渡金属（Ni、V）修饰 $Cs_{2.5}H_{0.5}PW_{12}O_{40}$(40%)/$SiO_2$ 催化剂时，甲缩醛选择性分别下降到 7.1%和 5.4%，CO_2 选择性仍然较高。这表明，Ni 和 V 的加入抑制了甲缩醛的形成，促使二甲醚深度氧化为 CO_x。最佳质量分数 Cs 的改性不仅提高了 $H_3PW_{12}O_{40}$(40%)/SiO_2 催化剂的催化活性，而且可获得较高的甲缩醛选择性。

图 3-21 显示了反应温度为 360℃，压力为 0.1MPa 的条件时，在 $Cs_{2.5}H_{0.5}PW_{12}O_{40}$(40%)/$SiO_2$ 催化剂催化下反应时间对二甲醚转化率和产物选择性的影响。甲缩醛的选择性在反应 2h 时达到最大值，为 34.8%，之后随着反应时间的延长而不断下降，但 CH_3OH 和 HCHO 的选择性持续升高，并在反应 7h 时达到最高，该变化表明反应过程中酸性中心逐渐减少。二甲醚的转化率最初下降，之后在 2h 到 7h 间持续上升。在 4.5h 前，$HCOOCH_3$、CO 和 CO_2 的选择性均同时增加，此后，它们的选择率均下降。

稀土氧化物由于其独特的氧化性能和酸碱特性，是一种潜在的催化材料，被广泛用作催化剂助剂，Sm_2O_3 可用来改性催化剂的酸性，并提高催化剂的氧化还原性能。Zhang 等人[62] 研究 Sm_2O_3 改性 Mn-$H_4SiW_{12}O_{40}$/SiO_2 催化剂对于二甲醚制备甲缩醛反应性能的影响。采用浸渍法制备了 Sm_2O_3 改性的 Mn-$H_4SiW_{12}O_{40}$/SiO_2 催化剂，

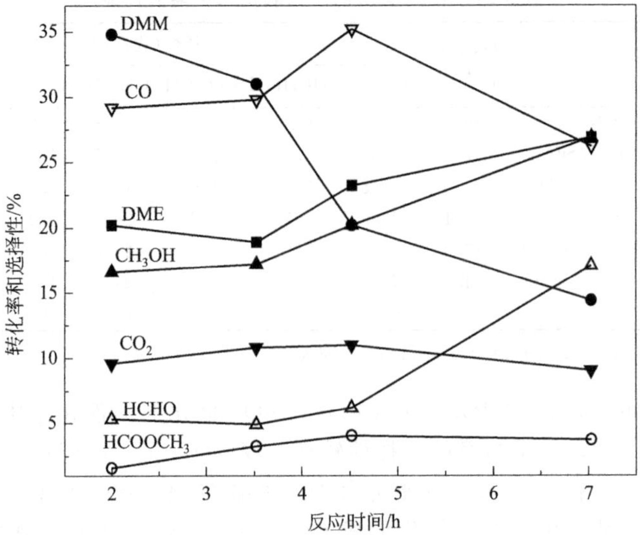

图 3-21 $Cs_{2.5}H_{0.5}PW_{12}O_{40}$(40%)/$SiO_2$ 催化剂催化下反应时间对二甲醚转化率和产物选择性的影响

根据各制备原料的添加顺序不同，得到 Mn-SiW_{12}/SiO_2、Mn-(Sm+SiW_{12})/SiO_2、Sm-(Mn+SiW_{12})/SiO_2 和 (Sm+Mn)-SiW_{12}/SiO_2 等不同催化剂。

在含 4.8～5.0g 催化剂的固定床反应器中进行了二甲醚氧化合成甲缩醛的反应。催化剂在反应前用氧气（15mL·min^{-1}）处理 1h。反应物混合物由二甲醚和氧气组成，其摩尔比为 1∶1。反应产物采用气相色谱进行分析。

表 3-32 展示了 Sm_2O_3 的引入序列对 Mn-SiW_{12}/SiO_2 催化剂的影响。Sm-(Mn+SiW_{12})/SiO_2 催化剂具有较高的二甲醚转化率和较高的甲缩醛选择性，但 CO_x 选择性达到 33.0%，高于其他三种催化剂。(Sm+Mn)-SiW_{12}/SiO_2 催化剂催化下的 CO_x 具有较高的选择性，甲缩醛选择性可达 45.1%。而在 Mn-(Sm+SiW_{12})/SiO_2 催化剂的催化下，甲缩醛选择性提高到 49.7%，CO_x 选择性迅速降低。说明此类 Sm_2O_3 的引入序列可能更好地平衡了催化剂酸位和氧化还原中心之间的分布，进一步提高了催化剂的活性。

表 3-32 Sm_2O_3 引入序列对 Mn-SiW_{12}/SiO_2 催化剂的影响

催化剂	DME 转化率/%	选择性(物质的量)/%							
		PODE	HCHO	$HCOOCH_3$	CH_3OH	C_2H_4	CO	CO_2	CH_4
Mn-SiW_{12}/SiO_2	9.4	36.3	8.4	5.4	31.2	3.5	5.4	9.8	0
2%Sm-(Mn+SiW_{12})/SiO_2	13.4	38.0	2.8	12.0	12.9	2.0	19.0	14.0	0
(2%Sm+Mn)-SiW_{12}/SiO_2	12.7	45.1	2.8	7.4	10.3	2.5	17.0	15.0	0.4
Mn-(2%Sm+SiW_{12})/SiO_2	10.6	49.7	2.1	9.3	14.2	2.9	14.0	7.8	0

注：反应温度为 320℃，压力为 0.1MPa，反应空速为 $360h^{-1}$，时间为 15min。

二甲醚氧化反应是在固定床反应器中进行，二甲醚与氧气的摩尔比为1∶1，在温度为320℃、压力为0.1MPa、气体空速为$360h^{-1}$，时间为15min的反应条件下。结果表明，Sm-(Mn+SiW_{12})/SiO_2催化剂具有较高的二甲醚转化率和较高的甲缩醛选择性，CO_x选择性达到33.0%，高于其余几种催化剂；(Sm+Mn)-SiW_{12}/SiO_2催化剂具有较高的CO_x选择性，甲缩醛选择性可达45.1%；而Mn-(Sm+SiW_{12})/SiO_2催化剂可将甲缩醛的选择性提高到49.7%，CO_x选择性迅速降低，这种Sm_2O_3的引入序列可能更好地平衡了催化剂酸位和氧化还原中心之间的分布，进一步提高了催化剂的活性。

表3-33显示了Mn-(Sm+SiW_{12})/SiO_2催化剂中Sm_2O_3的含量对二甲醚转化率和主要产物选择性的影响。当Sm_2O_3含量为0.5%时，甲缩醛选择性为29%，CH_3OH选择性为21.7%；当Sm_2O_3含量增加到1%时，甲缩醛选择性达到最大值60.3%，CH_3OH选择性下降到6.3%；当Sm_2O_3含量从1%提高到3%时，甲缩醛选择性不断降低，CH_3OH选择性明显提高；当Sm_2O_3含量在3%以上时，甲缩醛选择性略有下降。随着Sm_2O_3含量的增加，二甲醚转化率略有上升；当Sm_2O_3含量大于1%时，CO_x选择性保持上升趋势。

表3-33　Mn-(Sm+SiW_{12})/SiO_2催化剂中Sm_2O_3的含量对二甲醚氧化的影响

催化剂	DME转化率/%	选择性(物质的量)/%							
		PODE	HCHO	$HCOOCH_3$	CH_3OH	C_2H_4	CO	CO_2	CH_4
Mn-(0.5%Sm+SiW_{12})/SiO_2	10.5	29.0	5.2	11.0	21.7	3.8	16.8	12.5	0
Mn-(1%Sm+SiW_{12})/SiO_2	9.5	60.3	2.3	5.2	6.3	3.3	14.1	8.5	0
Mn-(2%Sm+SiW_{12})/SiO_2	10.6	49.7	2.1	9.3	14.2	2.9	14.0	7.8	0
Mn-(3%Sm+SiW_{12})/SiO_2	12.1	26.7	4.4	16.4	28.6	3.2	12.4	7.7	0.6
Mn-(5%Sm+SiW_{12})/SiO_2	12.9	24.6	2.3	14.0	26.4	3.0	16.2	12.5	1.0

注：反应温度为320℃，压力为0.1MPa，反应空速为$360h^{-1}$，时间为15min。

之后又研究了在Mn-(1%Sm+SiW_{12})/SiO_2催化剂催化下及反应温度为320℃、压力为0.1MPa和空速为$360h^{-1}$的反应条件下，反应时间对二甲醚转化率和甲缩醛选择性的影响，结果见图3-22。反应15min时，Mn-(1%Sm+SiW_{12})/SiO_2催化剂（Sm_2O_3含量为1%）相比于Mn-SiW_{12}/SiO_2催化剂，可将甲缩醛的选择性从36.3%提高到60.3%。更重要的是，随着时间的延长，甲缩醛的选择性和二甲醚的转化率始终高于Mn-SiW_{12}/SiO_2，但是随着时间变化，二甲醚的转化率却无明显变化。

从图3-22可以发现，Sm_2O_3的引入对Mn-SiW_{12}/SiO_2有显著的促进作用。虽然Mn-(1%Sm+SiW_{12})/SiO_2催化剂的初始活性明显提高，但是失活速度较快。

万书含等[63]采用负载型杂多酸催化剂，将制得的催化剂应用于二甲醚制取甲缩醛的试验中。首先选择最优载体和活性组分，得到最优的催化剂SiW_{12}/SBA-15。之后在SiW_{12}/SBA-15催化剂的催化下，考察试验条件对二甲醚转化率以及甲缩醛选择性的影响，发现反应温度为180℃，催化剂用量为5mL，二甲醚与氧气的摩尔

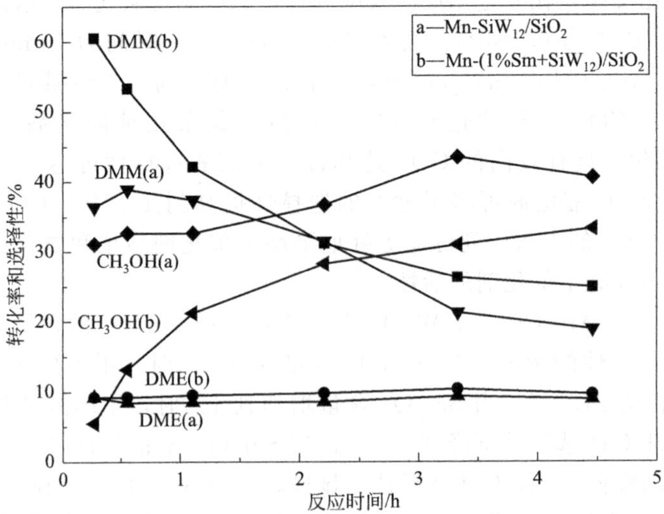

图 3-22　反应时间对 $Mn\text{-}SiW_{12}/SiO_2$ 和 $Mn\text{-}(1\%Sm+SiW_{12})/SiO_2$ 催化二甲醚氧化反应的影响

反应温度为 320℃，压力为 0.1MPa，空速为 $360h^{-1}$

比为 1∶1 时，反应 4h 以上，催化效果较好。在最优的催化剂组合以及适宜的试验条件下，二甲醚的转化率可达到 95%，甲缩醛的选择性达到 67%。

徐瑶等[64] 在固定床反应器上利用分子筛固载杂多酸原理将磷钨酸负载到分子筛 SBA-15，同时将金属 Al 负载到催化剂上，制备出 Al-HPW/SBA-15 介孔分子筛催化剂，研究了催化剂对于二甲醚氧化合成甲缩醛的催化性能，并考察了反应温度、催化剂装填量、催化剂稳定性对反应的影响。结果发现，当 HPW 负载量为 30%时，其酸量达到最大，并且其酸量适宜催化二甲醚的反应。在反应温度为 160℃，催化剂装填量为 3mL 时，催化剂的活性和甲缩醛选择性最佳，二甲醚转化率和甲缩醛选择性均为 90%以上。并且催化剂的稳定性良好，反应在 20h 内，二甲醚的转化率和甲缩醛的选择性均稳定在 90%以上，说明催化剂的稳定性随反应时间变化不大，以此表明催化剂的结构比较稳定。

3.4 离子交换树脂法

离子交换树脂[65] （ion exchange resin）是含有离子交换功能基团、具有交联结构的合成高分子材料。离子交换树脂主要应用于纯水的制造和硬水的软化，同样可应用于稀土元素、维生素、生物碱、氨基酸及抗生素等的提取和精制等。此外，由于离子交换树脂含有酸性或碱性的功能基团，可以作为催化剂应用于催化有机合成反应领域。

3.4.1 离子交换树脂概述

3.4.1.1 离子交换树脂分类

离子交换树脂按照高分子骨架的不同可分为苯乙烯系、丙烯酸（酯）系、酚醛系和环氧系等；按照树脂宏观的孔隙结构可分为凝胶型和大孔型两种；按照功能基团的性质可分为强酸性（如磺酸基—SO_3H）、弱酸性（如羧基—COOH）、强碱性（如季铵基—$N^+R_3X^-$）、弱碱性（如伯胺基—NH_2、仲胺基—NHR或叔胺基—NR_2）、酸碱两性、螯合性和氧化还原性等类型。

3.4.1.2 离子交换树脂在催化反应中的应用

离子交换树脂是一种重要的固体催化剂，其应用仅次于分子筛和氧化物类催化剂。树脂的颗粒状和多孔结构使其适用于气相和液相反应，也可用于非水体系，在催化有机合成反应中具有重要的作用。离子交换树脂本身具备的酸、碱性功能基团与均相催化反应体系中的硫酸、盐酸、氢氧化钠等催化剂的作用相近，且适用于填充柱操作，可以实现连续化生产。除此之外，由于在许多反应介质中树脂的聚合物骨架会发生溶胀，有利于反应物与催化活性位接近，反应的微环境非常接近均相的反应体系，因此，树脂固载的酸、碱催化剂与硅胶、氧化铝、硅铝酸盐或沸石这些无机载体固载的酸、碱催化剂相比同样具有很大优势[65]。

我国强酸性树脂占有较大比重，约占总产量的80%。强酸性阳离子交换树脂含有大量的强酸性基团，如磺酸基（—SO_3H），是目前常用的离子交换树脂之一，已广泛应用于水处理、有机合成、分离处理、环境保护和生物制药等领域。作为吸附剂和固体酸，在吸附分离和有机合成方面应用较为广泛，且其可以重复使用。其催化效率好，后处理简单，开发应用已取得较大进展，但其耐高温性能差，酸强度较低，故需对其进行改性。阳离子交换树脂在需要降低负载容量时可用酸碱滴定法中和部分酸基团，或通过离子交换法引入一些具有助催化作用的金属离子或基团，从而使其改性，以达到提高催化活性或选择性的目的。改性阳离子交换树脂比单纯的树脂吸附、催化等性能明显要高，且重复使用率也相对提高，是一类环境友好型吸附剂或催化剂，许多特定用途的阳离子树脂催化剂已经商品化[66]。

3.4.1.3 离子交换树脂预处理

工业上新生产的离子交换树脂中常常含有未反应的单体、反应不完全的低分子聚合物和金属无机物等杂质。当树脂参与反应时，这些杂质就会进入反应物溶液中，进而污染反应体系。因此，为达到提高树脂稳定性和活化树脂的目的，在使用新树脂前必须首先进行预处理[67]。通常，首先将树脂浸泡至水中，使其膨胀；然后，分别用稀盐酸除去无机物杂质，用氢氧化钠溶液除去有机物杂质，树脂的预处理具体步骤如下：

① 首先用蒸馏水反复冲洗树脂，直至排出液体无色澄清且无泡沫为止，以除去树脂中的机械杂质和细碎树脂；

② 用约为树脂 2～3 倍体积的饱和食盐水浸泡树脂 4～8h，放掉酸液，用蒸馏水冲洗树脂至排出水呈中性；

③ 用约为树脂 2～3 倍体积的 3%～5%NaOH 溶液浸泡树脂 4～8h，放掉碱液，用蒸馏水冲洗树脂至排出水呈中性；

④ 再次用树脂 2～3 倍体积的饱和食盐水浸泡树脂 4～8h，排去酸液，用蒸馏水冲洗树脂至排出水呈中性。

3.4.2 阳离子交换树脂法合成 $PODE_n$

阳离子交换树脂的种类繁多，由于不同种类的阳离子交换树脂的酸性及结构各不相同，反应效果各异，所以在制备 $PODE_n$ 时必须通过反复实验来优选出适宜的树脂类催化剂。中国石油大学刘长舒[68] 以甲缩醛和多聚甲醛作为反应物，依次以阳离子交换树脂 WS-1 型、WS-2 型、WS-3 型、DT-020 型、DT-057 型（东营市润成碳材料科技有限公司）5 种阳离子交换树脂作为催化剂，在甲缩醛：多聚甲醛＝1：1.5（摩尔比），催化剂用量为反应物总质量的 10%，反应温度 T＝100℃，反应压力 P＝0.3MPa，反应时间 t＝8h 的条件下制备 $PODE_n$。通过产物分析，对各种树脂类催化剂的催化效果进行比较，实验结果见表 3-34。

表 3-34 不同催化剂下的实验结果

催化剂种类	多聚甲醛转化率/%	目标产物收率/%
WS-1	78.48	42.59
WS-2	75.38	36.19
WS-3	83.82	39.68
DT-020	77.43	12.91
DT-057	78.73	32.53

五种阳离子交换树脂分属两大类，从多聚甲醛转化率看，使用 WS 型和 DT 型的离子交换树脂作为催化剂时，反应转化率均可达 75%以上，说明这两种类型的阳离子交换树脂的酸性均有利于 $PODE_n$ 的制备。其中，使用 WS-3 型离子交换树脂时转化率最高，为 83.8%。从目标产物收率看，在 WS 类型中，使用 WS-1 型离子交换树脂作为催化剂时产物收率最高，WS-3 型次之，WS-2 型最低，但也达到了 35%以上。而 DT 型阳离子交换树脂则明显低于 WS 型，其中以 DT-020 型最为突

出，其目标产物收率仅有13%左右。

从表3-35中具体分析产物中不同链长的$PODE_n$含量可以看出，在WS-1型和WS-3型阳离子交换树脂的作用下，$PODE_{n\geqslant 3}$含量明显大于WS-2型催化剂，这说明在同属WS类型的3种阳离子交换树脂中，WS-1型和WS-3型离子交换树脂在生产聚合度大于3的中长链$PODE_n$方面要优于WS-2型离子交换树脂。与之相比，使用DT型阳离子交换树脂时，产物中$PODE_n$的聚合度仅能达到5，且聚合度在3以上的产物含量很低，产物主要以$PODE_{1\sim2}$为主。这一现象表明DT型阳离子交换树脂的孔结构更有利于$PODE_{1\sim2}$的生成。

表3-35　不同催化剂下的产物组成

催化剂种类	$PODE_n$/%	$n=2$/%	$n=3$/%	$n=4$/%	$n=5$/%	$n=6$/%	$n=7$/%
WS-1	43.46	22.34	12.38	6.32	2.90	1.18	0.40
WS-2	50.66	23.57	10.26	3.53	1.01	0.19	—
WS-3	45.94	22.31	10.98	4.98	2.12	0.84	0.28
DT-020	74.84	11.52	1.69	0.21	—	—	—
DT-057	55.22	23.78	7.96	1.99	0.41	—	—

不同催化剂作用下副产物情况如图3-23所示。两种类型的催化剂相比，使用WS型阳离子交换树脂作为催化剂进行反应时，副反应更为剧烈。其中，副产物甲醇和甲酸甲酯的含量要明显高于DT型阳离子交换树脂，副产物甲酸的含量则略低于DT型阳离子交换树脂。在WS系列中，使用WS-3型离子交换树脂作时甲酸甲酯含量最高，达到4%左右；WS-1型次之，含量约为2.8%；WS-2型最低。三者甲醇的含量相差不大，均在6%左右。在DT系列中，使用DT-020型离子交换树脂作时副产物甲醇含量低于DT-057型，甲酸甲酯则高于DT-057型。

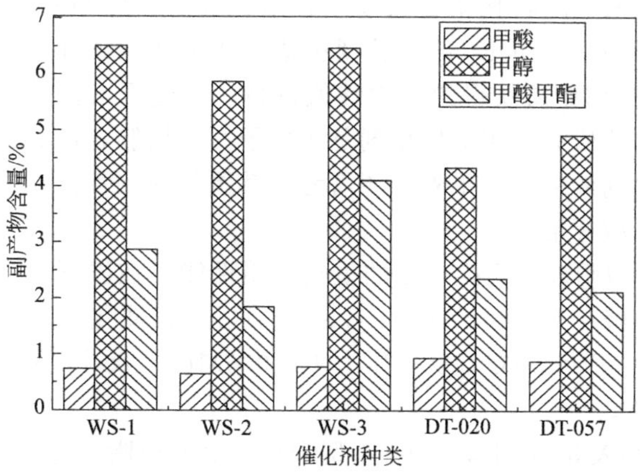

图3-23　催化剂种类对副产物的影响

对于两种不同类型的催化剂，副产物形成的不同表现可以用不同的活性位和孔径来解释。甲醛分子对于副产物的形成非常重要，它可能在微孔的活性位置累积，导致副产物形成的可能性更高。WS型阳离子交换树脂的孔径更大，活性位大多集中在微孔里。因此，甲醛分子更容易在微孔中聚集，发生更为强烈的副反应。相反，DT型阳离子交换树脂的活性位并不主要存在于催化剂的微孔中，所具有的较小的孔径同时也使甲醛分子不易在孔道中聚集。

对不同催化剂作用下产物的酸值进行测定，结果如图3-24所示。从图3-24中的数据分析可知，使用WS-1型、WS-3型阳离子交换树脂时产物的酸值高于其他三种阳离子交换树脂。而使用WS-2型、DT-020型和DT-057型阳离子交换树脂时产物的酸值相接近，约为$7mg \cdot L^{-1}$。

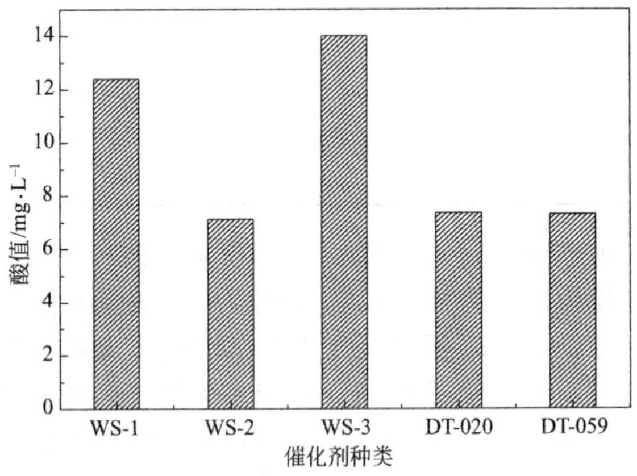

图3-24　催化剂种类对产物酸值的影响

综合考虑，选择WS-1型阳离子树脂作为催化剂时，目标产物的收率高于其他种类的催化剂，多聚甲醛转化率也很高，且催化剂的结构和酸性有利于$PODE_{n\geqslant 3}$的生成，从而使产物中$PODE_n$的链长度更适合作为柴油添加剂。但需注意，使用WS-1型阳离子交换树脂所获得的产物酸值较高，在进行工艺设计时应注意及时脱除产物酸性。由于该研究使用的催化剂是阳离子交换树脂，因此在进行催化剂选择时除了要考虑催化剂的催化效果外，还需考察其重复使用性能，以确保离子交换树脂的耐热性达到反应标准。

为测定WS-1型阳离子交换树脂的重复使用性能，在以下反应条件下进行5次重复性实验：甲缩醛∶多聚甲醛＝1∶1.5（摩尔比），催化剂用量为反应物总质量的10%，反应温度T＝100℃，反应压力P＝0.5MPa，反应时间t＝8h。实验结果见表3-36、表3-37。

根据表3-36和表3-37可知，WS-1型阳离子交换树脂具有良好的重复性能，重复使用5次后，反应转化率和产物收率并没有出现明显下降，转化率基本维持在71%左右，产物收率在40%左右。另外，产物中不同链长$PODE_n$的含量也较为稳定。$PODE_{n=2}$ 的含量在 22%～24%之间；$PODE_{n=3}$ 为 11.5%左右；$PODE_{n=4}$ 和 $PODE_{n\geq 5}$ 分别超过 5%和 3%。

表 3-36 催化剂重复使用对反应的影响

催化剂使用次数	多聚甲醛转化率/%	目的产物收率/%
1	70.80	40.53
2	71.60	41.18
3	71.22	40.65
4	70.85	40.24
5	70.43	39.86

表 3-37 催化剂重复使用对产物的影响

催化剂使用次数	$n=2$/%	$n=3$/%	$n=4$/%	$n\geq 5$/%
1	23.17	11.90	5.60	3.71
2	23.79	12.11	5.54	3.53
3	22.53	11.56	5.41	3.55
4	22.47	11.18	5.34	3.32
5	22.17	11.10	5.20	3.25

华东理工大学芮雪[69] 也进行了树脂类催化剂对比，在催化剂用量为反应物总质量的 3%，反应温度 $T=90℃$，物料配比 1∶1，搅拌转速 $r=650\text{r}\cdot\text{min}^{-1}$，反应时间 $t=6\text{h}$，对各类树脂类催化剂（购自上海华震科技有限公司）的催化效果进行比较分析，实验结果见表 3-38。

表 3-38 不同树脂类催化剂的催化效果

树脂催化剂类型	转化率/%	选择性/%	收率/%
D001	57.68	90.75	52.34
A-35	56.51	91.20	51.54
11-23	57.47	93.84	53.93
HD-8	60.31	93.80	56.57

对比树脂类催化剂对产物组成的影响，数据如下表 3-39 中所示。

表 3-39 树脂类催化剂对产物组成的影响

树脂催化剂类型	$n=2$/%	$n=3$/%	$n=4$/%	$n\geq 5$/%
D001	23.40	11.96	5.67	2.59
A-35	23.12	11.50	5.56	2.70
11-23	23.51	11.99	5.67	2.67
HD-8	24.98	12.07	5.96	3.09

从表 3-38、表 3-39 看出，四种树脂类催化剂中，HD-8 作为一种大孔强酸型离子交换树脂相对于其他三种催化剂具有明显优势，产物的收率和多聚物含量都远大于其他三类催化剂。对 HD-8 进行一系列工艺条件考察，并且考察重复使用对其活性的影响。

（1）催化剂用量对反应的影响　恒定条件为：物料配比 HCHO：$PODE_1$ = 1：1（摩尔比），转速 r = 650r·min^{-1}，反应温度 T = 90℃，反应初始压力 P = 0.8MPa，控制反应时间 t = 6h。改变催化剂的用量，考察反应结果的变化如图 3-25 所示。

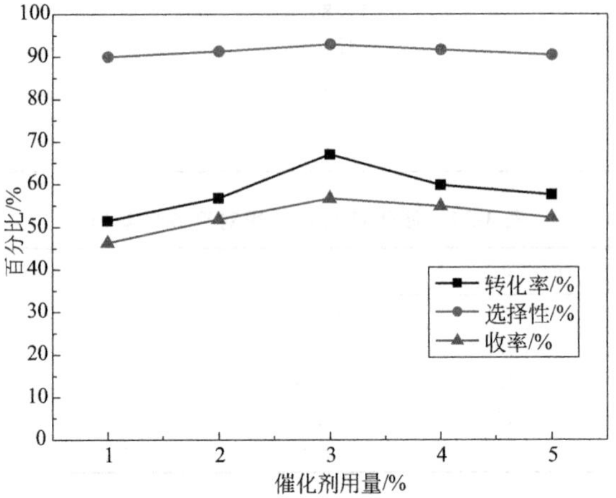

图 3-25　催化剂用量对反应的影响

由图 3-25 看出，当催化剂用量处于较低水平时，甲缩醛的转化率和产物收率都比较低，当催化剂用量达到 3％时，转化率升到 61.02％，收率达到 56.71％，继续加入催化剂，转化率和收率反而降低。其原因可能是催化剂量过多时，在反应釜中所占的固体体积比例过大，影响了釜内原料分布及传热传质效果，使得反应的甲缩醛转化率和产物选择性均有不同程度的降低。

由图 3-26 可知，当催化剂用量的质量分数在 2％～4％的范围之间时，不同聚合度的聚甲氧基二甲醚产物含量都相对比较高。聚合度 n = 2 的产物在 22％左右，

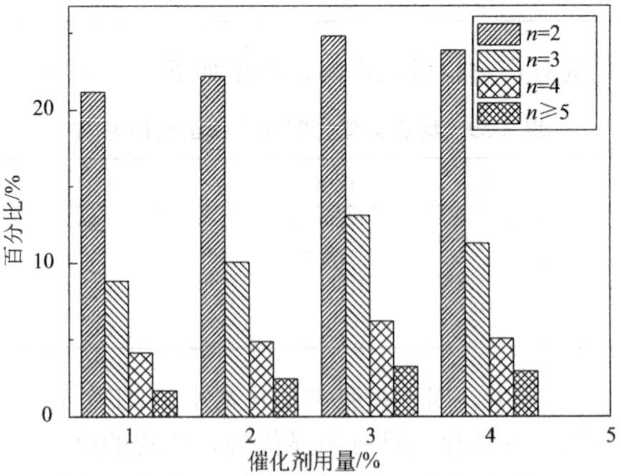

图 3-26　催化剂用量对产物组成的影响

聚合度为 $n=3$ 的在 12%左右，聚合度 $n=4$ 的产物在 5.5%左右。随着催化剂用量进一步增大，生成的产物总量反而较少，产物中各个聚合度的多聚物组分含量都变小。当催化剂用量为 3%，聚合度不同的产品均高于其他 4 组，总和达到 47.35%，可能由于催化剂在反应釜中所占比例过大，反应物的混合接触受到影响，不利于反应进行。

从以上结论可知，催化剂用量的多少对反应结果的影响较大。当催化剂用量处于较低水平时，催化剂用量与反应的转化率和选择性呈正比关系，增加催化剂用量有利于反应进行。当催化剂用量超过 3%时，由于固体催化剂将挤占高压反应釜较大的空间，则影响了反应釜中搅拌、传热、传质的效果，抑制了反应的进行。因此，催化剂用量在 3%左右时，反应效果最佳。

（2）温度对反应的影响　以 HD-8 为催化剂，使用量为反应总质量的 3%，$HCHO:PODE_1=1:1$（摩尔比），转速为 $650r\cdot min^{-1}$，反应 6h，釜内 N_2 压力 0.8MPa 条件下，考察温度对该反应的影响，结果列于表 3-40。

表 3-40　温度对反应结果的影响

反应温度/℃	转化率/%	选择性/%	收率/%
70	41.68	83.07	34.62
80	51.54	88.2	45.47
90	61.33	92.89	56.97
100	58.69	92.54	54.31
110	55.14	92.10	50.78

由表 3-40 的结果可以看出，温度对该反应的结果有着比较明显的影响。温度较低时，由于反应活性很低，因而甲缩醛的转化率也较低。随着温度的不断升高，反应活性也随着增大，此时反应的转化率和选择性都呈现出急剧上升的趋势；当温度升到 90℃时，甲缩醛转化率和产物选择性都达到了一个峰值，甲缩醛转化率达到 61.33%，产物选择性也达到 93%。但若继续提高反应温度，反应转化率和选择性则开始出现缓慢下降的趋势，当温度达到 110℃时，转化率只有 55.14%，选择性也略有下降，为 92.10%。由此可见，随着温度不断升高，产物的选择性随温度亦呈现先增大后减小的趋势。

通过对产物的进一步分析，得到不同聚合度产物的组成，结果如表 3-41 所示。

表 3-41　反应温度对产物组成的影响

反应温度/℃	$n=2$/%	$n=3$/%	$n=4$/%	$n\geqslant5$/%
70	23.99	12.99	6.04	2.71
80	24.36	13.43	6.24	2.99
90	24.61	13.77	6.35	3.29
100	23.89	12.78	5.54	2.86
110	23.18	11.12	4.99	2.26

由表 3-40 和表 3-41 中可知，当反应温度低于 90℃时，产物中聚合度较高

($n \geqslant 3$) 的产物占总产物的比例随温度升高，也呈现先增大后减小的变化趋势。温度在90℃左右时，聚合度 ($n \geqslant 3$) 的物质含量占产物的24%左右，当温度达到110℃时，高聚合度 ($n \geqslant 3$) 产物的含量只有约18%。

研究结果表明，温度的提升可以提高反应物活性，增大反应速率常数，促进反应正方向的进行；但该反应为放热反应，温度过高会使反应的平衡常数降低，促使逆反应加快，抑制反应物的生成。另外，该树脂在适合的温度范围内催化活性较好。该反应使用阳离子交换树脂是由苯乙烯或苯乙烯与二乙烯苯聚合而成的高聚物，作为催化剂时它的使用温度一般都低于120℃，若长时间使其存在于高温环境下，树脂的结构就会发生改变，从而失去催化活性。因而确定最优反应温度在90℃左右。

(3) 压力对反应的影响　当物料比 HCHO：$PODE_1$ = 1.0(摩尔比) = 1：1，转速 r = 650r·min^{-1}，催化剂用量为反应原料总质量的3%，控制温度在90℃，反应时间保持6h，改变通入釜内的 N_2 压力，考察在不同压力下，该反应产物的情况。结果如表3-42。

表3-42　N_2 压力对反应的影响

反应压力/MPa	转化率/%	选择性/%	收率/%
0.4	45.61	85.59	39.04
0.6	54.57	90.66	49.47
0.8	60.32	92.89	56.03
1.0	59.98	92.96	55.76
1.2	58.04	91.41	53.05

在反应中惰性气体 (N_2) 并不参加反应，其作用仅在于提供一定的压力，对反应过程并不产生直接影响。通过表3-42得到，当体系处于较低 N_2 压力时，即压力在0.1～0.8MPa之间时，转化率、选择性、收率随着压力的增加而增加。甲缩醛的转化率从45.61%提高到60.32%，聚甲氧基二甲醚的选择性从85.59%提高到92.89%。当压力超过0.8MPa的时候，转化率和选择性随压力的升高而降低。表明当反应压力处于0.8MPa时，反应效果最佳。究其原因，体系内的甲缩醛沸点随着通入气体压力增加而上升，当压力过低时，甲缩醛由于沸点较低而容易气化，导致实际参加反应的甲缩醛含量减少，从而使反应的转化率和选择性均降低。但是通入过高的压力后，会影响多聚甲醛的分解，不利于甲醛释放，使参加反应的实际甲醛含量变低，也会对转化率和选择性造成影响。综上所述，该反应在通入 N_2 为0.8MPa时，反应效果最佳。

通过对产物的进一步分析，得到不同聚合度产物的组成表3-43所示。

由表3-43可知，当体系中 N_2 压力较小时，转化率、选择性随压力的上升而增大；当压力超过0.8MPa时，转化率、选择性随 N_2 压力的增大而减小。多聚物含量也在0.8MPa时达到最高值。因此，在此反应中，反应压力在0.8MPa左右。

表 3-43 N_2 压力对产物组成的影响

反应压力/MPa	$n=2$/%	$n=3$/%	$n=4$/%	$n\geq5$/%
0.4	19.48	7.11	2.98	1.23
0.6	22.40	9.82	3.93	1.44
0.8	24.56	13.67	6.85	3.49
1.0	24.171	13.25	6.83	3.38

使用 HD-8 大孔强酸性离子交换树脂，在高压釜中合成 $PODE_n$ 采用甲缩醛和多聚甲醛为原料进行聚合反应研究。在催化剂用量为 3%（质量分数），多聚甲醛：甲缩醛=1：1（摩尔比），反应温度 $T=90℃$，N_2 维持系统压力 $P=0.8MPa$，搅拌速率 $r=650r\cdot min^{-1}$ 条件下反应 6h，得到聚合反应甲缩醛转化率和产物选择性分别为 61%、92%。

陈婷等[70] 筛选研究系列大孔阳离子交换树脂，原料选择甲缩醛和三聚甲醛，在高压釜中合成 $PODE_n$。在催化剂用量为 7.5%（质量分数），甲缩醛：三聚甲醛=2.5：1（质量比），反应温度 $T=90℃$，N_2 调节系统压力 $P=1.5MPa$ 条件下反应 0.5h，得到最优 $PODE_3$ 转化率和 $PODE_{3\sim8}$ 选择性分别为 89%、64.2%。

中国石油化工股份有限公司[71] 采用酸性离子交换树脂研究聚合反应，甲缩醛和多聚甲醛为原料在高压反应釜中合成 $PODE_n$。实验结果表明采用 001×7（732）型树脂为催化剂时效果最佳。在催化剂用量 2.7%（质量分数），甲缩醛和三聚甲醛质量比为 0.86，反应温度 130℃、氮气升压 2.0MPa 条件下反应 4h，$PODE_{3\sim8}$ 选择性达 67.3%。

Burger 等[72] 以阳离子交换树脂（Amberlyst36）为催化剂，以甲缩醛和三聚甲醛为原料在不锈钢高压反应釜中进行合成 $PODE_n$ 的研究。最终得到最优条件：催化剂用量 4.7%（质量分数）、反应温度 $T=65℃$、甲缩醛：三聚甲醛=2：1（质量比）。聚合反应中 $PODE_3$ 最高转化率和 $PODE_{3\sim6}$ 选择性分别达 79.8%、32.1%。

通过以上研究可知，强酸性阳离子交换树脂与一般阳离子交换树脂相比较，具有较强的酸强度，有较好的催化活性，即反应条件要求低，催化剂用量较少，原料转化率及目标产物选择性都较高，是较为理想的合成 $PODE_n$ 的催化剂。

以阳离子交换树脂作为催化剂虽然后期处理简单，但其存在耐高温性能差、酸强度低等问题，故需要对其进行改性，阳离子交换树脂在需要降低负载容量时可用酸碱滴定法中和部分酸基团，或通过离子交换法引入一些具有助催化作用的金属离子或基团，从而使其改性，以达到提高催化活性或选择性的目的。

3.4.3 离子交换树脂改性

华东理工大学刘小兵等[73] 以 $SnCl_4$ 对阳离子交换树脂进行改性，研究了催化剂上酸性中心数量对反应的影响。$SnCl_4$ 是一种 Lewis 酸，将 $SnCl_4$ 负载到磺酸树脂上形成一种高活性催化剂，可提高目标产物的选择性。改性树脂中新的酸中心活性稳定，不易被其他金属离子取代，因此稳定性得到提高。

把一定量的 $SnCl_4$ 溶解到 50mL 无水乙醇中，精确称量 7g 树脂和 $SnCl_4$ 溶液一起加入插有冷凝管和温度计的三口烧瓶中，调整恒温磁力搅拌器和加热套温度，改性后树脂与液体混合物抽滤后分别用去离子水和丙酮清洗至无法检测到氯离子，最后将树脂转移到表面皿中，放入真空干燥箱中 80℃干燥至恒重。

改性过程以 $SnCl_4$ 浸渍溶液量（6～12mL）、浸渍时间（3～6h）、浸渍温度（50～75℃）为变量进行正交试验，以确定最佳改性条件。为考察 $SnCl_4$ 改性催化剂的催化效果，保持反应条件不变，改变催化剂种类，进行 $PODE_n$ 合成反应。在未改性树脂催化作用下，甲醇转化率为 40.65%，$PODE_{3\sim5}$ 选择性为 21.30%。在浸渍时间 3h，浸渍温度 75℃和 $SnCl_4$ 浸渍溶液量 12mL 的条件下，改性催化剂催化效果最佳，甲醇转化率为 41.10%，$PODE_{3\sim5}$ 选择性达到 29.74%，表明改性催化剂对目标产物 $PODE_{3\sim5}$ 选择性有明显提高。

催化剂表征通过对比改性前后树脂元素 EDS 能谱图可知，2 种树脂均含有碳、氧和硫元素，$SnCl_4$ 改性树脂上检测出锡元素，证明锡元素负载在树脂上。

考察改性树脂结构的变化，利用 FT-IR 技术对树脂进行表征，结果表明，传统红外谱图波长范围在 500～5000cm^{-1}。波数 833cm^{-1} 的峰对应苯环外表面变形振动，S═O 非对称伸缩振动峰出现在 1174cm^{-1}，苯环上 C—H 键对应的波数为 1637cm^{-1}。以上化学键在未改性树脂和改性树脂的红外谱图中处于相同的位置，说明 $SnCl_4$ 的加入对以上化学键没有影响。未改性树脂中关联羟基（—OH）对应波数为 3436cm^{-1}，而改性树脂关联羟基对应的波数为 3403cm^{-1}，可能是 Sn^{4+} 与羟基（—OH）发生配合作用，羟基（—OH）氧上的孤对电子进入 Sn 未改性空轨道引起羟基化学键的峰发生偏移，使改性树脂上羟基峰对应波数发生变化，证明锡离子与羟基氧发生配合作用而负载于树脂上。

考察 $SnCl_4$ 改性树脂催化剂酸性强度和酸性中心数量的变化，利用程序升温脱附技术对树脂进行表征，结果说明，NH_3-TPD 曲线上样品酸强度对应氨气脱附峰上的温度，弱酸中心、中强酸中心和强酸中心脱附峰温度分别对应 150～250℃、250～400℃、400～500℃，当脱附峰温度大于 500℃时，该酸性中心对应超强酸中心，而未改性树脂和改性树脂脱附峰均只有一个并且对应温度均大于 500℃，说明树脂改性前后未出现弱酸中心或中强酸中心。改性树脂脱附峰型向低温方向移动，表明其酸强度降低，但仍属于超强酸中心范畴。通过计算得到未改性树脂和改性树脂的酸性中心数量分别 0.131mmol·g^{-1} 和 0.189mmol·g^{-1}，与未改性树脂相比，改性树脂酸位增多。$SnCl_4$ 是一种 Lewis 酸，负载到树脂上能够增加树脂的酸性中心数量。

考察了反应温度、压力、原料配比和质量空速对合成 $PODE_n$ 反应的影响。

(1) 反应温度的影响　以 $SnCl_4$ 改性树脂为催化剂，在 1.0MPa，原料配比 CH_2O∶CH_3OH=2.5∶1（摩尔比）（注：CH_2O 是甲醛和多聚甲醛合计，甲醛溶液与多聚甲醛质量比为 1.33∶1，下同），质量空速 0.66h^{-1} 的反应条件下，考察反应温度（50～90℃）对由甲醇、甲醛和多聚甲醛合成 $PODE_n$ 反应的影响如图 3-27 所示，在实验选择的温度区间内存在最佳反应活性的温度点，在 70℃时，甲醇转化率和 $PODE_{3\sim5}$ 选择性达到最大值。从反应动力学角度来讲，升高温度提高了反应速率，有利于 $PODE_n$ 合成反应的进行，而从化学平衡角度来讲，该反应是放热反应，升高温度不利于反应进行。反应温度较低时为动力学控制，反应温度较高时为热力学控制。

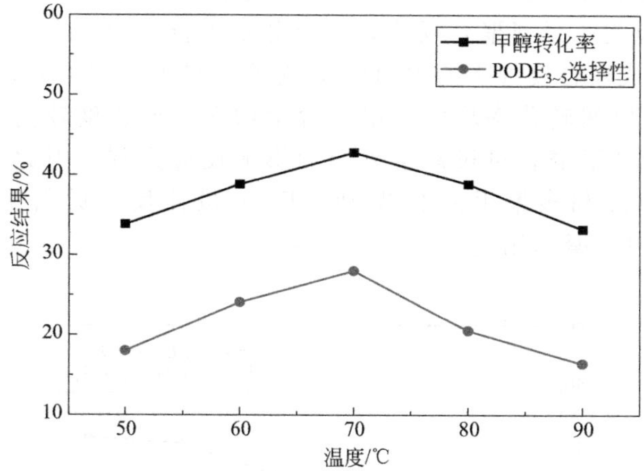

图 3-27　反应温度对甲醇转化率和 $PODE_{3\sim5}$ 选择性的影响

（2）反应压力的影响　以 $SnCl_4$ 改性树脂为催化剂，在 $T=70℃$，原料配比 $CH_2O:CH_3OH=2.5:1$（摩尔比），质量空速为 0.66h^{-1} 反应条件下，考察反应压力 0.5～1.2MPa 对由甲醇、甲醛和多聚甲醛合成 $PODE_n$ 反应的影响。图 3-28 结果表明随着压力升高，甲醇转化率和 $PODE_{3\sim5}$ 选择性均略有提高。$PODE_n$ 合成反应是分子数减少的过程，因此，压力升高有利于 $PODE_n$ 的生成，又由于产物是液相，压力的影响并不明显。压力过高会增大设备成本和操作成本，同时，甲醛会

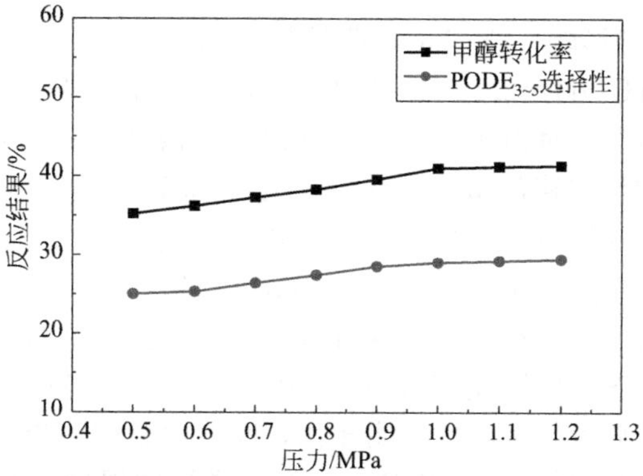

图 3-28　反应压力对甲醇转化率和 $PODE_{3\sim5}$ 选择性的影响

发生聚合现象。因此，$SnCl_4$ 改性树脂催化甲醇、甲醛和多聚甲醛合成 $PODE_n$ 的最佳压力为 1.0MPa。

（3）反应原料配比的影响　以 $SnCl_4$ 改性树脂为催化剂，在反应温度 $T=70℃$，质量空速 $0.66h^{-1}$，反应压力 $P=1.0MPa$ 条件下，考察原料配比 CH_2O ∶ CH_3OH = 3∶1～1∶1（摩尔比）对甲醇、甲醛和多聚甲醛合成 $PODE_n$ 反应的影响。图 3-29 表明随着原料配比的增大，甲醇转化率和 $PODE_{3\sim5}$ 选择性均有所提高，当原料配比大于 2.5∶1 时，甲醇转化率和 $PODE_{3\sim5}$ 选择性增幅减小。$PODE_n$ 合成反应是一系列聚合反应，反应分步进行，低聚合度的 $PODE_n$ 加上 1 个甲醛分子生成聚合度加 1 的 $PODE_n$，随着原料配比的增大，甲醇充分与甲醛接触并反应，甲醇转化率增大；甲醛含量增多，聚合度较高的 $PODE_n$ 含量也随之增加，但是甲醛含量过高会聚合而影响反应进程。因此，$SnCl_4$ 改性树脂催化甲醇、甲醛和多聚甲醛合成 $PODE_n$ 的最佳反应原料配比为 CH_2O ∶ CH_3OH = 2.5∶1（摩尔比）。

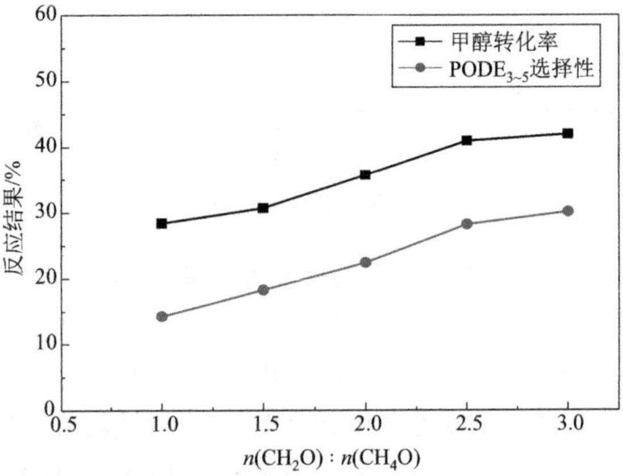

图 3-29　原料配比对甲醇转化率和 $PODE_{3\sim5}$ 选择性的影响

（4）质量空速的影响　以 $SnCl_4$ 改性树脂为催化剂，在反应温度 $T=70℃$，原料配比 CH_2O ∶ CH_3OH = 2.5∶1（摩尔比），反应压力 $P=1.0MPa$ 条件下，考察质量空速 $0.5\sim4.0h^{-1}$ 对由甲醇、甲醛和多聚甲醛合成 $PODE_n$ 反应的影响。图 3-30 结果表明随着质量空速的减小，甲醇转化率和 $PODE_{3\sim5}$ 选择性逐渐增大，当质量空速小于 $1.0h^{-1}$ 时，甲醇转化率和 $PODE_{3\sim5}$ 选择性变化不大。因此，$SnCl_4$ 改性树脂催化甲醇、甲醛和多聚甲醛合成 $PODE_n$ 的最佳反应空速为 $1.0h^{-1}$。

综上所述，采用 $SnCl_4$ 对大孔阳离子交换树脂进行改性，在浸渍时间 $t=3h$，浸渍温度 $T=75℃$ 和 $SnCl_4$ 浸渍溶液量 12mL 的条件下，$SnCl_4$ 改性催化剂的催化效果最佳，表征结果显示与未改性树脂相比，改性树脂酸性降低，酸性中心数量有所增加。甲醇转化率和目标产物 $PODE_{3\sim5}$ 的选择性随温度升高先升高后降低、随反应压力或原料配比增大而升高、随反应空速的增大而降低。在 $T=70℃$、$P=$

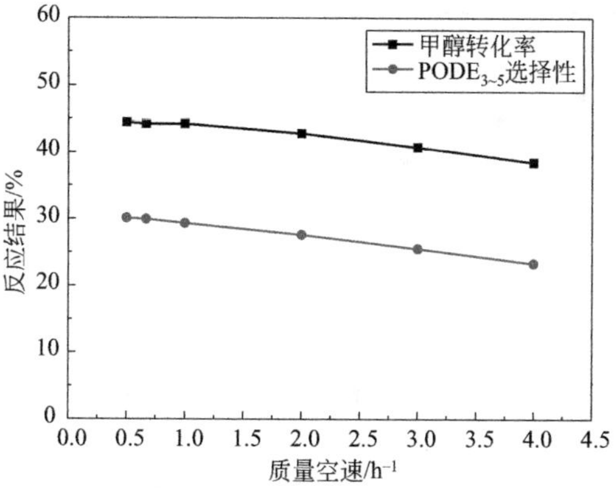

图 3-30　质量空速对甲醇转化率和 $PODE_{3\sim5}$ 选择性的影响

1.0MPa、原料配比 CH_2O : CH_4O = 2.5 : 1（摩尔比）和质量空速 $1.0h^{-1}$ 的反应条件下反应效果最佳，甲醇转化率为 41.10%，目标产物 $PODE_{3\sim5}$ 选择性为 29.74%。

华东理工大学联合化学反应工程研究所施敏浩等[74] 采用自行研制改性的大孔阳离子交换树脂为催化剂，甲醛与甲醇为原料，在反应管内的催化床层发生反应，考察温度、压力、原料配比和空速等条件对反应的影响。

（1）催化剂制备　在 1L 不锈钢搅拌釜中，加入 400g 水、2.5g 甲基戊醇、15g 氯化钾、0.1g 亚硝酸钠，升温至 80℃，加入 60g 苯乙烯（含量≥99%）、35g 二乙烯基苯（含量为 50%）、72g 丁醇和 1g 石蜡组成的有机混合物，搅拌升温到 95℃，反应 8h，得到聚合物。将聚合物置于 95℃去离子水中，常压煮沸 5h，洗涤，得到 100g 白球，所得白球中，粒度为 0.4～1.25mm 的白球占 95%以上；在 1L 玻璃搅拌釜中，加入 60g 上述白球，搅拌，滴加 300g、20%发烟硫酸，程序升温，按 $10℃ \cdot h^{-1}$ 升温速率，从室温升到 90℃，稳定 2h，然后升温到 130℃，保温 5h，冷却，滴加 30%稀硫酸，在室温下，用去离子水置换，得到氢型离子交换树脂。取 10g 上述离子交换树脂，加入质量分数为 10%的无水三氯化铝乙醇溶液中，80℃水浴中恒温浸泡 12h。自然冷却至室温，过滤，用蒸馏水洗涤至洗涤液中无 Cl^- 存在（以 3%的 $AgNO_3$ 为指示剂），再在恒温箱中 100℃烘干，得到负载 2.5%（质量分数）三氯化铝改性的离子交换树脂催化剂（根据质量差测负载量）。

（2）单因素工艺研究　在固定床反应器中，采用单因素法，在温度 40～100℃、液相空速 1.32～$16.37h^{-1}$、甲醛 : 甲醇（摩尔比）=1～4 和反应压力 0.1～3.0MPa 的条件下，考察了操作条件对反应的影响。

① 反应空速影响。在压力 P = 2.0MPa、温度 T = 70℃、甲醛 : 甲醇 = 3 : 1（摩尔比）和液相空速 1.32～$16.37h^{-1}$ 条件下，考察了空速对反应的影响，实验结果如图 3-31 所示。由图 3-31 可知，在实验考察的范围内，随着液相空速的增加，甲醇的转化率和 $PODE_{3\sim8}$ 的选择性不断减小，原因是反应时间缩短。

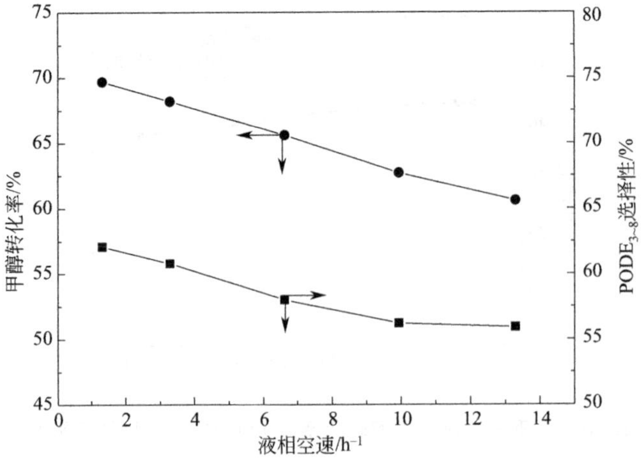

图 3-31　液相空速对甲醇转化率和 $PODE_{3\sim8}$ 选择性的影响

② 反应温度影响。在压力 $P=2.0$MPa，空速 $1.32h^{-1}$、甲醛：甲醇＝3：1（摩尔比）、反应温度 $T=40\sim100$℃条件下，考察反应温度对反应的影响，实验结果如图 3-32 所示。由图可知，随着反应温度的上升，甲醇的转化率不断上升，说明温度高有利于反应的进行，表明在 40～100℃下，反应受动力学控制。$PODE_{3\sim8}$ 的选择性随着温度上升先增大再下降，在温度 70℃时选择性达到最大值。

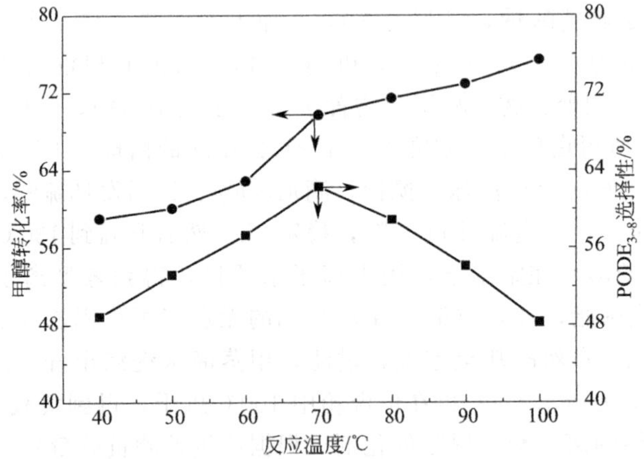

图 3-32　反应温度对甲醇转化率和 $PODE_{3\sim8}$ 选择性的影响

③ 反应压力影响。在空速 $1.32h^{-1}$，温度 $T=70$℃、甲醛：甲醇＝3：1（摩尔比）和压力 0.1～3.0MPa 条件下，考察了反应压力对反应的影响，实验结果如图 3-33 所示。由图可知，反应的转化率、选择性都随着压力的上升略有上升。由于反应是体积减小的反应，压力增大有利于反应向正方向进行，但由于原料和产物是液相，压力的影响并不显著。

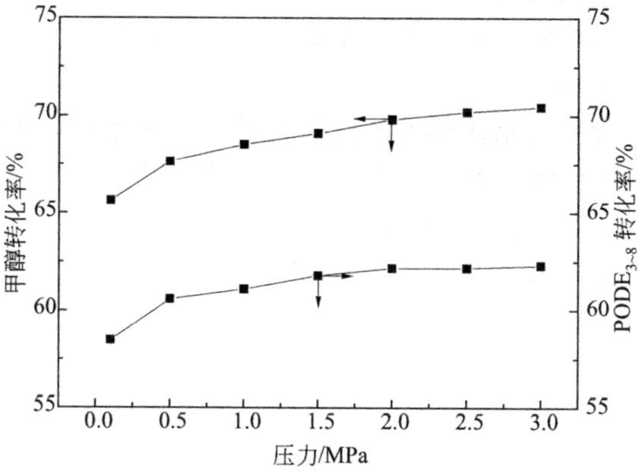

图 3-33　反应压力对甲醇转化率和 $PODE_{3\sim8}$ 选择性的影响

④ 甲醛/甲醇摩尔比影响。在空速 1.32h^{-1}，反应温度 $T=70$℃、压力 $P=2.0$MPa 和甲醛：甲醇＝(1：1)～(4：1)（摩尔比）的条件下，考察了甲醛/甲醇摩尔比对反应的影响，实验结果如图 3-34 所示。由图可知，随着甲醛/甲醇摩尔比的增大，甲醇的转化率上升，$PODE_{3\sim8}$ 的选择性先升高，在甲醛：甲醇＝3：1（摩尔比）时达到最大，然后开始下降。

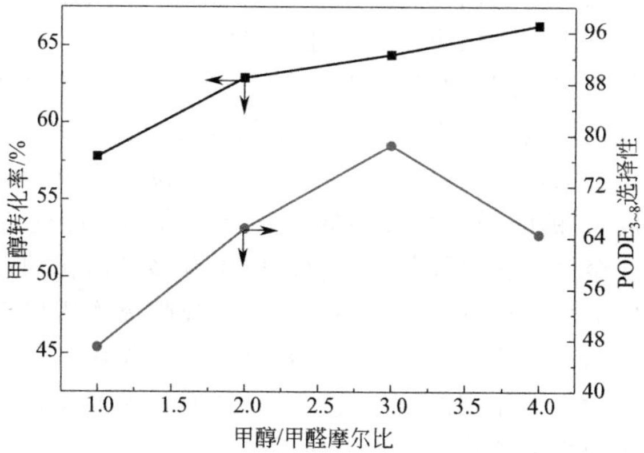

图 3-34　甲醇/甲醛摩尔比对甲醇转化率和 $PODE_{3\sim8}$ 选择性的影响

综上所述：以改性大孔阳离子交换树脂为甲醛、甲醇缩醛化反应合成聚甲氧基二甲醚催化剂，考察了空速、温度、压力和原料配比等条件对反应的影响，通过单因素实验法获得了最优化的工艺条件，在此条件下甲醇的转化率达到 69.72％，$PODE_{3\sim8}$ 选择性达到 62.08％。

刘显科等[75] 用甲基苯磺酸对大孔阳离子树脂进行浸渍改性实验，以甲缩醛和甲醛为原料，在固定床反应器中进行聚合。最终得到最优条件：$T=70$℃、$P=1.5$MPa、甲醛：甲缩醛＝4：1（摩尔比）、液时空速为 3h^{-1}，得到聚合反应原料甲缩醛转化率和产物 $PODE_{3\sim5}$ 选择性分别达 60.54％、33.92％。若反应原料中加入二聚物，甲缩醛转化率会出现降低趋势，而产物选择性得到提高。这是由于二聚物是第一步缩醛化反应的产物，省去了一步聚合，缩短了聚合反应路径，提高了反应选择性及目标产物的收率。

通过改性阳离子交换树脂比单纯的树脂吸附、催化等性能明显提高。阳离子交换树脂在运输时 H^+ 易与金属离子置换，这也会降低催化活性，且离子交换树脂酸强度较低不利于生成链长较长的 $PODE_n$（$n>2$），调变离子交换树脂酸强度以及防止其在使用前失活，是今后需要研究的方向。

3.5 金属氧化物催化法

3.5.1 金属氧化物催化剂概述

金属氧化物催化剂是以金属氧化物为主要催化活性组分的催化剂，金属氧化物可以分为两大类：主族元素氧化物和过渡元素氧化物。在工业上用得最多的是过渡金属氧化物，它们广泛用于氧化还原型机理的催化反应。

主族元素的氧化物多数用于酸碱型机理的催化反应（固体酸催化剂），包括氧化、脱氢、加氢、氧化脱氢、氨化氧化、氧氯化等反应。过渡金属氧化物催化剂，一般为非化学计量化合物，存在着负离子或正离子缺位，形成特定的活性中心；分子结构中的某些金属-氧键的强度往往不同于正常化合物，能通过电子转移的机理而使反应物活化。在金属氧化物催化的氧化反应中有多种活化的过渡态氧生成，它们表现出不同的反应活性，可分两种作用机理，即吸附氧作用机理和晶格氧作用机理。前者是借助因吸附而活化的过渡态氧与被氧化物的作用；后者以氧化物催化剂中的晶格氧与被氧化物发生作用而自身被还原，还原状态的氧化物催化剂再从催化剂表面气相中夺取氧而再被氧化，形成催化循环。

3.5.1.1 金属氧化物催化剂的组成

金属氧化物催化剂从组成上可分为单一氧化物或混合氧化物催化剂，后者存在几种形式：①生成复合氧化物，如尖晶石、重晶石、含氧酸盐-杂多酸等；②形成固溶体，如氧化铁-氧化铬、氧化钒-氧化磷等；③相互分开的混合物，通过协同效应产生催化作用。有些催化剂虽然在催化剂生产厂出厂时是以氧化物的形态提供，但经用户活化处理后，或在使用过程中，会转变或部分转变为金属态。

金属氧化物催化剂属于固体催化剂，大多含有催化剂载体，如氧化铝载体、硅胶载体等。而载体是固体催化剂的重要组成部分，它作为负载催化剂骨架，通常采用具有足够机械强度的多孔性物质构成。载体可分为天然载体和人工合成载体，人工合成载体具有天然载体无法比拟的优点[76,77]，被广泛地应用于金属氧化物催化剂制造，表 3-44 中列出了一些常用载体的比表面积和比孔体积数据。

表 3-44　常用载体的比表面积和比孔体积[78]

分类	载体名称	比表面积/$m^2 \cdot g^{-1}$	比孔体积/$cm^3 \cdot g^{-1}$
合成载体	α-氧化铝	<10	0.03
	γ-氧化铝	150～300	0.3～1.2
	η-氧化铝	130～390	0.2
	硅胶	200～800	0.2～4.0
	丝光沸石	600	0.17
	活性炭	500～1500	0.32～2.6
	碳化硅	<1	0.4
天然载体	铁矾土	150	0.25
	硅藻土	2～3	0.5～6.1
	膨润土	280	0.16
	刚铝石	<1	0.33～0.45

载体的主要作用有：

① 提高选择性。当催化剂微粒子的粒度分布及活性中心强度变得不均匀时，会导致催化剂选择性降低。因此，用载体担载活性金属组分来控制活性组分微粒子大小、分散度及粒子分布的方法，来达到提高催化剂选择性的目的。在合成载体时，应充分考虑原料的沸程、族组成及结构等特性，将催化剂载体孔径及孔径分布调整到与反应分子大小相适应的孔结构，以达到提高催化剂选择性的目的。

② 提高催化剂活性。载体将催化剂活性金属物质变成微细粒子，使之高度分散在载体表面上，以增加容易成为活性中心的晶格缺陷，这样可以提高催化剂活性。此外，载体同活性金属之间的固相反应也可能形成活性中心。

③ 提供酸性中心。在金属氧化物催化剂中，一般要求催化剂载体应具有一定的酸性，因为聚甲氧基二甲醚制备需要酸催化以提高产物收率和选择性。但如果酸性较大，这样会降低反应的选择性，对总反应产生负面影响。

④ 提高机械强度。固定床催化剂的机械强度是工业催化剂的一项重要指标。反应器内的催化剂将要承受来自以下全部或部分的作用力：自身静压和反应物流的冲击力；装填和卸出时有可能引起的破损；局部过热引起的融熔而导致催化剂颗粒收缩等。但催化剂强度又不能过高，否则会降低催化剂活性。

⑤ 节省活性组分。如何做到在保证催化剂具有足够活性的前提下，尽量减少活性组分的用量，无论是从降低催化剂成本还是从提高催化剂研制水平来考虑，都是极为重要的。一个理想的催化剂载体，可以使有限的活性组分能够形成最合理的粒子分布，以最大限度地发挥催化剂活性，这是节省活性组分的有效途径。

⑥ 延长催化剂寿命。活性金属热稳定性差，所以常常诱发金属熔融导致催化

剂活性迅速降低。借助于载体的微粒化及其高度分散性和耐热性，可达到抑制熔融并延长催化剂寿命的目的。由于载体在催化剂组成中的比例最大，载体可以增加散热面积，具有稀释和分散活性金属的作用。

近年，众多研究者针对金属氧化物催化剂载体进行了研究[79]，具体为：

① 传统 γ-Al_2O_3 作催化剂载体。γ-Al_2O_3 是最常见的催化剂载体，目前在以 γ-Al_2O_3 为载体的催化剂研究中，比较多的是活性组分的负载量对 γ-Al_2O_3 载体比表面积及孔径、孔容的影响。负载量过大会使载体比表面积大幅度降低，从而使催化活性性能降低，负载量过低也会达不到很好的催化效果。但是仅对负载量的研究不能从根本上解决传统 γ-Al_2O_3 存在的孔径、比表面积过小、孔道单一的固有属性问题。

② 改性 γ-Al_2O_3 作催化剂载体。通过改性剂（P、B、Fe）对载体比表面积、孔径、酸位、酸量以及活性组分分散度的调整，使催化剂更好地发挥作用。杨占林等[80] 通过 P 改性 Al_2O_3，得出 P 能降低载体的表面酸量，并且在载体成型过程中加入 P 效果较好。刘静等[81] 采用合成方法将沸石的次级结构单元对 Al_2O_3 进行表面改性，使 Al_2O_3 的酸性明显提高，主要以 L 酸为主。通过添加 P、$MgAl_2O_4$、沸石次级结构等，可以改性 γ-Al_2O_3 的比表面积、酸量、孔径以及金属与载体之间的相互作用，相对于传统的 γ-Al_2O_3 作为载体的催化剂活性明显提高。改性剂能使酸性及酸量降低或提高，这就要求必须根据具体的反应去寻找合适的改性剂，从而产生匹配性很好的催化剂。

3.5.1.2 金属氧化物催化合成 $PODE_n$

2010 年，李丰等[82] 将 H_2SO_4、HCl 负载在金属氧化物（ZrO_2、TiO_2 等）上制得固体超强酸催化剂，在催化剂用量为 1.1%（质量分数）、CH_3OH：TOX（三聚甲醛）=2.2：1（摩尔比）、温度为 130℃、压力为 0.7MPa 的条件下反应 4h，三聚甲醛的转化率为 95.0%，$PODE_{3\sim10}$ 选择性为 54.4%。同年，洪正鹏等[83] 报道了经 TiO_2 改性的 γ-Al_2O_3-TiO_2 催化甲醇和甲醛的缩醛化反应。在 CH_2O：CH_3OH=10：1（摩尔比）、温度为 80℃、压力为 4.5MPa、液时空速（LHSV）为 $0.5h^{-1}$ 的条件下反应，甲醇转化率为 94.0%，反应液中 $PODE_{3\sim8}$ 的含量达到 69.3%。

2014 年，Zhang 等[84] 使用沉淀-浸渍法制备的 Al_2O_3/ZrO_2 复合氧化物催化剂催化甲醇、甲醛合成 $PODE_n$ 反应。动力学研究表明生成甲缩醛活化能比分解活化能低，$PODE_n$ 合成反应是放热反应。当催化剂中 ZrO_2 的含量达到 4%时，反应温度为 120℃、甲醛：甲醇=3：1（摩尔比）、压力 1.5MPa、体积空速为 $0.05mL\cdot(min\cdot g)^{-1}$ 时，中强酸位和强酸位增强，催化剂活性最佳，且催化剂非常稳定，不会生成大量的多聚甲醛，聚合反应中甲醇最高转化率和 $PODE_{3\sim8}$ 选择性分别为 48.64%、24.82%，他们发现，$PODE_n$ 的合成是一个温和的放热过程，甲醛浓度对反应的促进更大，甲缩醛的形成是甲醇与甲醛制备 $PODE_n$ 过程中的决速步骤。赵峰等[85] 报道了 SO_4^{2-}/

Fe_2O_3 固体酸催化剂体系，在催化剂用量 1.5%（质量分数）、CH_3OH : TOX=1.2 : 1（摩尔比），温度为 130℃，压力为 0.1MPa 条件下反应 2h，$PODE_{3\sim8}$ 的收率为 22%。他们认为由于 SO_4^{2-} 的部分流失对催化剂的弱酸位影响不大，从而使 SO_4^{2-}/Fe_2O_3 具有良好的循环活性。

2015 年，Li 等[86] 制备了不同酸强度和 Bronsted 酸位的 SO_4^{2-}/Fe_2O_3-SiO_2 固体酸，考察了催化剂中不同的表面酸性对反应性能的影响（表 3-45）。具有较高酸密度及 Bronsted 酸位的 S/Fe 表现出了最高的催化活性，三聚甲醛的转化率为 81.9%，$PODE_{2\sim8}$ 的选择性为 34.4%。认为催化剂活性主要取决于表面酸性的强弱，反应选择性取决于催化剂酸性强弱和催化剂 SO_4^{2-} 上的 Bronsted 酸位置。随后，Li 等[87] 报道了 SO_4^{2-}/TiO_2 催化甲缩醛和三聚甲醛的缩醛化反应，三聚甲醛转化率达到了 89.5%，$PODE_{2\sim8}$ 选择性为 54.8%，催化活性优于单独使用 H_2SO_4 或 TiO_2。

表 3-45 不同的表面酸性对反应性能的影响

催化剂	转化率/%		选择性/%										
	MeOH	TOX	FA	MF	$PODE_1$	$PODE_2$	$PODE_3$	$PODE_4$	$PODE_5$	$PODE_6$	$PODE_7$	$PODE_8$	$PODE_{2\sim8}$
S/Fe	74.8	81.9	35.2	2.7	24.7	11.2	8.6	5.1	2.9	1.5	0.6	0.2	34.4
S/Fe-HT	78.0	21.3	15.4	0.8	67.3	12.6	2.4	0.4	—	—	—	—	15.4
S/Fe-Si-1	71.6	30.9	20.7	2.1	53.1	11.4	3.0	0.6	0.1	—	—	—	15.2

3.5.2 金属氧化物催化法合成 $PODE_n$

用于聚甲氧基二甲醚制备的金属氧化物催化剂通常是由活性金属氧化物和催化剂载体组成。而活性组分可以为金属钼和/或其氧化物、金属铁和/或其氧化物、金属铌和/或其氧化物等，所述负载型催化剂的载体通常是 γ-Al_2O_3 或改性 γ-Al_2O_3，可根据制备聚甲氧基二甲醚的原料不同选用不同活性组分的催化剂。

3.5.2.1 甲醇与三聚甲醛为原料

西北大学晁伟辉[88] 研究了不同的金属氧化物对催化剂性能的影响，考察了以甲醇与三聚甲醛为原料聚合反应的催化效果，聚合反应实验条件为，甲醇 : 三聚甲醛=1.2 : 1（摩尔比），T=135℃下，搅拌速度 r=300r · min^{-1}，自生压力，反应时间 t=3h。并对比探讨了单金属氧化物催化剂和双金属氧化物催化剂催化性能的差异。

（1）单金属氧化物催化剂　用于改性的金属氧化物均为过渡金属氧化物，主要为氧化铜、氧化锌、氧化锰、氧化钴、氧化铁、氧化铈。改性催化剂制备方法为，称取一定量的金属盐配置成一定浓度的水溶液，将一定量的分子筛催化剂ZSM-5加入其中，在60℃水浴下搅拌2h，旋转蒸发后，100℃干燥2h，在电阻炉中500℃下3h焙烧。改性后的催化剂用于聚甲氧基二甲醚制备，其反应结果如表3-46所示。

表 3-46　金属氧化物改性对反应的影响

催化剂助剂/%	转化率/%	目的产物收率/%	产物分布/%					
			$PODE_1$	$PODE_2$	$PODE_3$	$PODE_4$	$PODE_5$	$PODE_6$
ZSM-5	79.65	47.7	34.5	31.7	10.2	3.8	1.3	0.5
CuO-ZSM-5	43.1	12.3	12.1	6.1	1.2			
ZnO-ZSM-5	18.1	2.3	8.6	2.3				
Mn_2O_3-ZSM-5	32.4	12.1	16.4	9.5	2.3	0.4		
Co_2O_3-ZSM-5	40.2	15.7	20.1	10.2	3.1	1.9	0.4	
Fe_2O_3-ZSM-5	79.8	56.3	35.9	37.6	12.7	4.2	1.3	0.3
Ce_2O_3-ZSM-5	74.1	37.5	31.7	26.1	7.6	2.2	0.9	0.5
PdO-ZSM-5	74.5	56.7	28.1	37.2	12.6	5.1	1.5	0.2

由表3-46实验结果可以反映出，氧化物改性对于催化剂的催化性能均有影响。其中Fe_2O_3改性后聚合反应转化率和目的产物收率均有所增加，Ce_2O_3改性后，反应转化率和目的产物选择性略有下降，PdO改性后，反应的转化率略有下降，但是目的产物收率有所提高。CuO、Mn_2O_3和Co_2O_3改性后，反应转化率和目的产物收率均有较大幅度的下降。ZnO改性后，反应转化率和目的产物收率有极大下降。

催化剂改性对于产物分布同样有重要影响，Fe_2O_3和PdO改性后，多聚物的收率都有所提高，特别是聚合度为2的产物收率都提高了5%以上，聚合度为3的也提高了3%以上，其他氧化物改性后，多聚物的收率都有所下降，其中氧化锌改性的催化剂使得多聚物的收率下降最大。以上金属氧化物中，ZnO、CuO、Mn_2O_3和Co_2O_3改性导致催化剂性能下降，可能是由于金属氧化物的碱性较强，改性后导致催化剂酸性降低，使得聚合反应的转化率和目的产物均有明显的降低。对用Mo_2O_3、Co_2O_3改性前后的催化剂分别进行了催化剂酸性表征。酸性表征结果显示：金属氧化物催化剂经过Mn_2O_3改性后，催化剂的强酸位降低很多，并且强酸位向低温区偏移，说明改性后催化剂的酸性有所降低。同时改性后催化剂的弱酸位也减少了很多。总体上，改性后的催化剂酸性降低很多，因此可能导致改性后催化剂的催化活性下降较多。催化剂经过氧化钴改性后，分子筛酸性总体上有所下降，强酸位和弱酸位酸性显著降低，因此可能导致反应转化率和目的产物收率的下降。

以上金属氧化物中，Fe_2O_3、Ce_2O_3、PdO改性后转化率变化不太大，但是Fe_2O_3和PdO改性后的目的产物收率有所提高。经Fe_2O_3改性前后的催化剂分别进行了催化剂酸性表征，酸性表征结果显示：氧化铁改性后，弱酸酸位变化不大，但是在中强酸处的酸性增加了一些。中强酸的增加有利于聚合度较大的产物生成，Fe_2O_3-ZSM-5改性催化剂目的产物收率从47.7%提高到了56.3%，产物中多聚物的含量也增加较多，这也说明了中强酸对长链高聚合度的产物生成是有利的。从上述改性可以看出金属氧化物一般都有碱性，负载上金属氧化物以后 ZSM-5 的酸性一般都会降低，只有 Fe_2O_3 和 PdO 对总体酸量影响不大，同时它会出现中强酸，多聚物的收率也最高，由于氧化钯价格较昂贵，对反应的影响和氧化铁相差不大，因此，选择氧化铁做更进一步研究。

（2）双金属氧化物催化剂　由于氧化铁对催化剂的改性效果最好，以氧化铁改性为基础，进行了双金属氧化物的改性实验。第二金属采用氧化铬，氧化铬对催化剂组分具有良好的分散性质，热稳定性好，常用作助催化剂使用，因此选择了氧化铬作为第二金属氧化物助剂。催化剂制备方法与氧化铁催化剂制备方法相同。改性后的催化剂对甲醇与三聚甲醛为原料的聚合反应进行催化活性考察，聚合反应实验条件为，甲醇：三聚甲醛＝1.2：1（摩尔比），反应温度 $T=135℃$ 下，搅拌速度 $r=300r \cdot min^{-1}$，自生压力，反应时间 3h，反应结果见表 3-47。

表 3-47　双金属氧化物改性对催化剂的影响

催化剂助剂 /%	转化率 /%	目的产物收率 /%	产物分布/%					
			$PODE_1$	$PODE_2$	$PODE_3$	$PODE_4$	$PODE_5$	$PODE_6$
ZSM-5	79.65	47.7	34.5	31.7	10.2	3.8	1.3	0.5
CuO-ZSM-5	78.9	56.3	35.9	37.6	12.7	4.2	1.3	0.3
Fe_2O_3-Cr_2O_3-ZSM-5	79.9	45.3	37.31	28.7	8.8	4.4	2.4	0.7

由表 3-47 可以看出，通过双金属催化剂改性后，甲醇的转化率基本不变，但是目的产物收率和未改性的 ZSM-5 催化剂相比相差不大，而与单独氧化铁改性的催化剂相比，目的产物收率反而有所下降。对双金属氧化物改性后催化剂进行了酸性表征与氧化铁酸性表征。从表征结果可以看出，加入氧化铬后，弱酸位酸性变化很小，强酸位酸性变化不大，中强酸位酸性还有所减少。经过双金属氧化物改性，Fe_2O_3-Cr_2O_3-ZSM-5 的改性效果不如单独改性的 Fe_2O_3-ZSM-5，因此催化剂改性最终选择 Fe_2O_3-ZSM-5 作为催化剂。

（3）Fe_2O_3 催化剂负载量的影响　考察金属氧化物氧化铁加入量对催化剂以及催化反应的影响，结果见表 3-48。

表 3-48　氧化铁改性对催化反应的影响

催化剂助剂 /%	负载量 /%	转化率 /%	目的产物收率 /%	产物分布/%					
				$PODE_1$	$PODE_2$	$PODE_3$	$PODE_4$	$PODE_5$	$PODE_6$
ZSM-5	0	79.65	47.7	34.5	31.7	10.2	3.8	1.3	0.5
Fe_2O_3-ZSM-5	0.5	60.5	30.1	20.46	20.5	4.9	2.1	1.5	0.6
Fe_2O_3-ZSM-5	1	79.8	56.3	35.9	37.6	12.7	4.2	1.3	0.3
Fe_2O_3-ZSM-5	1.5	80.1	29.0	34.5	20.1	4.7	1.1	0.8	—
Fe_2O_3-ZSM-5	2	85.2	35.8	33.5	24.4	7.9	2.6	0.8	—

由表 3-48 可以看出，随着氧化铁负载量的加大，聚合反应转化率呈现出逐渐

上升的趋势，而目的产物收率则出现先升后降的趋势。其中，氧化铁加入量为0.5%时，聚合反应转化率和产物收率均低于改性时的 ZSM-5 催化剂，当氧化铁的加入量大于 1%后，聚合反应转化率均高于未改性时的催化剂，目的产物收率则随氧化铁加入量的增加呈逐渐下降的趋势。产物分布方面，改性及添加量较小时，随着添加量的提高多聚物的收率提高，聚合度为 2 和 3 的多聚物收率明显提高，当添加量为 1%时达到最大。之后，随着添加量的增大，各多聚物收率都有所下降。这可能是由于当氧化铁负载量低时，增加氧化铁的负载量，可以增加中强酸的量，使收率增大，同时由于氧化铁有部分酸性，也提高了转化率。随着氧化铁负载量的提高，浸渍液黏度增大，催化剂制备时可以观察到旋转蒸发后催化剂表面有明显的氧化铁类似粉末，这可能是过量的氧化铁的堆积，使催化剂的活性表面积减少，造成催化反应收率降低。因此，Fe_2O_3 负载量为 1%改性催化剂的活性最好，产品的收率最高。

3.5.2.2 甲醇和甲醛为原料

洪正鹏、商红岩[83] 在专利 CN101898943A 中公开了一种新的合成聚甲氧基二甲醚的方法，该专利介绍了一种以改性氧化铝为催化剂，以甲醇和过量甲醛或低聚合度多聚甲醛为原料，反应温度为 60～110℃，反应压力为 0.2～0.5MPa，甲醛与甲醇的摩尔比为（10：1）～（10：3）条件下反应制备 $PODE_n$。该工艺采用两步法、双催化体系，其具体步骤为：

（1）有机强酸键合相固体催化剂的制备　将大孔活性炭用低沸点溶剂溶解的苯乙烯浸渍，苯乙烯聚合在大孔活性炭的表面形成单分子膜，抽提溶剂去除未反应的苯乙烯，再经过磺化得到所述有机强酸键合相固体催化剂；其制备方法还可以为，以硅胶为载体，键合上有机基团，再以磺酸基团取代所得化合物中的氢原子。反应在固定床连续反应器中进行，反应器中需要加入分水剂。

（2）改性氧化铝催化剂制备　催化剂选自 γ-Al_2O_3-P、γ-Al_2O_3-B、γ-Al_2O_3-F、γ-Al_2O_3-Ben、γ-Al_2O_3-S、γ-Al_2O_3-TiO_2 中的一种。将 γ-Al_2O_3 分别用 H_3PO_4、H_3BO_3、HF、对甲苯磺酸以及二氧化钛改性处理，而后在 120～600℃下焙烧，分别得到 γ-Al_2O_3-P、γ-Al_2O_3-B、γ-Al_2O_3-F、γ-Al_2O_3-Ben、γ-Al_2O_3-S、γ-Al_2O_3-TiO_2。

（3）多聚甲醛制备　在改性氧化铝催化剂条件下甲醇和过量甲醛或低聚合度多聚甲醛生成半缩醛，半缩醛再与甲醛生成多一个碳的半缩醛，依次进行以上步骤，生成含碳原子数量更多的多聚半缩醛，反应途径如下：

$$CH_3OH + HCHO \xrightarrow[\text{改性氧化铝催化剂}]{} CH_3O{-}CH_2{-}OH + HCHO \xrightarrow[\text{改性氧化铝催化剂}]{}$$

$$CH_3O{-}CH_2O{-}CH_2OH + HCHO \xrightarrow[\text{改性氧化铝催化剂}]{} CH_3O{-}CH_2O{-}CH_2O{-}CH_2OH +$$

$$HCHO \xrightarrow[\text{改性氧化铝催化剂}]{} CH_3O{-}(CH_2O)_nCH_2OH$$

式中，n 为 1～8 的正整数。

（4）$PODE_n$ 的制备　多聚半缩醛的混合物和甲醇在有机强酸键合相固体催化剂条件下生成聚甲氧基二甲醚。工艺路线如下：

$$CH_3OH + HCHO \xrightarrow{\text{改性氧化铝催化剂}} CH_3O—CH_2—OH + HCHO \xrightarrow{\text{改性氧化铝催化剂}}$$

$$CH_3O—CH_2O—CH_2OH + HCHO \xrightarrow{\text{改性氧化铝催化剂}} CH_3O—CH_2O—CH_2O—CH_2OH +$$

$$HCHO \xrightarrow{\text{改性氧化铝催化剂}} CH_3O—(CH_2O)_nCH_2OH + HCHO \xrightarrow{\text{强酸键合相固体催化剂}}$$

$$\xrightarrow{-H_2O} CH_3O—(CH_2O)_nCH_2O—CH_3$$

该工艺所具备主要优点为：①有机强酸键合相固体催化剂能够催化甲醇与多聚半缩醛脱水形成甲氧基封端的反应，生成目标产物聚甲醛二甲基醚；②第二种催化剂具有比强酸性阳离子树脂更好的热稳定性和溶剂稳定性。

刘殿华等[89] 在专利 CN103508860A 中公开了一种由甲醇和甲醛反应制备聚甲氧基二甲醚（$PODE_n$，$3 \leqslant n \leqslant 4$）的方法。在有催化剂存在条件下，由甲醇与甲醛进行反应，制得目标产物。该发明中介绍了两种制备聚甲氧基二甲醚的方法，使用间歇搅拌反应器和连续反应器。

① 在间歇搅拌反应器中加入反应物及 6%～12%（质量分数）催化剂，其中甲醇和甲醛的摩尔比为（1∶1）～（1∶4），在 40～150℃ 状态保持 2～5h，得到 $PODE_n$。

② 将催化剂和石英砂填装入连续反应的反应器中，加热，待温度达到所需反应温度（40～150℃），开始进料，甲醇和甲醛的摩尔比为（1∶1）～（1∶4），反应压力为 0.2～1.0MPa，反应空速 1～5000h^{-1}，反应产物经冷凝器冷凝，在液体收集器中得到产品。无论是哪种方式，在停止反应后，均需向反应产物体系中加入无机碱性化合物（如氢氧化钠或氢氧化钾等）。

该专利中所用催化剂为复合型金属氧化物催化剂，使制备的催化剂活性、选择性较单一金属氧化物催化剂高，具有更加优异的性能。其活性组分包含：金属钼和/或其氧化物、金属铁和/或其氧化物、或/和金属铌和/或其氧化物，负载型催化剂的载体是 γ-Al_2O_3；以负载型催化剂的总重量为 100%计，金属钼和/或其氧化物占 0.1%～35%（质量分数），金属铁和/或其氧化物占 0%～10%（质量分数），金属铌和/或其氧化物占 0%～15%（质量分数），余量为载体 γ-Al_2O_3。

载体 γ-Al_2O_3 的制备方法为：①将硫酸铝在 60～70℃ 的水中配制成相对密度为 1.21～1.23 的水溶液，同时配制出质量分数为 20% 的碳酸钠水溶液；②在 50～60℃的条件下，将相对密度为 1.21～1.23 的硫酸铝水溶液与质量分数为 20% 的碳酸钠水溶液混合，有沉淀析出，过滤，滤饼采用温度为 50～60℃ 的蒸馏水洗涤，洗涤至洗涤液中不含硫酸根离子为止；③将经洗涤的滤饼置于温度为 50～60℃、pH 值为 9.0～11.0 的氨水中，静置至少 4h（熟化），过滤，滤饼再次采用温度为 50～60℃的蒸馏水洗涤，洗涤至洗涤液的比电阻大于 200$\Omega \cdot cm^{-1}$，所得滤饼依次经干燥（优选温度为 100～120℃）和焙烧（焙烧温度优选 500～1000℃）后得到目标物（γ-Al_2O_3 载体）。

目标负载型催化剂的制备：采用温度为60～80℃的蒸馏水分别配制成不同浓度铁、钼、铌的水溶液（如它们的硝酸盐、硫酸盐、醋酸盐、草酸盐或卤酸盐等），将制得的载体根据吸附活性组分的种类和吸附量，分别在所述金属盐的水溶液中一种或两种以上混合液中浸渍，取出吸附有活性组分的载体，依次经干燥（干燥温度优选100～120℃）和焙烧（优选在空气气氛中焙烧，优选的焙烧温度为400～800℃，优选的焙烧时间为4～7h），得到目标负载型催化剂。

具体实施方式如下：

实施例1：载体（γ-Al_2O_3）的制备：将硫酸铝在60～70℃的水中，配制成相对密度为1.21～1.23的水溶液，同时配制质量分数为20%的碳酸钠水溶液；在50～60℃的条件下，将相对密度为1.21～1.23的硫酸铝水溶液与质量分数为20%的碳酸钠水溶液混合，有沉淀析出，过滤，滤饼采用温度为50～60℃的蒸馏水洗涤，洗涤至洗涤液中不含SO_4^{2-}离子为止（可通过Ba^{2+}检测）；将经洗涤的滤饼置于温度为50～60℃、pH值为9.0～11.0的氨水中，静置至少4h（熟化），过滤，滤饼再次采用温度为50～60℃的蒸馏水洗涤，洗涤至洗涤液的比电阻大于200Ω·cm^{-1}，所得滤饼依次经过干燥（100～120℃）和焙烧（600～800℃）（焙烧）后得到目标物（γ-Al_2O_3载体）。

实施例2：取10g由实施例1制备得到的γ-Al_2O_3载体，将其浸渍到质量分数为20%钼酸铵溶液中，60℃恒温浸渍6h，然后在120℃下干燥12h，再在空气气氛中及400℃条件下焙烧6h，得到目标催化剂（简称催化剂A）：其中金属钼和/或其氧化物的含量为8%，余量为载体γ-Al_2O_3。

实施例3：取5g由实施例1制备得到的γ-Al_2O_3载体，将其浸渍到质量分数为30%钼酸铵溶液中，60℃恒温浸渍6h，然后在120℃下干燥12h，再在空气气氛中及600℃条件下焙烧5h，得到目标催化剂（简称催化剂B），其中金属钼和/或其氧化物的含量为16%，余量为载体γ-Al_2O_3。

实施例4：取15g由实施例1制备得到的γ-Al_2O_3载体，将其浸渍到质量分数为40%钼酸铵溶液中，60℃恒温浸渍6h，然后在120℃下干燥12h，再在空气气氛中及800℃条件下焙烧3h，得到目标催化剂（简称催化剂C），其中金属钼和/或其氧化物的含量为24%，余量为载体γ-Al_2O_3。

实施例5：取20g由实施例1制备得到的γ-Al_2O_3载体，将其浸渍到质量分数为50%钼酸铵溶液中，60℃恒温浸渍6h，然后在120℃下干燥12h，再在空气气氛中及500℃条件下焙烧6h，得到目标催化剂（简称催化剂D），其中金属钼和/或其氧化物的含量为32%，余量为载体γ-Al_2O_3。

实施例6：取20g由实施例1制备得到的γ-Al_2O_3载体，将其浸渍到质量分数为50%钼酸铵溶液和10%硝酸铁的混合溶液中，加入柠檬酸防止沉淀析出。60℃恒温浸渍6h，然后在120℃下干燥12h，再在空气气氛中及400℃条件下焙烧6h，得到目标催化剂（简称催化剂E），其中金属钼和/或其氧化物的含量为24%，金属铁和/或其氧化物的含量为2.7%，余量为载体γ-Al_2O_3。

实施例7：取20g由实施例1制备得到的γ-Al_2O_3载体，将其浸渍到质量分数为50%的钼酸铵溶液和10%硝酸铁和2%草酸铌的混合溶液中，加入柠檬酸防止沉淀析出。60℃恒温浸渍6h，然后在120℃下干燥12h，再在空气气氛中及400℃条件下焙烧6h，得到目标催化剂（简称催化剂F），其中金属钼和/或其氧化物的含量为24%，金属铁和/或其氧化物的含量为2.7%，金属铌和/或其氧化物的含量为1%，余量为载体γ-Al_2O_3。

实施例8：在三口烧瓶中，通过磁力搅拌使物料的温度和浓度尽量均匀，同时保证固体催化剂在物料内悬浮分散。反应过程中，利用恒温水浴保持温度恒定，反应装置配制回流，冷凝水作为冷却介质，以防止物料，尤其是沸点较低产品的挥发。等反应体系的温度达到所需的反应温度后，向三口烧瓶中加入一定量的粉状催化剂，此时，反应开始进行。待反应一定时间后，向反应器中加入氢氧化钠，使溶液呈碱性，从反应器中取出样品，用气相色谱进行分析。具体是：分别称取甲醛溶液72.19g和甲醇9.50g，加入上述反应器中，待达到反应温度60℃后，加入8.17g催化剂A恒温反应4h。用气相色谱分析产物组成，计算甲醛、甲醇转化率和产物选择性。

分别用催化剂B～F重复上述步骤，其结果见表3-49。

表3-49　不同催化剂性能对比表

催化剂	反应温度/℃	转化率/%		$PODE_n$/%		
		甲醛	甲醇	$n=1$	$n=2$	$3\leqslant n\leqslant 4$
催化剂A	60	15.02	42.77	21.33	57.84	20.83
催化剂B	60	33.11	63.78	11.58	63.10	25.32
催化剂C	60	43.19	71.15	12.13	56.62	30.40
催化剂D	60	35.67	72.23	8.34	59.54	30.80
催化剂E	60	45.45	78.06	9.07	56.49	34.08
催化剂F	60	50.25	78.11	21.56	24.41	52.52

实施例9：将颗粒大小为40～80目的催化剂E和干燥后的石英砂装入反应管，待温度达到所需反应温度后，开始进料。反应压力为1MPa，进料流量为$0.1mL\cdot min^{-1}$，物料中的醛、醇摩尔比为3∶1。反应2h后取样分析，结果见表3-50。

表3-50　反应温度对反应的影响

反应温度/℃		50	60	70	80
转化率/%	甲醛	36.87	47.47	46.14	46.20
	甲醇	70.76	78.54	78.13	79.41
选择性/%	$PODE_n$ $3\leqslant n\leqslant 4$	31.59	34.06	32.83	27.58

实施例 10：将颗粒大小为 40～80 目的催化剂 E 和干燥后的石英砂装入固定床反应管，待温度达到所需反应温度 60℃后，开始进料。进料流量为 0.1mL·min^{-1}，物料中的醛、醇摩尔比为 3∶1，反应两小时后取样分析，反应压力的影响结果见表 3-51。

表 3-51　反应压力对反应的影响

反应压力/MPa		0.2	0.4	0.6	0.8	1
转化率/%	甲醛	46.21	46.41	45.54	45.09	47.47
	甲醇	78.36	78.42	77.91	77.88	78.54
选择性/%	$PODE_n$ $3 \leqslant n \leqslant 4$	33.79	33.71	34.36	34.11	34.06

该工艺的优点主要体现在制备的催化剂催化活性好、选择性高，使用该催化剂制备的目标产物（分子式为 $PODE_n$，$3 \leqslant n \leqslant 4$）的选择性可提高 10%～30%。

Zhang 等人[90] 发现了一种氧化铼改性 $H_3PW_{12}O_{40}/TiO_2$ 催化剂，可用于二甲醚氧化合成 $PODE_2$。氧化铼由于其独特的氧化性能和酸性，在某些催化反应中得到了广泛的应用。采用初始湿浸渍法制备了氧化铼改性 $H_3PW_{12}O_{40}/TiO_2$ 催化剂。在 25℃下将 TiO_2 浸渍于 $H_3PW_{12}O_{40}$ 水溶液中 6h，然后在 120℃下干燥过夜，之后在 400℃下煅烧 4h。高铼酸铵的水溶液用于浸渍 $H_3PW_{12}O_{40}/TiO_2$ 催化剂，以下步骤与上述方法相同，制备出 5%Re-20%$H_3PW_{12}O_{40}/TiO_2$ 催化剂。在固定床反应器中对二甲醚进行了催化氧化反应，采用气相色谱对反应产物进行分析检测。

表 3-52 显示了在 5%Re-20%PW_{12}/TiO_2 催化剂催化下，不同原料对 $PODE_2$ 合成的影响。当原料为 DME 和 O_2，$PODE_1$ 选择性为 42.2%，$PODE_2$ 选择性为 3.7%，CO 选择性达到 8.8%，同时产生了大量的 HCHO；当原料为 $PODE_1$ 和 O_2 时，$PODE_1$ 转化率为 26.1%，$PODE_2$ 选择性达到 30.0%，而产物中 DME 的选择性高达 54.7%；当原料为 DME、$PODE_1$ 和 O_2 时，产物中 $PODE_2$ 的选择性提高为 60.0%。在强酸催化剂催化下，$PODE_1$ 容易分解为 DME，而在具有酸性和氧化还原性的双功能催化剂催化下，DME 可氧化为 $PODE_1$[91]。如表 3-52 所示，DME 与 $PODE_1$ 在 5%Re-20%PW_{12}/TiO_2 上存在相互转化。从二甲醚氧化为 $PODE_1$ 的反应机理出发，Liu 等人[92] 提出，$PODE_1$ 可以由 CH_3OH（DME 水解形成）和 HCHO（CH_3OH 氧化）缩醛化反应形成。除 CH_3OH 和 HCHO 的缩醛化反应外，Zhang 等人[90] 认为 $PODE_1$ 可能还存在另一种合成途径，主要是在酸性与氧化还原性的协同作用下，由 CH_3OCH_2（O_2 捕获 DME 中的 H 而生成）与 CH_3O（DME 解离形成）的结合而成。

根据反应结果，展示了以 DME 氧化法合成 $PODE_2$ 的可能途径。

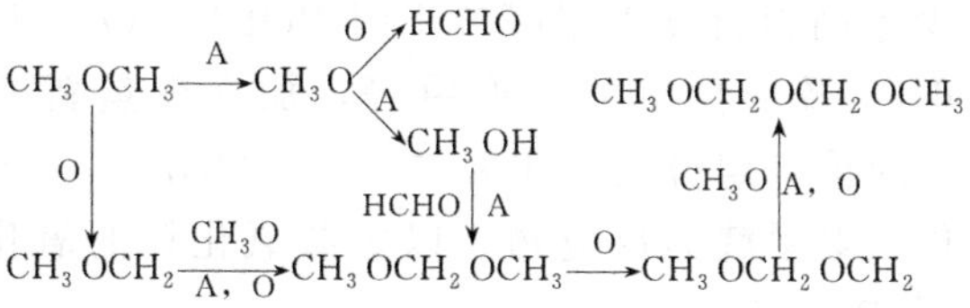

A：酸位

O：氧化还原中心

为此，对催化剂进行了红外光谱表征，发现 $PODE_1$ 吸附 5%Re-20%PW_{12}/TiO_2 后，催化剂表面存在 CH_3O 基团，证明了 $PODE_1$ 分子的中 C—O 键已经断裂，二甲醚可以在酸位上形成。

结合反应结果，作者提出 $PODE_1$ 分子氧化还原位点上的端基 C—H 键断裂后，可以得到 $CH_3OCH_2OCH_2$ 基团，在酸位上形成 CH_3O 基团。然后，在酸位和催化剂的氧化还原中心的配合下，通过 $CH_3OCH_2OCH_2$ 基团与 CH_3O 的结合，合成出 $CH_3OCH_2OCH_2OCH_3$。当在原料 $PODE_1$、DME 和 O_2 中加入 5%Re-20%PW_{12}/TiO_2 时，原料中二甲醚的存在抑制了 $PODE_1$ 向 DME 的分解，进一步促进了 $PODE_1$ 向 $PODE_2$ 的转化。表明 $PODE_1$ 可能是二甲醚氧化制 $PODE_2$ 的中间产物。

表 3-52 在 5%Re-20%PW_{12}/TiO_2 催化剂催化下不同原料对 $PODE_2$ 合成的影响

转化率或选择性	反应物	DME：O_2（摩尔比为 1.2：1.3）	$PODE_1$：O_2（摩尔比为 1：1.3）	DME：$PODE_1$：O_2（摩尔比为 1.2：1：1.3）
转化率/%	DME	3.1	—	15.6
	$PODE_1$	—	26.1	11.9
	$PODE_2$	42.2	—	—
选择性/%	DME	—	54.7	—
	$PODE_2$	3.7	30.0	60.0
	CH_3OH	6.9	3.2	7.7
	HCHO	33.6	2.7	12.8
	$HCOOCH_3$	2.9	7.2	12.4
	CO	8.8	2.2	4.6
	CH_4	1.0	0	2.5
	CO_2	0.9	0	0

注：反应温度为 240℃；压力为 0.1MPa；催化剂装填量为 1mL；空速为 $3600h^{-1}$。

3.5.2.3 甲缩醛与三聚甲醛为原料

李晓云等[93] 在专利 CN101972644A 中公开了一种以负载氧化铌催化剂制备聚甲氧基二甲醚的方法。该工艺主要包括以下步骤：①甲缩醛与三聚甲醛的摩尔比为（0.5：1)～(5：1)，以负载氧化铌为催化剂，催化剂用量为总反应物质量的 0.1%～5%，反应温度 100～200℃，时间 10min～48h，反应压力 0.1～10MPa，催化反应制备聚甲氧基二甲醚；②精馏分离首先分离出低沸点组分甲缩醛，聚二甲氧基二甲醚以及未反应的三聚甲醛，随后分离出

$PODE_{3\sim8}$，釜底为少量高聚合度聚甲醛二甲醚 $PODE_n$（$n>8$）；③将前一步分离出的甲缩醛、$PODE_2$ 及未反应的三聚甲醛，加入少量新鲜三聚甲醛后继续反应，制备适合作柴油掺烧组分的聚甲醛二甲醚 $PODE_{3\sim8}$，从而提高原料的利用率。采用甲缩醛和三聚甲醛为反应物，以负载氧化铌的氧化铝为催化剂，反应后料液含有 29％的 $PODE_{3\sim8}$。

制备负载氧化铌催化剂的方法：①将一定量的铌源溶于有机酸溶液中，得到 0.01～2mol·L^{-1} 有机铌溶液，铌源至少选自铌酸、卤化铌、有机铌中一种，其中的有机铌选自草酸铌、醋酸铌、乙氧基铌、异丙氧基铌、丁氧基铌；②用有机铌溶液浸渍载体后干燥，干燥温度 80～200℃；③在焙烧气氛下（焙烧气氛选自空气、氮气、氢气、二氧化碳、氧气、氨气、水蒸气中的至少一种），焙烧浸渍产品，焙烧温度选自 300～1300℃，时间为 1～24h。

通过以下实施例对金属氧化铌催化剂的特性进一步说明。

实施例 1：在 50℃下，将预先用蒸馏水洗涤三次并在 120℃干燥处理的 7.1g 铌酸溶解于质量浓度为 20％的 200mL 的草酸溶液中，得到 0.20mol·L^{-1} 的草酸铌溶液，随后加入 320g 的 ϕ1.6～2.0mm 的活性氧化铝球趁热进行等体积浸渍；室温下放置 24h，120℃干燥 24h，在空气气氛下于 550℃焙烧 5h，得到氧化铌负载量为 1.6％的催化剂 A。

实施例 2：在 50℃下，将预先用蒸馏水洗涤三次并在 120℃干燥处理的 9.3g 铌酸溶解于质量浓度为 20％的 200mL 的草酸溶液中，得到 0.26mol·L^{-1} 的草酸铌溶液，随后加入 320g 的 ϕ1.6～2.0mm 的活性氧化铝球趁热进行等体积浸渍；室温下放置 24h，120℃干燥 24h，在空气气氛下于 550℃焙烧 5h，得到氧化铌负载量为 2.1％的催化剂 B。

实施例 3：在 50℃下，将预先用蒸馏水洗涤三次并在 120℃干燥处理的 3.1g 铌酸溶解于质量浓度为 20％的 200mL 的草酸溶液中，得到 0.09mol·L^{-1} 的草酸铌溶液，随后加入 320g 的 ϕ1.6～2.0mm 的活性氧化铝球趁热进行等体积浸渍；室温下放置 24h，120℃干燥 24h，在空气气氛下于 550℃焙烧 5h，得到氧化铌负载量为 0.7％的催化剂 C。

实施例 4：在 50℃下，将预先用蒸馏水洗涤三次并在 120℃干燥处理的 8.3g 铌酸溶解于质量浓度为 20％的 200mL 的草酸溶液中，得到 0.20mol·L^{-1} 的草酸铌溶液，随后加入 380g 的 ϕ1.6～2.0mm 的活性氧化铝球趁热进行等体积浸渍；室温下放置 24h，120℃干燥 24h，在空气气氛下于 550℃焙烧 5h，得到氧化铌负载量为 1.6％的催化剂 D。

实施例 5：在 2L 高压釜中加入催化剂 A 10g，依次加入 580g 甲缩醛和 420g 三聚甲醛，充氮气至压力为 3MPa，在 180℃，转速为 90r·min^{-1} 搅拌下反应 1h 制备聚甲氧基二甲醚。计算三聚甲醛转化率、$PODE_n$ 的收率，比较实施例 1、实施例 2、实施例 3：分别以催化剂 B、催化剂 C、催化剂 D 代替催化剂 A，按照与实施例 5 相同的方法制备聚甲氧基二甲醚，反应结果列于表 3-53。

表 3-53 聚甲氧基二甲醚的反应结果

实验序号	催化剂	三聚甲醛转化率/%①	产物分布/%				
			$PODE_1$	三聚甲醛	$PODE_2$	$PODE_{3\sim8}$	$PODE_n(n>8)$
实施例 5	A	82	31.4	9.8	24.0	29.3	5.5
实施例 1	B	85	30.1	8.1	24.2	31.5	6.1
实施例 2	C	79	32.2	11.4	23.4	28.1	4.9
实施例 3	D	65	38.3	19.0	18.9	20.5	3.3
实施例 7	B	71	35.5	8.8	26.6	24.5	4.6

① 三聚甲醛转化率=(1－产物中三聚甲醛质量分数/原料中三聚甲醛质量分数)×100%。

实施例 6：将实施例 5 所得产物进行热过滤，取 850g 滤液通过常减压精馏进行分离，且精馏前先加入 1.0g 氢氧化钠以稳定聚甲氧基二甲醚，防止其在减压精馏过程中分解。首先在常压下精馏，收集 40～110℃的塔顶产物，包括甲缩醛、聚二甲醛二甲醚以及未反应的三聚甲醛的低沸点产物共计 551g；然后进行减压精馏，在 0.001～0.01MPa 以及 40～180℃下收集塔顶产物 245g，为 $PODE_{3\sim8}$，塔釜产物为聚合度大于 8 的 $PODE_n$。

实施例 7：在 2L 高压釜中加入催化剂 B 4.2g，依次加入实施例 6 所得低沸点产物 450g 和三聚甲醛 100g，充氮气至压力为 3MPa，在 180℃，转速为 $90r \cdot min^{-1}$ 搅拌下反应 1h 制备聚甲氧基二甲醚。计算三聚甲醛转化率、$PODE_n$ 的收率，反应结果列于表 3-53。

该发明的主要优点为：提供一种由负载氧化铌催化甲缩醛与三聚甲醛反应制备聚甲醛二甲醚的方法。该催化体系具有良好的活性与选择性、高的稳定性、不腐蚀设备、操作简单、分离方便的特点。

3.6 其他催化剂

近年来研究者对作为生产中重要成分的催化剂有较多研究，除了前面介绍的常用催化剂之外，还出现了其他性能优异的催化剂。

3.6.1 碳材料

碳材料具有特殊的物理化学性质，其较大的比表面积使其作为结构载体可以分散酸性组分，良好的化学导电性有利于氧化反应中的电子转移。碳质材料［活性炭(AC)、石墨烯（G)、碳纳米管（CNTs）等］通常被用作提高催化活性的载体材料或用于反应的催化剂。一般认为，在氧化反应中，位于碳材料上的表面氧基团是活化氧分子的活性中心。因此，碳材料被广泛应用于催化反应中。

Zhang 等人[94] 以碳纳米管为载体，采用 $H_3PW_{12}O_{40}$ 修饰 Re/CNTs 催化剂，制备了 Re-$H_3PW_{12}O_{40}$/CNTs 催化剂。在固定床反应器中研究该催化剂对二甲醚氧化制备聚甲氧基二甲醚反应的催化性能，发现 $H_3PW_{12}O_{40}$ 的引入可提高 Re/CNTs 催化剂的活性和选择性。在 DME∶O_2＝1∶1（摩尔比）条件下，又研究了 $H_3PW_{12}O_{40}$ 含量、反应温度、气体空速和反应时间对二甲醚氧化制 $PODE_n$ 的影响。结果表明，采用 5%Re-30%$H_3PW_{12}O_{40}$/CNTs 催化剂，在反应温度为 240℃，气体空速为 $1800h^{-1}$，反应时间为 15min 的反应条件下，得到的 $PODE_1$ 和 $PODE_2$ 的选择性由 Re/CNTs 催化剂催化下的 6.6% 提高到 59.0%，二甲醚转化率为 8.9%，且无 CO_x 产生。

之后 Gao 等人[95] 采用活性炭和石墨烯碳材料负载 $Ti(SO_4)_2$，制备出 $Ti(SO_4)_2$/AC 和 $Ti(SO_4)_2$/G 催化剂，研究催化剂催化氧化二甲醚合成聚甲氧基二甲醚的性能。在压力为 0.1MPa、催化剂添加量为 1mL、DME∶O_2＝1.3∶1.2（摩尔比）、合适的反应温度和气体空速等条件下，分别探究了不同 SO_4^{2-} 含量的 $Ti(SO_4)_2$/AC 催化剂、反应温度、气体空速、不同前驱体、不同碳基载体等因素对二甲醚氧化合成 $PODE_n$ 的影响。

表 3-54 显示了不同 SO_4^{2-} 含量的 $Ti(SO_4)_2$/AC 催化剂催化氧化二甲醚的结果。如表中数据所示，采用 SO_4^{2-} 改性前的 AC 作为催化剂时，CH_3OH 和 HCHO 为主要产物，表明 AC 具有酸性和氧化还原性。然而，AC 的酸度可能不足以形成 $PODE_n$，选择具有酸性的 $Ti(SO_4)_2$ 对 AC 进行改性，以提高催化剂的活性。用 15%SO_4^{2-} 修饰 AC 制备的催化剂可将反应生成的 $PODE_n$ 的选择性提高至 63.8%；当 SO_4^{2-} 含量为 30%时，$PODE_n$ 的选择性高达 84.3%，二甲醚转化率为 8.4%；当硫酸含量为 15%和 20%时，$PODE_2$ 的选择性较高，说明具有酸

表 3-54 SO_4^{2-} 含量对 $Ti(SO_4)_2$/AC 氧化二甲醚性能的影响

催化剂	DME 转化率/%	选择性/%						
		$PODE_1$	$PODE_2$	$PODE_{1\sim2}$	CH_3OH	HCHO	CO_x	CH_4
AC	6.8	0	0	0	54.2	45.8	0	0
10%$Ti(SO_4)_2$/AC	8.2	2.0	2.9	4.9	66.2	28.9	0	0
15%$Ti(SO_4)_2$/AC	7.1	34.8	29.0	63.8	25.3	10.9	0	0
20%$Ti(SO_4)_2$/AC	9.2	70.4	12.5	82.9	8.5	8.6	0	0
30%$Ti(SO_4)_2$/AC	8.4	77.5	6.8	84.3	6.9	8.8	0	0
40%$Ti(SO_4)_2$/AC	8.1	73.5	8.4	81.9	7.5	10.6	0	0
50%$Ti(SO_4)_2$/AC	7.2	80.0	4.2	84.2	10.6	5.2	0	0

注：压力为 0.1MPa，反应温度为 240℃，催化剂添加量为 1mL，反应空速为 $3600h^{-1}$，氧气和 DME 的摩尔比为 1.3∶1.2。

性的 SO_4^{2-} 的引入对 $PODE_n$ 的生成有明显的影响。表 3-55 和表 3-56 显示了在 30%$Ti(SO_4)_2$/AC 催化剂催化下，反应温度和气体空速对 DME 氧化 $PODE_n$ 的影响。结果表明，最佳反应温度为 240℃，最佳气体空速为 3600h^{-1} 时，DME 制备的氧化产物中具有较高的 $PODE_n$ 选择性和较低的副产物选择性。此外，还对 H_2SO_4 改性 AC 的催化性能进行了研究，结果表明，$Ti(SO_4)_2$ 改性 AC 催化剂对 DME 直接氧化生成 $PODE_n$ 的催化活性明显优于 H_2SO_4 改性 AC（见表 3-57），Ti 可能在反应中起重要作用，用大比表面积的 AC 作为载体，使酸组分 $Ti(SO_4)_2$ 分散得更加均匀。

表 3-55　反应温度对 30%$Ti(SO_4)_2$/AC 氧化二甲醚性能的影响

温度/℃	DME 转化率/%	选择性/%						
		$PODE_1$	$PODE_2$	$PODE_{1\sim2}$	CH_3OH	HCHO	CO_x	CH_4
200	6.9	54.2	0	54.2	43.8	2.0	0	0
220	7.5	73.1	3.2	76.3	18.9	3.2	0	0
240	8.4	77.5	6.8	84.3	6.9	8.8	0	0
260	9.4	64.7	7.5	72.2	5.5	10.6	11.7	0
280	13.3	微量	微量	微量	49.3	32.3	16.8	0

注：压力为 0.1MPa，催化剂添加量为 1mL，反应空速为 3600h^{-1}，氧气和 DME 的摩尔比为 1.3∶1.2。

表 3-56　气体空速对 30%$Ti(SO_4)_2$/AC 氧化二甲醚性能的影响

空速/h^{-1}	DME 转化率/%	选择性/%						
		$PODE_1$	$PODE_2$	$PODE_{1\sim2}$	CH_3OH	HCHO	CO_x	CH_4
800	12.4	61.9	7.7	69.6	7.3	6.2	16.2	0
1800	11.7	66.6	7.6	74.2	5.9	10.9	7.4	0
2400	11.0	68.5	8.7	77.2	6.4	8.7	7.7	0
3000	9.7	76.4	7.3	83.7	9.8	6.5	0	0
3600	8.4	77.5	6.8	84.3	6.9	8.8	0	0
5000	8.5	69.8	8.3	78.1	18.9	3.0	0	0

注：压力为 0.1MPa，反应温度为 240℃，催化剂添加量为 1mL，氧气和 DME 的摩尔比为 1.3∶1.2。

表 3-57　不同前驱体对 SO_4^{2-}/AC 催化剂性能的影响

催化剂	DME 转化率/%	选择性/%						
		$PODE_1$	$PODE_2$	$PODE_{1\sim2}$	CH_3OH	HCHO	CO_x	CH_4
AC	6.8	0	0	0	54.2	45.8	0	0
30%$Ti(SO_4)_2$/AC	8.4	77.5	6.8	84.3	6.9	8.8	0	0
30%H_2SO_4/AC	8.3	24.9	6.0	30.9	47.4	17.9	0	0

注：压力为 0.1MPa，反应温度为 240℃，催化剂添加量为 1mL，反应空速为 3600h^{-1}，氧气和 DME 的摩尔比为 1.3∶1.2。

由于石墨烯与活性炭具有相似的化学成分和不同的结构性质，选择 AC 和 G 对 $Ti(SO_4)_2$ 催化剂改性，以探究载体在 DME 氧化反应中的作用。表 3-58 显示了在

DME 氧化反应中 $Ti(SO_4)_2$/AC 和 $Ti(SO_4)_2$/G 催化剂对反应产物选择性和 DME 转化率的影响。在 AC 负载 $Ti(SO_4)_2$ 催化剂上，总 $PODE_n$ 选择性可达 83%左右，其中 $PODE_1$ 的选择性可达到 70%以上，而 $PODE_2$ 的选择性较低；在 G 负载 $Ti(SO_4)_2$ 催化剂上，总 $PODE_n$ 的选择性很低，$PODE_2$ 的选择性为 0，而且 CH_3OH 的选择性达到 80%左右，说明 $Ti(SO_4)_2$/AC 催化剂的催化性能优于 $Ti(SO_4)_2$/G 催化剂。此外，该结果可表明，$Ti(SO_4)_2$/G 催化剂具有一定的酸和氧化还原中心，DME 分子可以被分解成 CH_3OH 和 HCHO，但明显缺乏足够的活性中心来转化 CH_3OH 和 HCHO，从而进一步生成 $PODE_n$。因此，虽然 AC 和 G 都是碳材料，但 $Ti(SO_4)_2$/AC 和 $Ti(SO_4)_2$/G 催化剂对 DME 氧化制 $PODE_n$ 特别是 $PODE_n$ 总选择性和 $PODE_2$ 选择性的催化性能有明显的差异。此外，还研究了 30%$Ti(SO_4)_2$/AC 催化剂对 DME 直接氧化制 $PODE_n$ 的稳定性。在 20h 反应过程中，总选择性保持在 80.0%左右。

表 3-58　碳基载体对催化剂氧化二甲醚性能的影响

催化剂	DME 转化率	选择性/%						
	/%	$PODE_1$	$PODE_2$	$PODE_{1\sim2}$	CH_3OH	HCHO	CO_x	CH_4
20%$Ti(SO_4)_2$/AC	9.2	70.4	12.5	82.9	8.5	8.6	0	0
30%$Ti(SO_4)_2$/AC	8.4	77.5	6.8	84.3	6.9	8.8	0	0
40%$Ti(SO_4)_2$/AC	8.1	73.5	8.4	81.9	7.5	10.6	0	0
20%$Ti(SO_4)_2$/G	8.1	微量	0	微量	83.9	16.1	0	0
30%$Ti(SO_4)_2$/G	7.2	微量	0	微量	81.6	18.4	0	0
40%$Ti(SO_4)_2$/G	6.3	微量	0	微量	78.7	21.3	0	0

注：压力为 0.1MPa，反应温度为 240℃，催化剂添加量为 1mL，反应空速为 $3600h^{-1}$，氧气和 DME 的摩尔比为 1.3∶1.2。

研究结果发现碳基催化剂表面的羰基和羟基在 DME 直接氧化制 $PODE_n$ 中起着重要作用。由于 AC 和 G 材料表面结构和化学性质的差异，$Ti(SO_4)_2$ 与载体的相互作用对载体表面的硫酸盐结构有显著的影响，进而导致催化剂的酸性和氧化还原性有明显的差异。在 30%$Ti(SO_4)_2$/AC 催化剂、反应温度为 240℃和气体空速为 $360h^{-1}$ 等条件下，$PODE_n$ 的选择性高达 84.3%，DME 转化率为 8.4%。

2012 年，沈俭一等[96] 在专利 CN102775284A 公开了一种酸性碳材料（强酸量≥1.0nmol・g^{-1}）催化缩醛反应合成聚甲氧基二甲醚的方法。该方法以甲醇、甲缩醛、二甲醚、甲醛、三聚甲醛、多聚甲醛等为原料，以酸性碳为催化剂，合成聚甲醛二甲基醚。该方法采用的催化剂要求其含有的强酸量≥1.0nmol・g^{-1}，其制备方法为：将计量的酚醛树脂溶于乙醇，再加入六次甲基四胺和氯化锌，制成混合溶液。将该混合溶液加热使其固化，将得到的固体粉碎，在惰性气氛中高温碳化。降温后分别以稀盐酸洗涤和沸水洗涤至中性，得到碳前驱体。将该碳前驱体与硫酸混合，煮沸回流，得到酸性碳，所得酸性碳记为 H-PRC。以甲缩醛和三聚甲醛为原料，在催化剂用量 0.2%（质量分数）、$PODE_1$ ∶ CH_2O =1∶1（摩尔比）、120℃条件下反应 2h，反应液中 $PODE_{2\sim8}$ 的含量为 44.6%。

该方法有以下具体实施例。

实施例 1：在容积 100mL，配有磁子搅拌的高压反应釜中，依次加入 30.4g (0.4mol) 甲缩醛和 12.0g 三聚甲醛（折算成甲醛的摩尔数为 0.4mol），再加入 0.1g 酸性碳，将反应釜中的空气用氮气置换后，将反应釜加热到 120℃，保持 2h，再将反应釜冷却至室温，反应产物经气相色谱分析，其组成分布如下（以质量分数表示，其中 n 代表 $PODE_n$，下同）：甲缩醛 $n=1$ 为 45.3%，$n=2$ 为 24.4%，$n=3$ 为 12.5%，$n=4$ 为 5.4%，$n=5$ 为 1.8%，$n\geqslant6$ 为 0.5%；其余组分为甲醛、甲醇和水。

实施例 2：将 10g 酚醛树脂，溶于 20g 乙醇，再加入 0.9g 六次甲基四胺和 10.9g $ZnCl_2$，制成混合溶液。将该混合溶液加热至 170℃使其固化，将得到的固体粉碎，在 N_2 气氛中及 400℃高温下炭化 2h。降温后分别以稀盐酸洗涤和沸水洗涤至中性，得到碳前驱体。将该前驱体 5g 和浓硫酸（98%）100mL，煮沸回流 12h，洗涤，过滤得到酸性碳，所得酸性碳记为 H-PRC，测得其强酸量 1.5mmol·g^{-1}。

在容积 100mL，配有磁子搅拌的高压反应釜中，依次加入 30.4g 甲缩醛和 12.0g 三聚甲醛，再加入 0.2g 酸性碳 H-PRC，将反应釜中的空气用氮气置换后，将反应釜加热到 120℃，保持 2h，再将反应釜冷却至室温，反应产物经气相色谱分析，其组成分布如下：甲缩醛 $n=1$ 为 39.7%，$n=2$ 为 28.4%，$n=3$ 为 14.5%，$n=4$ 为 7.4%，$n=5$ 为 2.8%，$n\geqslant6$ 为 1.0%；其余组分为甲醛、甲醇和水。

实施例 3：在容积 100mL，配有磁子搅拌的高压反应釜中，依次加入 30.4g 甲缩醛和 12.0g 三聚甲醛，再加入 0.5g 酸性碳，将反应釜中的空气用氮气置换后，将反应釜加热到 120℃，保持 2h，再将反应釜冷却至室温，反应产物经气相色谱分析，其组成分布如下：甲缩醛 $n=1$ 为 44.3%，$n=2$ 为 25.1%，$n=3$ 为 12.8%，$n=4$ 为 5.2%，$n=5$ 为 1.9%，$n\geqslant6$ 为 0.7%；其余组分为甲醛、甲醇和水。

将酸性碳过滤，滤饼 0.46g，再加入 34.2g 甲缩醛，12.0g 多聚甲醛，以同样条件再次反应，经气相色谱分析，其质量组成分布如下：甲缩醛 $n=1$ 为 45.3%，$n=2$ 为 23.9%，$n=3$ 为 12.5%，$n=4$ 为 5.1%，$n=5$ 为 1.8%，$n\geqslant6$ 为 0.5%；其余组分为甲醛、甲醇和水。

实施例 4：在容积 100mL 内衬有聚四氟乙烯，配磁子搅拌的高压反应釜中，依次加入 0.1g 酸性碳，将反应釜中的空气用氮气置换后，充入 18.4g 二甲醚气体。将反应釜加热到 120℃，保持 2h，再将反应釜冷却至室温，反应产物经气相色谱分析，其组成分布如下：甲缩醛 $n=1$ 为 49.3%，$n=2$ 为 21.1%，$n=3$ 为 11.8%，$n=4$ 为 5.3%，$n=5$ 为 1.7%，$n\geqslant6$ 为 1.0%；其余组分为甲醛、甲醇和水。

实施例 5：在 100mL 内衬有聚四氟乙烯，配磁子搅拌的高压反应釜中，依次加入 12.8g 甲醇和 12.0g 多聚甲醛，再加入 0.1g 酸性碳，将反应釜中的空气用氮气置换后，将反应釜加热到 120℃，保持 2h，再将反应釜冷却至室温，反应产物经气相色谱分析，其组成分布如下：甲缩醛 $n=1$ 为 44.3%，$n=2$ 为 23.9%，$n=3$ 为 10.6%，$n=4$ 为 4.4%，$n=5$ 为 2.8%，$n\geqslant6$ 为 1.5%，其余组分为甲醛、甲醇和水。

该方法的优点主要表现在：该催化剂提供了一种新的思路，可以避免其他固体酸如分子筛和离子交换树脂等失活的问题，且该催化剂活性高，反应转化率高，催化剂易分离。

3.6.2 活性炭

高晓晨等[97] 在专利CN103880614A公开了一种聚甲氧基二甲醚的合成方法。该方法通过以甲醇、甲缩醛和多聚甲醛为原料，其中甲醇：甲缩醛：多聚甲醛的质量比为（0～10）：(0～10)：1，其中甲醇与甲缩醛的用量不能同时为0，在反应温度为70～200℃、反应压力为0.2～6MPa条件下，原料与催化剂接触，反应生成聚甲氧基二甲醚。

该活性炭催化剂体系（BET比表面积为1000～2500$m^2 \cdot g^{-1}$，孔容为0.3～0.6$mL \cdot g^{-1}$），催化剂用量为原料的0.05%～10%，在反应温度70～200℃、反应压力为0.2～6MPa条件下，$PODE_{2\sim10}$的选择性最高可达到77.0%且$n=2\sim10$收率好。

该方法有以下具体实施例。

实施例1：在300mL釜式反应器中加入2g催化剂活性炭（活性炭BET比表面积2000$m^2 \cdot g^{-1}$，孔容0.3$mL \cdot g^{-1}$），100g甲醇和100g多聚甲醛，在130℃和0.8MPa自生压力下反应4h，抽取试样离心分离后由气相色谱分析。产物中包含聚甲氧基二甲醚以及未反应的原料甲醇和多聚甲醛，其组成分布如表3-59所示。

实施例2：在300mL釜式反应器中加入2g催化剂活性炭（活性炭BET比表面积2000$m^2 \cdot g^{-1}$，孔容0.3$mL \cdot g^{-1}$），100g甲醇和100g多聚甲醛，在130℃和0.6MPa自生压力下反应4h，抽取试样离心分离后由气相色谱分析。产物中包含聚甲氧基二甲醚以及未反应的原料甲醇和多聚甲醛，其组成分布如表3-59所示。

实施例3：在300mL釜式反应器中加入2g催化剂活性炭（活性炭BET比表面积2500$m^2 \cdot g^{-1}$，孔容0.3$mL \cdot g^{-1}$），100g甲醇和100g多聚甲醛，在130℃和0.6MPa自生压力下反应4h，抽取试样离心分离后由气相色谱分析。产物中包含聚甲氧基二甲醚以及未反应的原料甲醇和多聚甲醛，其组成分布如表3-59所示。

实施例4：在300mL釜式反应器中加入2g催化剂活性炭（活性炭BET比表面积2500$m^2 \cdot g^{-1}$，孔容0.3$mL \cdot g^{-1}$），100g甲醇和100g多聚甲醛，在130℃和0.8MPa自生压力下反应4h，抽取试样离心分离后由气相色谱分析。产物中包含聚甲氧基二甲醚以及未反应的原料甲醇和多聚甲醛，其组成分布如表3-59所示。

实施例5：在300mL釜式反应器中加入2g催化剂活性炭（活性炭BET比表面积1000$m^2 \cdot g^{-1}$，孔容0.3$mL \cdot g^{-1}$），100g甲醇和50g多聚甲醛，在130℃和0.7MPa自生压力下反应4h，抽取试样离心分离后由气相色谱分析。产物中包含聚甲氧基二甲醚以及未反应的原料甲醇和多聚甲醛，其组成分布如表3-59所示。

实施例6：在300mL釜式反应器中加入2g催化剂活性炭（活性炭BET比表面积1000$m^2 \cdot g^{-1}$，孔容0.3$mL \cdot g^{-1}$），100g甲醇和100g多聚甲醛，在80℃下反应4h，抽取试样离心分离后由气相色谱分析。产物中包含聚甲氧基二甲醚以及未反应的原料甲醇和多聚甲醛，其组成分布如表 3-59 所示。

实施例 7：在 300mL 釜式反应器中加入 0.5g 催化剂活性炭（活性炭 BET 比表面积 $1000m^2 \cdot g^{-1}$，孔容 $0.3mL \cdot g^{-1}$），100g 甲醇和 100g 多聚甲醛，在 80℃和 2MPa 自升压力下反应 12h，抽取试样离心分离后由气相色谱分析。产物中包含聚甲氧基二甲醚以及未反应的原料甲醇和多聚甲醛，其组成分布如表 3-59 所示。

实施例 8：在 300mL 釜式反应器中加入 1g 催化剂活性炭（活性炭 BET 比表面积 $800m^2 \cdot g^{-1}$，孔容 $0.3mL \cdot g^{-1}$），100g 甲醇和 100g 多聚甲醛，在 130℃和 4MPa 氮气压力下反应 4h，抽取试样离心分离后由气相色谱分析。产物中包含聚甲氧基二甲醚以及未反应的原料甲醇和多聚甲醛，其组成分布如表 3-59 所示。

表 3-59　不同反应条件下的结果比较

名称	$PODE_n$ 产物分布/%								产物选择性/%
	多聚甲醛	甲醇	甲缩醛	$PODE_2$	$PODE_3$	$PODE_4$	$PODE_{5\sim10}$	$PODE_{>10}$	
实施例 1	1.3	8.7	21.7	21.3	18.0	14.1	10.5	余量	63.9
实施例 2	0.7	7.1	21.9	18.8	16.2	9.7	12.6	余量	57.3
实施例 3	8.2	0	9.5	27.5	21.4	15.4	9.8	余量	74.1
实施例 4	6.7	0.9	15.2	16.7	30.4	19.0	10.9	余量	77.0
实施例 5	0	40.2	30.8	19.7	7.3	0	0	余量	27.0
实施例 6	4.2	16.1	40.2	11.1	6.0	4.3	16.4	余量	37.8
实施例 7	13.3	21.8	23.5	11.6	8.8	6.6	4.9	余量	31.9
实施例 8	5.2	0	19.5	19.8	23.3	10.4	8.2	余量	61.7

注：n 为聚合度，产物为 $CH_3O(CH_2O)_nCH_3$。

该方法主要具有以下优点：①所用的催化剂为活性炭，能够实现甲醇、甲缩醛和多聚甲醛催化反应合成聚甲氧基二甲醚，取代传统原料中的三聚甲醛。由于该方法以多聚甲醛为原料，价廉使生产成本较低，所得产物分布较均匀；②活性炭有着极好的先天条件，丰富的表面微孔使其吸附势高，表面化学官能团使其在未负载金属阳离子活性中性的情况下仍有较好的催化活性，机械强度高，造价低于金属氧化物催化剂。

3.6.3 超微孔硅铝材料

2014 年，王一萌等[98] 在专利 CN104177237A 中公开了一种聚甲氧基二甲醚的合成方法，该方法使用高压釜式反应器，选用孔径为 1.3～2.0nm 的具有 $Pm3n$ 对称结构超微孔硅铝材料作为催化剂，以甲缩醛和三聚甲醛作为反应物，在惰性气体气氛下进行反应，控制反应温度在 60～150℃，反应时间为 0.5～12h，惰性气体压力在 0.6～2.0MPa，甲缩醛与三聚甲醛的质量比在（1.5∶1）～(4.5∶1)，催化剂用量占反应物质量分数的 3%～10%。在催化剂用量为 7.5%（质量分数）、$PODE_1$∶TOX=3∶1（摩尔比）、P=1.3MPa，T=105℃条件下反应 2h，三聚甲醛的转化率最高可达到 92.1%，反应液中 $PODE_{3\sim8}$ 的含量为 53.6%。

该方法有以下具体实施例。

实施例 1：制备具有 $Pm3n$ 对称结构、孔径约为 1.3nm 的超微孔硅铝催化剂：将 14.0g 表面活性剂癸基三甲基溴化铵溶于 900g 水中，加入 1.1g 浓硫酸酸化；将此溶液置于温度为 0℃的酒精浴中；加入 1.3g $Al_2(SO_4)_3 \cdot 18H_2O$ 至溶液中；加入 20.8g 正硅酸四乙酯（TEOS），水解 1h；倒入 30.6g 氨水溶液，反应 24h；沉淀经过过滤、洗涤、干燥、焙烧即得到产品，将此催化剂记为 C1，经 XRD 谱图显示呈 $Pm3n$ 对称结构，孔径大小经氮气 77K 物理吸附、BJH 方法算得约为 1.3nm。

将 0.525g C1 催化剂、2.0g 三聚甲醛、5.0g 甲缩醛加入高压反应釜中，用高纯氮充放气三次以后通入氮气加压至 1.3MPa，将此高压釜放入 105℃的油浴中反应 2h。反应结束后混合物离心分离，取上层清液用气相色谱进行分析，以转化掉的三聚甲醛计算反应转化率，产物分布用面积归一法计算。反应序号记为 S1。

实施例 2：将 0.525g 实施例 1 中 C1 催化剂、2.0g 三聚甲醛、5.0g 甲缩醛加入高压反应釜中，用高纯氮充放气三次以后通入氮气加压至 1.3MPa，将此高压釜放入 75℃的油浴中反应 12h。反应结束后混合物离心分离，取上层清液用气相色谱进行分析，以转化掉的三聚甲醛计算反应转化率，产物分布用面积归一法计算。反应序号记为 S2。

实施例 3：将 0.525g 实施例 1 中 C1 催化剂、2.0g 三聚甲醛、5.0g 甲缩醛加入高压反应釜中，用高纯氮充放气三次以后通入氮气加压至 1.3MPa，将此高压釜放入 90℃的油浴中反应 6h。反应结束后混合物离心分离，取上层清液用气相色谱进行分析，以转化掉的三聚甲醛计算反应转化率，产物分布用面积归一法计算。反应序号记为 S3。

实施例 4：将 0.525g 实施例 1 中 C1 催化剂、5.0g 甲缩醛加入高压反应釜中，用高纯氮充放气三次以后通入氮气加压至 1.3MPa，将此高压釜放入 120℃的油浴中反应 1h。反应结束后混合物离心分离，取上层清液用气相色谱进行分析，以转化掉的三聚甲醛计算反应转化率，产物分布用面积归一法计算。反应序号记为 S4。

实施例 5：将 0.35g 实施例 1 中 C1 催化剂、2.0g 三聚甲醛、5.0g 甲缩醛加入高压反应釜中，用高纯氮气充放气三次以后通入氮气加压至 0.7MPa，将此高压釜放入 105℃的油浴中反应 2h。反应结束后混合物离心分离，取上层清液用气相色谱进行分析，以转化掉的三聚甲醛计算反应转化率，产物分布用面积归一法计算。反应序号记为 S5。

实施例 6：将 0.525g 实施例 1 中 C1 催化剂、2.0g 三聚甲醛、5.0g 甲缩醛加入高压反应釜中，用高纯氮气充放气三次以后通入氮气加压至 1.0MPa，将此高压釜放入 105℃的油浴中反应 2h。反应结束后混合物离心分离，取上层清液用气相色谱进行分析，以转化掉的三聚甲醛计算反应转化率，产物分布用面积归一法计算。反应序号记为 S6。

实施例 7：将 0.525g 实施例 1 中 C1 催化剂、2.0g 三聚甲醛、5.0g 甲缩醛加入高压反应釜中，用高纯氮气充放气三次以后通入氮气加压至 0.7MPa，将此高压釜放入 105℃的油浴中反应 0.5h。反应结束后混合物离心分离，取上层清液用气相色谱进行分析，以转化掉的三聚甲醛计算反应转化率，产物分布用面积归一法计算。反应序号记为 S6。

实施例 8：将 0.6g 实施例 1 中 C1 催化剂、2.0g 三聚甲醛、5.0g 甲缩醛加入高压反应釜中，用高纯氩气充放气三次以后通入氮气加压至 1.3MPa，将此高压釜放入 105℃的油浴中反应 2h。反应结束后混合物离心分离，取上层清液用气相色谱进行分析，以转化掉的三聚甲醛计算反应转化率，产物分布用面积归一法计算。反应序号记为 S8。

实施例 9：将 0.525g 实施例 1 中 C1 催化剂、2.0g 三聚甲醛、6.0g 甲缩醛加入高压反应釜中，用高纯氮充放气三次以后通入氮气加压至 1.3MPa，将此高压釜放入 105℃的油浴中反应 2h。反应结束后混合物离心分离，取上层清液用气相色谱进行分析，以转化掉的三聚甲醛计算反应转化率，产物分布用面积归一法计算。反应序号记为 S9。

实施例 10：将 0.36g 实施例 1 中 C1 催化剂、2.0g 三聚甲醛、7.0g 甲缩醛加入高压反应釜中，用高纯氮充放气三次以后通入氮气加压至 1.3MPa，将此高压釜放入 105℃的油浴中反应 2h。反应结束后混合物离心分离，取上层清液用气相色谱进行分析，以转化掉的三聚甲醛计算反应转化率，产物分布用面积归一法计算。反应序号记为 S10。

实施例 11：弱碱性条件下制备具有 $Pm3n$ 对称结构、孔径约为 1.7nm 的超微孔硅铝催化剂：将 7.8g 表面活性剂十二烷基三甲基溴化铵溶于 900g 水中，加入 1.1g 浓硫酸酸化；将此溶液置于温度为 0℃的酒精浴中；加入 1.3g $Al_2(SO_4)_3 \cdot 18H_2O$ 至溶液中；加入 20.8g 正硅酸四乙酯（TEOS），水解 1h；倒入 30.6g 氨水溶液，反应 24h；沉淀经过过滤、洗涤、干燥、焙烧即得到产品，将此催化剂记为 C2，经 XRD 谱图显示呈 $Pm3n$ 对称结构，孔径大小经氮气 77K 物理吸附、BJH 方法算得约为 1.7nm。

将 0.525g C2 催化剂、2.0g 三聚甲醛、5.0g 甲缩醛加入高压反应釜中，用高纯氮充放气三次以后通入氮气加压至 1.3MPa，将此高压釜放入 105℃的油浴中反应 2h。反应结束后混合物离心分离，取上层清液用气相色谱进行分析，以转化掉的三聚甲醛计算反应转化率，产物分布用面积归一法计算。反应序号记为 S11。

实施例 12：酸性条件下制备具有 $Pm3n$ 对称结构、孔径约为 1.7nm 的超微孔硅铝催化剂：将 6.2g 表面活性剂十二烷基三乙基溴化铵溶于 180g 水中，加入 72g 浓度为 36.5%的浓盐酸；将此溶液置于温度为 0℃的酒精浴中；加入 20.8g 正硅酸四乙酯（TEOS）和 20.4g 异丙醇铝，反应 12h；沉淀经过过滤、洗涤、干燥、焙烧即得到产品，将此催化剂记为 C3，经 XRD 谱图显示呈 $Pm3n$ 对称结构，孔径大小经氮气 77K 物理吸附、BJH 方法算得约为 1.7nm。

将 0.525g C3 催化剂、2.0g 三聚甲醛、5.0g 甲缩醛加入高压反应釜中，用高纯氮充放气三次以后通入氮气加压至 1.3MPa，将此高压釜放入 105℃的油浴中反应 2h。反应结束后混合物离心分离，取上层清液用气相色谱进行分析，以转化掉的三聚甲醛计算反应转化率，产物分布用面积归一法计算。反应序号记为 S12。

实施例 13："后补铝"法制备具有 $Pm3n$ 对称结构、孔径约为 1.7nm 的超微孔硅铝催化剂：将 1.2g 表面活性剂十二烷基三乙基溴化铵溶于 36g 水中，加入 14.4g 浓度为 36.5%的浓盐酸；将此溶液置于温度为 0℃的酒精浴中；加入 4.2g 正硅酸四乙酯（TEOS）反应 12h；沉淀经过过滤、洗涤、干燥、焙烧即得到产品，将此催化剂记为 C4，经 XRD 谱图显示呈 $Pm3n$ 对称结构，孔径大小经氮气 77K 物理吸附、BJH 方法算得约为 1.7nm。

将 0.525g C4 催化剂、2.0g 三聚甲醛、5.0g 甲缩醛加入高压反应釜中，用高纯氮充放气三次以后通入氮气加压至 1.3MPa，将此高压釜放入 105℃的油浴中反应 2h。反应结束后混合物离心分离，取上层清液用气相色谱进行分析，以转化掉的三聚甲醛计算反应转化率，产物分布用面积归一法计算。反应序号记为 S13。表 3-60 为各实施例中得到的三聚甲醛转化率和产物中各组分分布。

表 3-60　各实施例中得到的三聚甲醛转化率和产物中各组分分布

实施例	三聚甲醛转化率/%	$PODE_n$ 产物分布/%			
		$n=2$	$n=3\sim5$	$n=5\sim8$	$n\geqslant8$
S1	92.1	45.1	44.8	8.8	1.4
S2	77.4	48.7	42.1	7.9	1.3
S3	82.9	47.2	42.0	8.8	2.0
S4	89.3	52.4	41.0	5.4	1.1
S5	86.9	47.5	42.6	8.2	1.7
S6	89.9	45.6	44.4	8.5	1.4
S7	86.9	48.5	41.8	8.2	1.5
S8	83.9	41.5	43.7	11.6	3.3
S9	88.2	53.3	40.3	5.7	0.7
S10	88.2	58.7	37.4	3.7	0.2
S11	92.3	44.3	44.2	9.6	1.9
S12	91.5	44.7	44.4	9.1	1.8
S13	90.9	44.8	44.6	8.9	1.7

对比例 1：将 0.525g 温州华华催化剂厂购得的 USY-1 分子筛、2.0g 三聚甲醛、5.0g 甲缩醛加入高压反应釜中，用高纯氮充放气三次以后通入氮气加压至 1.3MPa，将此高压釜放入 105℃的油浴中反应 2h。反应结束后混合物离心分离，取上层清液用气相色谱进行分析，以转化掉的三聚甲醛计算反应转化率，产物分布用面积归一法计算。反应序号记为 Y1。

对比例 2：制备具有 $Pm3n$ 对称结构、孔径约为 3.0nm 的介孔硅铝催化剂：将 1.6g 表面活性剂十六烷基三乙基溴化铵溶于 36g 水中，加入 14.4g 浓度为 36.5%的浓盐酸；将此溶液置于温度为 0℃的酒精浴中；加入 4.2g 正硅酸四乙酯（TEOS），反应 12h；沉淀经过过滤、洗涤、干燥，与 0.3g $Al(NO_3)_3 \cdot 9H_2O$ 充分研磨约 15min 后焙烧即得到产品，将此催化剂记为 C5，经 XRD 谱图显示呈 $Pm3n$ 对称结构，孔径大小经氮气 77K 物理吸附、BJH 方法算得约为 3.0nm。

将 0.525g C5 催化剂、2.0g 三聚甲醛、5.0g 甲缩醛加入高压反应釜中，用高纯氮充放气三次以后通入氮气加压至 1.3MPa，将此高压釜放入 105℃的油浴中反应 2h。反应结束后混合物离心分离，取上层清液用气相色谱进行分析，以转化掉的三聚甲醛计算反应转化率，产物分布用面积归一法计算。反应序号记为 M1。表 3-61 为实施例与对比例中三聚甲醛转化率和产物中各组分分布。

表 3-61　实施例与对比例中三聚甲醛转化率和产物中各组分分布

实施例/对比例	三聚甲醛转化率/%	$PODE_n$ 产物分布/%			
		$n=2$	$n=3\sim5$	$n=5\sim8$	$n\geqslant8$
S1	92.1	45.1	44.8	8.8	1.4
Y1	92.0	49.9	42.2	6.8	1.1
M1	90.6	47.7	42.3	8.2	1.7

随后，Fu 等[99] 系统研究了对称超微孔硅铝催化剂结构与产物分布的关系，结果发现，改变催化剂孔径的大小使得 $PODE_1$ 分子流动受到限制，从而改变了 $PODE_n$ 合成的产物分布情况。当以具有 $Pm3n$ 对称结构 C_{10}-AS-50 为催化剂时，其孔径等于 $PODE_8$ 分子直径，使得 $PODE_8$ 分子扩散受到局部限制，$PODE_{3\sim8}$ 表现出较高的选择性，三聚甲醛转化率达到 92.1%，$PODE_{3\sim8}$ 的含量达到 53.5%。

该方法主要具有以下优点：①该方法中无副产物水产生，最后得到的体系是聚合物系列；②三聚甲醛的转化率和目标产物的收率较高；③反应条件温和、反应过程简便、操作简单，可适用于聚甲醛二甲醚的工业化生产中。

3.6.4　其他催化剂体系

2015 年，Fang 等[100] 报道了聚乙烯吡咯烷酮/硅钨酸（PVP-HSiW）和聚乙烯吡咯烷酮/磷钨酸（PVP-HPW）催化剂体系催化甲醇和三聚甲醛的缩醛化反应。当以 PVP-HSiW（配比为 1/4∶3/4）为催化剂时，$PODE_{2\sim5}$ 的选择性为 52.5%，转化率为 95.7%；当以 PVP-HPW（配比为 1/4∶1）为催化剂时，$PODE_{2\sim5}$ 的选择性达到了 54.9%，转化率为 95.4%。

王建国等[101] 报道了以甲醇和三聚甲醛为反应物、氧化石墨烯为催化剂在催化合成聚甲氧基二甲醚。石墨烯比表面积＞$65m^2\cdot g^{-1}$，C/O 摩尔比为 0.8～1.5，单层厚度为 0.6～0.8nm，横向尺寸为 10～200μm。氧化石墨烯制备过程，首先使用强质子酸即浓硫酸和浓硝酸处理鳞片石墨，得到石墨层间化合物，接着加入强氧化剂高锰酸钾对其进行氧化，得到富含羟基和羧基的氧化石墨，得到氧化石墨后，再超声剥离氧化石墨，冷冻干燥得到氧化石墨烯，该催化剂在反应前需放在真空干燥箱中保存。

以一个实施例来说明该催化剂制备的具体过程：将 10g 鳞片石墨、5.6g 硝酸钠和 120mL 质量分数为 98%的浓硫酸混合，置于冰浴中搅拌均匀 0.5h。30g 高锰酸钾缓慢加入溶液中，加热到 20℃保持 0.5h，搅拌均匀。将 200mL 去离子水缓慢加入配好的溶液中，完毕后将溶液加热到50℃，保持30min。将溶液稀释，加入5mL质量分数为30%的H_2O_2，然后离心洗掉多余的金属离子，真空干燥得到氧化石墨粉末。将氧化石墨粉末置于去离子水中超声处理1h，冷冻干燥得到氧化石墨烯。得到的产品比表面积为$67m^2 \cdot g^{-1}$，C/O摩尔比为0.85，单层厚度为0.65nm，横向尺寸250nm。

在催化剂用量为1.0%～5.0%（质量分数），CH_3OH：TOX=（0.1：1）～（10：1）(摩尔比)，温度为75～150℃，常压条件下反应1～15h，三聚甲醛的转化率最高达到了77.9%，$PODE_{2\sim8}$的选择性为68.9%。该发明的主要优点为：①将氧化石墨烯作为催化剂首次应用于甲醇与三聚甲醛制备聚甲氧基二甲醚；②反应温度温和，反应易操作；③反应产物易与氧化石墨催化剂分离；④该催化剂具有较高的活性、选择性，使用寿命长，能够实现75～150℃条件下得到68%～85%的三聚甲醛转化率和88%～96%的甲醇转化率及40%～69%的$PODE_{2\sim8}$收率。类似地，Wang等[102]考察了氧化石墨烯处理过程对其催化活性的影响，结果发现，在氧化石墨烯催化剂混合制备过程中，反应时间为10h时，其催化效果最好，甲醇和三聚甲醛的转化率分别达到90.3%和92.8%，$PODE_{2\sim8}$的选择性为30.9%。

蔡依进等[103]介绍了一种使用酸性离子交换纤维催化制备聚甲氧基二甲醚的方法，具体步骤为：①前处理步骤：将酸性离子交换纤维置于酸溶液中浸泡，然后用去离子水洗至中性，干燥、自然冷却至室温，得待用离子交换纤维；②反应步骤：将待用的离子交换纤维、三聚甲醛和甲缩醛置于反应容器中，在保护气体氛围下控制反应温度和反应压力进行反应；③后处理步骤：反应完毕后，对反应体系进行固液分离，得到预回收离子交换纤维，在对其进行洗涤、浸泡、烘干后待用。

该发明中通过化学接枝法制备，具体为：①接枝反应：聚丙烯纤维为聚丙烯结构的长链高分子有机化合物，其结构链节单元为饱和碳氢，不具备任何的活性基团，所以先通过引发剂在其饱和链段上产生活性自由基或离子，再与所需的单体进行接枝反应，在一定条件下聚丙烯纤维通过氧化苯甲酰引发产生自由基，从而引发苯乙烯单体聚合在聚丙烯大分子链周围形成侧链。反应前先将聚丙烯纤维在二氯乙烷中溶胀一定的时间，再放入苯乙烯接枝溶液中浸渍一定时间，然后在一定的温度下以正辛醇和甲醇作为苯乙烯的溶剂，加入适量的引发剂和交联剂接枝，就可以得到具有一定接枝率的接枝纤维；②磺化反应：用浓硫酸作为磺化剂、1,2-二氯乙烷为溶胀剂对接枝后的纤维进行磺化得到强酸性阳离子交换纤维。

该发明中的具体实施例如下。

实施例1：取适量聚丙烯基强酸性阳离子交换纤维置于稀硫酸溶液中浸泡，然后用去离子水洗至中性，置于真空干燥器中60℃条件下真空干燥，然后取出自然冷却至室温，得待用离子交换纤维。将离子交换纤维、三聚甲醛和甲缩醛置于反应釜中，在氮气氛围下控制反应温度140℃和氮气的压力1.5MPa进行反应，反应3h后，对反应体系进行固液分离，得预回收离子交换纤维，再对其进行洗涤、用稀硫酸溶液浸泡、烘干后待用，测定液态物中聚甲氧基二甲醚的量，计算其选择性和转化率。

实施例2：用乙醇浸泡洗涤聚乙烯基弱酸阳离子交换纤维，然后用去离子水洗至无醇味，将聚乙烯基弱酸阳离子交换纤维置于稀盐酸溶液中浸泡，然后用去离子水洗至中性。80℃条件下真空干燥，然后取出自然冷却至室温，得待用离子交换纤维。将离子交换纤维、三聚甲醛和甲缩醛置于反应釜中，在氮气氛围下控制反应温度50℃和氮气的压力2MPa进行反应，必要时可进行适当搅拌，反应完毕后，对反应体系进行固液分离，得预回收离子交换纤维，再对其进行洗涤、用稀盐酸溶液浸泡、烘干后待用。

实施例3：用甲醇浸泡洗涤聚氯乙烯基酸性阳离子交换纤维，然后用去离子水洗至无醇味，将聚乙烯基弱酸阳离子交换纤维置于稀盐酸溶液中浸泡，然后用去离子水洗至中性。70℃条件下真空干燥，然后取出自然冷却至室温，得待用离子交换纤维，将其剪成30cm的短纤维，再与三聚甲醛和甲缩醛置于反应釜中，在氮气氛围下控制反应温度100℃和氮气的压力0.5MPa进行反应，必要时可进行适当搅拌，反应完毕后，对反应体系进行固液分离，得预回收离子交换纤维，再对其进行洗涤、用稀盐酸溶液浸泡、烘干后待用。

实施例4：用丙酮浸泡洗涤聚氯乙烯基酸性阳离子交换纤维，然后用去离子水洗至无醇味，将聚乙烯基弱酸阳离子交换纤维置于稀盐酸溶液中浸泡，然后用去离子水洗至中性。65℃条件下真空干燥，然后取出自然冷却至室温，得待用离子交换纤维，再与三聚甲醛和甲缩醛置于反应釜中，在氮气氛围下控制反应温度110℃和氮气的压力1.0MPa进行反应，必要时可进行适当搅拌，反应完毕后，对反应体系进行固液分离，得预回收离子交换纤维，再对其进行洗涤、用稀盐酸溶液浸泡、烘干后待用。

四个实施例反应时间均为3h，其选择性和转化率见表3-62。

表3-62 反应转化率及选择性

实施例	转化率/%	选择性/%
1	92.1	70.5
2	88.3	65.3
3	89.4	67.6
4	90.7	69.8

该发明的主要优点为：①离子交换纤维作为催化剂，反应效率高、条件温和；②离子交换纤维是固体，相对于液体催化剂其反应后的后处理简单，不污染环境、能耗低；③离子交换纤维易获得，成本低，经济效益好；④催化剂能重复使用，进一步降低成本。

参 考 文 献

[1] 吴越. 取代硫酸、氢氟酸等液体酸催化剂的途径 [J]. 化学进展，1998，(02)：49-62.

[2] 张晓宇. 聚甲氧基二甲醚的合成与精制研究 [D]. 天津：天津大学，2017.

[3] 艾雷锋. 液体酸和固体酸催化环酮类化合物 Baeyer-Villiger 氧化反应的研究 [D]. 杭州：浙江大学，2006.

[4] 王云芳，步长娟，邢金仙，等. 合成聚甲氧基二甲醚催化剂研究进展 [J]. 现代化工，2015，35 (04)：38-41，43.

[5] 刘奕. 柴油添加剂聚甲醛二甲醚的合成研究 [D]. 上海：华东理工大学，2014.

[6] Willian F. Richard E. Preparation of polyformals [P]. US2449469，1948.

[7] Stroefer E，Schelling H，Hasse H，et al. Method for the production of polyoxymethylene dialkyl ethers from trioxan and dialkylethers [P]. EP1902009，2008.

[8] Moulton D S，Naegeli D W. Diesel fuel having improved qualities and method of forming [P]. US5746785，1998.

[9] Patrini R，Marchionna M. Liquid mixture consisting of diesel gas oils and oxygenated compounds [P]. EP1070755，2001.

[10] Basf S E. Method for producing ethers polyoxymethylene dimethylm [P]. EP1809590，2007.

[11] 许云风. 柴油添加剂聚甲醛二甲醚的酸催化合成研究 [D]. 上海：上海师范大学，2013.

[12] 郑妍妍，唐强，王铁峰，等. 聚甲氧基二甲醚的研究进展及前景 [J]. 化工进展，2016，35 (08)：2412-2419.

[13] 郭田甜，王志亮，张效龙，等. 离子液体催化剂及其催化作用 [J]. 山东化工，2010，39 (06)：28-31.

[14] Davis J H. Task-specific ionic liquids [J]. Chem Lett，2004，33 (9)：1072-1077.

[15] Freemantle M. Designer solvents-ionic liquids may boost clean technology development [J]. Chem Eng News，1998，76 (13)：32-37.

[16] 寇元，杨雅立. 功能化的酸性离子液体 [J]. 石油化工，2004，33 (4)：297-302.

[17] 张磊. 离子液体在有机合成中的应用 [D]. 兰州：兰州理工大学，2008.

[18] 程丹丹. Brönsted 酸性离子液体催化酯化反应的研究 [D]. 郑州：郑州大学，2009.

[19] Li D，Shi F，Peng J，et al. Application of functional ionic liquids possessing two adjacent acid sites for aldehydes [J]. Org Chem，2004，69：3582-3585.

[20] Cole A C，Jensen J L，Ntai l，et al. Novel Brönsted acidic ionic liquid and their use as dual solvent-catalysts [J]. Am Chem Soe，2002，124 (21) 5962-5963.

[21] Handy S L，Okello M. Homogeneous supported synthesis using ionic liquid supports：tunable separation properties [J]. Org Chem，2205，36 (33)：2874-2877.

[22] Mi X，Luo S，Cheng J. Ionic liquid-immobilized quinuclidine-eatalyzed Morita-Baylis • Hillman Reactions [J]. Org Chem，2005，70：2338-2341.

[23] Hsiu S I，Huang J F，Sun I M，et al. Lewis acidity dependency oftheelectrochemical window ofzincchloride • 1-ethyl-3-melhylimidazolium chloride ionic liquids [J]. Electrochimica Acre，2002，47：4367-4372.

[24] 朴玲钰，付晓，杨雅立，等. 离子液体的酸性测定及其催化的二苯醚/十二烯烷基化反应 [J]. 催化学报，2004，25 (1)：44-48.

[25] 杨雅立，王晓化，寇元，等. 离子液体的酸性测定及其催化的异丁烷/丁烯烷基化反应 [J]. 催化学报，2004，25 (1)：60-64.

[26] 黄宝华，黎子进，汪艳飞，等. Brönsted 酸性离子液体催化酯化反应研究 [J]. 化学学报，2008，66 (15)：1837-1844.

[27] 陈静，唐中华，夏春谷，等. 聚甲氧基甲缩醛的制备方法 [P]. CN101182367，2008.

[28] 陈静，唐中华，夏春谷，等. 哑铃型离子液体催化合成聚甲氧基二甲醚的方法 [P].

CN101962318A，2011.
[29] 陈静，宋远河，夏春谷，等. 离子液体催化合成聚甲氧基二甲醚的工艺过程 [P]. CN101182367，2011.
[30] 赵强，李为民，陈清林，等. Brönsted 酸性离子液体催化合成聚甲醛二甲醚的研究 [J]. 燃料化学学报，2013，41 (4)：463-468.
[31] 李为民，赵强，左同梅，等. 酸功能化离子液体催化合成聚缩醛二甲醚 [J]. 燃料化学学报，2014，42 (4)：501-506.
[32] 常州大学. 一种以环酰胺类离子液体催化制备聚甲醛二甲醚的方法 [P]. CN102786396A，2012.
[33] 邓小丹，曹祖宾，韩冬云，等. 复合催化剂合成聚甲氧基二甲醚的工艺研究 [J]. 化学试剂，2014，36 (7)：651-658.
[34] 赵变红，刘康军，张朝峰，等. 聚甲醛二甲醚合成反应中离子液体催化性能的比较 [J]. 化工学报，2013，64 (S1)：98-103.
[35] 王婷，蔡文静，刘熠斌，等. 固体酸催化制备生物柴油研究进展 [J]. 化工进展，2016，35 (09)：2783-2789.
[36] 周海峰. 固体酸催化酯化反应的研究进展 [J]. 精细与专用化学品，2004，12 (23)：1-6.
[37] 周晶，聂小安，戴伟娣，等. 负载型固体酸催化制备生物柴油研究进展 [J]. 生物质化学工程，2008，42 (1)：41-46.
[38] 赵峰，李华举，宋焕玲，等. 三聚甲醛与甲醇在 SO_4^{2-}/Fe_2O_3 固体超强酸上的开环缩合反应研究 [J]. 天然气化工 (C_1 化学与化工)，2013，38 (1)：1-6.
[39] 李丰，冯伟樑，高焕新，等. 聚甲醛二甲醚的合成方法 [P]. CN102040490A，2010.
[40] 李丰，蒋元力，李伍成，等. 以甲醇与甲醛为原料合成聚甲醛甲醚的方法 [P]. CN102320941A，2011.
[41] 赵启，王辉，秦张峰，等. 分子筛催化剂上甲醇与三聚甲醛缩合制聚甲醛二甲醚 [J]. 燃料化学学报，2011，39 (12)：918-923.
[42] 高晓晨. 分子筛催化剂对聚缩醛二甲醚合成的影响 [J]. 天津化工，2012，26 (4)：17-19.
[43] 张向京，武朋涛，张云，等. HMCM-22 分子筛负载磷钨酸催化合成聚甲醛二甲醚 [J]. 化学反应工程与工艺，2014，30 (2)：140-144.
[44] 冯伟樑，李丰，高焕新，等. 聚甲醛二甲醚的制备方法：101768058A [P]. 2010.
[45] 李丰，冯伟樑，高焕新，等. 分子筛催化合成聚甲醛二甲醚的方法：102040491A [P]. 2011.
[46] 李丰，刘志成，高焕新，等. 催化合成聚甲醛二甲醚的方法：102295539A [P]. 2011.
[47] 曹健，朱华青，王辉，等. 分子筛催化剂催化合成聚甲氧基二甲醚 [J]. 燃料化学学报，2014，42 (8)：986-993.
[48] Wu J B，Zhu H Q，Wu Z W，et al. High Si/Al ratio HZSM-5 zeolite：an efficient catalyst for the synthesis of polyoxymethylene dimethyl ethers from dimethoxymethane and trioxymethylene [J]. Green Chem，2015，17：2353-2357.
[49] 高晓晨，杨为民，刘志成，等. HZSM-5 分子筛用于合成聚甲醛二甲基醚 [J]. 催化学报，2012，33 (8)：1389-1394.
[50] 何欣，袁志庆，腾加伟，等. 聚甲氧基甲缩醛的制备方法：103539645A [P]. 2014-01-29.
[51] 刘志成，许云风，高晓晨，等. 聚甲醛二甲醚催化剂及其应用：104549443A [P]. 2015.
[52] 中国科学院山西煤炭化学研究所. 聚甲氧基二甲醚的制备方法：CN104086380A [P]. 2014.
[53] 中国科学院山西煤炭化学研究所. 高硅铝比分子筛催化制备聚甲醛二甲醚的方法：CN104292084 A [P]. 2015-01-21.
[54] 高秀娟，王文峰，张振洲，等. 二甲醚氧化制聚甲氧基二甲醚的研究进展 [J]. 石油化工，2017，46 (2)：143-150.
[55] Liu H C，Iglesia E. Selective one-step synthesis of dimethoxymethane via methanol or dimethyl ether oxidation on $H_{3+n}V_nMo_{12-n}PO_{40}$ keggin structures [J]. Journal of Physical Chemistry B，2003，107 (39)：10840-10847.

[56] Zhang Q D, Tan Y S, Yang C H, et al. Catalytic oxidation of dimethyl ether to dimethoxymethane over $MnCl_2H_4SiW_{12}O_{40}/SiO_2$ catalyst [J]. Chin J Catal, 2006, 27 (10): 916-920.
[57] Zhang Q D, Tan Y S, Yang C H, et al. Effect of different Mn salt precursors on Mn-$H_4SiW_{12}O_{40}/SiO_2$ used for dimethoxymethane synthesis from dimethyl ether oxidation [J]. J Fuel Chem Technol, 2007, 35 (2): 207-210.
[58] Liu H C, Iglesia E. Effects of support on bifunctional methanol oxidation pathways catalyzed by polyoxometallate Keggin clusters [J]. J Catal, 2004, 223 (1): 161-169.
[59] Zhang Q D, Tan Y S, Yang C H, et al. Research on catalytic oxidation of dimethyl ether to dimethoxymethane over $MnCl_2$ modifi ed heteropolyacid catalysts [J]. Catal Commun, 2008, 9 (9): 1916-1919.
[60] Zhang Q D, Tan Y S, Yang C H, et al. Effect of different Mn salt precursors on Mn-$H_4SiW_{12}O_{40}/SiO_2$ used for dimethoxymethane synthesis from dimethyl ether oxidation [J]. Journal of Fuel Chemistry & Technology, 2007, 35 (2): 206-210.
[61] Zhang Q D, Tan Y S, Yang C H, et al. Catalytic oxidation of dimethyl ether to dimethoxymethane over Cs modified $H_3PW_{12}O_{40}/SiO_2$ Catalysts [J]. Journal of Natural Gas Chemistry, 2007, 16 (3): 322-325.
[62] Zhang Q D, Tan Y S, Liu G B, et al. Promotional effects of Sm_2O_3 on Mn-$H_4SiW_{12}O_{40}/SiO_2$ catalyst for dimethyl ether direct-oxidation to dimethoxymethane [J]. Journal of Industrial and Engineering Chemistry, 2014, 20 (4): 1869-1874.
[63] 万书含. 介孔分子筛 SBA-15 负载 SiW_{12} 催化剂催化氧化二甲醚制取甲缩醛 [D]. 哈尔滨：哈尔滨师范大学，2017.
[64] 徐瑶，商永臣，牛梦婷，等. 二甲醚催化氧化制取甲缩醛 [J]. 化学工程师，2016，30 (2)：68-70.
[65] 李亚男，何文军，俞峰萍，等. 离子交换树脂在有机催化反应中的应用进展 [J]. 应用化学，2015，32 (12)：1343-1357.
[66] 陈桂，向柏霖，袁叶，等. 阳离子交换树脂改性研究进展 [J]. 化工进展，2016，35 (5)：1471-1476.
[67] 肖茜. 离子交换树脂的再生与不可恢复性探讨 [J]. 科学技术创新，2010，(3)：25.
[68] 刘长舒. 聚甲氧基二甲醚制备技术及反应过程研究 [D]. 北京：中国石油大学，2014.
[69] 芮雪. 聚缩醛二甲醚的合成工艺研究 [D]. 上海：华东理工大学，2012.
[70] 陈婷，王亮，陈群，等. 大孔强酸性阳离子交换树脂催化甲缩醛和三聚甲醛合成聚甲醛二甲醚的研究 [J]. 离子交换与吸附，2012，28 (5)：456-462.
[71] 中国石油化工股份有限公司. 由甲缩醛和多聚甲醛合成聚甲醛二甲醚的方法 [P]. CN1034220817A，2013-12-04.
[72] Burger J, Sigert M, Strofer Eet al. Poly (oxymethylene) dimethyl ethers as conponents of tailred diesel fuel: Properties, synthesis and purification concepts [J]. Fuel, 2010, 89 (11): 3315-3319.
[73] 刘小兵，庄志海，张建强，等. $SnCl_4$ 改性树脂催化合成聚甲氧基二甲醚 [J]. 天然气化工 (C1 化学与化工)，2015，40 (5)：14-18.
[74] 施敏浩，刘殿华，赵光，等. 甲醇和甲醛催化合成聚甲氧基二甲醚 [J]. 化工学报，2013，64 (3)：931-935.
[75] 刘显科，夏成良，张建强，等. 甲缩醛和甲醛催化合成柴油添加剂聚甲氧基二甲醚 [J]. 石油化工，2015，44 (7)：888-892.
[76] 方向晨. 加氢精制 [M]. 北京：中国石化出版社，2006.
[77] 李大东. 加氢处理工艺与工程 [M]. 北京：中国石化出版社，2004.
[78] 白崎高保，等. 催化剂制造 [M]. 北京：石油工业出版社，1981.
[79] 雷振，胡冬妮潘，海涛，等. 煤焦油加氢催化剂的研究进展 [J]. 现代化工，2014，38 (1)：31-35.
[80] 杨占林，彭绍忠，刘雪，等. P 改性对 Mo-Ni/γ-Al_2O_3 催化剂结构和性质的影响 [J]. 石油化工，2007，36 (8)：784-788.

［81］ 刘静，赵愉生，刘益，等．催化剂载体的表面改性与加氢脱硫性能评价［J］．石油学报：2010，26（4）：518-524.
［82］ 李丰，冯伟樑，高焕新，等．聚甲醛二甲醚的合成方法：101768057［P］．2010-07-07.
［83］ 洪正鹏，商红岩．一种合成聚甲醛二甲基醚的方法：CN101898943 A［P］．2010-12-01.
［84］ Zhang J Q，Fang D Y，Liu D H. Evaluation of Zr-alumina in production of polyoxymethylene dimethyl ethers from methanol and formaldehyde：performance tests and kinetic investigations［J］. Ind Eng Chem Res，2014，53：13589-13597.
［85］ 赵峰，李华举，宋焕玲，等．三聚甲醛与甲醇在 SO_4^{2-}/Fe_2O_3 固体超强酸上的开环缩合反应研究［J］．天然气化工，2013，38（1）：1-6.
［86］ Li H J，Song H L，Chen L W，et al. Designed SO_4^{2-}/Fe_2O SiO_2 solid acids for polyoxymethylene dimethyl ethers synthesis：the acid sites control and reaction pathways［J］. Appl Catal B：Environ，2015，165：466-476.
［87］ Li H J，Song H L，Zhao F，et al. Chemical equilibrium controlled synthesis of polyoxymethylene dimethyl ethers over sulfated titania［J］. J. Energy Chem，2015，24（2）：239-244.
［88］ 晁伟辉．聚甲氧基二甲醚的合成研究［D］．西安：西北大学，2016.
［89］ 刘殿华，房鼎业，罗万明，等．一种由甲醇和甲醛制备聚甲氧基二甲醚的方法：CN103508860 A［P］．2012-06-15.
［90］ Zhang Q D，Tan Y S，Liu G B，et al. Rhenium oxide-modified $H_3PW_{12}O_{40}/SiO_2$ catalysts for selective oxidation of dimethyl ether to dimethoxy dimethyl ether. Green Chemistry，2014，16（11）：4708-4715.
［91］ Zhang Q D，Tan Y S，Yang C H，et al. $MnCl_2$ modified $H_4SiW_{12}O_{40}/SiO_2$ catalysts for catalytic oxidation of dimethy ether to dimethoxymethane［J］. Journal of Molecular Catalysis A Chemical，2007，263（1）：149-155.
［92］ Liu H C，Iglesia E. Selective one-step synthesis of dimethoxymethane via methanol or dimethyl ether oxidation on $H_{3+n}V_nMo_{12-n}PO_{40}$ keggin structures［J］. Journal of Physical Chemistry B，2003，107（39）：10840-10847.
［93］ 李晓云，于海斌，孙彦民，等．一种以负载氧化铌催化剂制备聚甲醛二甲醚的方法：CN101972644A［P］．2010-11-09.
［94］ Zhang，Q D，Wang W F，Zhang Z Z，et al. Low-temperature oxidation of dimethyl ether to polyoxymethylene dimethyl ethers over CNT-supported rhenium catalyst. Catalysts，2016，6（3）：43.
［95］ Gao X，Wang W，Gu Y，et al. Synthesis of polyoxymethylene dimethyl ethers from dimethyl ether direct oxidation over carbon-based catalysts［J］. Chemcatchem，2018，10（1）：273-279.
［96］ 沈俭一，赵宇培，徐铮，等．一种合成聚甲醛二甲基醚的方法：CN102775284A［P］．2012-11-14.
［97］ 高晓晨，杨为民，刘志成，等．聚甲醛二甲醚的合成方法：CN103880614 A［P］．2014-06-25.
［98］ 王一萌，付文华，梁筱敏，等．一种聚甲醛二甲醚的合成方法：CN104177237 A［P］．2014-12-03.
［99］ Fu W H，Liang X M，Zhang H D，et al. Shape selectivity extending to ordered supermicroporous aluminosilicates［J］. Chem Commun.，2015，51（8）：1449-1452.
［100］ Fang X L，Chen J，Ye L M，et al. Efficient synthesis of poly（oxymethylene）dimethyl ethers over PVP-stabilized heteropolyacids through self-assembly［J］. Sci China Chem，2015，58（1）：131-138.
［101］ 王建国，王瑞义，吴志伟，等．聚甲氧基二甲醚的制备方法：CN104086380A［P］．2014-10-08.
［102］ Wang R Y，Wu Z W，Qin Z F，et al. Graphene oxide：an effective acid catalyst for the synthesis of polyoxymethylene dimethyl ethersfrom methanol and trioxymethylene［J］. Catal Sci Technol，2016，6：993-997.
［103］ 蔡依进，卢方亮，蔡依超，等．酸性离子交换纤维催化制备聚甲氧基二甲醚的方法：CN104610027 A［P］．2015-05-13.

第4章

合成反应热力学和动力学

4.1 合成反应热力学

聚甲氧基二甲醚（$PODE_n$）是以亚甲氧基为主链的一类物质的统称，其简式可表示为 CH_3O-（CH_2O）$_n$-CH_3，在结构上属于缩醛聚合物。对于其合成过程来说，将反应如何控制在合适的聚合度成为一个难点，而研究其反应热力学可以为合成反应提供一定的理论依据[1]。

4.1.1 $PODE_n$ 热力学参数计算

雷艳华等[2]对不同起始原料合成 $PODE_n$ 的反应进行了较为广泛的热力学分析，获得了该系列化合物的最优构型及热力学函数值。研究认为：$PODE_n$ 的中间段为低聚甲醛，两头由甲基封端，故一般由提供低聚甲醛的化合物（甲醛、三聚甲醛和多聚甲醛）和提供封端甲基的化合物（甲醇、二甲醚和甲缩醛）来合成 $PODE_n$，故提出可能的合成反应如下：

$$2CH_3OH + nHCHO = CH_3O(CH_2O)_nCH_3 + H_2O$$

$$CH_3OCH_3 + nHCHO = CH_3O(CH_2O)_nCH_3$$

$$CH_3OCH_2OCH_3 + nHCHO = CH_3O(CH_2O)_{n+1}CH_3$$

$$2CH_3OH + (CH_2O)_3\text{(三聚甲醛)} = CH_3O(CH_2O)_3CH_3 + H_2O$$

$$CH_3OCH_3 + (CH_2O)_3\text{(三聚甲醛)} = CH_3O(CH_2O)_3CH_3$$

$$CH_3OCH_2OCH_3 + (CH_2O)_3\text{(三聚甲醛)} = CH_3O(CH_2O)_4CH_3$$

$$2CH_3OH + HO(CH_2O)_nH\text{(多聚甲醛)} = CH_3O(CH_2O)_nCH_3 + 2H_2O$$

$$CH_3OCH_3 + HO(CH_2O)_nH\text{(多聚甲醛)} = CH_3O(CH_2O)_nCH_3 + H_2O$$

$$CH_3OCH_2OCH_3 + HO(CH_2O)_nH\text{(多聚甲醛)} = CH_3O(CH_2O)_{n+1}CH_3 + H_2O$$

对于不同 n 值的 $PODE_n$ 热力学函数的计算很少有文献报道。雷艳华等人为了得到标准状况下不同聚合度 $PODE_n$ 的热力学参数，采用了密度泛函理论（DFT）方法，使用 Gaussian 03 程序在 B3LYP/ 6-31+G（d，p）水平下，求得了标准摩尔熵和标准摩尔比定压热容，并通过设计等键反应得到它们的标准生成热。

利用等键反应求物质的生成热已有很多报道[3,4]，一般精度在 $\pm 8kJ \cdot mol^{-1}$ 范围内。为验证该方法在合成 $PODE_n$ 反应中的可行性，雷艳华等人使用生成热已知的 $PODE_1$ 作为标准，设计出如下反应对其生成热进行验证性计算：

$$2CH_3OCH_3 \longrightarrow CH_3OCH_2OCH_3 + CH_4$$

通过对体系内能的计算，可求出该反应的反应热，然后根据已知的 CH_3OCH_3 和 CH_4 的实验生成热，计算得到的 $PODE_1$ 的生成热为 $-344.6kJ \cdot mol^{-1}$，而实验值为$-348.2kJ\cdot mol^{-1}$，可见计算值与理论值接近。

采用设计等键反应的方法对标准状态下 $PODE_n$（$n=1\sim5$）化合物的热力学参数进行计算，所得结果见表 4-1。由表 4-1 可以看出，对于 $n<5$ 的情况下，$PODE_n$ 中每增加一个 CH_2O 结构单元，其生成热绝对值约增大 $160kJ\cdot mol^{-1}$ 左右。

表 4-1　标准状态下 $PODE_n$（$n=1\sim5$）的热力学函数值[2]

物质	$\Delta_f H^{\ominus}/kJ\cdot mol^{-1}$	$S^{\ominus}/J\cdot mol^{-1}\cdot K^{-1}$	$C_p/J\cdot mol^{-1}\cdot K^{-1}$
$PODE_1$	−344.6	323.8	95.6
$PODE_2$	−504.7	381.0	128.6
$PODE_3$	−664.8	438.8	161.5
$PODE_4$	−823.6	494.1	194.3
$PODE_5$	−983.7	551.2	227.2

4.1.2　三聚甲醛和甲醇反应热力学计算

设计等键反应的方法在 $PODE_n$（$n\leqslant5$）的热力学参数计算中具有较高的精确度，但是随着 n 值的增加，此种方法的计算误差也逐渐增大。张向京等[1] 以三聚甲醛（TRI）和甲醇为起始原料对合成 $PODE_n$（$n=1\sim8$）的反应进行了较为深入的热力学计算。由于同样缺少该反应体系中某些物质的基础热力学数据，故采用了基团贡献法对 $PODE_n$ 合成反应体系中多种基础热力学数据进行了估算，并研究了各反应的焓变、熵变、Gibbs 自由能变以及反应平衡常数随温度的变化关系。

经过对三聚甲醛和甲醇反应体系的分析认为，三聚甲醛在适量的无水强酸条件下首先水解为甲醛单体，甲醛单体再进一步与甲醇发生缩合反应生成 $PODE_n$，反应式如下[1]：

三聚甲醛水解为甲醛单体（R_1）

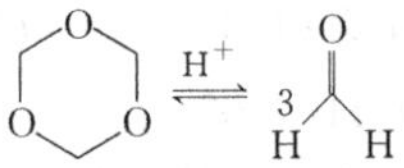

甲醛单体再进一步与甲醇发生缩合反应生成 $PODE_n$（$R_2\sim R_9$）

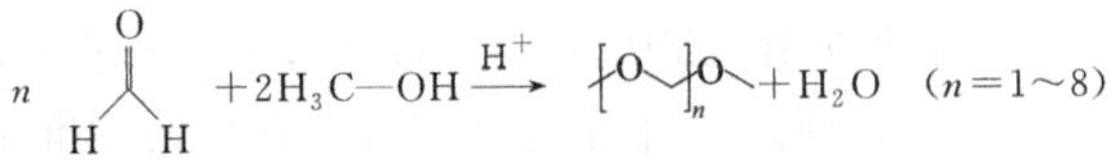

R_1 与 $R_2\sim R_9$ 的耦合反应如下（$R_{10}\sim R_{17}$）

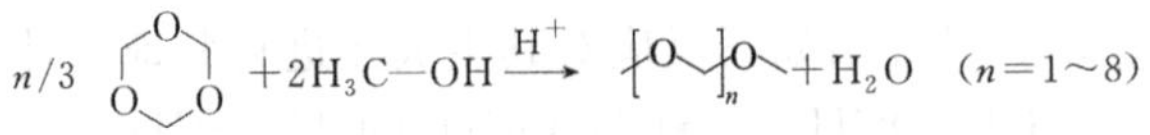

对于一些常见化合物如甲醇、甲醛和水的基础热力学数据一般可从文献中查阅[5]，而其他物质的热力学基础数据如标准摩尔生成焓 $\Delta H_{f,g}^{\ominus}$，绝对熵 $S_{f,g}^{\ominus}$ 和比定

压热容 C_p 等采用基团贡献法进行估算。298K 时各物质气相标准摩尔生成焓 $\Delta H_{f,g}^{\ominus}$ 和绝对熵 $S_{f,g}^{\ominus}$ 的计算采用 Benson 基团贡献法[6]，公式如下：其中，C_i 为基团的数目；R 为摩尔气体常数。

$$\Delta H_{f,g}^{\ominus} = \sum_i n_i H_i^{\ominus} + \sum_i C_i$$

$$S_{f,g}^{\ominus} = \sum_i n_i S_i^{\ominus} - R\ln\sigma + R\ln\eta$$

各物质的基团拆分及各基团 $\Delta H_i^{\ominus}$ 和 $S_i^{\ominus}$ 的贡献值如表 4-2 所示。由各物质的结构可知，扭转校正 $\sum_i C_i = 0$，$(CH_2O)_3$、$PODE_n$ $(n=1\sim8)$ 的对称数 σ 分别为 6、18，且反应所涉及的物质均无光学异构体，故 $\eta = 1$。各物质的 $\Delta H_{f,g}^{\ominus}$ 和 $S_{f,g}^{\ominus}$ 计算结果见表 4-3。

表 4-2 Benson 法基团贡献值（298K）

基团	基团数						基团贡献值	
	$(CH_2O)_3$	PODE	$PODE_2$	$PODE_3$	…	$PODE_8$	$H^{\ominus}$/kJ·mol^{-1}	$S^{\ominus}$/J·mol^{-1}·K^{-1}
O—$(C)_2$	3	2	3	4	…	9	−99.23	36.34
O—$(O)_2(H)_2$	3	1	2	3	…	8	−63.22	59.93
C—$(O)_2(H)_3$	0	2	2	2	…	2	−42.29	127.32
环	1	0	0	0	…	0	21.4	

表 4-3 298K 理想气体时各物质的 $\Delta H_{f,g}^{\ominus}$ 和 $S_{f,g}^{\ominus}$

	$\Delta H_{f,g}^{\ominus}$/kJ·mol^{-1}	$S_{f,g}^{\ominus}$/J·mol^{-1}·K^{-1}		$\Delta H_{f,g}^{\ominus}$/kJ·mol^{-1}	$S_{f,g}^{\ominus}$/J·mol^{-1}·K^{-1}
H_2O	−241.82	188.83	$PODE_3$	−671.16	555.79
CH_3OH	−200.66	239.81	$PODE_4$	−833.61	652.06
$(CH_2O)_3$	−465.95	288.8	$PODE_5$	−996.06	748.33
CH_2O	−108.57	218.77	$PODE_6$	−1158.51	844.60
PODE	−346.26	363.25	$PODE_7$	−1320.96	940.87
$PODE_2$	−508.71	459.52	$PODE_8$	−1483.41	1037.14

要计算不同温度下气相中各组分的生成热，需要不同温度下的比定压热容 C_p。Joback 法通过估算给出了一个比定压热容与温度的关系式，可以计算一定范围内任意温度下的比定压热容，计算公式如下：

$$C_p(T) = (\sum_i n_i \Delta a - 37.93) + (\sum_i n_i \Delta b + 0.210)T + (\sum_i n_i \Delta c - 3.9\times10^{-4})T^2 + (\sum_i n_i \Delta d + 2.06\times10^{-7})T^3$$

式中，n_i 为 i 基团的数目；Δa、Δb、Δc、Δd 分别为 Jobake 法计算理想气体比定压热容的基团参数。

各物质基团分解结果及其对比定压热容的贡献值见表 4-4 和表 4-5。以甲缩醛

$PODE_1$ 为例，计算出各物质的气相比定压热容与温度间的关系式如下：

$$C_p(T)=51.161+0.162T+8.36\times10^{-5}T^2-8.51\times10^{-8}T^3$$

表 4-4　Joback 法各物质的拆分基团及数量

基团	基团数								TRI
	PODE	$PODE_2$	$PODE_3$	$PODE_4$	$PODE_5$	$PODE_6$	$PODE_7$	$PODE_8$	
$—CH_3$	2	2	2	2	2	2	2	2	
$—CH_2—$	1	2	3	4	5	6	7	8	
—O—	2	3	4	5	6	7	8	9	
—O—环									3
$—CH_2—$环									3

表 4-5　Joback 法各基团热力学数据的贡献值

基团	C_p/J·mol^{-1}·K^{-1}				ΔH_b/kJ·mol^{-1}		T_b/ K			T_c/ K
	Δa	Δb	Δc	Δd	Δ_i^0	Δ_i^1	g_i^0	g_i^1	g_i^2	Δ_i^T
$—CH_3$	19.5	−8.08E-03	1.53E-04	−9.67E-08	−17.52	70.037	152.6	−26.1	238.9	0.0184
$—CH_2—$	−0.909	9.50E-02	−5.44E-05	1.19E-08	190.833	194.137	−13.3	514.7	−3.6	0.02
—O—	25.5	−6.32E-02	1.11E-04	−5.48E-08	158.991	115.484	185.7	119.2	1006	0.0183
—O—环	12.2	−1.26E-02	6.03E-05	−3.86E-08	171.714	385.822	618.7	−757.6	2952	−0.0002
$—CH_2—$环	−6.03	8.54E-02	−8.00E-06	−1.8E-08	66.607	56.308	−394.4	579.2	−66.3	0.011

要计算各组分液态下的生成热，需要首先知道各组分在不同温度下的汽化潜热。首先根据马沛生[7] 提出的基团贡献法计算正常沸点下各物质的蒸发热 ΔH_b，计算式如下：

$$\Delta H_b^2=158.834+\sum_i n_i(\Delta_i^0+x_i\Delta_i^1)$$

式中，Δ_i^0 和 Δ_i^1 分别为 ΔH_b 的基团贡献值。

利用 Watson 法公式[8] 计算不同温度下汽化潜热，计算式为：

$$\Delta H_v=\Delta H_b\left(\frac{1-T_r}{1-T_{br}}\right)^n$$

式中，T_r 为对比温度，K；T_{br} 为正常沸点的对比温度，K；沸点温度 T_b，采用“许文-张建侯”三基团加和法[9] 进行估算，其中需要的各物质的 n 可以采用 Viswanath 和 Kuloor 提出的方程进行计算，临界温度 T_c，采用 MXXC 基团加和法[10] 进行估算，计算式如下：

$$T_b^{2.5}\times10^{-3}=-101.5+\sum\left[g_i^0+n_i(g_i^1+x_ig_i^2)\right]$$

$$T_c=T_b\left[0.573430+1.07746\sum n_i\Delta T_i-1.78632\sum(n_i\Delta T_i)^2\right]^{-1}$$

$$n=\left(0.00264\frac{\Delta H_b}{RT_b}+0.8797\right)^{10}$$

式中，g_i^0、g_i^1、g_i^2 分别为 ΔT_b 的基团参数；n 为聚合度；ΔT_i 为 T_c 的基团

贡献值，K；ΔH_b、T_b 和 T_c 的基团贡献值见表 4-5。由 298K 下气相标准生成焓 $\Delta H_{f,g}^{\ominus}$、绝对熵 $S_{f,g}^{\ominus}$ 以及各物质气相比定压热容 C_p，气化潜热 ΔH_v 与温度 T 的关系，可以求出各物质在任意温度下的液相生成焓 $\Delta H_{f,L}^{\ominus}$ 和绝对熵 $S_L^{\ominus}$。

$$\Delta H_{f,L}^{\ominus}(T)=\Delta H_{f,g}^{\ominus}(298.15\text{K})+\int_{298.15}^{T}C_p\,\mathrm{d}T-\Delta H_v(T)$$

$$S_L^{\ominus}(T)=S_g^{\ominus}(298.15\text{K})+\int_{298.15}^{T}\frac{C_p}{T}\mathrm{d}T-\frac{\Delta H_v(T)}{T}$$

利用反应物及产物的 $\Delta H_{f,L}^{\ominus}(T)$ 和 $S_L^{\ominus}(T)$，可以计算出各反应的焓变 $\Delta_r H$、熵变 $\Delta_r S$、Gibbs 自由能变 $\Delta_r G$ 和平衡常数 K 与温度的关系：

$$\Delta_r H=\sum_j(n_j\Delta H_{f,L}^{\ominus})_{\text{产物}}-\sum_j(n_j\Delta H_{f,L}^{\ominus})_{\text{反应物}}$$

$$\Delta_r S=\sum_j(n_j S_L)_{\text{产物}}-\sum_j(n_j S_L)_{\text{反应物}}$$

$$\Delta_r G=\Delta_r H-T\Delta_r S$$

$$K=\exp[-\Delta_r G/(RT)]$$

对于反应 $R_1\sim R_9$，张向京等[1] 对其各反应以及采用 R_1 分别与 $R_2\sim R_9$ 构成耦合反应的反应焓变、Gibbs 自由能变以及平衡常数与温度的关系进行研究，研究结果分别如图 4-1～图 4-6 所示。从图 4-1 可以看出，三聚甲醛分解为甲醛单体反应 R_1 的 $\Delta_r H$ 为正值，为吸热反应，从热力学来说，升高温度有利于三聚甲醛分解反应；而甲醛进一步生成 $\text{PODE}_{1\sim8}$ 的反应 $\Delta_r H$ 为负值，为放热反应，且在相同温度下，随着产物聚合度的增加，放热量是不断增加的。图 4-2 为上述两步反应的耦合反应。可以看出，在整个温度范围内，各反应的 $\Delta_r H$ 均为负值，即经耦合后各反应均为放热反应，且在相同温度下，随着产物聚合度的增加，放热量是不断增加的。从热力学角度分析，升高温度不利于 $\text{PODE}_{2\sim8}$ 的形成。

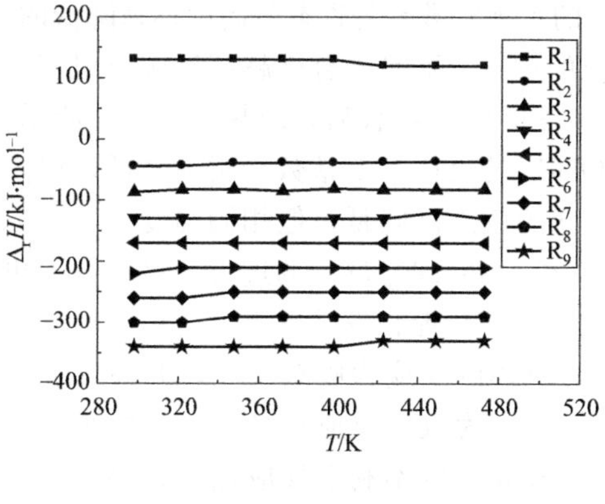

图 4-1　各反应的 $\Delta_r H$ 与温度的关系

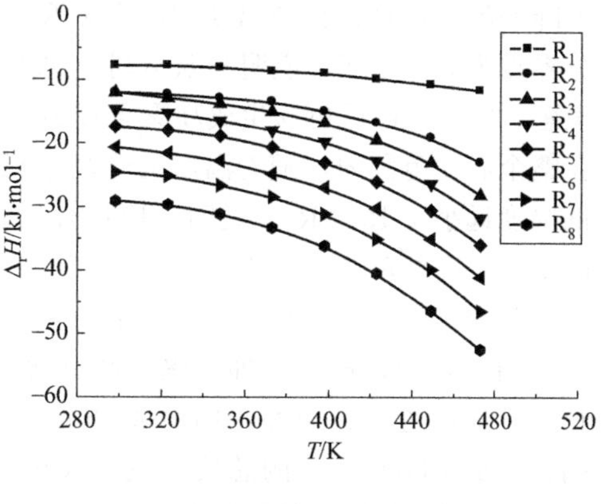

图 4-2　各耦合反应的 $\Delta_r H$ 与温度的关系

反应温度对 $\Delta_r G$ 的影响如图 4-3 和图 4-4 所示。由图 4-3 可以看出，反应的第一步由三聚甲醛分解为甲醛反应的 $\Delta_r G$ 随着温度升高而降低，但在 340K 之前，$\Delta_r G$ 为正值，即在该温度之前反应不能自发进行；当温度大于 340K 后，在整个温度范围内 $\Delta_r G$ 均为负值，且 $\Delta_r G$ 随着温度升高而降低，从热力学角度来说升高温度对此步反应有利。423.15K 以后 $PODE_{1\sim2}$ 生成反应 $R_2 \sim R_3$ 的 $\Delta_r G$ 均为正值，而 $PODE_{3\sim8}$ 生成反应 $R_4 \sim R_9$ 的 $\Delta_r G$ 在 398.15K 后为正值，且聚合度越高的产物，其 $\Delta_r G$ 随温度的变化越明显，说明较高聚合度产物的生成反应对温度较为敏感。图 4-4 为两步反应的耦合反应，在整个温度范围内 $\Delta_r G$ 均是负值，随温度升高先增大后减少，但变化不明显，说明反应耦合后对温度的敏感度降低。在相同温度下，聚合度高的反应 $\Delta_r G$ 值越小，说明反应更易生成高聚合度的产物。

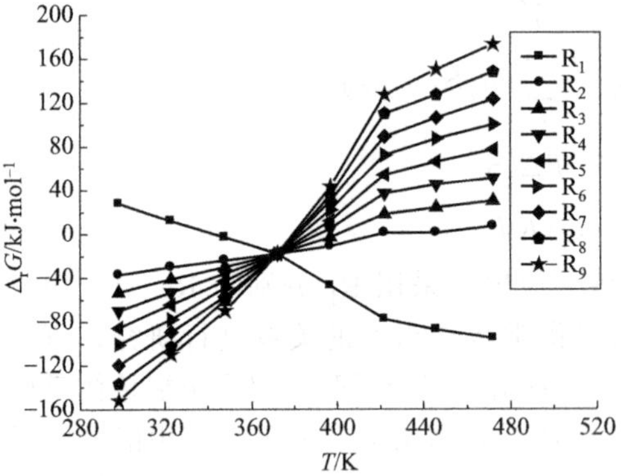

图 4-3　各反应的 $\Delta_r G$ 与温度的关系

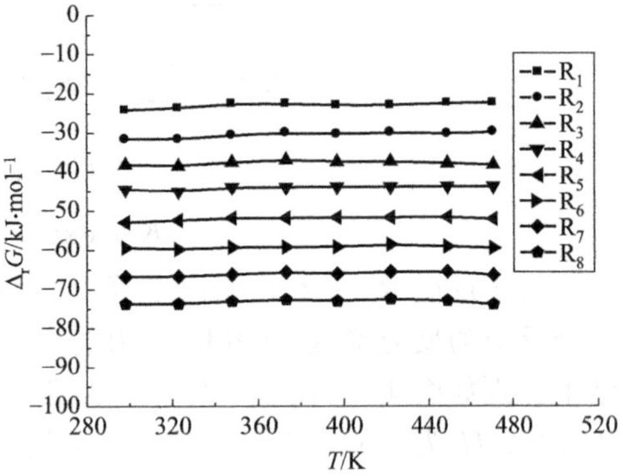

图 4-4　各耦合反应的 $\Delta_r G$ 与温度的关系

平衡常数与温度的关系如图 4-5 和图 4-6 所示。图 4-5 可以看出，R_1 的平衡常数随温度的升高呈升高的趋势，在温度 298.15 ～ 473.15K 范围内，数量级由－6 增大到 10，说明升高温度有利于第一步反应的进行。第二步反应 $R_2 \sim R_9$ 的平衡常数均呈下降的趋势，且在相同温度时，反应 $R_2 \sim R_9$ 的平衡常数是先逐渐升高后逐渐降低的。分界点为 373.15K，说明升温不利于这些反应的进行，而且聚合度越高反应对温度越敏感，373.15K 后更易生成高聚合度的产物。各反应经耦合后，结果如图 4-6 所示，在整个温度范围内，随着温度的升高生成 $PODE_n$ 的反应平衡常数均逐渐降低，但降低幅度远小于 $R_2 \sim R_9$。说明反应耦合后对温度的敏感度降低，但相同温度下，一方面聚合度高的反应平衡常数更大，说明升温不利于 $PODE_n$ 反应的进行。另一方面更易生成聚合度大的产物，且在整个温度范围内各反应均能自发进行。

结果表明，第 1 步即三聚甲醛分解为甲醛单体的反应为吸热反应，升高温度有利于反应的进行；第 2 步即生成 $PODE_{2\sim8}$ 的反应为放热反应；且由上述两步反应耦合生成 $PODE_{2\sim8}$ 的总反应也为放热反应，升高温度不利于反应进行。第 1 步反应的 $\Delta_r G$ 随温度升高逐渐降低，当温度大于 340K 后，反应均可自发进行，升高温度有利于反应的进行；第 2 步反应的 $\Delta_r G$ 随温度升高逐渐升高，423.15K 以后，各

反应的 $\Delta_r G$ 均为正值，不可自发进行；但由上述两步反应耦合生成 $PODE_{2\sim8}$ 的 $\Delta_r G$ 在整个温度范围内均是负值，随温度变化不明显，且相同温度下更易生成高聚物。第 1 步反应的平衡常数随着温度的升高呈升高的趋势，升高温度有利于该反应的进行；而第 2 步反应 $R_2 \sim R_9$ 的平衡常数均呈下降的趋势；由上述两步反应耦合生成 $PODE_{2\sim8}$ 的反应平衡常数随温度升高也逐渐降低，但降低幅度远小于反应 $R_2 \sim R_9$，且相同温度下生成高聚物的平衡常数更大。

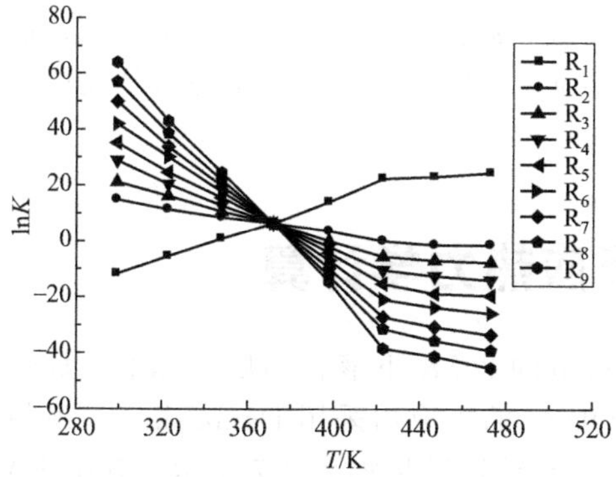

图 4-5　各反应的 ln$K$ 与温度的关系

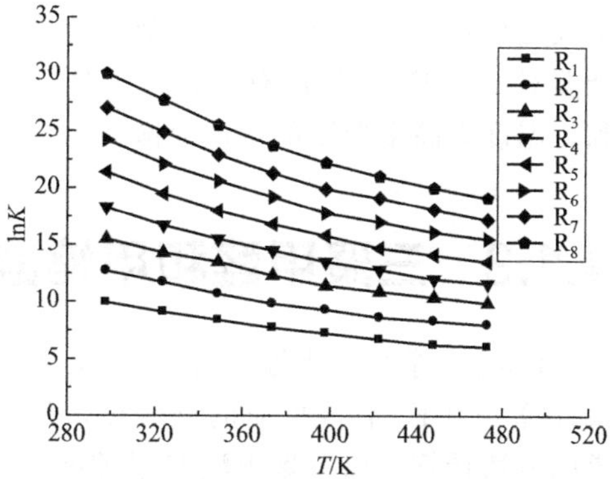

图 4-6　各耦合反应的 ln$K$ 与温度的关系

对于以甲醇和三聚甲醛为原料合成 $PODE_n$（$n=1\sim6$）反应热力学的研究，晁伟辉[11] 在相同的合成反应历程下（$R_1 \sim R_9$）、采用 DFT 方法，借助量子化学软件 Guassion 09 进行计算，最终从理论计算得出不同温度下各反应的热力学数据，结果如表 4-6 所示。

表 4-6　不同温度下各反应热力学数据

反应		298.15K	373.15K	423.15K	473.15K	573.15K
R_1	$\Delta_r H_m$	40.005	34.3980	26.2373	13.4060	0.07609
	$\Delta_r G_m$	−33.8968	−36.103	−45.4450	−48.934	−53.317
R_2	$\Delta_r H_m$	−103.485	−100.97	−95.4375	−89.082	−84.4140
	$\Delta_r G_m$	−54.1724	−51.454	−50.4282	−48.801	−18.7196
R_3	$\Delta_r H_m$	−221.788	−218.60	−212.751	−207.61	−207.923
	$\Delta_r G_m$	−213.535	−210.81	−209.791	−208.16	−178.083
R_4	$\Delta_r H_m$	−556.162	−553.65	−548.114	−541.75	−537.091
	$\Delta_r G_m$	−372.899	−370.18	−369.155	−367.58	−337.446
R_5	$\Delta_r H_m$	−782.5	−779.99	−774.453	−768.09	−763.429
	$\Delta_r G_m$	−532.263	−529.54	−528.518	−526.89	−496.81
R_6	$\Delta_r H_m$	−1008.84	−1006.3	−1000.79	−994.43	−989.768
	$\Delta_r G_m$	−691.626	−688.90	−687.882	−686.25	−656.173

续表

反应		298.15K	373.15K	423.15K	473.15K	573.15K
R_7	$\Delta_r H_m$	−1235.18	−1232.6	−1227.13	−1220.7	−1216.11
	$\Delta_r G_m$	−850.989	−848.27	−847.245	−845.61	−815.537

通过 Guassian 09 软件，使用 DFT 方法，B3LYP 模型计算各物质的热力学性质，并进行了各反应的热力学计算，发现三聚甲醛的分解是吸热反应，而聚合物的生成是放热反应，但反应总的热效应是放热反应。高温对于三聚甲醛水解有利，而低温对 $PODE_n$ 的生成有利，所以对于整个反应，温度太低对三聚甲醛水解反应不利，温度太高多聚物的生成会减少。

4.1.3 三聚甲醛和甲缩醛反应热力学计算

Burger 等[12] 借助 Dippr[13] 文献中所报道的 298K 下液相物质的标准生成焓来计算 $PODE_n$ 合成反应的反应热，其中 $PODE_n$ 的生成焓采用 Domalski[14] 所报道的方法计算。以三聚甲醛和甲缩醛为原料，其计算结果如表 4-7 所示。其中 FA 为甲醛；TRI 为三聚甲醛；MEFO 为甲酸甲酯。

表 4-7 液相物质在 298K 下的标准生成焓

组成	$\Delta H_f^{\ominus}$/kJ·mol^{-1}	文献
FA	−129.5	Dippr[13]
$PODE_1$	−379.8	
TRI	−508.6	
MEFO	−386.1	
$PODE_2$	−553.5	①
$PODE_3$	−727.2	
$PODE_4$	−900.9	
$PODE_5$	−1074.7	
$PODE_6$	−1248.4	
$PODE_7$	−1422.1	
$PODE_8$	−1595.8	
$PODE_9$	−1769.5	
$PODE_{10}$	−1943.3	

①采用 Domalski 文献中的方法进行估计。

为了模拟各纯组分的蒸发焓，采用下式表示：

$$\Delta H_{v,i}=A_i\left(1-\frac{T}{T_{c,i}}\right)^{B_i}$$

式中，$T_{c,i}$ 为临界温度，方程中所需参数如表 4-8 所示。

表 4-8 蒸发焓求解方程中相关参数值

i	A_i	B_i	$T_c(k)$	文献
FA	30.760	0.29540	408.0	Dippr[13]
TRI	55.800	0.38760	604.0	Dippr[13]
$PODE_1$	44.122	0.41418	480.0	Dippr[13]
$PODE_2$	52.246	0.36240	552.2①	
$PODE_3$	58.545	0.29380	603.4①	
$PODE_4$	72.458	0.36130	646.9①	
$PODE_5$	81.911	0.35950	683.7①	
$PODE_6$	92.022	0.35810	714.8①	
$PODE_7$	101.940	0.35750	743.0①	
$PODE_8$	111.860	0.35800	769.2①	
$PODE_9$	121.760	0.36000	794.6①	
$PODE_{10}$	131.660	0.36360	819.9①	
$PODE_n$②	$f_A(n)$	0.36000	$f_T(n)$①	
MEFO	41.030	0.38250	487.2	Dippr[13]

①采用文献[15]中的方法得到；

②$PODE_n$ $(n>10)$的参数计算方法：$f_A(n)=9.936n+32.2$；$f_T(n)=15.47n+656.87$。

由于 PODE 的蒸发焓并无文献报道，故采用克劳修斯-克拉珀龙方程进行估算，方程如下：

$$\frac{\mathrm{d}p_i^{\mathrm{s}}}{\mathrm{d}T}=\frac{\Delta H_{v,i}}{T(v_i^{\mathrm{g}}-v_i^{\mathrm{l}})}$$

式中，p_i^{s} 为蒸气压，bar（$1\mathrm{bar}=10^5\mathrm{Pa}$）；$v_i^{\mathrm{g}}$ 和 v_i^{l} 分别代表物质 i 在气液两相中的摩尔体积，在假设气相为理想状态，且液相体积可忽略的情况下，方程形式如下，可以计算得到 $PODE_n$（$n\leqslant 10$）在 $T/T_c\in[0.5,0.8]$ 温度范围内的蒸发焓 $\Delta H_{v,i}$。

$$\Delta H_{v,i}=\frac{\mathrm{d}p_i^{\mathrm{s}}}{\mathrm{d}T}\times\frac{RT^2}{p_i^s}$$

纯组分 i 的蒸气压采用修正的安托万方程进行计算，反应所需参数 A_i-D_i 如表 4-9 所示，其中参数 E_i 仅适用于甲酸甲酯。

$$\ln(p_i^{\mathrm{s}}/\mathrm{bar})=A_i+\frac{B_i}{T/\mathrm{K}+C_i}+D_i\times\ln(T/\mathrm{K})+E_i(T/\mathrm{K})^2$$

表 4-9 蒸气压求解方程相关参数值

i	A_i	B_i	C_i	D_i	文献
FA	9.857	−2204.13	−30.15	0	Kuhnert[16]
TRI	9.774	−3099.47	−68.92	0	Michael[17]
MAL	9.642	−2640.84	−41.22	0	Kuhnert[16]
$PODE_2$	68.104	−7223.44	0	−8.2522	Boyd[18]

续表

i	A_i	B_i	C_i	D_i	文献
$PODE_3$	63.682	−8042.31	0	−7.4100	Boyd[18]
$PODE_4$	81.214	−10017.28	0	−9.7511	Boyd[18]
$PODE_5$	86.939	−11323.17	0	−10.3994	Boyd[18]
$PODE_n$①	$f_A(n)$	$f_B(n)$	0	$f_D(n)$	
MEFO②	65.671	−5606.10	0	−8.3920	Dippr[13]

①对于 $PODE_n$ 链长 $n>5$ 相关参数的求解如下：$f_A(n)=6.318n+55.586$；$f_B(n)=-1370.9n-4494.6$；$f_D(n)=-0.7206n-6.8255$。

②$E_{MEFO}=7.85\times10^{-6}$。

由表 4-9 可以看出，所引用文献中只给出了 $PODE_n$（$n<5$）的相关参数，而当 $n>5$ 时，各参数则需由前者进行线性外推。在图 4-7 中列出了甲缩醛和三聚甲醛等化合物的蒸气压。

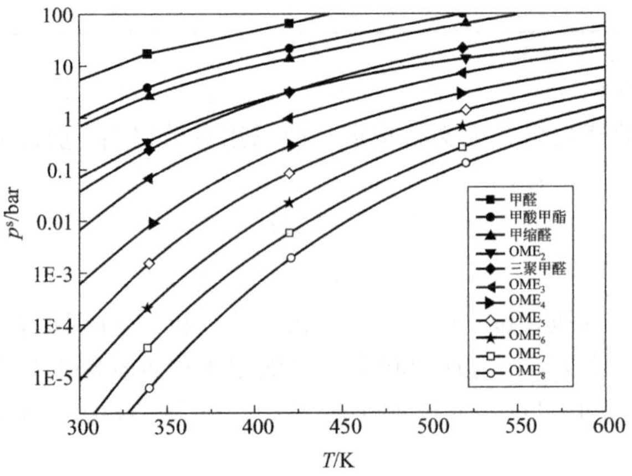

图 4-7 不同化合物蒸气压随温度的变化关系

组分 i 的理想气体定压热容采用下式计算：

$$C_{p,i}^{v}/(\mathrm{J\cdot mol^{-1}\cdot K^{-1}})=A_i+B_i\left[\frac{C_i/(T/\mathrm{K})}{\sinh(C_i/(T/\mathrm{K}))}\right]^2+D_i\left[\frac{E_i/(T/\mathrm{K})}{\cosh(E_i/(T/\mathrm{K}))}\right]^2$$

式中所需参数 $A_i\sim E_i$ 如表 4-10 所示。由于 $PODE_n$ 的 $C_{p,i}^{v}$ 定压热容无法从文献中查到，所以采用基团贡献法对 $T\in$［300K，700K］温度范围内 $PODE_n$ 定压热容进行计算。

表 4-10 理想气体定压热容求解方程相关参数值

i	A_i	B_i	C_i	D_i	E_i	文献
FA	33.27	49.54	1866.60	28.08	934.90	Dippr[13]
TRI	56.41	219.62	1554.70	152.18	746.30	Dippr[13]

续表

i	A_i	B_i	C_i	D_i	E_i	文献
MAL	74.98	161.66	862.87	789.64	4671.80	Dippr[13]
$PODE_2$	94.91	216.35	−787.75	0	0	
$PODE_3$	112.74	277.19	−769.63	0	0	
$PODE_4$	130.39	338.31	−758.08	0	0	
$PODE_5$	147.95	399.59	−750.07	0	0	
$PODE_6$	165.45	460.97	−744.20	0	0	
$PODE_7$	182.91	522.41	−739.71	0	0	
$PODE_8$	200.34	583.89	−736.16	0	0	
$PODE_9$	217.75	645.40	−733.29	0	0	
$PODE_{10}$	235.15	706.94	−730.91	0	0	
$PODE_n$①	$f_A(n)$	$f_B(n)$	$f_C(n)$	0	0	
MEFO	50.60	121.90	1637.00	89.40	743.00	Dippr[13]

①长链 $PODE_n$（$n>10$）参数求解：$f_A(n)=17.413n+61.027$；$f_B(n)=61.51n+91.825$；$f_C(n)=2.927n-759.897$。

当蒸发焓以及气相定压热容的计算完成后，液相定压热容的求解采用下式计算：

$$C_{p,i}^{\mathrm{l}}=C_{p,i}^{\nu}-\frac{\partial(\Delta h_{\nu,i})}{\partial T}$$

计算得到室温下甲缩醛的定压热容与 Dippr[13] 所得实验值相比偏差在 1%左右，而当温度升到 380K 时，相当于甲缩醛临界温度的 0.8 倍，在此情况下上式预测结果比实验值高出 12%。

4.2 合成反应动力学

在 $PODE_n$ 合成反应动力学的研究中，研究者主要对三聚甲醛与甲缩醛、多聚甲醛与甲缩醛、多聚甲醛与甲醇、甲醛与甲醇四种反应体系进行了研究并分别建立了动力学模型，并得到一系列的反应速率常数及活化能等动力学参数。

4.2.1 三聚甲醛与甲缩醛合成反应动力学

Burger 等[19] 以离子交换树脂为催化剂，进行了三聚甲醛与甲缩醛合成 PO-

DE_n 的动力学实验，在 50～90℃的反应条件下，建立了范特霍夫方程 $\ln K_j = a_j + b_j/(T/\mathrm{K})$，分别采用均相动力学模型和吸附动力学模型进行了模拟计算。在吸附模型中将表面吸附过程和反应过程进行区分。由于表面反应过程中反应速率很快，故吸附过程为速率控制步骤，且最终结果显示吸附动力学模型更能准确描述真实反应过程[20]。

4.2.1.1 均相动力学模型

在均相动力学模型中，认为催化剂的活性位点在液相中为均匀分布，且与所有组分的接触概率均等。并且，反应速率取决于温度、活性位点的数量和整体组成。反应历程如下：

首先在酸性环境中，甲缩醛与单分子甲醛（FA）反应

$$\mathrm{PODE_1 + FA \xrightleftharpoons{H^+} PODE_2}$$

$$\mathrm{PODE}_{n-1} + \mathrm{FA} \xrightleftharpoons{\mathrm{H^+}} \mathrm{PODE}_n \qquad n>2$$

上诉两步反应均为可逆反应，并且依靠溶液中的甲醛浓度来调节反应方向和链长的分配平衡。增加甲醛的浓度会更易形成更长的链。而反应中甲醛的来源为三聚甲醛的裂解反应。

$$\mathrm{TRI \xrightleftharpoons{H^+} 3FA}$$

在合成反应过程中存在以下副反应。三聚甲醛断裂的另一个可能的机制是环断裂，从而形成线性三聚甲醛链，在 PODE_n 的形成体系中，该线性三聚甲醛链可以根据如下反应过程插入另一个 PODE 链。

$$\mathrm{TRI} + \mathrm{PODE}_{n-3} \xrightleftharpoons{\mathrm{H^+}} \mathrm{PODE}_n \qquad n>3$$

如果存在水，会导致副反应的发生，它与醚在酸催化反应中形成醇类。例如甲缩醛与水反应，会形成半缩甲醛（HF_1，$H_3C—O—CH_2—OH$）和甲醇（ME、$H_3C—OH$）。

$$\mathrm{PODE + H_2O \xrightleftharpoons{H^+} HF_1 + ME}$$

在甲醛存在下，甲醇和半缩甲醛反应生成半聚甲醛［HF_n，$H_3C—O—(CH_2—O)_n—H$］。

$$\mathrm{ME + FA \rightleftharpoons HF_1}$$

$$\mathrm{HF}_{n-1} + \mathrm{FA} \rightleftharpoons \mathrm{HF}_n \qquad n>1$$

在酸性环境中，甲醇在脱水反应中进一步形成二甲醚（DME、$H_3C—CH_3$）。

$$\mathrm{2ME \xrightarrow{H^+} DME + H_2O}$$

对于以上反应步骤，其反应速率主要依赖于体系内反应物和产物的摩尔分数，表现形式如下：

$$r_1 = k_2^{\mathrm{f}}(T)\left(x_{\mathrm{PODE}} \cdot x_{\mathrm{FA}} - \frac{1}{K_2(T)} x_{\mathrm{PODE_2}}\right)$$

$$r_2=k_n^{\mathrm{f}}(T)\left(x_{\mathrm{PODE}_{n-1}}\cdot x_{\mathrm{FA}}-\frac{1}{K_n(T)}x_{\mathrm{PODE}_n}\right)$$

$$r_3=k_{\mathrm{TRI}}^{\mathrm{f}}(T)\left(x_{\mathrm{TRI}}\cdot x_{\mathrm{TRI}}-\frac{1}{K_{\mathrm{TRI}}(T)}x_{\mathrm{FA}}^3\right)$$

式中，k_i^{f} 是与温度相关的反应速率常数；x_i 为 i 物质的体积分数；K_j 为体积平衡常数。组分 A_i 的摩尔体积变化率如下：

$$\frac{\mathrm{d}n_i}{\mathrm{d}t}=m_{\mathrm{cat}}\cdot c_{\mathrm{cat}}^{\mathrm{H}^+}\cdot\sum_j v_i^j$$

式中，n_i 为组分 A_i 的体积量；m_{cat} 为催化剂质量；$c_{\mathrm{cat}}^{\mathrm{H}^+}$ 为催化剂容量；v_i^j 是反应 j 中组分 A_i 的化学计量系数。

为了研究反应动力学并求得动力学参数，进行了一系列围绕三聚甲醛和甲缩醛的实验。在每一个实验中，保持温度不变，研究液相物质组成随时间的变化。在密闭反应器内等温条件建立后，取液相样品，测定混合物的初始组成，由于在填充过程中甲缩醛存在部分蒸发，所以该混合物与进料组成不同。加入催化剂即开始计时，并根据催化剂与溶液的比例和实验的进展，以 3～30min 的间隔抽取液相样品，实验结果如表 4-11。

表 4-11 动力学实验 KIN_1～KIN_6 原始数据

实验	温度/K	转速/$r\cdot min^{-1}$	初始质量/g			质量比率	
			PODE	TRI	A_{46}	PODE/TRI	$(PODE+TRI)/A_{46}$
KIN_1	323.06	106	341	167	4.6	2.05	111
KIN_2	323.06	109	379	125	3.0	3.03	168
KIN_3	338.08	120	337	167	4.0	2.02	125
KIN_4	338.08	120	382	134	4.0	2.85	129
KIN_5	353.10	109	338	167	1.5	2.03	330
KIN_6	353.10	106	601	200	3.0	3.00	267

注：A_{46} 为催化剂。

表 4-12 动力学实验 KIN_7～KIN_9 原始数据

实验	温度/K	转速/$r\cdot min^{-1}$	初始质量/g				质量比率
			PODE	$PODE_2$	LC	A_{46}	$(PODE+PODE_n)/A_{46}$
KIN_7	323.06	109	261	276		0.51	1053
KIN_8	338.08	109	290		291	3.0	194
KIN_9	353.10	109	289		290	2.0	290

注：混合物组成 LC：$PODE_{2,3}$，30.052g・g^{-1}；$PODE_4$：0.392g・g^{-1}；$PODE_5$：0.298g・g^{-1}；$PODE_6$：0.157g・g^{-1}；$PODE_7$：0.071g・g^{-1}；$PODE_{n>7}$：0.030g・g^{-1}。

对于实验中所给定的八个反应体系，具有八个与温度相关的反应速率常数 k_j^{f}。为了减少所需求解的参数个数，假设前两步反应的速率常数相等，并命名为 $k_{\mathrm{OME}}^{\mathrm{f}}$。

k_{OME}^f 和 k_{TRI}^f 均由下式求出。

$$\ln k_j^f(T)=a_j+\frac{b_j}{T/K}$$

相关参数 a_j 和 b_j 均被引入实验 KIN_1～KIN_6（表 4-11）和 KIN_7 中（表 4-12）。通过数据拟合使除甲醛以外所有组分的摩尔分数的总体平方误差之和最小，所得结果如表 4-13。

表 4-13 均相动力学模型 $\ln k_j^f(T)=a_j+b_j/(T/K)$ 相关参数值

k_j^f	a_j	b_j
k_{PODE}^f	18.42	0
k_{TRI}^f	−1.29	−1871.1

通过采用均相动力学模型对反应物组成进行计算并与实验数据进行对比分析，结果发现甲缩醛和三聚甲醛均被消耗，生成不同链长的 $PODE_n$。并且所有的产物都同时形成。这与反应所呈现的链状生长的顺序机制是矛盾的。与三聚甲醛的分解反应相比，这些反应可能是非常快的。如果 $PODE_n$ 形成反应（前两步）相当快，首先会出现典型的 $PODE_n$ 链分布，然后是缓慢的三聚甲醛反应，并且三聚甲醛浓度降低非常小。在所有进行的动力学实验中，观察到不同链长 $PODE_n$ 的组成平衡几乎同时出现，这也是因为三聚甲醛的形成或分解与进料组成无关。因此，均相模型不能准确地描述由甲缩醛和三聚甲醛合成 $PODE_n$ 的反应过程及其分解反应。

4.2.1.2 吸附动力学模型

考虑到不同的催化体系下，由于水的存在，催化反应必须与扩散、吸附和解吸过程一起发生[21]。因此，采用吸附-解吸过程修正的 LHHW（Langmuir-Hinshelwood-Hougen-Watson）模型对合成反应动力学进行描述。基于吸附-解吸的动力学模型包括以下步骤：①本体相中反应物在催化剂表面上的吸附；②吸附物在催化剂表面上的反应；③产物解吸回到本体相。在原始的 LHHW 模型中，表面反应被假定为速率控制步骤。吸附和解吸过程被认为是非常快的，从而建立起吸附平衡。由于上述原因，原来的 LHHW 模型[22] 将不足以准确描述实验结果。为了准确描述反应过程，在本文所用的修正 LHHW 模型中，假定总反应速率受吸附和解吸控制，而表面反应被认为是快速且不平衡的。并且，在这一假设下，三聚甲醛的断裂反应并不能发生，吸附由速率控制过程来描述。反应步骤如下：

$$S+A_i \underset{k_i^{des}}{\overset{k_i^{ads}}{\rightleftharpoons}} S\cdots\cdots A$$

$$A_i\in\{FA,TRI,PODE,PODE_2,PODE_3,\cdots,PODE_n\}$$

式中，S 代表催化剂的自由活性位。解吸过程是由上诉反应的逆反应引起的。在吸附表面上，吸附组分按下列方程反应。

$$S\cdots\cdots PODE+S\cdots\cdots FA \overset{k_2^s}{\rightleftharpoons} S\cdots\cdots PODE_2+S$$

$$S\cdots\cdots PODE_{n-1}+S\cdots\cdots FA \underset{}{\overset{k_n^s}{\rightleftharpoons}} S\cdots\cdots PODE_n+S \qquad n>2$$

$$S\cdots\cdots TRI+2S \overset{k_{TRI}^s}{\rightleftharpoons} 3S\cdots\cdots FA$$

活性位点是由催化剂的质量和孔容计算的，总数是恒定的。但自由位点的数量是不同的。此外，假设这些反应与吸附过程相比是非常快的，并且它们是不平衡的。组分 A_i 的吸附速率与其摩尔分数以及自由活性位点的比率成正比。

$$r_i^{ads}=k_i^{ads}(T)\cdot x_i\cdot\theta_s$$

式中，比例常数 k_i^{ads} 为组分 A_i 的吸附速率常数，θ_s 为自由活性位点 i 组分的摩尔分率；脱附速率 r_i^{des} 表示如下：

$$r_i^{des}=k_i^{des}(T)\cdot\theta_i$$

式中，θ_i 是组分 A_i 所占据的活性位点的分数。变量 k_i^{des} 表示 A_i 的解吸速率常数。通过解吸和吸附速率的不同而求得组分 A_i 摩尔数 n_i 的变化率，形式如下：

$$\frac{dn_i}{dt}=m_{cat}\cdot c_{cat}^{H^+}\cdot(r_i^{des}-r_i^{ads})$$

式中，m_{cat} 是总的催化剂质量，$c_{cat}^{H^+}$ 是单位质量催化剂中活性位浓度。在吸附平衡中，体相是固定的，如下所示：

$$r_i^{des}=r_i^{ads}$$

吸附平衡常数等于吸附速率常数除以解吸速率常数。

$$K_i^{AD}(T)=\frac{k_i^{ads}(T)}{k_i^{des}(T)}=\frac{\theta_i}{x_i\cdot\theta_s}$$

吸附物在表面的快速反应导致催化剂表面达成一种由反应平衡常数描述的永久性平衡，其表现形式如下：

$$K_2^s(T)=\frac{\theta_s\cdot\theta_{PODE_2}}{\theta_{PODE}\cdot\theta_{FA}}$$

$$K_n^s(T)=\frac{\theta_s\cdot\theta_{PODE_n}}{\theta_{PODE_{n-1}}\cdot\theta_{FA}} \qquad n>2$$

$$K_{TRI}^s(T)=\frac{\theta_{fa}^3}{\theta_{tri}\cdot\theta_s^2}$$

上述吸附动力学和平衡模型具有许多参数。为了减少参数量，使用下面的假设。首先，假设甲缩醛和所有 $PODE_n$ 在整个模型中被同等对待。所有的吸附常数以及它们的生成反应的平衡常数被设置为相等，并分别命名。

$$K_{PODE}^{ads}=K_{PODE_2}^{ads}=K_{PODE_n}^{ads}$$

$$K_{PODE}^{AD}=K_{PODE_2}^{AD}=K_{PODE_n}^{AD}$$

$$K_{PODE}^{s}=K_2^2=K_n^s \qquad n>2$$

此外，甲醛和三聚甲醛的吸附速率常数和吸附平衡常数是相等的。

$$K_{\mathrm{TRI}}^{\mathrm{ads}}=K_{\mathrm{FA}}^{\mathrm{ads}}$$

$$K_{\mathrm{TRI}}^{\mathrm{AD}}=K_{\mathrm{FA}}^{\mathrm{AD}}$$

以上假设导致模型相当简单。只有四个独立的、与温度相关的模型参数必须通过实验数据拟合得到，分别为：$K_{\mathrm{PODE}}^{\mathrm{ads}}$、$K_{\mathrm{TRI}}^{\mathrm{ads}}$、$K_{\mathrm{TRI}}^{\mathrm{AD}}$ 和 $K_{\mathrm{PODE}}^{\mathrm{AD}}$。由于除了甲缩醛以外的所有组分在与催化剂接触时都不稳定，所以不可能从化学反应中单独测定吸附平衡。因此，余下的四个参数必须在动力学实验基础上进行拟合。作为初始值，吸附平衡常数被设为定值，这样在平衡状态下自由活性中心所占比例分数大约为 0.1mol·mol^{-1}。此外，以上四个参数的温度依赖关系仍是根据以下公式来建模的。

$$\ln K_j(T)=a_j+\frac{b_j}{T/\mathrm{K}}$$

将相关参数 a_j 和 b_j 在 $\mathrm{KIN_1}$～$\mathrm{KIN_6}$（表 4-11）和 $\mathrm{KIN_7}$ 中（表 4-12）的实验中进行全局拟合，结果如表 4-14、表 4-15 所示。

表 4-14　吸附动力学模型 $\ln K_j(T)=a_j+b_j/(T/\mathrm{K})$ 中吸附脱附动力学常数

K_j	a_j	b_j	注释
$K_{\mathrm{PODE}}^{\mathrm{ads}}/\mathrm{s}^{-1}$	9.0878	−2074	*a*
$K_{\mathrm{TRI}}^{\mathrm{ads}}/\mathrm{s}^{-1}$	5.2380	−1021	
$K_{\mathrm{PODE}}^{\mathrm{ads}}/\mathrm{s}^{-1}$	9.0878	−2074	*b*
$K_{\mathrm{TRI}}^{\mathrm{ads}}/\mathrm{s}^{-1}$	4.5523	−2278	

注：*a*—动力学数据拟合；*b*—由吸附平衡常数计算。

表 4-15　吸附动力学模型 $\ln K_j(T)=a_j+b_j/(T/\mathrm{K})$ 表面反应和吸附速率常数

K_j	a_j	b_j	注释
$K_{\mathrm{PODE}}^{\mathrm{AD}}$	0	0	c
$K_{\mathrm{TRI}}^{\mathrm{AD}}$	0.6857	1257	
$K_{\mathrm{PODE}}^{\mathrm{s}}$	−0.3636	35	d
$K_{\mathrm{TRI}}^{\mathrm{s}}$	−0.4045	−472	

注：*c*—动力学数据拟合；*d*—由相平衡数据常数计算。

基于吸附动力学模型与 $\mathrm{KIN_1}$～$\mathrm{KIN_7}$ 实验数据进行对比分析，发现所得结果吻合较好，该模型能够重现不同链长 PODE_n 的形成过程。整个反应的限制步骤是各组分的吸附和解吸过程，而表面反应相对较快。各反应产物不是一个接一个形成的，而是同时形成。

此外，Wang 等人[23] 在酸性离子液体催化剂存在下，对三聚甲醛和甲缩醛合成 PODE_n 反应的动力学模型进行了深入研究。同时对于此类复杂的连续反应，分别考虑了具有非等速率常数的加聚和解聚双向反应，并且所建立的动力学模型具有良好的反应精度和一致性。结果表明：对于正向聚合反应生成 PODE_n 的活化能在 35.7～39.6kJ·mol^{-1} 范围内，反向解聚反应活化能为 50.8～54.7kJ·mol^{-1}。通过 Eyring-Polanyi 方程计算所得反应活化吉布斯自由能范围在 103.1～111.2kJ·mol^{-1}，活化熵在反应中起重要作用。虽然反应速率常数随 PODE_n 链长的增加而增加，但各 PODE_n 产物仍满足 Schulz-Flory 分布，由此说明将此类可逆反应的每一步都设置为相同的反应速率常数，对于满足 Schulz-Flory 分布不一定总是必要的。

4.2.2 多聚甲醛与甲缩醛合成反应动力学

在 $PODE_n$ 的合成反应过程中，多聚甲醛与三聚甲醛类似，可以提供更多的 CH_2O 单体。Zheng 等[24] 以离子交换树脂 NKC-9 为催化剂，对多聚甲醛和甲缩醛反应生成 $PODE_n$ 的动力学进行研究，结果发现反应液相中 $PODE_n$ 的产物分布遵循 Schulz-Flory 分布模型，据此建立了反应速率矩阵，通过计算得到了不同温度下（60～80℃）正反应的反应速率常数（k_p）为 11.738、17.693、26.339，且遵循二级反应动力学。逆反应速率常数（k_d）为 0.037、0.056、0.108，且遵循一级反应动力学。根据实验数据计算了不同温度下的 K_n 的平均值为 313.9、271.0、243.2，其值与 n 无关，与 k_p 和 k_d 有关。当催化剂质量分数为 5%时，正逆反应的指前因子分别为 $1.84\times10^7 L \cdot mol^{-1} \cdot min^{-1}$、$5.36\times10^6 L \cdot mol^{-1} \cdot min^{-1}$，正反应的活化能 E_p（$39.52kJ \cdot mol^{-1}$）低于逆反应的活化能为 E_d（$52.01kJ \cdot mol^{-1}$），说明可逆反应的正反应为放热反应[20～25]。

在动力学建模中，假定反应体系具有恒定体积，平均密度为 $1.0g \cdot cm^{-3}$。因此，质量分数（w_i）和摩尔浓度（C_i）具有以下关系：

$$C_i=\frac{w_i}{M_i}(i=\mathrm{F},1,n)$$

式中，w_i 是化合物 i 相对于所有化合物（甲醛、PODE 和 $PODE_n$ 化合物）的质量分数，M_i 是化合物 i 的分子量，C_i 是化合物 i 的浓度。下标 F，1 和 $n(n>1)$ 分别指甲醛、PODE 和 $PODE_n$。为了简化模型，动力学模型中甲醛的浓度均包括溶液中不同形态的甲醛。根据实验数据，在 $PODE_n$ 链式传播的动力学模型中，C_F 被当作一个常数。

$PODE_n$ 化合物的可逆链增长反应遵循顺式反应机理，并具有下列平衡常数：

$$K_1=\frac{C_{PODE_2}}{C_{PODE}C_F}$$

$$K_n=\frac{C_{PODE_{n+1}}}{C_{PODE_n}C_F}(n>1)$$

从实验平衡产物分布的数据计算 K_n 在不同温度下的值，K_n 的实验值与 n 无关，这与 k_p 和 k_d 与分子大小无关的假设是一致的。在 60℃、70℃和 80℃，K_n 的平均值分别为 313.9、271.0 和 243.2。在该反应体系中，进料中所引入的水量相对于进料总质量（质量分数）在 0.70%以下，结果表明，体系中平衡甲醇含量（质量分数）小于 1%，说明 PODE 与 $PODE_n$ 的水解副反应仅起次要作用，可以忽略不计。为了简化反应速率矩阵的求解，假定 $PODE_6$ 为 $PODE_n$ 链式反应中的最终产物。$PODE_n$ 的链增长反应被认为是两个分子（$PODE_n+CH_2O$）反应生产一个（$PODE_{n+1}$）分子。假设对于每个反应物均遵循一阶动力学，可逆链增长反应遵循二级动力学，解聚反应遵循一级动力学，反应速率矩阵表示如下：

$$\frac{\mathrm{d}C}{\mathrm{d}t}=KC$$

$$=\begin{bmatrix} -k_{\mathrm{p}}C_{\mathrm{F}} & k_{\mathrm{d}} & 0 & 0 & 0 & 0 \\ k_{\mathrm{p}}C_{\mathrm{F}} & -k_{\mathrm{p}}C_{\mathrm{F}}-k_{\mathrm{d}} & k_{\mathrm{d}} & 0 & 0 & 0 \\ 0 & k_{\mathrm{p}}C_{\mathrm{F}} & -k_{\mathrm{p}}C_{\mathrm{F}}-k_{\mathrm{d}}\,k_{\mathrm{d}} & 0 & 0 & 0 \\ 0 & 0 & k_{\mathrm{p}}C_{\mathrm{F}} & -k_{\mathrm{p}}C_{\mathrm{F}}-k_{\mathrm{d}}\,k_{\mathrm{d}} & 0 & 0 \\ 0 & 0 & 0 & k_{\mathrm{p}}C_{\mathrm{F}} & -k_{\mathrm{p}}C_{\mathrm{F}}-k_{\mathrm{d}}\,k_{\mathrm{d}} & 0 \\ 0 & 0 & 0 & 0 & k_{\mathrm{p}}C_{\mathrm{F}} & -k_{\mathrm{d}} \end{bmatrix}\begin{bmatrix} C_1 \\ C_2 \\ C_3 \\ C_4 \\ C_5 \\ C_6 \end{bmatrix}$$

其中，k 是速率常数矩阵，C 是浓度矩阵，对于求解矩阵的初始值如下：

$$t=0, C_{\mathrm{PODE}}=C_0, C_{\mathrm{PODE}_i}=0\mathrm{mol}\cdot\mathrm{L}^{-1} \qquad (i=2\sim6)$$

上述矩阵的解析解，即 $\mathrm{PODE}_{1\sim6}$ 的浓度函数可以表示为：

$$C_n=f_1\beta_1C_0+C_0\sum_{i=2}^{6}f_i\beta_i\mathrm{e}^{\lambda_i k}\,\mathrm{d}t$$

其中 $n=1\sim6$；f 分别为 ω、θ、η、ν、κ、δ，上述解的系数用矩阵表示如下：

$$\begin{bmatrix}\beta \\ \lambda \\ \omega \\ \theta \\ \eta \\ \nu \\ \kappa \\ \delta\end{bmatrix}=\begin{bmatrix} \frac{1\text{-}\mathrm{A}}{1\text{-}\mathrm{A}^6} & \frac{\mathrm{A}^3}{1+\mathrm{A}} & \frac{\sqrt{3}\mathrm{A}^{3.5}+\mathrm{A}^3+\mathrm{A}^4}{12\ (1-\mathrm{A}+\mathrm{A}^2)} & \frac{-\sqrt{3}\mathrm{A}^{3.5}+\mathrm{A}^3+\mathrm{A}^4}{12\ (1-\mathrm{A}+\mathrm{A}^2)} & \frac{\mathrm{A}^{3.5}+\mathrm{A}^3+\mathrm{A}^4}{4\ (1+\mathrm{A}+\mathrm{A}^2)} \\ & -\mathrm{A}-1 & \sqrt{3\mathrm{A}}-\mathrm{A}-1 & -\sqrt{3\mathrm{A}}-\mathrm{A}-1 & \sqrt{\mathrm{A}}-\mathrm{A}-1 \\ 1 & \mathrm{A}^{-2} & \mathrm{A}^{-2} & \mathrm{A}^{-2} & \mathrm{A}^{-2} \\ \mathrm{A} & -\mathrm{A}^{-2} & (\sqrt{3\mathrm{A}}-1)\ \mathrm{A}^{-2} & (-\sqrt{3\mathrm{A}}-1)\ \mathrm{A}^{-2} & (\mathrm{A}^{0.5}-1)\ \mathrm{A}^{-2} \\ \mathrm{A}^2 & -\mathrm{A}^1 & (2\mathrm{A}^{0.5}-\sqrt{3})\ \mathrm{A}^{-1.5} & (2\mathrm{A}^{0.5}+\sqrt{3})\ \mathrm{A}^{-1.5} & -\mathrm{A}^{-1.5} \\ \mathrm{A}^3 & \mathrm{A}^{-1} & (\sqrt{3}-2\mathrm{A}^{0.5})\ \mathrm{A}^{-1.5} & -\ (\sqrt{3}+2\mathrm{A}^{0.5})\ \mathrm{A}^{1.5} & -\mathrm{A}^{-0.5} \\ \mathrm{A}^4 & 1 & (\mathrm{A}^{0.5}-\sqrt{3})\ \mathrm{A}^{-0.5} & (\mathrm{A}^{0.5}+\sqrt{3})\ \mathrm{A}^{0.5} & (1-\mathrm{A}^{0.5})\ \mathrm{A}^{-0.5} \\ \mathrm{A}^5 & -1 & -1 & -1 & 1 \end{bmatrix}$$

$$\begin{bmatrix} \frac{\mathrm{A}^3+\mathrm{A}^4-\mathrm{A}^{3.5}}{4(1+\mathrm{A}+\mathrm{A}^2)} \\ -\sqrt{\mathrm{A}}-\mathrm{A}-1 \\ \mathrm{A}^{-2} \\ -2\mathrm{A}^{-1.5} \\ \mathrm{A}^{-1.5} \\ \mathrm{A}^{0.5} \\ -\ (1+\mathrm{A}^{0.5})\ \mathrm{A}^{-0.5} \\ 1 \end{bmatrix}$$

其中：$\mathrm{A}=K_nC_{\mathrm{F}}$

通过对不同的操作条件下甲醛和 $\mathrm{PODE}_{1\sim6}$ 化合物的浓度进行分析，发现在反应过程中，$PODE_2$、$PODE_3$、$PODE_4$、$PODE_5$、$PODE_6$ 依次出现，进一步验证了该体系中的顺序传播机理。在反应级数 $n=1$ 的情况下对实验所得 PODE 浓度与时间相关数据进行最小二乘处理，得到不同温度下的速率常数 k_p、k_d，如表 4-16 所示。表 4-17 列出了 NKC-9 树脂催化剂用量（质量分数）为 5%时的指前因子（A_p、A_d）和活化能（E_p、E_d）等参数。

表 4-16 链增长反应速率常数（k_p）及解聚反应速率常数（k_d）

温度 /℃	k_p/min^{-1}	k_d/min^{-1}
60	11.738	0.037
70	17.693	0.065
80	26.339	0.108

表 4-17 Arrhenius 方程中的活化能（E_p，E_d）及指前因子（A_p，A_d）

E_p/kJ · mol^{-1}	E_d/kJ · mol^{-1}	A_p/L · mol^{-1} · min^{-1}	A_d/L · mol^{-1} · min^{-1}
39.52	52.01	1.84×10^7	5.36×10^6

由表 4-17 可以看出，正反应活化能 E_p（39.52kJ · mol^{-1}）低于逆反应活化能 E_d（52.01kJ · mol^{-1}），表明 $PODE_n$ 的可逆增长反应是放热的。

4.2.3 多聚甲醛与甲醇合成反应动力学

刘奕等[26] 考察了硫酸、HZSM-5 分子筛、酸性阳离子交换树脂三种不同催化剂在甲醇和多聚甲醛制备 $PODE_n$ 反应中的催化活性，并对 $PODE_n$ 合成反应动力学进行了研究，建立了多步串联的反应动力学模型。通过测量在不同温度下的表观反应速率，得到了 $PODE_n$ 合成反应动力学方程。结果表明：以硫酸为催化剂，在温和条件下反应具有较佳的催化活性，甲醇转化率可达 90.1%，目标产物 $PODE_n$（n 为 2～5）的收率可达 47.8%。反应中各步串联反应级数均为 1，且各串联反应的活化能随产物 $PODE_n$ 聚合度的增加而依次降低。

在 $PODE_n$ 合成反应动力学模型的构建中，以幂函数反应模型为基础[27～29]。由于多聚甲醛为固体，且不溶于甲醇，可视为其浓度在反应过程中无变化，因此反应物中只考虑甲醇浓度变化对反应的影响，忽略副反应的影响，设计反应动力学模型如下：

$$\mathrm{MeOH} \xrightarrow{k_1} \mathrm{PODE_1} \xrightarrow{k_2} \mathrm{PODE_2} \xrightarrow{k_3} \mathrm{PODE_3} \xrightarrow{k_4} \mathrm{PODE_4} \xrightarrow{k_5} \mathrm{PODE_5}$$

首先甲醇与多聚甲醛生成 $PODE_1$，反应速率常数设为 k_1，活化能为 E_{a1}。同理，k_2 和 E_{a2}、k_3 和 E_{a3}、k_4 和 E_{a4}、k_5 和 E_{a5} 依次为 $PODE_1$ 与多聚甲醛生成 $PODE_2$，$PODE_2$ 与多聚甲醛生成 $PODE_3$，$PODE_3$ 与多聚甲醛生成 $PODE_4$，$PODE_4$ 与多聚甲醛生成 $PODE_5$ 的反应速率常数与活化能。由于各步串联反应历程类似，故可认为各步串联反应的反应级数相同。

$$\frac{-\mathrm{d}C_{\mathrm{MeOH}}}{\mathrm{d}t}=-k_1 C_{\mathrm{MeOH}}{}^N$$

$$\frac{\mathrm{d}C_{\mathrm{PODE_1}}}{\mathrm{d}t}=-k_1 C_{\mathrm{MeOH}}{}^N-k_2 C_{\mathrm{PODE_1}}{}^N$$

$$\frac{\mathrm{d}C_{\mathrm{PODE_2}}}{\mathrm{d}t}=-k_2 C_{\mathrm{PODE_1}}{}^N-k_3 C_{\mathrm{PODE_2}}{}^N$$

$$\frac{\mathrm{d}C_{\mathrm{PODE_3}}}{\mathrm{d}t}=-k_3 C_{\mathrm{PODE_2}}{}^N-k_4 C_{\mathrm{PODE_3}}{}^N$$

$$\frac{\mathrm{d}C_{\mathrm{PODE_4}}}{\mathrm{d}t}=-k_4 C_{\mathrm{PODE_3}}{}^N-k_5 C_{\mathrm{PODE_4}}{}^N$$

式中，N 为多步串联反应动力学模型中各步反应的级数；C_{MeOH}、$C_{\mathrm{PODE_1}}$、$C_{\mathrm{PODE_2}}$、$C_{\mathrm{PODE_3}}$ 和 $C_{\mathrm{PODE_4}}$ 依次为 MeOH、$\mathrm{PODE_1}$、$\mathrm{PODE_2}$、$\mathrm{PODE_3}$ 和 $\mathrm{PODE_4}$ 的浓度，$\mathrm{mol \cdot L^{-1}}$。

分别假设反应级数 N 为 0、1、2 和 3，并对温度为 383.15K、393.15K、403.15K 和 413.15 K 下的甲醇浓度随时间变化数据（见图 4-8）以假定的函数关系作图。其中当 N 为 1 时，$\ln C_{\mathrm{MeOH}}$ 与 t 具有良好的线性关系，结果见图 4-9。因此，认为该反应为 1 级反应。

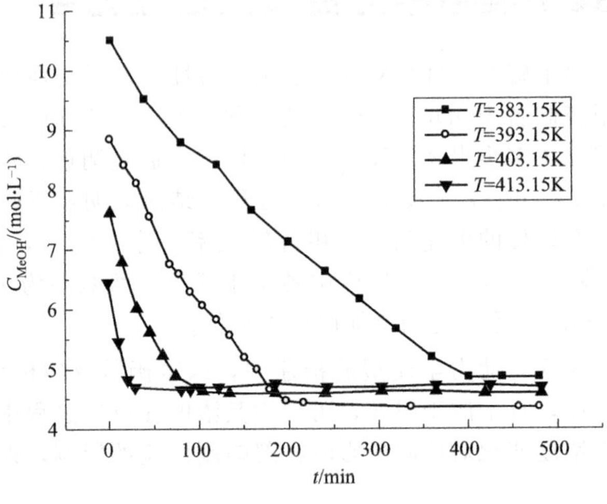

图 4-8 不同温度下甲醇浓度随时间的变化

若已知 k_1，可由下式求得 k_2。

$$\mathrm{d}C_{\mathrm{PODE_1}}=(k_1 C_{\mathrm{MeOH}}-k_2 C_{\mathrm{PODE_1}})\mathrm{d}t$$

对上式两边进行积分可得：

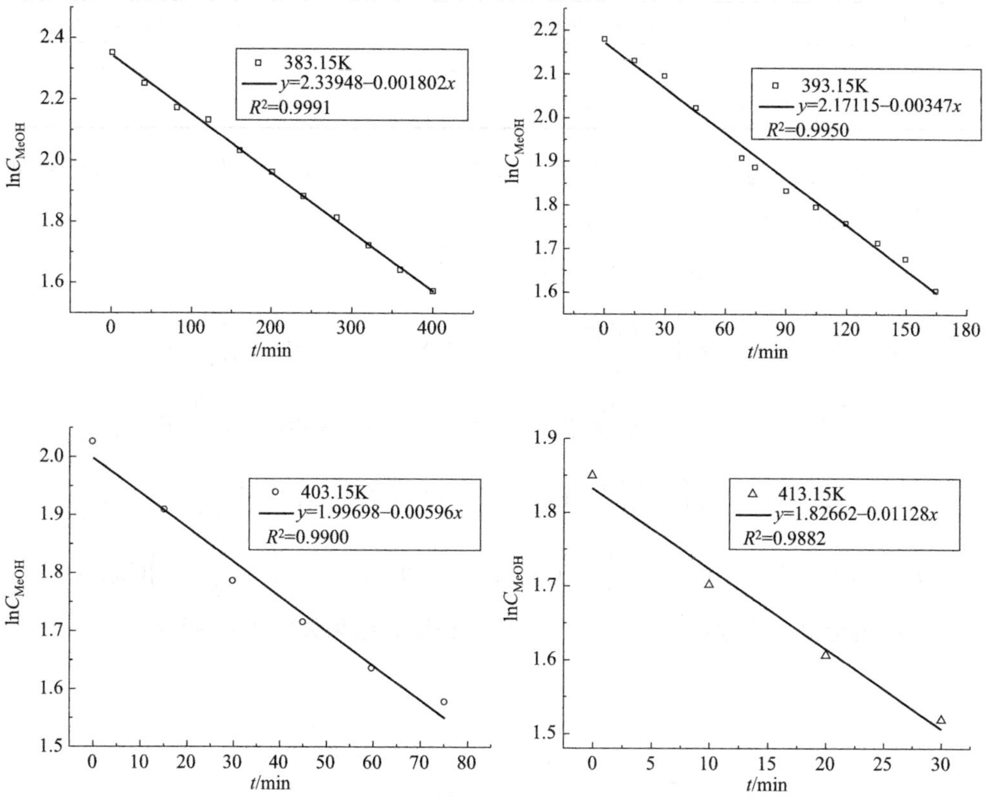

图 4-9　$\ln C_{\mathrm{MeOH}}$ 与 t 的关系

$$\int_{C_{\mathrm{PODE}_1^0}}^{C_{\mathrm{PODE}_1^t}} \mathrm{d}C_{\mathrm{PODE}_1} = \int_0^t (k_1 C_{\mathrm{MeOH}} - k_2 C_{\mathrm{PODE}_1})\mathrm{d}t$$

进一步可转化为：

$$C_{\mathrm{PODE}_1^t} - C_{\mathrm{PODE}_1^0} = \int_0^t (k_1 C_{\mathrm{MeOH}} - k_2 C_{\mathrm{PODE}_1})\mathrm{d}t$$

式中，t 为反应时间，min；$C_{\mathrm{PODE}_1^t}$ 为 t 时 PODE_1 的浓度，$\mathrm{mol \cdot L^{-1}}$。

由于已知 MeOH 与 PODE_1 在各反应时间下的浓度以及 k_1 的值，则上式右边的积分项可通过求积公式求近似解[30]，从而求出 k_2。依此类推，可根据 PODE_2、PODE_3 以及 PODE_4 浓度随时间变化曲线依次求出不同温度下 k_3、k_4 和 k_5，计算结果见表 4-18。

表 4-18　不同温度下的反应速率常数

T/K	$k_1\times10^3/\mathrm{min}^{-1}$	$k_2\times10^3/\mathrm{min}^{-1}$	$k_3\times10^2/\mathrm{min}^{-1}$	$k_4\times10^2/\mathrm{min}^{-1}$	$k_5\times10^2/\mathrm{min}^{-1}$
383.15	1.802	4.683	0.725	1.306	2.235
393.15	3.470	9.034	1.624	3.291	6.531

续表

T/K	$k_1\times10^3$/min^{-1}	$k_2\times10^3$/min^{-1}	$k_3\times10^2$/min^{-1}	$k_4\times10^2$/min^{-1}	$k_5\times10^2$/min^{-1}
403.15	5.960	15.040	2.943	6.151	12.350
413.15	11.280	29.980	6.723	16.410	38.180

最终所得各串连反应的动力学方程可表示如下，其中：r_n 依次为动力学模型中各步反应速率，mol·L^{-1}·min^{-1}。

$$r_1=1.26\times10^8\exp\left(-\frac{79520}{RT}\right)C_{MeOH}$$

$$r_2=1.26\times10^8\exp\left(-\frac{79520}{RT}\right)C_{MeOH}-4.85\times10^8\exp\left(-\frac{79970}{RT}\right)C_{PODE_1}$$

$$r_3=4.85\times10^8\exp\left(-\frac{79970}{RT}\right)C_{PODE_1}-8.20\times10^{10}\exp\left(-\frac{95690}{RT}\right)C_{PODE_2}$$

$$r_4=8.20\times10^{10}\exp\left(-\frac{95690}{RT}\right)C_{PODE_2}-7.46\times10^{12}\exp\left(-\frac{108100}{RT}\right)C_{PODE_3}$$

$$r_5=7.46\times10^{12}\exp\left(-\frac{108100}{RT}\right)C_{PODE_4}-3.80\times10^{14}\exp\left(-\frac{120380}{RT}\right)C_{PODE_5}$$

根据阿伦尼乌斯方程，以 $\ln k_{1\sim5}\sim T^{-1}$ 作图，结果如图 4-10 所示。

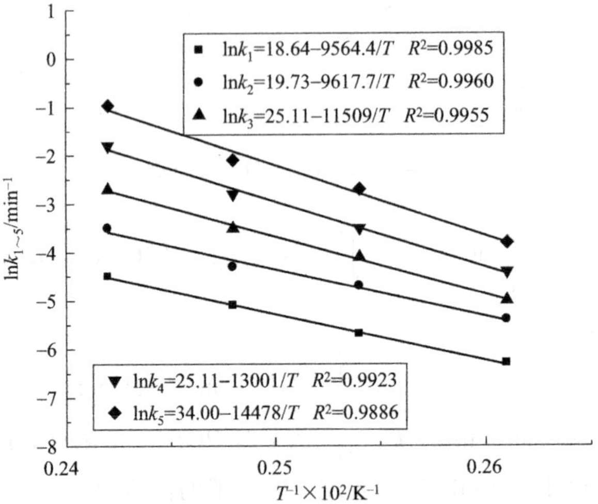

图 4-10 $\ln k_{1\sim5}$ 与 T^{-1}的线性关系

由于计算所得各步反应的活化能 $E_{a1}\sim E_{a5}$ 依次为 79.52kJ·mol^{-1}、79.97 kJ·mol^{-1}、95.69kJ·mol^{-1}、108.10kJ·mol^{-1} 和 120.38kJ·mol^{-1}。活化能 $E_{a1}\sim E_{a5}$ 逐步增大，并且差值也逐步升高，说明反应中生成 $PODE_{2\sim5}$ 的难度也依次增大，这与反应产物中 $PODE_{1\sim5}$ 的浓度分布情况相吻合。

4.2.4 甲醛与甲醇合成反应动力学

Zhang 等[31] 以强酸性阳离子交换树脂为催化剂，在固定床反应器上开展了甲醛和甲醇连续缩醛化反应合成 $PODE_n$ 的动力学实验。研究结果表明，对反应所使用的树脂催化剂 HD-S（粒径为 0.18～0.25mm）而言，生成 $PODE_{1\sim4}$ 的小分子反应为一级反应，而生成大分子 $PODE_{5\sim6}$ 的反应则被认为是在催化剂表面的零级反应。在此基础上建立反应速率方程，并对反应速率方程进行计算，得到各反应速率常数和表观活化能[20]。

动力学模型的建立需要满足以下假设条件：①反应器内的进料为平推流；②催化剂表面的扩散限制可以忽略不计；③没有浓度和温度的径向梯度。在以上模型假设下认为甲醛和甲醇合成 $PODE_n$ 的反应步骤如下：

$$2CH_3OH + CH_2O \rightleftharpoons CH_3OCH_2OCH_3 + H_2O$$
$$CH_3OCH_2OCH_3 + CH_2O \rightleftharpoons CH_3O(CH_2O)_2CH_3$$
$$CH_3O(CH_2O)_2CH_3 + CH_2O \rightleftharpoons CH_3O(CH_2O)_3CH_3$$
$$CH_3O(CH_2O)_3CH_3 + CH_2O \rightleftharpoons CH_3O(CH_2O)_4CH_3$$
$$CH_3O(CH_2O)_4CH_3 + CH_2O \rightleftharpoons CH_3O(CH_2O)_5CH_2$$
$$CH_3O(CH_2O)_5CH_3 + CH_2O \rightleftharpoons CH_3O(CH_2O)_6CH_3$$

采用以下简单的速率方程可以描述以上反应行为：

$$r_{PODE} = k_{a1}C_m^2C_f r_{PODE_2} = k_{a2}C_{PODE_1}C_f r_{PODE_3} = k_{a3}C_{PODE_2}C_f r_{PODE_4} = k_{a4}C_{PODE_3}C_f r_{PODE_5} = k_{a5}C_{PODE_4}C_f r_{PODE_6} = k_{a6}C_{PODE_5}C_f$$

式中，r_{PODE_n} 为 $PODE_n$ 合成反应的反应速率，C_m 为甲醇浓度，C_f 为甲醛浓度，C_{PODE_n} 为 $PODE_n$ 浓度，k_{an} 为 $PODE_n$ 合成反应的表观速率常数。速率方程被用来预测浓度随时间的变化关系。

$$-\frac{dC_f}{dt} = k_{a1}C_m^2C_f + k_{a2}C_{PODE_1}C_f + k_{a3}C_{PODE_2}C_f + k_{a4}C_{PODE_3}C_f + k_{a5}C_{PODE_4}C_f + k_{a6}C_{PODE_5}C_f$$

$$\frac{dC_{PODE_1}}{dt} = k_{a1}C_m^2C_f - k_{a2}C_{PODE_1}C_f$$

$$\frac{dC_{PODE_2}}{dt} = k_{a2}C_{PODE_1}C_f - k_{a3}C_{PODE_2}C_f$$

$$\frac{dC_{PODE_3}}{dt} = k_{a3}C_{PODE_2}C_f - k_{a4}C_{PODE_3}C_f$$

$$\frac{dC_{PODE_4}}{dt} = k_{a4}C_{PODE_3}C_f - k_{a5}C_{PODE_4}C_f$$

$$\frac{dC_{PODE_5}}{dt} = k_{a5}C_{PODE_4}C_f - k_{a6}C_{PODE_5}C_f$$

$$\frac{dC_{PODE_5}}{dt}=k_{a6}C_{PODE_5}C_f$$

由于 $PODE_5$ 和 $PODE_6$ 的分子量较大，所以内部传质限制的影响不容忽视。反应级数的变化为：对于小分子反应 1～4，保持一级反应不变，而二级反应变为 1.5 级。此外，$PODE_5$ 和 $PODE_6$ 的分子量较大，大部分聚集在催化剂外表面，且浓度基本保持不变，所以反应 5～6 的反应级数为 0。反应速率方程如下：

$$-\frac{dX_f}{dt}=k_1\exp\left(\frac{-E_{a1}}{RT}\right)X_m^{1.5}X_f+k_2\exp\left(\frac{-E_{a2}}{RT}\right)X_{PODE_1}X_f+k_3\exp\left(\frac{-E_{a3}}{RT}\right)X_{PODE_2}X_f$$
$$+k_4\exp\left(\frac{-E_{a4}}{RT}\right)X_{PODE_3}X_f+k_5\exp\left(\frac{-E_{a5}}{RT}\right)X_{PODE_4}X_f+k_6\exp\left(\frac{-E_{a6}}{RT}\right)X_f$$

$$\frac{dX_{PODE_1}}{dt}=k_1\exp\left(\frac{-E_{a1}}{RT}\right)X_m^{1.5}X_f-k_2\exp\left(\frac{-E_{a2}}{RT}\right)X_{PODE_1}X_f$$

$$\frac{dX_{PODE_2}}{dt}=k_2\exp\left(\frac{-E_{a2}}{RT}\right)X_{PODE_1}X_f-k_3\exp\left(\frac{-E_{a3}}{RT}\right)X_{PODE_2}X_f$$

$$\frac{dX_{PODE_3}}{dt}=k_3\exp\left(\frac{-E_{a3}}{RT}\right)X_{PODE_2}X_f-k_4\exp\left(\frac{-E_{a4}}{RT}\right)X_{PODE_3}X_f$$

$$\frac{dX_{PODE_4}}{dt}=k_4\exp\left(\frac{-E_{a4}}{RT}\right)X_{PODE_3}X_f-k_5\exp\left(\frac{-E_{a5}}{RT}\right)X_{PODE_4}X_f$$

$$\frac{dX_{PODE_5}}{dt}=k_5\exp\left(\frac{-E_{a5}}{RT}\right)X_{PODE_4}X_f-k_6\exp\left(\frac{-E_{a6}}{RT}\right)X_f$$

$$\frac{dX_{PODE_5}}{dt}=k_6\exp\left(\frac{-E_{a6}}{RT}\right)X_f$$

式中，k_n 为反应速率常数；E_{an} 为表观活化能，T 为反应温度；R 为理想气体常数；X_i 为 i 组分摩尔含量。通过采用龙格库塔法和拟牛顿法对以上方程进行求解，初始条件如下：

$$t=0, X_{PODE}=0, X_f=0.75$$

该方法的目标函数是使计算值与实测值之间的产品浓度平方和残差最小。计算结果汇总在表 4-19 中。

表 4-19　甲醛和甲醇在酸性树脂催化剂上合成 $PODE_n$ 动力学参数的计算结果

动力学参数	数值
k_1	59278.38
k_2	6029.97
k_3	3866.09

续表

动力学参数	数值
k_4	2835.77
k_5	773.56
k_6	130.19
E_1	43.68kJ · mol^{-1}
E_2	38.58kJ · mol^{-1}
E_3	40.51kJ · mol^{-1}
E_4	40.48kJ · mol^{-1}
E_5	38.67kJ · mol^{-1}
E_6	38.63kJ · mol^{-1}

由表 4-19 可以看出，六个反应的表观活化能值非常接近（38.58～43.68kJ · mol^{-1}）。这可能是由于各步反应具有类似的过程。PODE$_n$ 具有相似的化学结构并且由 PODE$_n$ 和甲醛生成 PODE$_{n+1}$ 的反应具有相似的反应过程和机理。达到活性状态所需的能量对于每个 PODE$_n$ 是恒定的。因此，观察到六个反应的表观活化能相似。随着链长的增加，速率常数 k_n 减小。可以看出，甲醛和甲醇合成 PODE$_n$ 是通过一系列级联反应来实现的。随着链长的增加，PODE$_n$ 的形成变得更加困难。同时，反应活性逐渐下降，速率常数 k_n 随着反应级数的增加而减小。最终结果显示，甲醛和甲醇合成 PODE$_n$ 的动力学模型及所求解参数能够很好地解释其反应机理。

参 考 文 献

[1] 张向京，武朋涛，蒋子超，等．聚甲醛二甲醚反应热力学分析［J］．化学工程，2015，43（04）：39-44.

[2] 雷艳华，孙清，陈兆旭，等．合成聚甲醛二甲基醚反应热力学的理论计算［J］．化学学报，2009，67（08）：767-772.

[3] Peterson S，Good D A，Francisco J S. A density functional study of the structures and energetics of cxbro where x = h，cl，and br［J］．Journal of Physical Chemistry A，1999，103（7）：916-920.

[4] Qiu L，Xiao H，Gong X，et al. Theoretical studies on the structures，thermodynamic properties，detonation properties，and pyrolysis mechanisms of spiro nitramines［J］．Journal of Physical Chemistry A，2006，110（10）：3797.

[5] 王正烈，周亚平．物理化学（上册）［M］．北京：高等教育出版社，2006.

[6] 马沛生．有机化合物实验物性数据手册［M］．北京：化学工业出版社，2006.

[7] 马沛生．化工数据［M］．北京：中国石化出版社，2003.

[8] Botella P，Corma A，Carr R H，et al. Towards an industrial synthesis of diamino diphenyl methane（dadpm）using novel delaminated materials：a breakthrough step in the production of isocyanates for polyurethanes［J］．Applied Catalysis A General，2011，398（1）：143-149.

[9] 王福安，蒋登高．化工数据导引［M］．北京：化学工业出版社，1995.

[10] 王松汉．石油化工基础数据［M］．北京：化学工业出版社，2002.

[11] 晁伟辉．聚甲氧基二甲醚的合成研究［D］．西安：西北大学，2016.

[12] Burger J, Ströfer E, Hasse H. Production process for diesel fuel components poly (oxymethylene) dimethyl ethers from methane-based products by hierarchical optimization with varying model depth [J]. Chemical Engineering Research and Design, 2013, 91 (12): 2648-2662.

[13] Dippr. Thermophysical Properties Laboratory Project 801. Department of Chemical Engineering, Brigham University, Pravo, Utah, 2009.

[14] Domalski E S, Hearing E D. Estimation of the thermodynamic properties of c-h-n-o-s halogen compounds at 298.15k [J]. Journal of Physical & Chemical Reference Data, 1993, 22 (4): 805-1159.

[15] Marrero-Morejã N J, Pardillo-Fontdevila E, Fernandez-Benitez S. Estimation of hydrocarbon properties from group-interaction contributions [J]. Chemical Engineering Communications, 1999, 176 (1): 161-173.

[16] Kuhnert C, Albert M, Breyer S, et al. Phase equilibrium in formaldehyde containing multicomponent mixtures: experimental results for fluid phase equilibria of (formaldehyde + (water or methanol) + methylal) and (formaldehyde + water + methanol + methylal) and comparison with predictions [J]. Industrial & Engineering Chemistry Research, 2006, 45 (17): 5155-5164.

[17] Michael A, Hans H, Christian K, et al. New experimental results for the vapor-liquid equilibrium of the binary system (trioxane + water) and the ternary system (formaldehyde + trioxane + water) [J]. Journal of Chemical & Engineering Data, 2005, 50 (4): 1218-1223.

[18] Boyd R H. Some physical properties of polyoxymethylene dimethyl ethers [J]. Journal of Polymer Science Part A Polymer Chemistry, 2010, 50 (153): 133-141.

[19] Burger J, Strofer E, Hasse H. Chemical equilibrium and reaction kinetics of the heterogeneously catalyzed formation of poly (oxymethylene) dimethyl ethers from methylal and trioxane [J]. Ind. Eng. Chem. Res, 2012, 51 (39): 12751-12761.

[20] 金福祥，宋河远，康美荣，等．缩醛化反应合成聚甲氧基二甲基醚研究进展 [J]．化工学报，2017，68 (12)：4471-4485.

[21] Chakrabarti A, Sharma M M. Cationic ion exchange resins as catalyst [J]. Reactive Polymers, 1993, 20 (1-2): 1-45.

[22] Hougen O A, Watson K M. Chemical Process Principles [M]. New York: John Wiley, 1947.

[23] Wang D, Zhao F, Zhu G L, et al. Production of eco-friendly poly (oxymethylene) dimethyl ethers catalyzed by acidic ionic liquid: A kinetic investigation [J]. Chemical Engineering Journal, 2018, 334: 2616-2624.

[24] Zheng Y Y, Tang Q, Wang T F, et al. Kinetics of synthesis of polyoxymethylene dimethyl ethers from paraformaldehyde and dimethoxymethane catalyzed by ion-exchange resin [J]. Chem Eng Sci, 2015, 134: 758-766.

[25] 何高银，时米东，代方方，等．甲醇和甲醛合成聚甲氧基二甲醚的动力学研究 [J]．化学反应工程与工艺，2016，32 (05)：438-444.

[26] 刘奕，高晓晨，高焕新，等．合成聚甲醛二甲醚的反应动力学 [J]．化学反应工程与工艺，2014，30 (4)：365-370.

[27] 张濂，许志美，袁向前．化学反应工程原理 [M]．上海：华东理工大学出版社，2007：290-312.

[28] 黄科林，吴睿，李会泉，等．纤维素在离子液体中均相酰化反应动力学 [J]．化工学报，2011，62 (7)：1898-1905.

[29] 彭新文，吕秀阳．5-羟甲基糠醛在稀硫酸催化下的降解反应动力学 [J]．化工学报，2008，59 (5)：1150-1155.

[30] 颜庆津．数值分析 [M]．北京：北京航空航天大学出版社，2012：149-177.

[31] Zhang J Q, Shi M H, Fang D Y, et al. Reaction kinetics of the production of polyoxymethylene dimethyl ethers from methanol and formaldehyde with acid cation exchange resin catalyst [J]. Reac Kinet Mech Cat, 2014, 113 (2): 459-470.

第5章

聚甲氧基二甲醚合成工艺

国外关于 $PODE_n$ 的生产技术研究机构及公司，如英国 BP 公司、德国 BASF 公司、意大利 Snamprogetti 公司、香港富艺国际工程公司的研究主要集中在小试研究和工艺路线设想层面，这些公司的生产技术大同小异，但未发展到工业化技术水平。我国关于 $PODE_n$ 的技术研究起步较晚，中科院山西煤炭化学研究所、太原理工大学、南京大学、青岛科技大学、上海石油化工研究院、中科院兰州化物所等单位都对聚甲氧基二甲醚的合成工艺进行了深入研究。基于不同的反应原料、催化体系、反应器和工艺路线开发了不同的 $PODE_n$ 合成技术路线，在此就目前研究者提到的几种常见的工艺路线做阐述。

5.1 二甲醚和甲醛合成 $PODE_n$ 工艺

BP 公司专利中公开了一种以二甲醚与甲醛为原料合成聚甲氧基二甲醚的工艺路线，主要包括两个步骤：第一步是甲醛的生成；第二步是甲醛与二甲醚在催化剂及其他合适条件下发生一系列反应生成聚甲氧基二甲醚。甲醛的来源主要有二甲醚转化生成甲醛和甲醇转化生成甲醛两种路径。

甲醛来源的第一种途径为二甲醚转化而成，BP 公司在 US5959156A[1]、US6392102B1[2] 和 US6265528[3] 等专利中提到参与聚甲氧基二甲醚合成反应的甲醛主要来源于二甲醚的氧化脱氢，其工艺技术类似，区别主要是催化剂不同。US5959156A[1] 中提到二甲醚主要在含银催化剂的催化下转化为甲醛；US6265528[3] 中提到二甲醚在某种能够激活多相酸性催化剂的可溶性缩合促进组分和银催化剂的催化下转化为甲醛；US6392102B1[2] 中的甲醛主要由二甲醚在氧化钨催化剂的催化下转化而得。甲醛来源的第二种途径为甲醇转化而成，BP 公司在 US6160174[4] 中所提到甲醛主要来源于甲醇在银催化剂作用下生成；US6166266[5] 中提到甲醇在以钼氧化物为主要组分的催化剂的条件下转化为甲醛。

BP 公司在 US5959156A[1] 中公开了一种二甲醚和甲醛制备 $PODE_n$（$n \geqslant 1$）的工艺装置及方法，该方法的原料主要是质量分数不低于 80%的二甲醚，二甲醚原料含有其他含氧化合物，如醇、水，其质量分数不超过 20%；甲醛由二甲醚氧化脱氢生成。在该工艺过程中未转化的二甲醚可以回收，并进一步采用蒸馏法浓缩。该工艺的反应条件为：温度为 20～150℃，压力为 0.1～10MPa，甲醛与二甲醚的摩尔比为(10∶1)～(1∶10)，反应混合物的进气流量为 50～50000h^{-1}。该工艺流程如图 5-1 所示。

由图 5-1 可知，吸附塔旁侧输出的湿气与新鲜空气混合，后与来自二甲醚储罐中的二甲醚液体混合物混合，再经换热器加热后进入甲醛反应器反应，进入反应器的混合物与催化剂接触后迅速被冷却。在甲醛反应器底部通入约 110～130℃的锅炉水，以便产生低压蒸汽。二甲醚、湿气与空气混合物被低压蒸气预热后，转入甲醛反应器顶部，该混合物可控制反应器的出口温度。二甲醚在反应器中进行氧化脱氢

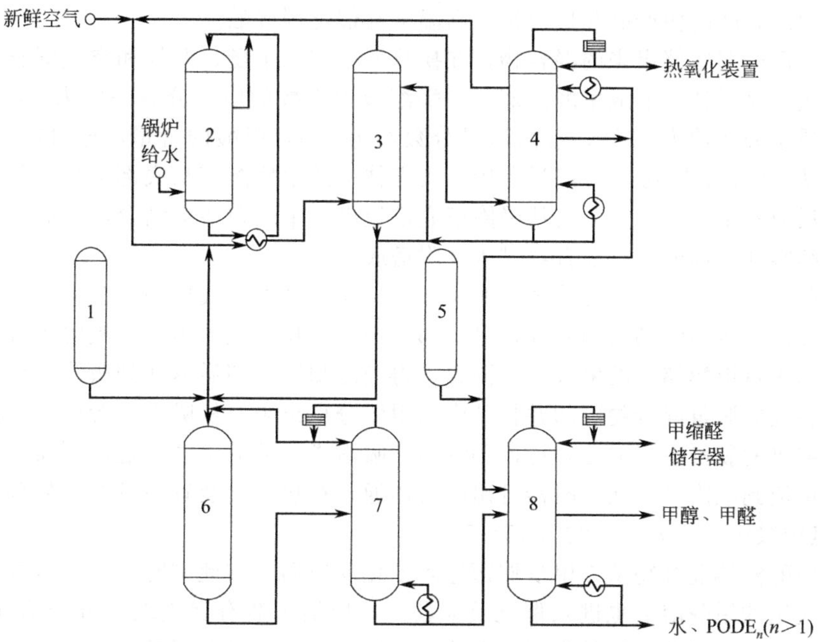

图 5-1　制备聚甲氧基二甲醚的催化精馏工艺流程

1—二甲醚储罐；2—甲醛反应器；3—喷雾柱；4—吸附塔；5—甲醇储罐；

6—催化反应器；7—二甲醚回收塔；8—反应精馏塔

反应，形成甲醛、甲醇、氧气、二氧化碳和水蒸气等气体混合物。甲醛反应器中装有氧化脱水催化剂，其中二甲醚的摩尔分数为1%～17.4%、空气的摩尔分数为82.6%～99%，反应温度为200～450℃，空速为1000～20000h^{-1}。其中反应器压力略高于大气压，压降可忽略不计。

催化剂为含银催化剂，催化剂内含有粒径为0.1～3mm的银晶体，催化剂具有多层结构，银晶体排列在不同粒径层中。

在含银催化剂的作用下，二甲醚在约500～700℃的温度下发生可逆脱氢反应而转化为甲醛：

$$CH_3OCH_3+1/2O_2 \longrightarrow 2CH_2O+H_2$$

该反应为吸热反应，平衡状态下，在400℃的产率约为50%，在500℃时为90%左右，在700℃时为99%左右。为了维持高收率所需的反应温度，部分氢被氧化成水，水的生成是放热的，提供热量以维持吸热加氢反应的温度，甲醇的直接氧化也提供了热量：

$$CH_3OH+1/2O_2 \longrightarrow CH_2O+H_2O$$

该反应的反应速率较快以至反应过程近乎绝热，在650℃时，完成该反应的接触时间不超过0.01s。反应器中的甲醇转化率通常为65%～80%，这主要取决于甲醇汽化阶段引入的蒸气量。

氧气可作为反应物，也可作为稀释剂。为减少副反应及爆炸混合物的形成，应该避免过量的氧气，最好将氧气的摩尔量控制在整个反应进料量的10%以内，并在尽可能短的时间内使产品和反应物在高温下与催化剂接触。

甲醛反应器底部出来的混合物，在换热器中与二甲醚、湿气和空气混合物进行换热后进入喷雾柱，形成甲醛溶液。甲醛溶液中甲醛的质量分数一般为55%左右，甲醇的质量分数约为45%，水的质量分数约为2%，甲酸的含量小于350×10^{-6}。在温度从100℃下降到75℃的过程中，喷雾柱中的甲醛溶液从底部流出，部分转移到催化反应器中，另一部分与从吸附塔底部流出的甲醛粗溶液结合，再循环到喷雾柱中。喷雾柱顶部的气态混合物进入吸附塔底部。

吸附塔中装有填料，可使气液两相逆流接触。吸附塔底部的部分甲醛稀溶液经冷却器冷却后再回流到塔的底部，另一部分输送到喷雾柱的顶部。吸附塔旁侧流出的液体与来自甲醇储罐的甲醇溶液混合，再经冷却器冷却后返回到吸附塔中，甲醇混合液将气体脱氢混合物冷却并将其中的甲醛分离出来。从吸附塔旁侧输出的湿气与外界提供的新鲜空气混合，可循环利用。吸附塔顶部的蒸气通过冷凝器形成冷凝液，再回流到吸附塔，从冷凝器排出的气体通常在热氧化装置中进行后处理（未示出）。其中吸附塔的温度大约为15～55℃。

二甲醚液体混合物从二甲醚储罐进入催化反应器，与此同时，从喷雾柱和吸附塔底部流出的甲醛溶液也进入催化反应器。反应器中装有促进缩合分子筛催化剂，该催化剂的主要成分是结晶金属硅酸盐。一般来说，结晶金属硅酸盐可与活性或非活性材料、合成或天然存在的沸石以及无机或有机材料结合，硅-氧化镁、二氧化硅-氧化铝、二氧化硅-钍或硅化物等结晶金属硅酸盐也可以与多孔基体材料结合，其中结晶金属硅酸盐的质量分数为5%～80%。

催化反应器中的流出物是一种有价值的产品，可被分离并加以回收，例如分离出的二甲醚、甲醛、聚甲氧基二甲醚可作为化学原料循环使用。

从催化反应器流出的混合液被输送到二甲醚回收塔，其中未反应的二甲醚在二甲醚回收塔中被分离出来。二甲醚馏分从塔顶进入冷凝器，形成冷凝液，部分冷凝液回流到二甲醚回收塔中，而另一部分进入催化反应器。二甲醚回收塔底部的甲醛和$PODE_n$（$n\geqslant1$）混合液有两部分流向，其中一部分经再沸器加热后回流入塔，另一部分被输送到反应精馏塔中。在此可将甲醇储罐中的甲醇溶液从罐底部输送到反应精馏塔中，在反应精馏塔中同时进行化学反应和多组分蒸馏。

在反应精馏塔中存在固体酸性催化剂，比如阳离子交换树脂和结晶铝硅酸，含有水、甲醇、甲醛、$PODE_n$（$n\geqslant1$）的混合物与催化剂逆流接触，进一步反应生成含有$PODE_n$（$n\geqslant1$）的液体产物。反应精馏塔中还装有阴离子交换树脂，反应产物与酸性催化剂接触形成无酸的混合物。挥发性反应产物从塔顶取出，而水和低挥发性反应产物在塔底取出。反应精馏塔顶部的物流进入冷凝器被冷凝，一部分凝结液回流到反应精馏塔中，另一部分被输送到甲缩醛产品存储器中（未示出）。塔底是含有$PODE_n$（$n>1$）的液体，一部分经再沸器回流入塔底，另一部分$PODE_n$（$n>1$）作为产品被取出。其中，未反应的甲醛、甲醇溶液从反应精馏塔侧线采出。

实施例1～例3如下：

采用具有结晶金属硅酸盐催化剂催化二甲醚和甲醛反应，该甲醛由甲醇转化而成。其反应器为管状石英反应器，内径约 10mm，并配有石英热电偶套管，其中装有 5mL 酸性催化剂颗粒。产物包括水、甲醇、甲醛、二甲醚和聚甲氧基二甲醚。聚甲氧基二甲醚的结构式为 $CH_3O\ (CH_2O)_nCH_3$，其中 $n \leqslant 7$。

以 11.13g 多聚甲醛（95%）、15.94g 甲醇和 1.80g 水为液体原料，在 50mL 高压釜中加压，搅拌加热至 130～140℃并持续 1h，然后冷却。通过注射泵将所得溶液加入反应器中催化剂床层上方的预热区，采用质量流量控制器将二甲醚和氮气的气体进料混合物输送到反应器的顶部。

将反应器的液体产物冷却至 0℃，并收集在 25mL 烧瓶中，用于称重和气相分析。使用 TCD 和 FID 检测器通过在线 GC 分析产品。

改变催化剂床层温度，使其分别在三个不同的温度下反应，每个温度下采集两个样品，每个样品约 7g。不同温度下的操作条件和结果分别如表 5-1～表 5-3 所示。

表 5-1　原料在 100℃ 下的操作条件和反应结果

操作条件		结果	
温度/℃		100	101
运行时间/min		95	155
气体进料/%（摩尔分数）	氮气	32.925	32.925
	DME	67.075	67.075
液体进料/%（质量分数）	甲醇	55.20	55.20
	甲醛	38.55	38.55
	水	6.25	6.25
进料速率/$mL \cdot min^{-1}$	气体	34.1	34.1
	液体	0.00756	0.00756
转化率/%（摩尔分数）	甲醇	67.15	66.96
	DME	4.36	2.71
	Net MeO	28.20	27.10
	甲醛	78.84	78.84
选择性/%	CO	0	0
	CO_2	0	0
	甲缩醛	80.548	78.269
	$PODE_n$，$n>1$	0.750	0.751
	DME/甲醇	5.38	5.44
	碳平衡	92.57	93.39

注：Net MeO（$mol \cdot L^{-1}$）为甲氧基基团的净转化率：

$$\text{Net MeO}=100\times\frac{(CH_3OH+2DME)_{原料}-(CH_3OH+2DME)_{产出物}}{(CH_3OH+2DME)_{原料}}$$

表 5-2　原料在 130 ℃下的操作条件和反应结果

操作条件		结果	
温度/℃		132	131
运行时间/min		245	305
气体进料/%（摩尔分数）	氮气	32.925	32.925
	DME	67.075	67.075
液体进料/%（质量分数）	甲醇	55.20	55.20
	甲醛	38.55	38.55
	水	6.25	6.25
进料速率/$mL \cdot min^{-1}$	气体	34.1	34.1
	液体	0.00756	0.00756
转化率/%（摩尔分数）	甲醇	53.59	53.68
	DME	5.12	4.75
	Net MeO	23.52	23.33
	甲醛	86.71	86.71
选择性/%	CO	0	0
	CO_2	0.095	0.086
	甲缩醛	64.480	64.699
	$PODE_n, n>1$	0.323	0.326
	DME/甲醇	3.48	3.50
	碳平衡	91.63	91.53

注：Net MeO($mol \cdot L^{-1}$)为甲氧基基团的净转化率：

$$\text{Net MeO}=100\times\frac{(CH_3OH+2DME)_{原料}-(CH_3OH+2DME)_{产出物}}{(CH_3OH+2DME)_{原料}}$$

表 5-3　原料在 160℃下的操作条件和反应结果

操作条件		结果	
温度/℃		164	160
运行时间/min		345	400
气体进料/%（摩尔分数）	氮气	32.925	32.925
	DME	67.075	67.075
液体进料/%（质量分数）	甲醇	55.20	55.20
	甲醛	38.55	38.55
	水	6.25	6.25
进料速率/$mL \cdot min^{-1}$	气体	34.1	34.1
	液体	0.00756	0.00756

续表

操作条件		结果	
转化率/% (摩尔分数)	甲醇	34.82	35.19
	DME	7.45	1.12
	Net MeO	17.84	14.05
	甲醛	90.59	90.59
选择性/%	CO	0	0
	CO_2	0.370	0.317
	甲缩醛	42.970	43.410
	$PODE_n$，$n>1$	0.094	0.096
	DME/甲醇	2.37	2.54
	碳平衡	92.40	94.76

注：Net MeO($mol \cdot L^{-1}$)为甲氧基基团的净转化率：

$$\text{Net MeO}=100\times\frac{(CH_3OH+2DME)_{原料}-(CH_3OH+2DME)_{产出物}}{(CH_3OH+2DME)_{产出物}}$$

实施例 4 如下：

该实施例中，在气液两相接触的条件下，甲醇在酸性固体催化剂的催化下转化为甲醛，产物包括水、甲醇、甲醛、二甲醚和聚甲氧基二甲醚。

酸性催化剂是磺酸型的离子交换树脂，树脂酸位属于 Bronstead 酸。反应器为管状石英反应器，内径约 10mm，并配有石英热电偶套管，其中装有 5mL 酸性催化剂颗粒。

以 7.42g 多聚甲醛（95%）和 15.93g 甲醇作为液体原料，在 50mL 高压釜中加压，搅拌加热至 130～140℃并持续 1h，然后冷却。通过注射泵将所得溶液加入反应器中催化剂床层上方的预热区，采用质量流量控制器将二甲醚和氮气的气体进料混合物输送到反应器的顶部。

将反应器的液体产物冷却至 0℃，并收集在 25mL 烧瓶中，用于称重和气相分析。使用 TCD 和 FID 检测器通过在线 GC 分析产品。操作条件和结果如表 5-4 所示。

表 5-4　基于具有 Bronstead 酸位点离子交换树脂的催化剂的物料转化

操作条件		结果
温度/℃		71
进料速率	气体/$mL \cdot min^{-1}$	10
	液体/$mL \cdot min^{-1}$	0.0756
转化率/% (摩尔分数)	甲醇	87.04
	甲醛	92.27
选择性/%	甲缩醛	97.78
	$PODE_n$，$n>1$	1.77

实施例 5 如下：

在液体接触的条件下，酸性固体催化剂将甲醇转化为甲醛。以 7.4g 多聚甲醛(95%) 和 15.9g 甲醇作为液体原料，在 50mL 高压釜中加压，搅拌并加热至 130～140℃并持续 1h，然后冷却。打开高压釜并加入 1.0g 催化剂，搅拌并加热至反应温度，在该温度下持续 2～3h。冷却至环境温度并沉淀后，取上清液进行气相分析和甲醛滴定分析，结果见表 5-5。

表 5-5　采用离子交换树脂基催化剂的液相转化

操作条件		结果
温度/℃		67
转化率/%（摩尔分数）	甲醇	73.38
	甲醛	77.91
选择性/%	甲缩醛	88.20
	$PODE_n$, $n>1$	6.03

实施例 6 如下：

在不同高温下使用针状银催化剂，甲醛由二甲醚、蒸汽和甲醇氧化脱氢而得。将 3.83g 针状银催化剂装入管状石英反应器中，该管状石英反应器（内径约 10mm）配备有石英热电偶套管。将石英棉置于催化剂床层上方，以促进液体进料蒸发。用注射泵将含有 18.6%（质量分数）甲醇和 81.4%（质量分数）水的溶液进料到催化剂床层上方的预热区，使用质量流量控制器将 59.93%（体积分数）二甲醚、31.59%（体积分数）氮气和 8.48%（体积分数）氧气的气态混合物进料到反应器顶部。收集样品，同时将催化剂床层的温度控制在 400～650℃的范围内。操作条件和反应结果如表 5-6 所示。

表 5-6　用银催化剂进行二甲醚的氧化脱氢

操作条件		结果	
温度/℃		397	508
运行时间/min		60	100
气体进料/%（摩尔分数）	氮气	31.59	31.69
	DME	59.93	59.93
	氧气	8.48	8.48
液体进料/%（质量分数）	甲醇	18.6	18.6
	水	81.4	81.4
进料速率/$mL \cdot min^{-1}$	气体	146	146
	液体	0.4125	0.4125

续表

操作条件		结果	
转化率/% (摩尔分数)	甲醇	9.21	10.55
	DME	15.44	16.41
	Net MeO	14.01	15.08
	氧气	94.40	93.85
选择性/%	轻质烷烃	1.37	4.07
	CO	18.19	20.15
	CO_2	9.06	7.92
	甲醛	56.57	59.16
	甲缩醛	0	0
	$PODE_n, n>1$	0	0
	DME/甲醇	3.23	3.20

注：Net MeO($mol \cdot L^{-1}$)为甲氧基基团的净转化率：

$$\text{Net MeO}=100\times\frac{(CH_3OH+2DME)_{原料}-(CH_3OH+2DME)_{产出物}}{(CH_3OH+2DME)_{原料}}$$

实施例 7 如下：

在高温条件下，二甲醚和蒸汽在针状银催化剂的催化作用下，发生非氧化脱氢反应产生甲醛。用注射器泵将水溶液进料到催化剂床层上方的预热区，采用质量流量控制器将 89.1%（体积分数）的二甲醚气态原料物流和 10.9%（体积分数）的氮气输送至反应器顶端。将催化剂床层温度控制在 400～650℃范围内并采集样品，操作条件和结果如表 5-7 所示。

表 5-7 银催化剂催化条件下二甲醚的非氧化脱氢

操作条件		结果			
温度/℃		408	511	612	650
运行时间/min		115	175	290	465
气体进料/% (摩尔分数)	氮气	10.9	10.9	10.9	10.9
	二甲醚	89.1	89.1	89.1	89.1
液体进料/% (质量分数)	水	100	100	100	100
进料速率/ $mL \cdot min^{-1}$	气体	102	102	102	102
	液体	0.07563	0.07563	0.07563	0.07563
转化率/% (摩尔分数)	二甲醚	3.63	2.56	9.38	23.39
	Net MeO	3.63	2.56	9.36	23.28
选择性/%	轻质烷烃	46.21	46.48	53.06	52.51
	CO	0	0	5.51	14.96
	CO_2	0	0	0.34	0.25

续表

操作条件		结果			
选择性/%	甲醛	53.79	53.52	41.10	32.29
	甲缩醛	0	0	0	0
	$PODE_n$, $n>1$	0	0	0	0

注：Net MeO($mol \cdot L^{-1}$)为甲氧基基团的净转化率：

$$\text{Net MeO}=100\times\frac{(CH_3OH+2DME)_{原料}-(CH_3OH+2DME)_{产出物}}{(CH_3OH+2DME)_{原料}}$$

5.2 二甲醚和三聚甲醛合成 PODEn 工艺

二甲醚与三聚甲醛在酸性催化剂催化下可反应生成聚甲氧基二甲醚，二甲醚作为反应原料，可使反应在基本无水的条件下进行，反应方程式如下所示：

$$CH_3OCH_3+(CH_2O)_3 \longrightarrow CH_3O-(CH_2O)_3-CH_3$$

BASF 公司[6] 公开了以二甲醚和三聚甲醛为原料，在酸性催化剂的催化下合成聚甲氧基二甲醚的专利技术。在该工艺过程中，均相催化剂被送入反应器，再通过装有阴离子交换树脂的吸附塔获得无酸的产品混合物，随后依次被送入精馏塔 1、精馏塔 2、精馏塔 3，得到目标产物。精馏塔 3 底部也含有均相催化剂，少部分产物可以从循环物料中排出。具体工艺流程见图 5-2。

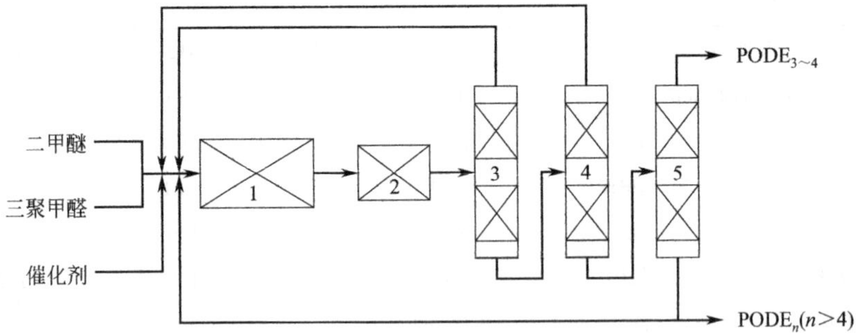

图 5-2　二甲醚和三聚甲醛合成聚甲氧基二甲醚的工艺流程图

1—反应器；2—吸附塔；3—精馏塔 1；4—精馏塔 2；5—精馏塔 3

如图 5-2 所示，二甲醚、三聚甲醛和均相催化剂作为进料物流一起被送入反应器中。二甲醚与三聚甲醛在反应温度为$-20\sim200$℃、压力为0.1～20MPa、摩尔比为0.1～10的条件下和多相酸性催化剂的催化下反应生成包含二甲醚、三聚甲醛和$PODE_n$（$n=2\sim10$）的产物。再通过填装阴离子交换树脂的吸附塔获得无酸的产品混合物，随后输送到精馏塔1，从塔顶流出的二甲醚与起始物流混合，底部产物进入精馏塔2。从精馏塔2顶部流出的$PODE_2$和三聚甲醛与起始物流混合，底部的产物被送入精馏塔3。精馏塔3中含有均相催化剂，其中$PODE_3$和$PODE_4$的混合物从精馏塔3顶部被送出，在塔底得到了由$PODE_n$（$n>4$）组成的循环流，未转化的二甲醚、三聚甲醛和$PODE_n$（$n<3$）再循环到反应器中。

在二甲醚与三聚甲醛酸催化反应得到的产物中获得四个组分，第一组分主要为二甲醚、第二组分主要为$PODE_2$和三聚甲醛、第三组分主要为$PODE_3$和$PODE_4$、第四组分主要为$PODE_5$和$PODE_n$（$n>4$）。二甲醚与三聚甲醛酸催化反应的产物混合物在串联的三个精馏塔中分离，在第一个精馏塔中将第一组分从反应产物混合物中分离，第二组分在第二个精馏塔中从剩余混合物中分离，其余混合物在第三精馏塔中分为第三和第四组分。在分离过程中，第一精馏塔的操作压力为0.01～10MPa，第二精馏塔的操作压力为0.0001～0.1MPa，第三精馏塔的操作压力为0.0001～0.05MPa。当使用如矿物酸或磺酸的均相催化剂时，催化剂将随着第四组分再循环至酸催化反应中。

该工艺要求原料和催化剂带入反应体系的水含量不能超过反应物总质量的1%，在水存在的条件下，聚甲氧基二甲醚水解形成的半缩醛（单醚）和聚甲醛二醇产物的沸点与其差距不大，导致聚甲氧基二甲醚不易从这些副产品中分离。为控制反应体系中的水含量不超标，主要采取了两种措施，首先是通过吸附法对原料二甲醚进行脱水，其次在催化剂的再生回用过程中也采取了严格的脱水处理。通过严格控制含水量，大大削弱了反应过程中的副反应，得到了较高纯度的聚甲氧基二甲醚。

该工艺所用酸性催化剂可为均相或非均相催化剂，合适的催化剂组分为矿物酸，如无水硫酸和磺酸（如三氟甲基磺酸和对甲苯磺酸）、杂多酸、酸性离子交换树脂、沸石、铝硅酸、二氧化硅、氧化铝、二氧化钛和二氧化锆。反应在固定床反应器中进行，采用多相催化剂，产品混合物可与阴离子交换树脂接触，以获得无酸的产品混合物。

该工艺的具体实施例如下：

实施例1：在实施过程中以30g三聚甲醛、63g二甲醚与0.2g硫酸为原料，在100℃加热16h。每隔1h取样一次，发现8h后反应达到平衡，平衡组分分布为：质量分数（$PODE_2$）=18%，质量分数（$PODE_3$）=58%，质量分数（$PODE_4$）=16%，余量为$PODE_n$（$n>4$）。

实施例2：在实施过程中以17g三聚甲醛、20g二甲醚和15g amberlite® IR120离子交换树脂为原料，在100℃加热24h后，采用气相色谱法对样品进行分析，包含聚甲氧基二甲醚在内的混合物具有以下分布：质量分数（$PODE_2$）=19%，质量分数（$PODE_3$）=64%，质量分数（$PODE_4$）=1%，余量为$PODE_n$（$n>4$）。

5.3 甲醇和三聚甲醛工艺

甲醇和三聚甲醛聚合生成聚甲氧基二甲醚的路线工艺按照反应器类型的不同，主要分为高压反应釜式工艺、固定床式/流化床反应器式工艺等，同一反应器式工艺也会根据合成催化剂的选择不同，合成方法也不尽相同。

5.3.1 反应釜式工艺

中国科学院兰州化学物理研究所陈静等人[7] 提出了一种哑铃形离子液体催化合成聚甲氧基二甲醚的方法。该工艺采用甲醇和三聚甲醛为反应原料，哑铃形离子液体作为催化剂，在一定反应温度和压力条件下于高压反应釜中催化合成聚甲氧基二甲醚（$PODE_{3\sim8}$）。且哑铃形离子液体的阳离子部分选自双季铵盐类阳离子、双咪唑类阳离子、双吡啶类阳离子、双吡咯类阳离子、双吡咯烷类阳离子、双哌啶类阳离子、双吗啡啉类阳离子中的一种，阴离子部分选自对甲基苯磺酸根、三氟甲基磺酸根、三氟乙酸根、甲基磺酸根、硫酸氢根、磷酸二氢根、硝酸根、氯离子、溴离子中的一种。其工艺合成原理如式（5-1）所示：

$$2CH_3OH + m/3$$

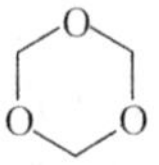

$$\longrightarrow CH_3O(CH_2O)_mCH_3 + H_2O \qquad (5\text{-}1)$$

式中，m 代表 1～11 的整数。

该合成工艺的具体操作步骤主要为：选取质量比（甲醇：三聚甲醛）为(0.5～10)：1 的反应原料，并配以反应进料质量分数为 0.01%～10%的催化剂用量，置于高压反应釜中，用氮气置换并充压至 0.5～3MPa，加热温度至 60～150℃后搅拌 1～6h，再经气相色谱分析，即可得知反应转化率的大小。

具体实施方式为：在 100mL 反应釜中依次加入反应原料和 8 种不同的催化剂，类型如图 5-3 所示，并按照表 5-8 的不同实施例工艺试验条件进行操作，所得试验结果如表 5-9 所示。

表 5-8 不同实施例的工艺条件

催化剂		甲醇/g	三聚甲醛/g	压力/MPa	温度/℃	搅拌时间/h	三聚甲醛转化率/%
种类	质量/g						
a	0.202	3.982	5.572	2.7	80	4	85.4
b	0.156	6.441	10.213	3	150	1	57.5

续表

催化剂		甲醇/g	三聚甲醛/g	压力/MPa	温度/℃	搅拌时间/h	三聚甲醛转化率/%
种类	质量/g						
c	0.091	3.347	7.237	2.2	120	6	91.2
d	0.204	3.215	7.258	2.3	120	2	91.5
e	0.204	3.230	7.198	2.1	100	4	77.2
f	0.578	3.289	7.229	2.3	120	2	53.4
g	0.194	3.228	7.218	2.5	140	3	86.7
h	0.913	6.476	15.131	1.9	120	4	89.6

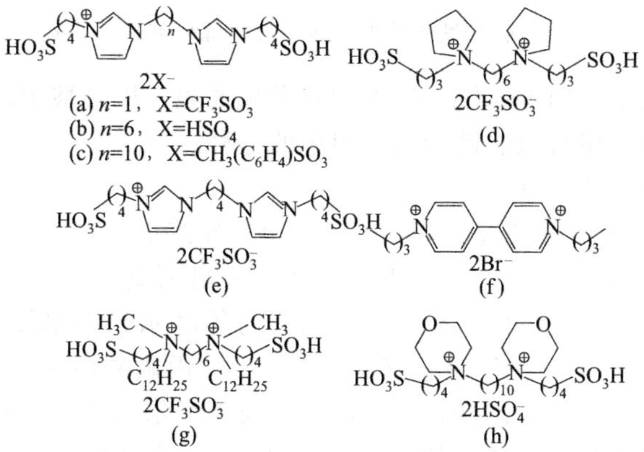

图 5-3　8 种不同的催化剂类型

表 5-9　不同实施例的产物组成分布

序号	相对含量/%			
	甲缩醛	$PODE_2$	$PODE_{3\sim8}$	$PODE_{(n>8)}$
实施例 1	50.1	32.3	17.6	未检出
实施例 2	30.9	26.6	41.4	1.1
实施例 3	24.9	41.9	33.2	未检出
实施例 4	22.8	27.6	49.6	未检出
实施例 5	26.6	28.5	44.9	未检出
实施例 6	79.2	13.5	7.3	未检出
实施例 7	42.2	34.6	23.2	未检出
实施例 8	31.4	25.3	43.3	未检出

由表5-9中结果可知，当选择以双吡咯类阳离子和三氟甲基磺酸基阴离子构成的哑铃形离子液体为反应催化剂，控制反应原料甲醇与三聚甲醛质量比为2.258，反应压力2.3MPa，反应温度120℃，反应时间2h时，三聚甲醛转化率最高可达91.5%；其次，随着甲醇和三聚甲醛原料比值得减小，反应温度越高，催化剂浓度越大，产物中高碳数组分的含量越高，即有效柴油添加组分 $PODE_{3\sim8}$ 的含量越来越高，最高可达49.6%；其所用催化剂腐蚀性低，对反应装置没有特殊要求，整个反应过程也较为简单、可控性较强。

太原理工大学张朝峰等人[8]提出了一种磁性纳米咪唑类离子液体催化剂及其催化合成聚甲氧基二甲醚的方法。该工艺采用甲醇和三聚甲醛为反应物，选择磁性纳米咪唑类离子液体为催化剂，控制一定反应温度和初始压力，催化合成聚甲氧基二甲醚。其中磁性纳米咪唑类离子液体催化剂的结构式如图5-4所示：

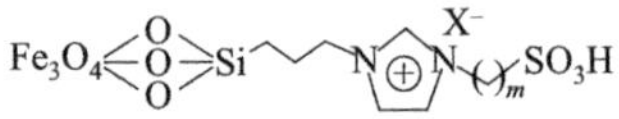

图5-4 磁性纳米咪唑类离子液体催化剂的结构式

式中，m 代表3～4的整数；X^- 为对甲苯磺酸根、甲磺酸根、硫酸氢根、三氟甲磺酸根、醋酸根、甲酸根、磷酸二氢根中的一种。

该工艺的主要操作步骤为：

① 纳米咪唑类离子液体催化剂的制备以甲苯作溶剂，在反应温度80～110℃的条件下，将质量比为1∶(5～10)的 Fe_3O_4 与（3-氯丙基）三甲氧基硅烷于500mL三口烧瓶中冷凝回流5h左右，其所得产物再与等摩尔咪唑单体发生季铵化反应，控制其反应温度为60℃，与等摩尔磺酸内酯（1,3-丙磺酸内酯或1,4-丁磺酸内酯）反应生成磺酸化离子液体，磺酸化离子液体再与等摩尔质子酸（对甲苯磺酸、甲磺酸、硫酸、三氟甲磺酸、醋酸等的一种）通过阴离子交换反应10h，然后经过旋蒸，真空干燥得到磁性纳米咪唑类离子液体催化剂。

② 聚甲氧基二甲醚的制备选取摩尔比（甲醇∶三聚甲醛）为(1～6)∶1的反应原料，配以总反应物0.1%～10%的催化剂用量，将其置于高压反应釜中，用氮气置换并充压至1～4MPa之间，缓慢加热至80～140℃后搅拌1～6h，冷却静置，所得聚甲醛二甲醚产品再经气相色谱分析，可得知反应转化率的大小。

具体实施方式如下：在100mL高压反应釜中依次加入反应原料和7种不同的催化剂，类型如图5-5所示，并按照表5-10的不同实施例工艺试验条件进行操作，所得试验结果如表5-11所示。

表5-10 不同实施例的工艺条件

催化剂		甲醇/g	三聚甲醛/g	压力/MPa	温度/℃	搅拌时间/h	三聚甲醛转化率/%
种类	质量/g						
a	1.6615	4.35920	12.2558	3.5	100	4	91.74
b	0.0274	6.40800	21.0817	1.5	140	6	80.45

续表

催化剂		甲醇/g	三聚甲醛/g	压力/MPa	温度/℃	搅拌时间/h	三聚甲醛转化率/%
种类	质量/g						
c	2.2344	19.2240	18.0160	3.0	90	3	43.32
d	0.5541	19.2776	36.1324	4.0	80	2	64.08
e	0.6421	6.40230	15.00000	2.5	130	5	79.61
f	0.5646	19.2240	9.00800	1.0	110	7	55.75
g	2.4666	12.8160	18.01600	2.0	120	8	35.93

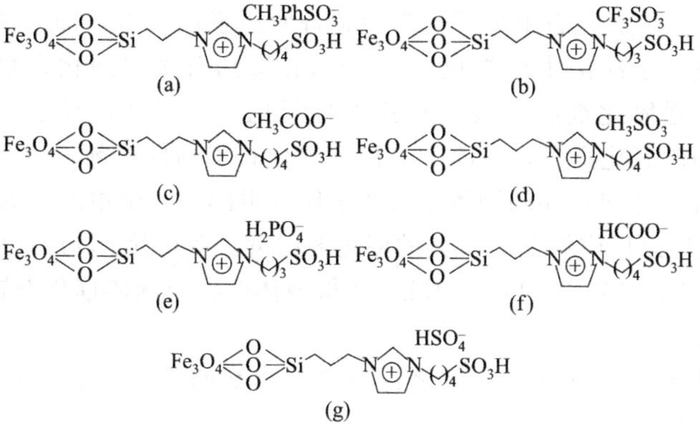

图 5-5　7 种不同的催化剂类型

表 5-11　不同实施例的产物组成分布

序号	相对含量/%			
	甲缩醛	$PODE_2$	$PODE_{3\sim8}$	$PODE_{(n>8)}$
实施例 1	23.15	15.97	59.85	1.03
实施例 2	6.680	27.23	65.47	0.62
实施例 3	10.64	87.24	2.120	未检出
实施例 4	14.01	74.05	11.94	未检出
实施例 5	15.77	33.03	51.09	未检出
实施例 6	20.51	78.19	1.300	未检出
实施例 7	10.46	64.00	25.54	未检出

研究结果表明，当选择以甲苯磺酸根离子所制备的磁性纳米咪唑类离子液体作催化剂时，在反应物料比值为 0.3557，各工艺参数为 $P=3.5$MPa、$T=100$℃、$t=4$h 的条件下，三聚甲醛转化率最高达 91.74%，所得主要产物 $PODE_{3\sim8}$ 和 $PODE_2$ 的相对含量分别为 59.85%和 15.97%；其次，与选择三氟甲磺酸型磁性纳米咪唑类离子液体作催化剂进行对比发现，工艺条件为 $P=1.5$MPa、$T=140$℃、

$t=6h$ 时，三聚甲醛转化率虽然不是最高，但是其所得产物 $PODE_{3\sim8}$ 和 $PODE_2$ 的相对含量却最高，且甲缩醛含量明显减小，说明此过程中甲缩醛的转化率得到了大幅度的提升；该工艺所用催化剂粒子分布均匀，比表面积大，便于物料的吸附和产物的解析，传热传质效果好，其所具有的高酸强度和强顺磁性特点使得催化剂与目标产物分离过程简单易操作，且物化性质稳定，可多次循环使用。

中科院山西煤炭化学研究所王建国等人[9] 提出了一种以氧化石墨烯为催化剂催化合成聚甲氧基二甲醚的制备方法。其工艺所用氧化石墨烯由 Hummers 法[10] 制备，比表面积 $\geqslant 65m^2 \cdot g^{-1}$，C/O 摩尔比为 0.8～1.5，单层厚度为 0.6～0.8nm，横向尺寸为 0.2～10μm。

该工艺的具体操作步骤主要分为两步，分别为：

① Hummers 法氧化石墨烯催化剂的制备使用强质子酸，即用浓硫酸和浓硝酸来处理鳞片石墨，于冰浴中搅拌反应 0.5～3h 得到石墨层间化合物，接着在小于50℃水浴中加入强氧化剂高锰酸钾对其进行氧化，得到富含羟基和羧基的氧化石墨，再经超声剥离氧化石墨，冷冻干燥得到氧化石墨烯催化剂；

② 聚甲氧基二甲醚产品的制备选取摩尔比（甲醇：三聚甲醛）为（0.1～10）：1 的反应原料，配以总反应物 1%～5%的催化剂用量，将其置于高压反应釜中，均匀搅拌并缓慢加热至 75～150℃反应 1～15h，所得液体产物与固体催化剂置于高速离心机分离后得到产品。

该工艺具体实施例中不同种氧化石墨烯催化剂的特点如表 5-12 所示，工艺条件及实施例结果如表 5-13 所示。

表 5-12　不同氧化石墨烯催化剂特点

种类	氧化石墨烯催化剂			
	比表面积/$m^2 \cdot g^{-1}$	C/O 摩尔比	单层厚度/nm	横向尺寸/nm
a	67.0	0.85	0.65	250
b	65.6	0.88	0.69	230
c	66.0	0.90	0.70	350
d	67.0	0.85	0.65	360
e	69.0	0.98	0.76	325
f	69.0	0.96	0.95	560

表 5-13　实施条件及结果

催化剂		$n_{甲醇}:n_{三聚甲醛}$	温度/℃	反应时间/h	甲醇转化率/%	三聚甲醛转化率/%	选择性②/%
种类	百分比①/%						
a	5.0	2.0：1	120	10	86.82	77.87	68.93
b	1.0	0.1：1	75	1	89.6	70.21	41.32
c	3.0	4.0：1	100	8	91.73	84.63	45.81

续表

催化剂		$n_{甲醇}:n_{三聚甲醛}$	温度/℃	反应时间/h	甲醇转化率/%	三聚甲醛转化率/%	选择性②/%
种类	百分比①/%						
d	2.5	7.0∶1	110	5	92.69	80.92	68.00
e	4.0	4.5∶1	150	10	88.98	87.59	54.53
f	5.0	10∶1	120	15	99.86	76.61	60.79

①百分比：表示催化剂占总反应物质量的百分比；②选择性：表示催化剂对 $PODE_{2\sim8}$ 的选择性。

由上述实施例结果可知：该工艺以高活性氧化石墨烯为催化剂制备聚甲氧基二甲醚，由此所得反应产物与氧化石墨催化剂不仅易分离，操作方便；而且在较温和的反应条件下可实现68%～85%的三聚甲醛转化率、88%～96%的甲醇转化率以及40%～69%的 $PODE_{2\sim8}$ 收率，且反应催化剂寿命较长。

邓小丹等人[11] 提出了一种以复合型离子液体（硫酸氢根-离子液体）为催化剂，催化合成聚甲氧基二甲醚的工艺方法。其具体的工艺流程示意图如图 5-6 所示。

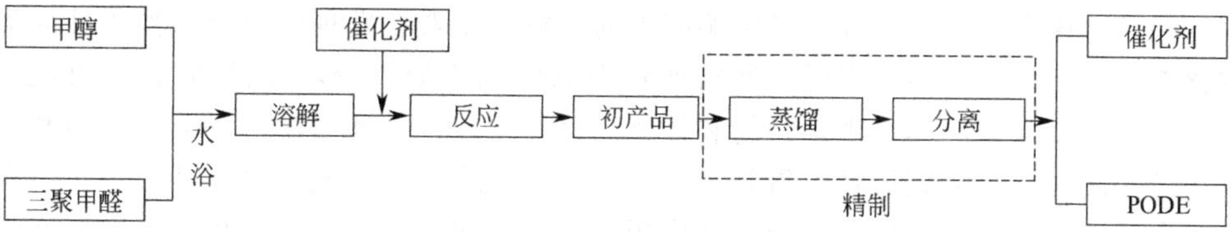

图 5-6　催化合成聚甲氧基二甲醚化合物的工艺过程

该工艺主要的操作步骤为：称取一定质量比（甲醇∶三聚甲醛）为 1∶(1～2) 的反应原料在水浴中混合溶解，将三聚甲醛和甲醇混合物与质量分数为 5%复合型硫酸氢根-离子液体催化剂一起加入高压反应釜中，用 N_2 置换并充压至实验要求压力 1～3MPa，升温至所需反应温度 80～120℃，反应时间控制在 1～8h 下合成聚甲氧基二甲醚。待反应完成后，取出初产品，经蒸馏，分离出产品 PODE 和催化剂。

针对上述工艺，研究者还重点讨论了合成聚甲氧基二甲醚的各影响因素变化规律，主要包括：催化剂种类、催化剂加入量、反应物配比、反应温度、反应时间和反应压力等因素，各影响因素变化规律主要表现为：

① 对于催化剂种类，研究者发现以复合型离子液体和咪唑型离子液体为催化剂时，三聚甲醛的转化率以及 $PODE_{3\sim8}$ 选择性和收率都最高，但是考虑到咪唑型离子液体为催化剂时，反应产物中含有沉淀，不易分离，故选用复合型离子液体为催化剂，所得三聚甲醛的转化率可达 96.66%；

② 随着催化剂用量在一定范围内的增加，反应活性中心数目增多，原料与催化剂接触概率增多，有利于生成正碳离子，提高反应速率，但过多的催化剂添加量又会影响正常的传热传质，使得三聚甲醛的转化率、$PODE_{3\sim8}$ 选择性和收率均随之先增大后减小，因此选取最优催化剂用量质量分数为 5%；

③ 较少的三聚甲醛量会生成聚合度较低的PODE，而较多的三聚甲醛量又会在酸的作用下会解聚成甲醛，甲醛聚合生成多聚甲醛，进而降低了催化剂的利用率，故选取最优原料质量配比为甲醇：三聚甲醛＝1：1.3；

④ 反应温度的升高，可以提高反应物活性，使得活化分子百分数升高，有效碰撞次数提高，反应速率增大，反应向正反应方向进行，然而基于该工艺的合成反应为放热反应，反应温度过高不利于产物的生成，且增加了冷凝的负荷，故选取最优反应温度100℃；

⑤ 随着反应时间的增加，三聚甲醛转化率、$PODE_{3\sim8}$选择性和收率随之增加，当反应时间为4h时，反应达到平衡，三聚甲醛转化率、$PODE_{3\sim8}$选择性和收率达到最大值，此时再通过对反应时间的延长，发现反应结果几乎没有影响，还造成了能耗的增加，因此选择控制反应时间为4h；

⑥ 由于甲醇的沸点较低，在低反应体系压力下容易气化，使得实际参加反应的甲醇含量变低；且反应转化率和产物收率也变低。然而较高的压力又会影响到三聚甲醛的分解，不易于分解形成甲醛，对转化率和产物收率造成一定影响，故特此优选合适的反应压力为2MPa。

除了对该合成工艺过程中各影响因素的分析，作者还发现以复合型离子液体为催化剂，提高反应产品收率时，所得产物中晶体沉淀量较少，放置7d仍没有沉淀生成，放置15d有晶体出现，产物和催化剂分离后通过循环使用可以节约原料和减少污染。同时，对合成的聚甲氧基二甲醚和20%混配的柴油进行技术指标测试，发现所合成的聚甲氧基二甲醚与柴油性质相近，互溶性好，可在一定程度上提高柴油的十六烷值和闪点，其三聚甲醛转化率最高可达到96.66%。

隆宽燕等人[12] 提出了一种以强酸性树脂催化剂HD-8催化合成聚甲氧基二甲醚绿色工艺。该工艺的主要反应机理为：三聚甲醛首先在强酸性催化剂的作用下转化为甲醛，然后甲醛与甲醇在催化剂作用下反应生成聚甲氧基二甲醚的单体甲缩醛（PODE），进而甲缩醛（PODE）与甲醛反应生成$PODE_2$，依次重复进行，$PODE_n$与甲醛反应最后生成的$PODE_{n+1}$[7]。，如式（5-2）所示。

$$(CH_2O)_3 \rightleftharpoons 3CH_2O$$

$$2CH_3OH + CH_2O \rightleftharpoons CH_3OCH_2OCH_3 + H_2O$$

$$CH_3OCH_2OCH_3 + CH_2O \rightleftharpoons CH_3O(CH_2O)_2CH_3$$

$$CH_3O(CH_2O)_2CH_3 + CH_2O \rightleftharpoons CH_3O(CH_2O)_3CH_3$$

$$CH_3O(CH_2O)_3CH_3 + CH_2O \rightleftharpoons CH_3O(CH_2O)_4CH_3$$

$$\cdots$$

$$CH_3O(CH_2O)_nCH_3 + CH_2O \rightleftharpoons CH_3O(CH_2O)_{n+1}CH_3 \qquad (5\text{-}2)$$

该工艺主要的操作步骤为：将质量分数为2.2%强酸性树脂催化剂HD-8与物质的质量比为1：2的反应原料一起置于高压反应釜内之后，通入氮气置换并充压至所需压力2MPa，检漏完毕后开启搅拌和升温系统，升至所需反应温度110℃后开始计时，反应时间维持3h，关闭搅拌装置，降温并卸压，即可完成$PODE_{3\sim8}$合成反应。反应产物用 Agilent 6890N 气相色谱仪进行分析。

此外，研究者还确定了正交试验的可行域，设计了聚甲氧基二甲醚合成的五因素三水平的正交试验，试验结果如表 5-14 所示。

表 5-14　正交试验设计表

序号	因素					结果		
	醇醛质量比	催化剂质量分数/%	时间/h	反应温度/℃	压力/MPa	转化率/%	选择性/%	产率/%
1	1∶2	1.2	2	100	1.5	72.97	76.38	55.73
2	1∶2	2.2	3	110	2.0	73.87	77.74	57.42
3	1∶2	3.2	4	120	2.5	76.68	71.18	54.58
4	1∶1.8	1.2	2	110	2.0	75.68	67.10	50.78
5	1∶1.8	2.2	3	120	2.5	74.55	69.32	51.68
6	1∶1.8	3.2	4	100	1.5	73.47	69.22	50.86
7	1∶1.5	1.2	3	100	2.5	73.5	63.05	46.34
8	1∶1.5	2.2	4	110	1.5	74.57	65.91	49.15
9	1∶1.5	3.2	2	120	2.0	70.98	66.85	47.45
10	1∶2	1.2	4	120	2.0	77.09	61.21	47.18
11	1∶2	2.2	2	100	2.5	77.11	69.54	53.62
12	1∶2	3.2	3	110	1.5	68.46	72.79	49.83
13	1∶1.8	1.2	3	120	1.5	60.24	69.11	41.64
14	1∶1.8	2.2	4	100	2.0	71.56	72.44	51.83
15	1∶1.8	3.2	2	110	2.5	68.65	69.74	47.87
16	1∶1.5	1.2	4	110	2.5	74.29	65.44	48.61
17	1∶1.5	2.2	2	120	1.5	79.35	65.31	51.82
18	1∶1.5	3.2	3	100	2.0	74.48	63.87	47.57
转化率 K_1	446.17	433.78	444.74	443.08	429.07			
转化率 K_2	424.15	451.01	425.09	435.52	443.64			
转化率 K_3	447.18	432.71	447.66	438.89	444.78			
转化率 R	23.03	18.30	22.57	7.56	15.71			
选择性 K_1	428.84	402.28	415.92	414.50	418.72			
选择性 K_2	416.93	420.25	415.88	418.72	409.20			
选择性 K_3	390.42	413.66	405.39	402.98	408.26			
选择性 R	38.43	19.97	10.49	15.74	10.46			
产率 K_1	318.38	290.29	307.28	305.95	299.03			
产率 K_2	294.66	315.53	294.47	303.68	302.24			
产率 K_3	290.94	298.16	302.22	294.35	302.71			
产率 R	27.43	25.24	12.81	11.60	3.68			

注：K_1 为"1"水平所对应的试验指标的数值之和；K_2 为"2"水平所对应的试验指标的数值之和；K_3 为"3"水平所对应的试验指标的数值之和；R 为极差。

通过对以一定稳定性和催化活性的高强酸性树脂 HD-8 为催化剂进行聚甲氧基

二甲醚合成工艺正交试验的设计以及试验设计结果的分析，作者表明较优的组合条件应为醇醛比 1∶2，催化剂用量为反应原料质量的 2.2%，反应时间 3h，反应温度 110℃，反应压力 2MPa，此时，三聚甲醛的转化率为 73.87%，产物 $PODE_{3\sim8}$ 的选择性和收率分别为 77.74%和 57.42%。表 5-14 中的极差分析结果还表明，在所选的五个因素中，对 $PODE_{3\sim8}$ 的转化率影响的显著性依次为：醇醛比＞反应时间＞催化剂用量＞反应压力＞反应温度；对 $PODE_{3\sim8}$ 的选择性影响的显著性依次为：醇醛比＞催化剂用量＞反应温度＞反应时间＞反应压力；对 $PODE_{3\sim8}$ 的收率影响的显著性依次为；醇醛比＞催化剂用量＞反应时间＞反应温度＞反应压力，即醇醛比是影响产物 $PODE_{3\sim8}$ 的收率的最主要因素。此外，研究者进一步根据各因素对收率的影响显著性大小，对醇醛比进行了单因素实验研究并表明：随着三聚甲醛用量的增加，产物 $PODE_{3\sim8}$ 选择性和收率随之增大，当醇醛比为 1∶2 时，$PODE_{3\sim8}$ 的收率最大为 53.72%。之后随着三聚甲醛用量的继续增加，$PODE_{3\sim8}$ 选择性和收率开始下降，这是因为过大的三聚甲醛量会使得产物中有固体产生，甚至发生凝固结块现象，非常不利于后期的产物分离。因此，工艺选择较优醇醛比为 1∶1.8。

中国科学院兰州化学物理研究所赵峰等人[13] 提出了一种在 SO_4^{2-}/Fe_2O_3 固体超强酸上进行三聚甲醛与甲醇开环缩合反应的方法，并考察了醇醛比、反应温度、反应时间和反应压力对催化活性的影响以及催化剂的重复使用稳定性。

该工艺的主要操作步骤为：

① 固体超强酸 SO_4^{2-}/Fe_2O_3 催化剂的制备。将硝酸铁溶解到一定量的去离子水中，向溶液中逐滴滴加 $w(NH_3)$ 为 25%的氨水至 pH＝8 左右。室温下陈化 15h，过滤、洗涤至中性，80℃ 干燥得到氢氧化铁。研细过 100 目筛，用 $0.5mol\cdot L^{-1}$ 的硫酸浸渍，洗涤，80℃ 干燥后，在 500℃ 焙烧 5h，得到 SO_4^{2-}/Fe_2O_3 固体超强酸催化剂；

② 聚甲氧基二甲醚的合成。将摩尔比为(0.5～2)∶1 的反应原料与反应物总量的 1.5%催化剂置于 100mL 不锈钢反应釜中，用氮气置换并充压至 0.1～1.5MPa，并加热至 100～140℃，反应 1～6h，经分离得到反应产物。反应产物用 Agilent 6820 型气相色谱定量分析。

此外，研究者还讨论了合成聚甲氧基二甲醚的影响因素，主要包括：催化剂种类、催化剂加入量、反应物配比、反应温度、反应时间和反应压力等因素，其各影响变化规律主要表现为：

① 醇醛比对反应性能的影响。甲醇含量较低时，反应产物向长链产物转移，随着醇醛比的升高，$PODE_1$ 和 $PODE_2$ 的收率逐渐增大，而高分子量的产物逐渐减少，即较高的甲醇含量有利于短链产物 $PODE_1$ 和 $PODE_2$ 的生成，但同时反应产生的水也不利于长链产物的生成，过低的甲醇含量会导致三聚甲醛分解生成的高浓度甲醛容易聚合生成白色固体多聚甲醛。其次，研究还表明，当醇醛比为 0.75∶1（此时产物分为液固两相，取清液分析）和 1.2∶1 时 $PODE_{3\sim8}$ 收率最大，且随着

醇醛比的升高 $PODE_{3\sim8}$ 收率逐渐减少，最佳的醇醛配比为 1.2∶1。

② 反应温度对反应性能的影响。随着反应温度的升高，三聚甲醛的转化率随之增大，$PODE_{3\sim8}$ 收率先逐渐增大而后趋于平衡。故从能耗与收率两方面综合考虑，此反应的最佳反应温度为 130℃。

③ 反应时间和压力对反应性能的影响。随着反应时间的延长，三聚甲醛的转化率随之增大。而 $PODE_{3\sim8}$ 的收率在反应时间为 2h 时已基本达到平衡，反应继续进行至 5h，$PODE_{3\sim8}$ 收率开始减少，这主要可能是因为反应体系中生成的水，使长链产物发生水解所致。其次，随压力的升高，$PODE_{3\sim8}$ 产物收率随之减少。故选择反应较佳反应时间为 2h，压力为 0.1MPa。

④ 催化剂的循环使用性能。将反应后催化剂过滤洗涤，并于 80℃干燥一定时间、500℃下焙烧 2h 后用于后续重复性试验的检验，试验结果如表 5-15 所示。可以看出，SO_4^{2-}/Fe_2O_3 固体超强酸催化剂在重复使用 4 次后，仍然具有较高的催化活性，说明重复使用性较好。

表 5-15　SO_4^{2-}/Fe_2O_3 催化剂稳定性试验结果

重复使用次数	产物收率/%								
	$PODE_1$	$PODE_2$	$PODE_3$	$PODE_4$	$PODE_5$	$PODE_6$	$PODE_7$	$PODE_8$	$PODE_{3\sim8}$
1	6.9	6.7	6.7	5.6	4.3	3.1	2.0	1.0	22.3
2	10.8	5.7	5.4	4.8	4.0	3.0	1.9	1.0	20.1
3	6.9	6.6	6.7	6.0	4.8	3.8	2.4	1.4	24.6
4	3.8	7.5	7.3	5.8	4.1	2.7	1.5	0.6	22.1

此外，研究者通过对重复使用后的催化剂进行元素组成分析后发现，SO_4^{2-}/M_xO_y 型催化剂的失活，主要是与催化剂表面硫酸根的流失和积炭有关。缩合反应生成的水在体系中与催化剂表面硫酸根接触，造成表面硫酸根流失，使酸中心减少，导致酸度减弱；有机相中有机物在催化剂表面吸附、沉积，造成催化剂活性中心积炭，使活性降低。然而该工艺过程中尽管 SO_4^{2-}/Fe_2O_3 存在 SO_4^{2-} 的流失，但只要催化剂存在弱酸位，则催化性能就可基本保持，且以此固体酸作催化剂，在一定程度上缓解了催化剂与产品分离的难易和环境污染等问题。

5.3.2　环管反应器式工艺

北京科尔帝美技术工程有限公司韦先庆等人[14] 提出了一种制备聚甲氧基二甲醚的系统装置和工艺专利（CN102701923A），工艺流程如图 5-7 所示。其工艺流程主要包括原料进料、缩醛化反应、反应物闪蒸及单体的回收、产品萃取及水相催化剂的分离、萃取液的碱洗、精馏分离及回收。

其具体的操作步骤为：①甲醇、三聚甲醛、回收单体和离子液体催化剂经计量后一起进入进料混合器充分混合，然后同反应循环物料一起进入环管式反应器；②

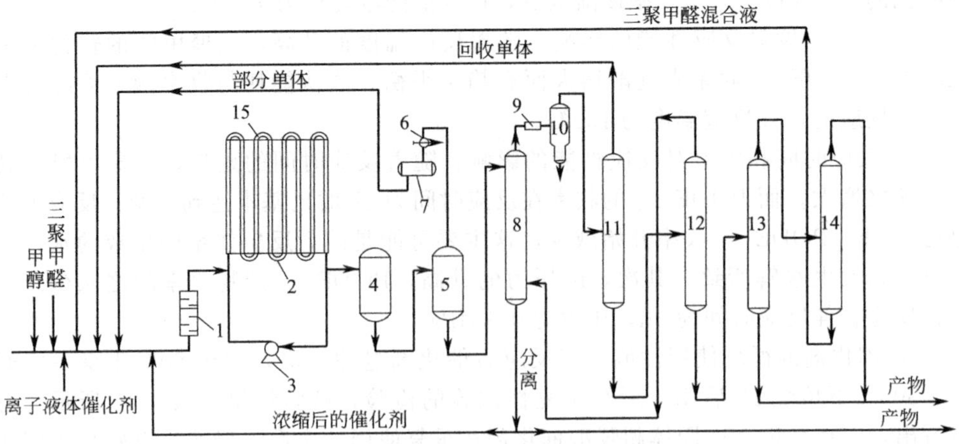

图 5-7 北京科尔帝美合成工艺流程

1—进料混合器；2—环管式反应器；3—反应器循环泵；4—调压罐；5—闪蒸器；6—闪蒸冷凝器；7—闪蒸收集罐；8—萃取塔；9—碱洗混合器；10—碱液沉降罐；11—单体回收塔；12—萃取剂回收塔；13—产品分离塔；14—三聚甲醛脱除塔；15—循环冷凝器

升高温度进行热引发反应，由于温度的升高使得反应加剧，需要注入循环水对反应器降温，将温度控制在 105～125℃。反应器出来的产物一部分作为循环，一部分进入调压罐，通过调压罐可以调节反应压力在 2.5～3.5MPa；③从调压罐出来的物料进入闪蒸罐，分离出部分单体，经冷却后返回环管式反应器；闪蒸罐底部出来的物料进入萃取塔，以芳烃为萃取剂进行萃取，分离出产物和催化剂，催化剂经浓缩和单体分离返回到环管式反应器循环使用；向萃取液中注入碱液，质量分数为 40%，除掉酸性物质；④萃取液碱洗后打入单体回收塔，回收单体作为循环原料返回环管式反应器。塔底的萃取液进入萃取剂回收塔回收，从萃取回收塔的塔顶再返回到萃取塔内重复使用；⑤萃取回收塔塔底产物进入产品分离塔分离，在分离塔底分离出产物聚甲氧基二甲醚（$PODE_{2\sim8}$），塔顶为含有目的产物的三聚甲醛混合物，一起进入三聚甲醛脱除塔，塔顶分离得到目的产物，塔底三聚甲醛混合液返回反应器循环反应。

具体实施方案为：反应进料经以甲醇：三聚甲醛：回收单体：催化剂＝0.4：0.8：0.5：0.05（吨产品计算）的比例计量后混合进入反应器，控制操作压力为 2.5～3.5MPa，温度为 105～125℃，然后选取苯作为萃取剂进行聚甲氧基二甲醚的合成与分离。其中所用萃取塔采用规整填料，填料高度为 10～30m，萃取剂与原料进料比为 0.5：2；单体回收塔采用板式塔或填料塔（理论板数 10～40 块，填料高度 10～30m），操作压力为 0～0.3MPa，塔顶操作温度为 50～80℃；萃取剂回收塔采用板式塔或填料塔（理论板数 20～40 块，填料高度 10～30m），操作压力为 0～0.5MPa，塔顶操作温度为 60～100℃；产品分离塔采用板式塔或填料塔（理论板数 20～40 块，填料高度 10～30m），操作压力为 0～0.3MPa，塔顶操作温度为 60～

120℃；三聚甲醛脱除塔采用板式塔或填料塔（理论板数 30～50 块，填料高度 10～30m），操作压力为 0～0.3MPa，塔顶操作温度为 60～120℃。最后所得产物的质量指标如表 5-16 所示。

表 5-16　产物的质量指标

名称	产品/$kg \cdot h^{-1}$	产品组成质量分数/%
流量	1250	—
甲醛	—	$\leqslant 50 \times 10^{-6}$
甲醇	—	$\leqslant 50 \times 10^{-6}$
三聚甲醛	—	$\leqslant 200 \times 10^{-6}$
$PODE_1$	—	$\leqslant 50 \times 10^{-6}$
$PODE_2$	585	46.8
$PODE_3$	383.5	30.68
$PODE_4$	192	15.36
$PODE_5$	70.5	5.64
$PODE_6$	15.5	1.24
$PODE_7$	3.5	0.28
水	—	$\leqslant 300 \times 10^{-6}$
苯	—	$\leqslant 500 \times 10^{-6}$

从表 5-16 中产物组成分析可知所得产品收率非常高。这主要是因为该工艺所用夹套环管反应器是将蒸汽和高温水加热、冷却水和外部冷却系统的结合使用，快速对反应物料进行加热、恒温和移热，传热性能好，同时在反应器内部采用混合元件强化传热和传质，避免了大分子聚甲氧基二甲醚的生成；其次，该工艺还设有单体、芳烃、三聚甲醛和 PODE 产品分离系统，能在其保证产品的质量指标的同时，最大限度地回收相关组分，从而减少能量消耗，使得产品收率变高。

山东辰信新能源有限公司蔡依进等人[15] 提出了一套以甲醇和三聚甲醛为原料制备聚甲氧基二甲醚的反应系统及装置方法（CN104177236A）。该工艺反应系统包括：多级环管反应器、物料循环泵、冷却器、控温装置和控压装置等，各级环管反应器均设置有入口和出口，上一级环管反应器的一个出口与下一级环管反应器的一个入口通过管路连接，各级环管反应器依次连接。该工艺制备聚甲氧基二甲醚工艺流程如图 5-8 所示。

该工艺方法具体的操作步骤为：

① 首先甲醇、三聚甲醛和离子液体催化剂三种反应原料经过止回阀，在低压泵的作用下，分别经过计量泵的计量，以甲醇∶三聚甲醛摩尔比为(1.0～5.0)∶1，催化剂用量为原料质量的 0.1%～10%，进入静态混合器中进行混合并流入缓冲罐，再通过高压泵进入环管反应器中反应，环管反应器的操作温度为 50～200℃，操作压力为 0.5～5.0MPa。

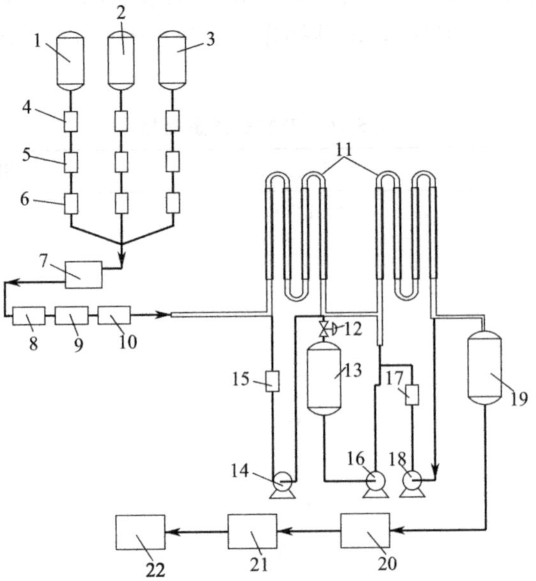

图 5-8　山东辰信工艺流程示意图

1—甲醇储罐；2—三聚甲醛储罐；3—催化剂储罐；4，10—止回阀；5—低压泵；6—计量泵；7—静态混合器；8—缓冲罐；9—高压泵；11—环管反应器；12—压力控制阀门；13，19—压力调节罐；14，18—物料循环泵；15—冷却器；16—物料输送泵；17—冷却器；20—分离装置；21—精制装置；22—产品储罐

② 反应物料从多级环管反应器的一个出口流出，再经物料循环泵进入冷却器进行冷却，控制各个冷却器的操作温度为 70～150℃，冷却后的物料回到多级环管反应器进行循环反应，亦可以回到其他一级的环管反应器中，达到交叉循环的作用，这也是该工艺的特点所在，即各级所述多级环管反应器的出口与各自的一个入口或其他级所述多级环管反应器的入口之间顺次设置一个物料循环泵和冷却器，且当环管反应器的操作温度和压力超过变动范围（50～200℃，0.5～5MPa）时，反应器夹套内的介质和压力控制阀门会自动进行调解。

③ 最后将所得粗产品经压力调节罐送入分离装置中进行成分分离和提纯，主要包括闪蒸、浓缩、萃取等，再继续流入精制装置，通过碱洗、沉降和回收对从分离装置中所获粗聚甲氧基二甲醚进行精制，得到聚甲氧基二甲醚。

该合成工艺所用的反应系统装置，即多级环管反应器，均设置有独立的控温、控压和物料循环装置，且全都单独调节其反应温度、压力和物料循环，使得每一级多级环管反应器内进行的反应的温度、压力的调节难度下降，整体上反应的温度、压力更容易控制和调节，物料的循环更加充分，循环的物料对整体反应的温度、压力的影响也降低，有效地控制了剧烈的聚合反应的发生，使得反应总是在较稳定的条件下进行，解决了局部反应不稳定、产品成分分布不均匀、聚甲氧基二甲醚反应有效成分收率低等问题。

5.3.3 循环管式反应器工艺

中国科学院兰州化学物理研究所（简称“兰化所”）夏春谷等人[16] 提出了一种连续缩醛化合成聚甲氧基二甲醚的工艺过程（CN102249869A），如图 5-9 所示，包括一个反应区、一个分离区、一个催化剂再生区和一个产品脱水区。该工艺主要是以三聚甲醛和甲醇为反应原料，在离子液体催化剂存在下，于循环管式反应器中进行连续缩醛化反应，随后采用膜式蒸发和相分离组合分离方法，分离出轻组分[$PODE_{1,2}$、部分水、未反应的甲醇和三聚甲醛、产品（$PODE_{3\sim8}$）和循环催化剂溶液]，轻组分和处理后的催化剂溶液循环至反应器继续催化反应。

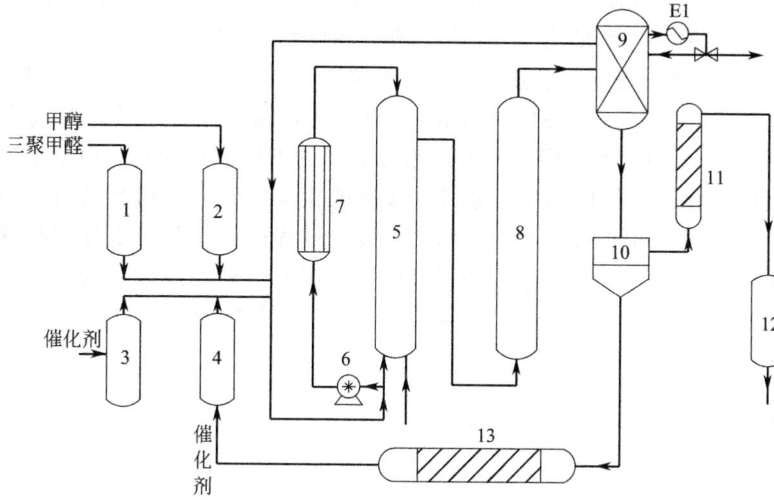

图 5-9　兰化所合成工艺流程

1—三聚甲醛储罐；2—甲醇储罐；3，4—催化剂储罐；5—缩醛化反应器 1；6—泵；7—换热器；8—缩醛化反应器 2；9—膜式蒸发器；10—相分离器；11—吸附塔；12—产品罐；13—吸附塔

该工艺的主要操作步骤为：

① 开车或者补加催化剂。离子液体催化剂经泵输入至缩醛化反应器 1，并循环至整个系统。

② 缩醛化反应。对装置系统进行惰性气体置换，当排放尾气检测系统氧含量低于 10^{-5} 后，将反应原料三聚甲醛、甲醇、催化剂及循环来的轻组分一起泵入缩醛化反应器 1 中，在 100～130℃，1～5MPa 的条件下发生缩醛化反应，且反应原料中醛醇比为 0.3～1。接着，从缩醛化反应器底部流出的反应液由泵送入换热器，再返回缩醛化反应器 1，反应器顶底部流出的反应液包括催化剂、$PODE_{1\sim8}$、水、未反应甲醇和三聚甲醛等继续送入缩醛化反应器 2 发生缩醛化反应。

③ 气液分离。缩醛化反应器 2 流出液输送至膜式蒸发器中，在 20～100℃，

$-0.1\sim-0.01$MPa 条件范围下进行分离，所分离的气相为 $PODE_{1\sim2}$、部分水、未反应甲醇和三聚甲醛，经冷却后返回膜式蒸发器中，所分离的液相催化剂、$PODE_{3\sim8}$ 和水一起送入相分离器，于一定温度下进行分层。

④ 粗产品和催化剂溶液分离。相分离器下层的离子液体催化剂、水和少量 $PODE_{3\sim8}$ 经吸附塔脱水后输送至缩醛化反应器 1 重复使用，上层的粗产品主要包括 $PODE_{3\sim8}$、水和少量离子催化剂，再经泵输送至吸附塔脱除水和酸后汇集到产品罐中。

具体实施例的工艺过程为：首先，用高纯氮置换系统空气，向流动反应系统中分别加入离子液体催化剂Ⅰ或者Ⅱ，进料速度为 $0.8g \cdot min^{-1}$，至催化剂溶液开始循环，停止进料，保证催化剂浓度不低于 4%；其次，加入纯度（质量分数）98.5%的三聚甲醛、纯度 99%的甲醇原料反应，进料速度分别为 $11.5mL \cdot min^{-1}$，$8mL \cdot min^{-1}$，并控制缩醛化反应器 1 和 2 的操作条件为 115～120℃，1.0～2.0MPa；再次，将所得反应液送入薄膜蒸发器，在 80～95℃、-0.02MPa 下分离出轻组分（为 $PODE_{1,2}$、未反应甲醇和三聚甲醛），返回反应系统，分离出的液相于相分离器中 40～60℃下分层；最后，相分离器的下层催化剂溶液由泵输送回吸附塔，除水后的催化剂溶液回到反应系统继续缩醛化反应，上层粗产品由泵输送至吸附塔，粗产品脱除水和酸后进入产品储罐。反应过程中产品和轻组分定时取样，并由气相色谱仪定量分析。该工艺具体实施例所采用的两种不同催化剂Ⅰ或者Ⅱ分别如图 5-10 所示，控制连续缩醛化反应时间 100h，得到两种试验结果分别如表 5-17 和表 5-18 所示。

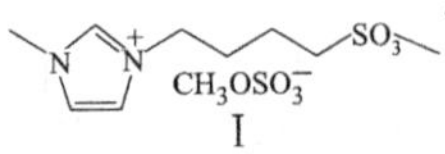
Ⅰ

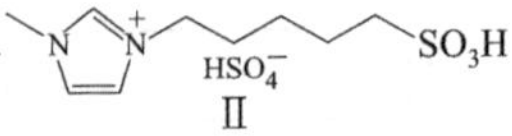
Ⅱ

图 5-10　催化剂Ⅰ和Ⅱ

表 5-17　实施例试验结果（催化剂Ⅰ）

项目	出料速度/$mL \cdot min^{-1}$	产物分布/%									
		甲醇	三聚甲醛	$CH_3O(CH_2O)_nCH_3$，n							
				1	2	3	4	5	6	7	8
轻组分	10.5	13.3	8.9	37.6	35.9	2.4	0	0	0	0	0
产品	19	2.2	0	0	0.01	27.4	26.9	19.2	12.7	7.6	4.0

表 5-18　实施例试验结果（催化剂Ⅱ）

项目	出料速度/$mL \cdot min^{-1}$	产物分布/%									
		甲醇	三聚甲醛	$CH_3O(CH_2O)_nCH_3$，n							
				1	2	3	4	5	6	7	8
轻组分	9.5	12.9	10.8	38.8	37.2	1.3	0	0	0	0	0
产品	19.0	1.7	0	0.2	0.2	37.5	23.1	19.4	12.4	3.7	1.8

由表 5-17 和表 5-18 中结果可知，上述工艺过程采用了膜式蒸发器，不仅有效

实现轻组分（$PODE_{1,2}$、甲醇、三聚甲醛）的快速分离与循环使用，使其分离效率大大提高，并且合理利用相分离器实现了催化剂的再生和循环使用。

5.3.4 浆态床-固定床联合反应器式工艺

北京东方红升新能源应用技术研究院有限公司商红岩等人[17] 提出了一种浆态床和固定床联合制备聚甲氧基二甲醚的方法，主要解决了现有合成聚甲氧基二甲醚的方法技术受限于物料反应平衡的影响、导致有效产物含量较低的问题。所用催化剂为强酸性离子交换树脂、固体酸催化剂或分子筛催化剂中的至少一种。

该联合式工艺具体的操作步骤为：将摩尔比（甲醇：三聚甲醛）为（1～3.5）：1的反应原料与占反应原料总量质量分数2%～4%的第一催化剂一起投入浆态床，在温度为130～160℃，压力为1～1.5MPa范围内反应至平衡，然后将所获平衡产物转移至含有第二催化剂的固定床反应器中，在反应温度90～180℃，压力0.1～2.0MPa，体积空速0.5～4.0h^{-1}的条件下反应至平衡，得到精制后的聚甲氧基二甲醚，且整个反应过程都是在惰性气体保护下进行的。

该工艺具体实施例的工艺操作条件如表5-19所示，主要的工艺过程为：①在浆态床反应器的反应釜中加入一定摩尔比的甲醇和三聚甲醛及一定量的第一催化剂，用氮气置换反应釜中的空气，继续充入氮气直至反应釜内压力达到一定压力，并于一定反应温度下进行反应一段时间，达到平衡；检测所述平衡产物中各聚合度聚甲氧基二甲醚的含量，结果如表5-20所示；②将步骤①获得的平衡物料产物转移至装填有第二催化剂的固定床反应器，控制一定反应温度、压力、体积空速使其反应至平衡，并对所得混合产物进行各聚合度聚甲氧基二甲醚的含量的检测，结果如表5-21所示。

表5-19 不同实施例的具体工艺条件

项目	浆态床反应器					固定床反应器			
	物料摩尔比	催化剂及占比（质量分数）/%	压力/MPa	温度/℃	时间/h	催化剂	温度/℃	压力/MPa	体积空速/h^{-1}
实施例1	1：1	ZSM-5(2.5%)	1	160	5	Hβ	90	2	0.5
实施例2	1.5：1	苯乙烯系阳离子交换树脂(2.5%)	1.5	150	6	固体酸	180	0.1	4
实施例3	2：1	Hβ(3%)	1	130	7	苯乙烯系交换树脂	140	0.8	2
实施例4	2.5：1	固体酸(4%)	1	130	7	苯乙烯系交换树脂	120	1	1
实施例5	3：1	HY(3.5%)	1	140	6	苯乙烯系交换树脂	140	1.8	3
实施例6	3.5：1	苯乙烯系阳离子交换树脂(4%)	1	130	7	ZSM-5	160	0.5	3.5

表 5-20　浆态床反应平衡产物中 $PODE_{2\sim8}$ 组分的含量（质量分数/%）

组分	实施例 1	实施例 2	实施例 3	实施例 4	实施例 5	实施例 6
$PODE_2$	20.02	21.59	22.09	22.63	22.98	23.15
$PODE_3$	10.66	11.01	11.47	12.22	13.06	13.87
$PODE_4$	4.09	4.53	5.62	6.43	6.99	7.80
$PODE_5$	1.58	2.33	2.98	3.56	3.85	4.27
$PODE_6$	1.01	1.54	1.86	1.93	2.03	2.27
$PODE_7$	0.44	0.6	0.75	0.87	0.91	1.04
$PODE_8$	0.20	0.31	0.42	0.49	0.51	0.60
$\Sigma PODE_{2\sim8}$	33.00	41.91	45.19	48.13	50.32	53.00

表 5-21　固定床反应体系中 $PODE_{2\sim8}$ 组分的含量（质量分数/%）

组分	实施例 1	实施例 2	实施例 3	实施例 4	实施例 5	实施例 6
$PODE_2$	19.81	20.13	20.93	20.98	22.00	23.03
$PODE_3$	11.11	12.23	13.06	14.01	14.32	14.88
$PODE_4$	6.35	6.87	7.21	7.93	8.14	8.93
$PODE_5$	2.75	3.42	3.96	4.28	4.58	4.99
$PODE_6$	2.66	2.98	3.24	3.65	4.28	4.58
$PODE_7$	1.46	1.75	1.86	1.97	2.01	2.03
$PODE_8$	0.86	0.99	1.05	1.25	1.29	1.31
$\Sigma PODE_{2\sim8}$	45.00	48.37	51.30	54.07	56.12	59.00

结合表 5-19～表 5-21 中数据，表明该工艺通过浆态床-固定床联合的方式，将浆态床中反应得到的平衡物料体系于固定床中打破原有平衡，进一步促进了反应向生成聚甲氧基二甲醚的方向进行，使得到的含聚甲氧基二甲醚产物体系中有效的低聚合度聚甲氧基二甲醚的分布较好，并有效提高了原料的利用率，降低了生产成本。

5.4 甲缩醛和多聚甲醛工艺

随着诸多研究学者对聚甲氧基二甲醚的深入研究，发现甲醇与三聚甲醛反应会生成水，导致出现半缩醛产物，增加了分离难度，且水的存在会分解产物，降低产物收率和产品品质。因此，为了降低经济成本，提高产品质量，应选择国内产量相对过剩、价格相对便宜且反应后无水产生的多聚甲醛和甲缩醛作为反应原料，而多聚甲醛属于链状结构，相对于三元环结构的三聚甲醛来说，相同的反应条件下，多聚甲醛更易断链形成甲醛而与甲缩醛反应。

不同研究者以甲缩醛和多聚甲醛为原料合成聚甲氧基二甲醚的路线工艺虽然相似，但是却有着各自的研究特色。按照反应器类型的不同同样可以分为釜式反应器、流化床/固定床以及其他组合反应器式工艺等。其中反应釜式及其相关组合工艺研究应用颇多。

5.4.1 釜式反应工艺

常州大学赵强等[18] 对 Bronsted 酸性离子液体［*N*-甲基-2-吡咯烷酮硫酸氢盐（［Hnmp］HSO_4）］在甲缩醛和多聚甲醛缩合制备聚甲醛二甲醚（$PODE_n$，$n>1$）反应中的催化性能进行了研究。该合成工艺具体的操作步骤为：首先，在带控温和磁力搅拌装置的 100mL 高压反应釜中加入一定比例的甲缩醛和多聚甲醛及占比为 0.5%～4.5%的离子液体催化剂，其次，缓慢加热至 100～130℃后开始计时，待反应 4～12h 后，进行冷却静置取样分析。

该工艺的实验研究结果表明：

① 初始原料中甲缩醛和多聚甲醛的质量比对反应产物 $PODE_n$ 的分布有较大影响。随着甲缩醛用量的增加，产物中 $PODE_2$ 的含量增加不多，但 $PODE_3$ ～ $PODE_8$ 的含量均有不同程度地减少，甲缩醛的转化率也降低。这可能是由于甲缩醛用量增加，反应体系的水也有一定程度的增加，不利于 $PODE_n$ 的稳定存在。且当质量比甲缩醛：多聚甲醛<2 时，产物为乳白色悬浊液，甚至为白色膏状物，故综合考虑，质量比甲缩醛：多聚甲醛=2 时最有利于 $PODE_{3\sim8}$ 的生成。

② 随着离子液体用量的增加，甲缩醛的转化率和 $PODE_{3\sim8}$ 的选择性均先增大后减小。且明显发现当离子液体用量超过 2%时，甲缩醛的转化率先增大后减小，而 $PODE_{3\sim8}$ 的选择性却一直降低。这是由于离子液体的 pH 值随着浓度的增加而降低，酸性离子液体［Hnmp］HSO_4 用量越大，反应体系的酸性越强，则有可能不利于 $PODE_n$ 和甲缩醛的稳定存在，所以选取酸性离子液体［Hnmp］HSO_4 的适宜用量为 2%。

③ 温度对该反应的结果也有着比较明显的影响。温度较低时，由于反应活性较低，甲缩醛的转化率不高，随着反应温度的不断增大，反应活性也随着增大，此时反应的转化率和选择性均逐渐增大；当温度达到 110℃时，甲缩醛的转化率达到 52.28%；当温度为 120℃时，$PODE_{3\sim8}$ 的选择性达到 50.12%，但当温度由 110℃升至 120℃时，产物中 $PODE_{3\sim8}$ 的含量却由 27.94%减少至 25.65%；之后继续提高温度，反应的转化率和选择性逐渐减少。其主要原因可能是：虽然升高温度可以提高反应物的活性，促使反应正方向的进行，但其反应为放热反应，温度过高时会促使逆反应进行加快，抑制反应产物的生成。且当温度过高时，原料中的甲缩醛汽化量加大，液相中甲缩醛的浓度相对降低，也不利于体系中 $PODE_n$ 的稳定存在，故选取 110℃为较佳温度。

④ 随着反应时间的延长，甲缩醛的转化率不断增大；$PODE_{3\sim8}$ 的选择性在 6h 时达到最佳，即 49.18%，然后开始下降。这是因为反应时间过短，反应进行的不充分；当反应达到平衡后，在有水的酸性体系中，继续延长反应时间，甲缩醛和 $PODE_n$ 都发生了不同程度的水解，时间越长，水解的程度越大。故选择反应时间为 6h 为最宜。

基于上述研究，研究者表明以 *N*-甲基-2 吡咯烷酮硫酸氢盐离子液体为催化剂，甲缩醛和多聚甲醛为原料，于高压反应釜中进行 $PODE_n$ 的合成工艺时，选择催化剂用量质量分数为 2%、甲缩醛和三聚甲醛质量比为 2，反应温度 110℃，反应时间 6h 的条件下，甲缩醛转化率和 $PODE_{3\sim8}$ 的选择性可以达到最佳。

常州大学李为民等人[19] 提出了一种以己内酰胺类离子液体催化剂催化制备聚甲醛二甲醚的方法。该工艺的合成步骤主要为：在 100mL 高压反应釜中，依次加入总反应物质量 0.1%～10%的催化剂，且甲缩醛与多聚甲醛质量比为(0.5～10)∶1 的反应原料，并于反应温度 80～150℃，反应初始压力 0～4MPa 的条件下催化制备聚甲醛二甲醚，最后经冷却静置后，对产物进行气相色谱分析。所用酸性离子液体的阳离子为己内酰胺阳离子，结构式如图 5-11 所示，阴离子为硫酸氢根、对甲基苯磺酸根、磷酸二氢根、三氟甲烷磺酸根、甲基磺酸根、三氟乙酸根、甲酸根、醋酸根中的一种。

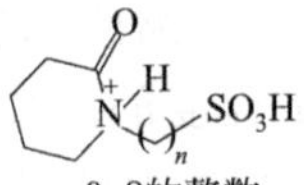

图 5-11　己内酰胺阳离子结构式

该工艺的具体实施例为：选取 8 种不同类型催化剂，结构式分别如图 5-12 所示，在 8 种不同操作条件下分别进行实验。具体实验条件及多聚甲醛的转化率结果如表 5-22 所示，产物组成分布如表 5-23 所示。

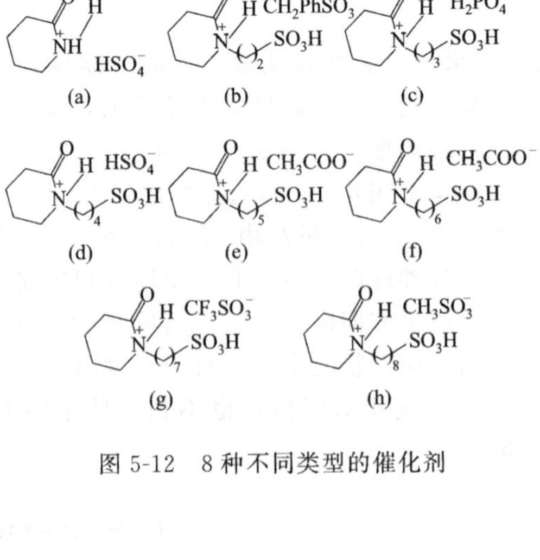

图 5-12　8 种不同类型的催化剂

表 5-22 实施例工艺条件及多聚甲醛的转化率结果

催化剂		$m_{多聚甲醛}:m_{甲缩醛}$	压力/MPa	温度/℃	搅拌时间/h	多聚甲醛的转化率/%
种类	含量①/%					
a	5	0.499	1	110	6	100
b	3	0.667	2	130	6	100
c	6	0.250	3	140	4	100
d	2	0.455	0.5	100	8	100
e	8	0.333	4	120	5	100
f	10	0.440	3.5	95	7	100
g	0.1	0.517	0.9	105	5	100
h	1	0.472	1.5	115	9	100

①指催化剂含量为总反应物质量占比。

表 5-23 产物的组成分布

产物①	甲缩醛含量/%	$PODE_2$/%	$PODE_3$/%	$PODE_4$/%	$PODE_{5\sim8}$/%	$PODE_{(n>8)}$/%
1	31.8	29.9	15.6	7.7	14.2	0.8
2	36.8	27.6	13.6	6.8	13.8	1.4
3	41.6	26.7	12.7	5.9	11.9	1.2
4	31.2	29.6	16.7	7.9	13.7	0.9
5	43.7	26.8	11.9	5.1	10.3	2.2
6	46.1	26.1	10.7	4.8	9.7	2.6
7	29.1	28.1	15.9	11.8	11.5	3.6
8	32.1	26.9	13.2	7.8	10.9	9.1

①指产物 1～8 分别为催化剂 a～h 催化反应得到的产物。

由表 5-22、表 5-23 中数据可知，在以己内酰胺类离子液体催化剂催化合成聚甲醛二甲醚的工艺过程中，产物和催化剂可以自动分相，多聚甲醛转化率可以实现 100%转化，且反应产物的组成分布较好，原料利用率较高，也无设备腐蚀和环境污染等问题，生产过程环境相对友好。

中国石油化工股份有限公司上海石油化工研究院高晓晨等人[20] 提出了一种由甲缩醛和多聚甲醛合成聚甲醛二甲醚的方法，主要解决了以往技术中存在的聚甲氧基二甲醚合成过程中固体超酸催化剂反应效率低以及原料三聚甲醛成本高，反应后副产物多的问题。

该工艺具体的合成步骤主要为：在反应釜中分别加入质量比为甲缩醛：多聚甲醛=(0.5～10)：1的反应原料和占比原料质量0.05%～10%的酸性阳离子交换树脂催化剂，置于反应温度70～200℃、反应压力0.2～6MPa条件下催化反应一段时间，最后通过过滤或离心的方式分离催化剂与液相反应物，并抽取试样进行气相色谱分析。所用酸性阳离子交换树脂催化剂分别选自001＊7（732）（大孔强酸性苯乙烯系阳离子交换树脂，天原集团上海树脂厂有限公司），D113（大孔弱酸性丙烯酸系阳离子交换树脂，天原集团上海树脂厂有限公司）和D001（大孔强酸性苯乙烯系阳离子交换树脂，天原集团上海树脂厂有限公司）中至少一种。

具体实施例的工艺过程为：在300mL反应釜中加入一定量催化剂、甲缩醛和多聚甲醛，采用如表5-24所示的6组不同试验条件进行操作，所得产物中的聚甲醛二甲醚以及未反应原料的主要组成分布如表5-25所示。

表5-24　不同实施例的工艺试验条件

项目	催化剂		甲缩醛/mL	多聚甲醛/g	压力/MPa	温度/℃	反应时间/h
	种类	含量质量百分比/%					
实施例1	001＊7(732)	2	100	100	0.7	130	4
实施例2	D113	2	45	100	0.5	130	4
实施例3	D001	1	100	100	4	150	8
实施例4	001＊7(732)	5	100	100	2	130	4
实施例5	001＊7(732):D113	5：2	100	44	0.7	100	4
实施例6	001＊7(732):D001	5：2	100	44	0.7	100	4

表5-25　不同产物的组成分布

项目	质量分数/%						
	多聚甲醛含量	甲缩醛含量	$PODE_2$	$PODE_3$	$PODE_4$	$PODE_{5\sim10}$	$PODE_{(n>10)}$
实施例1	3.8	19.2	16.6	15.4	24.6	20.1	0.3
实施例2	6.6	21.6	17.5	13.2	19.9	20.5	0.7
实施例3	9.5	26.4	14.1	11.6	16.4	16.3	5.7
实施例4	2.3	15.5	19.6	22.3	21.9	10.1	8.3
实施例5	1.9	21.9	20.8	21.4	12.6	9.2	12.2
实施例6	1.3	18.9	18.6	22.7	10.2	12.7	15.6

综上，研究者发现该工艺在不同试验条件下，其反应产物$n=2\sim10$的收率基本恒定，原料转化率可以达到80%左右。整个反应过程中催化剂与反应产物的分离也较为简单，所用催化剂具备催化活性好、不腐蚀设备、无环境污染和循环性好等优点，且相较于同等条件下，原料的转化率达到80%以上，该工艺所用催化剂与原

料的质量仅比为 0.1%时即可达到同等的效果。

中国石油大学（华东）商红岩等人[21] 通过对整个反应体系的热力学、反应网络结构和动力学特性的简单认识，以及该强放热可逆反应合成工艺中反应平衡常数与温度间的关系对反应原料种类与反应产物中甲氧基的聚合度的依赖度，特此提出在基本消除扩散影响和适当的温度与压力条件下，利用特殊设计的浆态床反应器合成聚甲氧基二甲醚的实验方法。

该工艺具体的操作流程为：①按照多聚甲醛中甲醛摩尔数与甲缩醛的摩尔数之比为(1.5∶1)～(8∶1)的比例配制多聚甲醛和甲缩醛原料溶液，准备好原料总量2%～3%的大孔型强酸性阳离子交换树脂催化剂，并将其一起加入至 0.3L 的单级搅拌釜式反应器（即浆态床反应器）内；②控制反应压力为 0.1～4.0MPa，反应起始温度为 100～120℃，通过递次阶式或程序降温至 50～70℃，并控制反应时间为 2～10h。其中反应混合物递次降温的方式具体为每一次降 10～20℃，然后进行等温反应，直至降至 50～70℃；③反应结束后对所得产品进行组成分析。

具体实施例的工艺过程为：首先，按照多聚甲醛中甲醛摩尔数与甲缩醛的摩尔数之比为 2∶1 的比例配制多聚甲醛和甲缩醛原料溶液，将其置入 0.3L 的单级搅拌式反应釜内；然后，添加质量分数为原料总量 2%的 D001 大孔型强酸性苯乙烯系阳离子交换树脂催化剂，并控制反应初始压力 2.0MPa，搅拌转速 $250r \cdot min^{-1}$；最后，分别以阶式程序降温和恒温控制进行等温反应实验，其中阶式降温主要体现在：迅速加热反应混合物至 100℃后开始等温反应 4h，将反应温度在很短时间内迅速降至 90℃，再等温反应 2h，将反应温度在几分钟内迅速降至 80℃，再等温反应 2h；将反应温度在几分钟内迅速降至 70℃，再等温反应 2h，反应结束，从反应温度升至 100℃并开始计时时刻取样，此后每小时取样一次，进行产物组成分析。恒温控制主要体现在始终控制反应温度为 100℃，反应 10h 后停止。

经过上述不同控温方式的操作，该合成实验反应至 10h 后目的产物的总收率质量分数分别为 58.74%和 51.66%，其中阶式控温实验反应至 5h 后产物中的 $PODE_8$ 质量分数达到 0.3%，而恒温式控制的整个反应过程中没有检测到 $PODE_8$。两组实施例的最终产物浓度分布如表 5-26 所示。

表 5-26　不同实施例的最终产物浓度分布结果

序号	$PODE_2$/%	$PODE_3$/%	$PODE_4$/%	$PODE_{5\sim8}$/%	$PODE_{n>8}$/%
实施例 1	25.45	15.12	8.73	9.44	约 0
实施例 2	22.98	13.72	7.33	7.63	约 0

基于上述所采用的阶式程序降温工艺与恒温控制工艺的对比发现，前一方案所得的每一种目的产物浓度都要高于后者，总收率 $\sum PODE_{2\sim8}$ 提高了大约 7 个百分点，$PODE_{5\sim8}$ 在目的产物总量中占比也非常高。由此表明“递次降温合成工艺”确实推动了反应物系平衡向生成目的产物的方向移动，不仅增加了目的产物的单程总收率，也提高了甲氧基聚合度较高的目的产物的选择性，强化了整个合成反应

过程。

中国石油大学（华东）以及青岛珀特化工技术服务有限公司王云芳等人[22] 提出了一种制备聚甲氧基二甲醚的生产装置系统以及利用所述的生产装置系统制备聚甲氧基二甲醚的制备工艺，其生产装置系统主要包括反应系统、吸附脱酸系统、第一精馏塔系统、吸附脱水系统、第二精馏塔系统、第三精馏塔系统。该合成工艺流程图如图 5-13 所示。

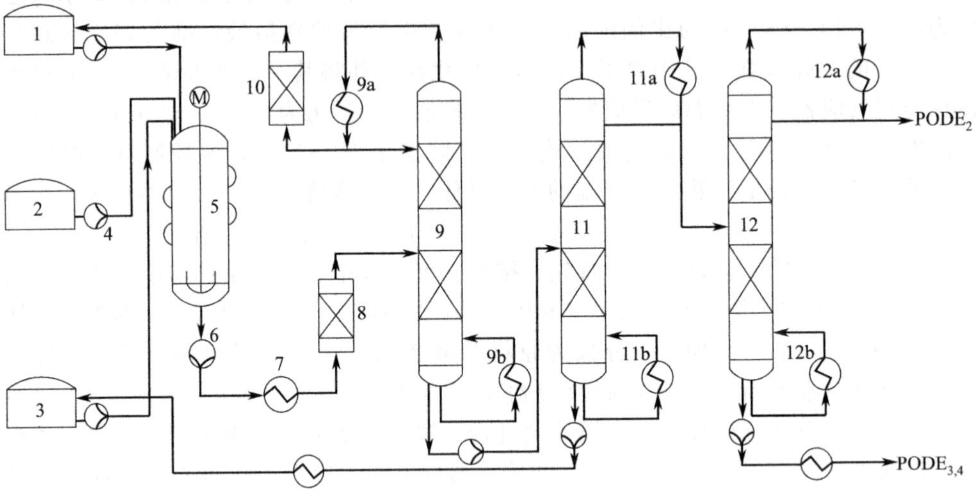

图 5-13　王云芸等人的合成工艺流程

1—轻组分储罐；2—甲缩醛储罐；3—重组分储罐；4—进料泵；5—釜式反应器；6—出料泵；7—反应产品冷却器；8—脱酸吸附塔；9—第一精馏塔；9a—第一塔顶冷凝器；9b—第一塔底再沸器；10—脱水吸附塔；11—第二精馏塔；11a—第二塔顶冷凝器；11b—第二塔底再沸器；12—第三精馏塔；12a—第三塔顶冷凝器；12b—第三塔底再沸器

该工艺的具体操作步骤主要为：

① 原料进料。在釜式反应器中加入一定量树脂催化剂和多聚甲醛，再分别泵入含有质量分数为10%～15%甲醇的甲缩醛组分、轻组分、重组分。

② 缩醛反应。开动反应釜搅拌器，使得催化剂和反应物料充分混合，向反应釜夹套中通入加热蒸汽或导热油，升温反应釜，使多聚甲醛融化，并维持一定的反应温度（50～200℃）若干小时，使反应达到平衡状态。

③ 反应物吸附脱酸。来自反应釜的物料经冷却器降温后送入吸附脱酸系统，该吸附脱酸系统设有两个以上的固定床吸附塔，一个固定床吸附塔达到饱和后进入再生步骤，物料进入其他已经再生的固定床吸附塔中继续吸附脱酸操作。固定床吸附塔对甲酸吸附饱和后进行高温再生。来自过热器的高温解吸剂通过固定床吸附塔将吸附剂上的甲酸解吸出来，再进入解吸剂回收塔从塔底脱除甲酸，塔顶蒸出解吸剂进入解吸剂中间罐循环使用。

④ 分离出轻组分。来自脱酸吸附塔的反应产物进入第一精馏塔，在第一精馏

塔塔顶分出轻组分进入吸附脱水系统（吸附脱水系统包括：固定床吸附塔、解吸剂回收塔、解吸剂过热器、解吸剂冷却器、解吸剂中间罐、解吸剂泵；固定床内装有用于吸附水的固体吸附剂，所述固定床吸附塔数量为两个以上），其中轻组分主要包括：甲缩醛、甲醇、水、$PODE_2$、甲醛等。来自第一精馏塔塔底物流 $PODE_{2\sim8}$ 产物进入第二精馏塔，从塔底分出 $PODE_{5\sim8}$ 的重组分，返回重组分储罐。

⑤ 轻组分吸附脱水。来自第一精馏塔塔顶物料冷却后经过固定床吸附塔脱水后进入到甲缩醛储罐，所述固定床吸附塔数量为 2 个以上，液体空塔速度是 1～10h^{-1}、操作压力 0.1～1MPa、操作温度 20～150℃。且当脱水吸附器对水吸附饱和后，物料进入其他脱水吸附器，饱和的脱水吸附器进行高温再生，来自过热器的高温解吸剂通过固定床吸附塔将吸附剂上的水解吸出来，进入再生剂回收塔从塔底脱除水，塔顶蒸出解吸剂进入解吸剂中间罐；再生剂选自低沸点烃类、醚或聚醚类、醇类、酮类，解吸剂温度 100～300℃，解吸剂循环量是 0.3～3・h^{-1}，解吸剂回收塔为板式塔或填料塔，板数 5～20 块，填料高度 3～10m，操作压力 0～1MPa。

⑥ 分离出重组分。来自第一精馏塔塔底物流 $PODE_{2\sim8}$ 进入第二精馏塔，第二精馏塔塔顶物流 $PODE_{2\sim4}$ 进入第三精馏塔，第二精馏塔塔底物流是 $PODE_{5\sim8}$ 返回重组分储罐。第二精馏塔采用板式塔或填料塔，塔板数 10～40 块，填料高度 3～30m，操作压力 0～1MPa，塔顶温度 40～150℃，塔顶物料经塔顶冷凝器冷凝后一部分回流，一部分进入第三精馏塔系统，塔顶冷凝器冷凝剂选自水、有机溶剂、盐水和冷凝剂，温度－10～80℃；塔底再沸器为虹吸式再沸器或釜式再沸器，热源为水蒸气或导热油。

⑦ 分离出产品。来自第二精馏塔塔顶物流 $PODE_{2\sim4}$ 进入第三精馏塔，第三精馏塔塔顶物流 $PODE_2$ 进入 $PODE_2$ 产品储罐，塔底物流 $PODE_{3\sim4}$ 进入 $PODE_{3\sim4}$ 产品储罐。第三精馏塔可以采用板式塔或填料塔，塔板数 10～40 块，填料高度 3～30m，操作压力 0～1MPa，塔顶温度 40～150℃，塔顶物料经塔顶冷凝器冷凝后一部分回流，一部分作为产品 $PODE_2$ 进入产品储罐，合适的塔顶冷凝器冷凝剂选自水、有机溶剂和盐水，冷凝剂温度－10～80℃；塔底再沸器为虹吸式再沸器或釜式再沸器，热源为水蒸气或导热油。

该合成工艺的具体实施例过程按照原料进料的不同主要为：首先，向反应釜中投入大孔强酸性树脂 6×10^5g、多聚甲醛 27×10^5g，泵入甲缩醛 37×10^5g，或者向反应釜中投入固体超强酸 6×10^5g、多聚甲醛 12×10^5g，泵入轻组分 39×10^5g，重组分 12×10^5g；其次，缓慢加热反应釜至 150℃恒温 6h，反应达到平衡状态后，将反应产物泵入冷却器降温至 40℃，以 2h^{-1} 的空塔速度经过脱甲酸吸附器和第一填料精馏塔，其中第一精馏塔填料高度 6m，操作压力 0.1MPa，塔顶温度 60℃，塔顶冷却水 35℃；再次，第一精馏塔塔顶轻组分经过脱水吸附器送入轻组分中间罐，塔底产品进入第二填料精馏塔，其中第二精馏塔填料高度 10m，操作压力 0.005MPa，塔顶温度 102℃；最后，第二精馏塔塔底产品是重组分 $PODE_{5\sim8}$，塔顶产品 $PODE_{2\sim4}$ 进入第三精馏塔，塔高 12m，常压操作，塔顶温度 106℃，且从此塔顶和塔底分别分出产品 $PODE_2$ 和 $PODE_{3\sim4}$。上述操作过程中相关产品质量分数与总量数据如表 5-27 所示。

表 5-27　相关产品质量分数与总量数据

项目		质量分数/%									总量
		甲缩醛	甲醇	甲醛	$n=2$	$n=3$	$n=4$	$n=5\sim8$	水	甲醛	$\times10^5$/g
实施例1	甲缩醛	90.00	10.00	0	0	0	0	0	0	0	37.0000
	反应物料	38.67	3.25	9.34	23.65	12.29	6.36	3.53	2.01	0.90	64.0000
	塔顶组分(第一)	63.31	5.32	15.29	12.79	0	0	0	3.29	0	39.0938
	塔底组分(第一)	0	0	0	41.66	32.33	16.73	9.29	0	0	24.3312
	塔顶组分(第二)	0	0	0	45.74	35.49	18.37	0.41	0	0	22.1620
	塔顶组分(第三)	0	0	0	99.75	0.246	—	—	0	0	10.1610
	塔底组分(第三)	—	—	—	—	65.33	33.92	0.75	—	—	12.0040
实施例2	轻组分进料	65.46	5.5	15.31	15.25	0	0	0	0	0	39.0000
	重组分进料	0	0	0	0	0	0	100	0	0	12.0000
	反应物料	32.66	2.52	8.43	28.56	14.92	7.63	3.82	0.86	0.60	36.0000
	塔顶组分(第一)	64.77	4.96	16.59	12.49	0	0	0	1.69	0	32.0208
	塔底组分(第一)	0	0	0	45.71	30.71	15.71	7.87	0	0	0
	塔顶组分(第二)	0	0	0	49.44	33.22	16.99	0.35	0	0	28.2970
	塔顶组分(第三)	0	0	0	99.82	0.478	—	—	0	0	14.0150
	塔底组分(第三)	—	—	—	—	65.44	33.66	0.7	—	—	14.2820

注：n 指的是第 n 个精馏塔。

采用上述联合装置系统进行聚甲氧基二甲醚的合成制备，一方面将所得产物在精馏分离前进行了固定床脱酸处理，有效避免了反应产物在精馏分离过程中的分解，并将未反应物在循环反应前进行脱水处理，避免了由于反应体系水含量过多而产生过多副产物半缩醛；另外还将未反应的甲缩醛、甲醛、$PODE_2$ 和 $PODE_{5\sim8}$ 经精馏分离后返回反应釜进行再反应，明显提高了原料的利用率、目标产物 $PODE_{3\sim4}$ 的收率和整个过程的经济性。

中国石油大学（华东）王云芳等人[23] 提出了一种制备聚甲氧基二甲醚的组合工艺方法，其技术路线图如图 5-14 所示。该工艺的具体的操作步骤为：①原料进料。将经过计量的固体酸催化剂（酸性离子交换树脂、固体超强酸、沸石硅铝酸盐、氧化铝、二氧化钛或三氧化铁中的至少一种）、质量比为 1∶(1.2～1.5)的多聚甲醛和甲缩醛投入到反应釜中，打开搅拌，使反应物与固体催化剂混合均匀。②融化与反应。将反应釜缓慢加热并维持在 100～200℃下、操作压力为 0.1～2MPa，直至固体多聚甲醛融化并反应 2～6h。③反应液脱水。将反应液通过泵以 5～15L·h^{-1} 的流速泵入膜分离脱水装置，在此装置中除去反应混合物中的水并循环送回反应釜。④反应物料循环。通过循环泵将反应物料在反应釜和膜分离脱水装置之间循环流动，循环量为每小时 1～5 倍反应液体积，一边反应一边脱水，并每隔 1h 从反应器中取样分析体系中反应物级产物组成，直至检测到反应器中甲醛全部反应完全。

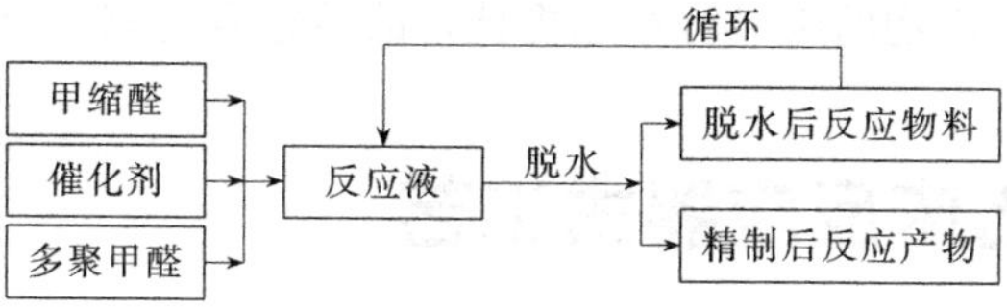

图 5-14　技术路线图

具体实施例的工艺过程为：将酸性离子交换树脂 600g、多聚甲醛 2700g、甲缩醛 3700g 分别投入反应器中，缓慢加热至 150℃恒温一定时间，然后分别以 $12L \cdot h^{-1}$、$8L \cdot h^{-1}$、$6L \cdot h^{-1}$ 体积流量泵入膜分离脱水器中，将反应液中的水脱除后再返回反应器中，并每隔 1h 从反应器中取样分析体系中反应物及产物组成。上述不同体积流量下 3 种实施例结果如表 5-28 所示。

表 5-28　不同流速下体系各反应时间段反应物及产物的组成

反应时间/h	质量分数/%						
	甲缩醛	甲醛	$n=2$	$n=3$	$n=4$	$n=5$	水
$12L \cdot h^{-1}$							
3	38.43	16.18	22.65	11.33	5.66	2.83	2.91
4	25.66	8.21	34.48	17.24	8.62	4.31	1.48
5	17.79	3.31	41.71	20.85	10.43	5.21	0.70
6	15.16	1.66	44.20	22.10	11.05	5.53	0.30
7	12.49	0.00	46.62	23.31	11.66	5.83	0.10
$8L \cdot h^{-1}$							
3	38.43	16.18	22.65	11.33	5.66	2.83	2.91
4	30.81	11.43	29.71	14.85	8.91	3.71	2.06
5	23.06	6.59	36.89	18.45	9.22	4.61	1.19
6	17.81	3.31	41.75	20.87	10.44	5.22	0.60
7	15.16	1.66	44.20	22.10	11.05	5.53	0.30
$6L \cdot h^{-1}$							
3	38.43	16.18	22.65	11.33	5.66	2.83	2.91
4	33.37	13.02	27.34	13.67	6.84	3.42	2.34
5	25.66	8.21	34.48	17.24	8.62	4.31	1.48
6	23.06	6.59	36.89	18.45	9.22	4.61	1.19
7	17.81	3.31	41.75	20.87	10.44	5.22	0.60

上述试验结果明显可以看出，以 12L·h^{-1} 的体积流量泵入膜分离脱水器并脱水循环时，随着反应时间的延长，整体反应过程中生成的水不断被移走，多聚甲醛反应愈加完全，所得产物的组成分布也更佳，故该组合适宜产业化推广。

5.4.2 流化床反应器式工艺

清华大学王金福等人[24,25] 提出了一种生产聚甲氧基二甲醚的方法。该合成工艺过程采用流化床反应器，针对多聚甲醛在溶液体系中溶解度低的现象，开发了多层逆流三相流化床反应器，并以酸性树脂为催化剂。与山东玉皇化工有限公司合作建设了万吨级示范装置，最终产品为 $PODE_{3\sim5}$。具体工艺如图 5-15 所示。

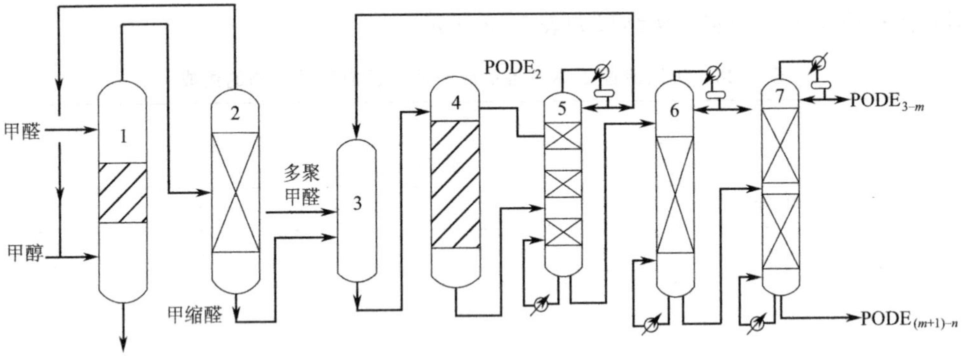

图 5-15 流化床反应器式工艺流程

1—反应精馏塔；2—加压精馏塔；3—打浆罐；4—流化床反应器；
5—预精馏塔；6—萃取精馏塔；7—真空精馏塔

此合成工艺具体操作步骤主要为：

① 合成反应过程。将液体甲缩醛和固体多聚甲醛于打浆罐中混合，所得混合物被处理为浆状后由浆料泵输入流化床反应器，与固体酸催化剂接触并发生反应，反应所得产物为同系混合物聚甲氧基二甲醚 $PODE_n$，其中 n 为大于 1 的整数。

② 产物分离过程。首先，在预精馏过程中，将来自流化床反应器的反应混合物经预精馏塔进行初步分离，从预精馏塔塔顶分离出甲缩醛，分离出甲缩醛中的一部分回流，其余部分返回打浆罐，$PODE_2$ 于预精馏塔中上部侧线采出并循环回流化床反应器继续反应，所用预精馏塔为填料塔或板式塔，理论塔板数为 10～50 块，操作压力为 0～0.3MPa，塔顶温度为 40～65℃，塔底温度为 120～150℃。

其次，在萃取精馏过程，预精馏塔塔底混合物由泵输送至萃取精馏塔与萃取剂接触，混合物中未反应的醛类物质、醇类副产物及酸类杂质进入萃取液，萃取液经处理将萃取剂及醛类原料回收利用，萃取精馏塔塔底混合物进入真空精馏塔，所用萃取精馏塔为板式塔或填料塔，理论塔板数 10～40 块，塔顶温度为 90～120℃，塔底温度为 120～150℃，萃取剂与原料进料质量比为(0.3～1.5)∶1，萃取剂的 pH

范围为 6～10。

最后，于操作压力 0.06～0.098MPa，塔顶温度 60～100℃，塔底温度 120～160℃的条件下在填料真空精馏塔塔顶得到目标产物 $PODE_{3\sim m}$，其中 m 为大于 3 的整数，m 根据产品需要进行调整，塔底得到 $PODE_{(m+1)\sim n}$ 部分，其中 n 为大于 $m+1$ 的整数。

该工艺具体实施例的操作过程为：首先，采用离子交换树脂作为固体酸催化剂装填入流化床反应器中，使床层固含率为 30%。将质量比为 1∶2 的液体甲缩醛与固体多聚甲醛在打浆罐中处理为浆状混合物，该混合物由浆料泵输送至流化床反应器顶部流体入口处并进入流化床反应器内。该流化床反应器采用 100℃甲缩醛过热蒸汽作为流化气体通入底部，流化床夹层中通入 90℃热水（或者其他液体），恒温 90℃和压力 0.3MPa 下，反应 4h；其次，在产物分离过程中，采用理论塔板数为 30 块，压力 0.3MPa，塔顶温度为 65℃，塔底温度 150℃的填料预精馏塔和理论塔板数为 30 块，压力 0.3MPa，塔顶温度为 120℃，塔底温度 150℃的板式萃取塔，在以弱碱水做萃取剂，萃取剂与原料进料质量比为 1.5，萃取剂的 pH 调节为 8.0 的条件下实现中和、萃取、原料回收及产物分离的耦合；最后，萃取精馏塔塔底部分混合物进入理论塔板数为 30 块，压力 0.08MPa，塔顶温度为 90℃，塔底温度 160℃的填料真空精馏塔，所得物质经检测后如表 5-29 所示。

表 5-29　目标产物的数据记录表

项目	目标产物 $PODE_{3\sim5}$	杂质 $PODE_2$、$PODE_6$
纯度	98%	—

由上述工艺特点可知，该工艺在进料阶段首先采用流化床反应器可以使产物混合效果更好，且以甲缩醛作流化气体能减少副产物的产生；其次，在产物分离过程中将预精馏、萃取精馏及真空精馏三个单元串联使用，在达到目标产物分离的同时，还改善了反应器中产物组成的分布；最后，该合成工艺通过调节萃取剂的 pH，实现了未反应原料甲醛的有效分离和回收利用，并且还能中和原料中带入的微量酸等物质，进一步保证产物的稳定性。

5.4.3 固定床反应器式工艺

新疆环境保护科学研究院陈勇民[26] 针对国内开发的以多聚甲醛与甲缩醛为原料、使用阳离子交换树脂催化剂催化合成聚甲氧基二甲醚的生产方法，研究并分析了整个工艺的生产特征。该合成工艺主要由聚甲氧基二甲醚合成、预处理、精制、精馏分离 4 部分组成，具体工艺流程如图 5-16 所示。

上述工艺具体的操作步骤主要为：

① 聚甲氧基二甲醚的合成。以多聚甲醛与甲缩醛为原料，按照比例要求在含

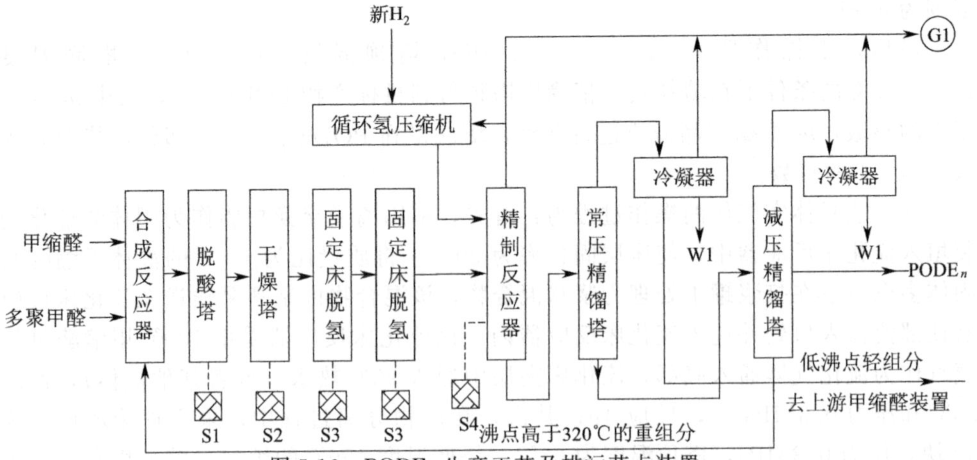

图 5-16　PODE$_n$ 生产工艺及排污节点装置

有强酸性阳离子交换树脂催化剂的连续操作多级串连釜式反应器中进行合成反应，控制反应的起始温度，并通过程序温度控制系统在反应过程中依时递次降温进行等温反应，同时控制合成反应时间和反应压力。

② 预处理。将来自反应釜的物料经冷却器降温后送入吸附脱酸系统，经固定床脱酸吸附剂（碱性树脂）脱甲酸处理，再经脱水干燥剂（硅胶、分子筛）预处理后得过滤液。并进一步经固定床吸附剂脱硫及脱氯预处理。

③ 精制。采用固定床加氢精制反应器，在负载型的 Ni 基催化剂体系或非负载型的 Cu 基催化剂体系条件下，对含有聚甲醛二烷基醚产物的平衡体系进行催化加氢精制，将物料中含有的有机硫化物加氢成硫化氢、将仍未脱净的甲酸等有机酸加氢成甲醇。氢气来自上游工程甲醇驰放气经变压吸附后提取的氢气。

④ 精馏分离。对过滤液进行常压蒸馏，没有反应的轻组分甲缩醛、甲醇以及沸点低于 150℃的聚甲氧基二烷基全部回流至甲缩醛装置，对常压塔底重质馏分进一步经减压蒸馏，真空度为 0.01MPa，其中$<$50℃的馏分为二聚产物，50～180℃的馏分为三聚以上产物（PODE$_{3\sim8}$），$>$180℃ PODE$_n$（$n>8$）重组分全部回流至合成工序。

在整个多聚甲醛生产过程中，所产脱酸吸附剂（S1）、脱水吸附剂（S2）、脱硫脱氯吸附剂（S3）以及加氢催化剂（S4）等危险废物，一律委托危险废物处置单位处置。精制过程中所产装置尾气，包括部分溶解氢、甲醇、甲缩醛、PODE$_2$ 以及精馏过程的不凝气等气相物质统一收集后送火炬焚烧（G1）。

综上所述，在适宜的操作温度区间内，基于以多聚甲醛和甲缩醛为原料合成聚甲氧基二甲醚体系中，整个合成反应过程的平衡常数对于温度变化十分敏感而且敏感程度随产物中甲氧基聚合度增加而提高。选择采用递次降温合成工艺，可不断地促进反应向正向进行，此外，还专门设置了物理吸附和催化加氢脱酸、脱硫、脱水的复合精制系统，针对性地去除平衡体系中的水分和各种有害杂质，为下游产物的精馏分离创造了较好的条件，使得通过常压精馏、减压精馏，可以分离、生产出纯度大于 99.5%，收率大于 97%的聚甲氧基二甲醚。

5.5 甲缩醛和甲醛气体工艺

在 $PODE_n$ 的合成工艺过程中，一些研究者认为[27,28]，甲缩醛在柴油中混溶性较好，含氧量较高（42%），分子式中无 C—C 键，并且有较高的氢碳比，国内产能过剩，价格便宜。此外，甲缩醛和甲醛气体反应过程中无水产生，所以采用甲缩醛与甲醛气体为原料合成 $PODE_n$ 工艺具有一定优势。

甲缩醛与甲醛气体反应：

$$CH_3OCH_2OCH_3 + nHCHO \longrightarrow CH_3O(CH_2O)_{n+1}CH_3$$

在缩醛化反应过程中，当反应温度较高时，甲醛气体容易发生歧化反应生成甲酸而降低甲醛气体的转化率。所以，一般在较低的温度（小于 100℃）和压力下，以甲缩醛和甲醛气体为原料合成 $PODE_n$[29]。

5.5.1 固定床式反应合成工艺

江苏凯茂石化科技有限公司叶子茂等[30] 提出了一种气体甲醛合成聚甲氧基二甲醚及脱酸的工艺，图 5-17 为气体甲醛合成 $PODE_n$ 及脱酸工艺的流程。为了能最大程度降低甲醛发生歧化反应生成甲酸，并能有效快速地将由甲酸转化成的甲酸甲酯从体系中分离出去，该技术的工艺装置包括反应分离填料塔、减压精馏塔、甲醛单体脱离塔、填料反应塔和甲酸甲酯回收塔，填料反应塔内装填有酸性固体催化剂。

该工艺的主要操作步骤为：

① 将甲醇（辅助剂）和甲醛水溶液按体积流量比为 3∶1 分别从反应分离填料塔的底部和上部通入，使得甲醛和甲醇在塔板之间逆向接触，在反应温度为 50～100℃、反应压力为常压～0.2MPa 的条件下发生化学反应，塔顶得到密度小于水且不溶于水的半缩醛类反应物；塔底得到 5%～15%的稀甲醛水溶液。

② 将反应分离填料塔塔顶所得的半缩醛类反应物送入减压精馏塔中进一步减压精馏反应，脱除残余的水分，塔顶得到废水，塔底得到无水半缩醛反应物。

③ 将减压精馏塔塔底所得无水半缩醛反应物送入甲醛单体脱离塔中加热分解，塔顶得到纯的甲醛气体，塔底得到再生的辅助剂并送入反应分离填料塔。

④ 将甲醛单体脱离塔所得高温无水甲醛气体与 90%～99%浓度甲缩醛分别从填料反应塔的底部和顶部进入，在反应温度为 40～100℃，反应压力为常压～

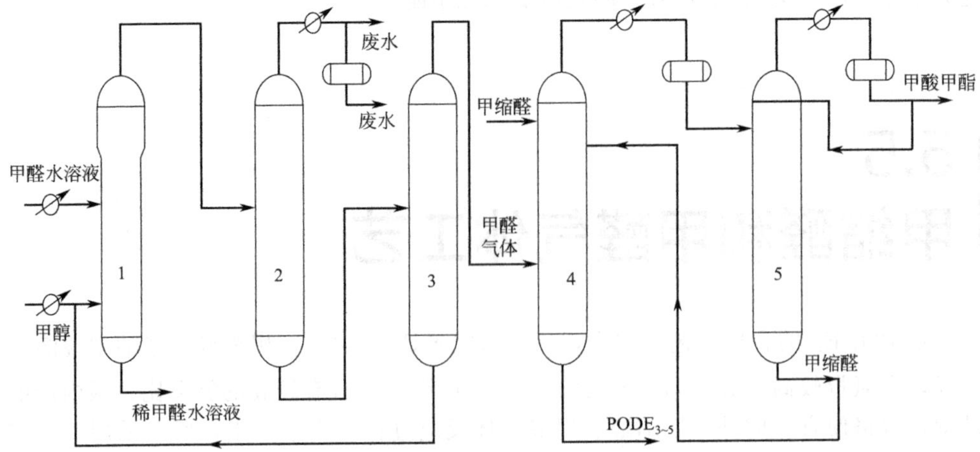

图 5-17　气体甲醛合成 $PODE_n$ 及脱酸工艺流程

1—反应分离填料塔；2—减压精馏塔；3—甲醛单体脱离塔；
4—填料反应塔；5—甲酸甲酯回收塔

0.5MPa 的条件下，进行催化反应生成聚甲氧基二甲醚（$PODE_{3\sim5}$）。较低的反应温度能抑制甲醛的歧化反应生成甲酸，促进聚甲氧基二甲醚的正向反应。其中，甲醛歧化反应所得的甲酸还与甲缩醛携带的甲醇进行酯化反应，并通过填料反应塔的塔顶以气体甲酸甲酯的形态分离出来，由此可以避免甲酸的积累，维持体系中甲酸含量在一个较低的范围之内，实现边生产边分离的催化精馏方式。

⑤ 填料反应塔塔顶所得的反应液送入甲酸甲酯回收塔，在反应温度为 40～100℃，反应压力为常压～0.8MPa 的条件下，进行加压蒸馏分离。甲酸甲酯回收塔塔顶得到甲酸甲酯副产物，塔底得到甲缩醛并送回至填料反应塔中继续参与反应。

该工艺的主要优点为：①通过引入一元醇辅助剂从甲醛溶液中精制获得甲醛气体，从而大大简化甲醛气体的传统精制工艺，降低了生产成本。②以甲醛气体与甲缩醛反应合成聚甲氧基二甲醚，较低的反应温度能减少甲醛歧化生成甲酸，最终提高了甲醛的转化率以及聚甲氧基二甲醚的收率。③所用催化剂为酸性固体催化剂，催化剂可循环利用。

江苏凯茂石化科技有限公司的向家勇等[31] 提出了一种聚甲氧基二甲醚的制备工艺装置及方法，工艺流程如图 5-18 所示。该工艺采用甲缩醛和甲醛为原料，依次经过固定床反应器、闪蒸罐、一级萃取塔、二级萃取塔、脱轻组分塔、轻组分分离塔、脱重组分塔和产品塔合成聚甲氧基二甲醚。整套工艺技术、工艺路线相对简单，并且采用成本低、使用寿命长的固体酸树脂催化剂。

该工艺主要包括下列步骤：

① 将一定量的甲醛和甲缩醛投入固定床反应器中，以固体酸树脂作为催化剂，在反应温度为 80～200℃和反应压力为 0.2～1.5MPa 的条件下进行聚合反应。

② 聚合反应所得产物（甲缩醛、甲醇、水及反应过程中生成一部分的 $PODE_2$）从

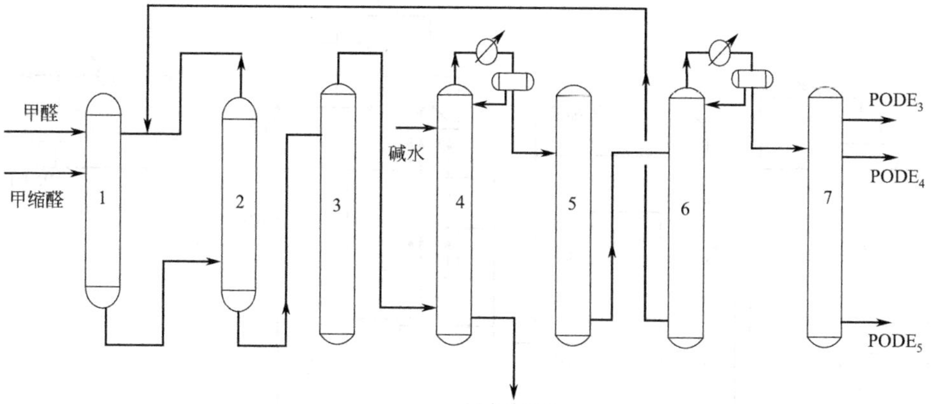

图 5-18　固定床反应装置合成 $PODE_n$ 的工艺流程

1—固定床反应器；2—闪蒸罐；3—一级萃取塔；4—二级萃取塔；
5—脱轻组分塔；6—脱重组分塔；7—产品塔

固定床反应器底部流出，经减压至 0.1～0.5MPa 后，送至闪蒸罐，并在 60～100℃下进行闪蒸气化，从闪蒸罐顶部排出气相产物，送入固定床反应器中循环反应。

③ 经过闪蒸后的液相进入一级萃取塔，用环己烷作为萃取剂进行连续多级萃取。

④ 一级萃取塔的含环己烷的有机相从二级萃取塔的底部进入，并以碱水作为萃取剂经过多级传质后，塔底含碱废水送污水处理厂；塔顶所得的有机相经中和洗去聚合反应中的酸性物质后，进入脱轻组分塔，依次脱去未完全参与反应的甲缩醛、环己烷和 $PODE_2$。

⑤ 脱轻组分塔所得组分（主要为 $PODE_{3\sim5}$ 及聚合度更高的聚甲氧基二甲醚）送入脱重组分塔进行减压精馏，塔顶压力控制为－0.1～－0.01MPa。脱重组分塔的塔顶得到较轻的组分，塔底得到重组分返回固定床反应器。

⑥ 脱重组分塔塔顶所得轻组分送入产品塔，塔顶设置多段采出，依次从塔顶得到 $PODE_5$、$PODE_4$、$PODE_3$ 产品，依次采出的产品浓度高达 90%以上。

该工艺的主要优点为：①催化剂采用寿命较长的固体酸非均相催化剂，可实现催化剂的环保、重复利用的价值；②萃取剂采用容易回收的环己烷溶剂。

5.5.2 多段式反应合成工艺

江苏凯茂石化科技有限公司叶子茂等[32] 提出了一种聚甲氧基二甲醚合成的多段式反应塔及聚甲氧基二甲醚合成工艺技术，工艺流程图如图 5-19 所示。为了解决固定床反应器温度不易控制的问题，并有效提高反应进行的程度，该技术采用多段式反应塔装置合成聚甲氧基二甲醚。

该工艺的主要过程包括：

① 高温无水甲醛气体与 90%～99%浓度的甲缩醛分别从填料反应塔的底部和

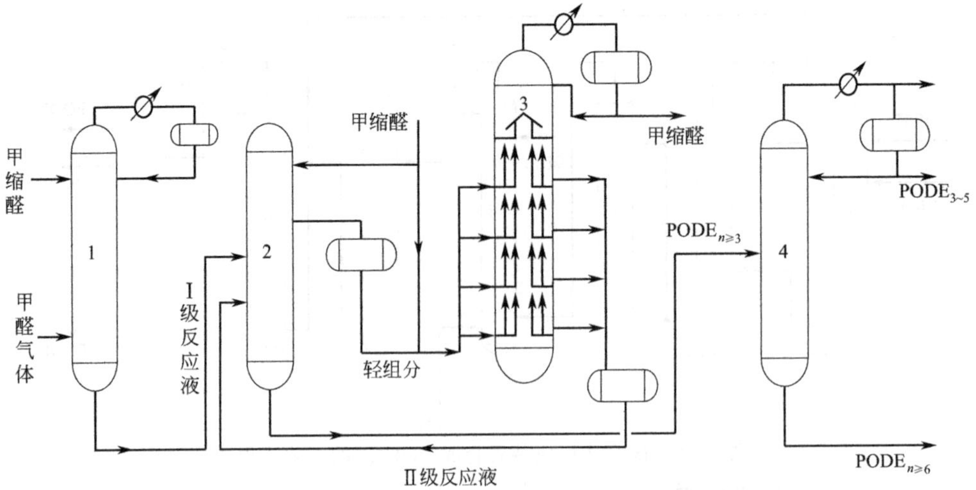

图 5-19　多段式反应装置合成 PODE$_n$ 的工艺流程图

1—填料反应塔；2—产品分离塔；3—四级多段式反应塔；4—精制精馏塔

顶部进入，在反应温度为 40～100℃，压力为常压～0.5MPa 的条件下，进行催化反应生成聚甲氧基二甲醚。从填料反应塔得到Ⅰ级反应液，组成包含甲醛 5%～30%、$PODE_1$ 含 40%～60%、$PODE_{3\sim8}$ 含 10%～20%。

② Ⅰ级反应液进入产品分离塔，从塔底采出 $PODE_{3\sim8}$ 产品。产品分离塔的中部采出部分不符合产品要求的轻组分，该轻组分包含未完全参与反应的 $PODE_1$、甲醛、甲醇和反应中间组分 $PODE_2$，这部分轻组分经过与甲缩醛重新配料后，进入四级多段式反应器。

③ 在四级多段式反应器中经反应冷凝得到Ⅱ级反应液，其组分包含甲醛 5%～15%、$PODE_1$ 含 30%～50%、$PODE_{3\sim8}$ 含 20%～40%。Ⅱ级反应液返回产品分离塔，塔底取出 $PODE_{3\sim8}$ 半成品，并送入精制精馏塔减压精馏，得到更加适合做柴油添加剂的 $PODE_{3\sim5}$ 的产品。塔底产出 $PODE_{n\geq6}$ 的产物。其中多段式反应塔塔体从上至下包括至少两层反应段，且每层反应段设有塔板并构成弯折流道，塔板之间填装有催化剂，相邻两层的反应段之间还设有气体上升管，反应塔塔顶还设有气相出口；每层反应段均设有带阀门的进口和出口。

该工艺的主要优点为：①在较低的反应温度（40～100℃）下合成聚甲氧基二甲醚，减少了甲醛的歧化生产甲酸，最终提高了聚甲氧基二甲醚的收率和甲醛的转化率；②该技术中多段式反应装置具有良好移热效果，有效控制了反应的转化平衡点，阻止了反应平衡向更大聚合物方向进行，使反应在催化剂活性较高的温度下进行，使原料取得较好的转化率和选择性。

5.5.3　流化床式反应合成工艺

江苏凯茂石化科技有限公司的叶子茂等[33] 提出了一种气体甲醛制备聚甲氧基

二甲醚的工艺技术，其工艺流程如图 5-20 所示。该技术以甲醛气体和甲缩醛液体为原料，依次采用连续的流化床反应器、萃取及回收单元和精制单元来合成聚甲氧基二甲醚。该技术中流化床反应器的每层反应段设有填充丝网模块，其模块的结构为笼状结构并设在气体分布器上方，使反应原料在模块中能获得最大的接触，并快速移走了反应热，使反应原料在催化剂的作用下高效的转化。

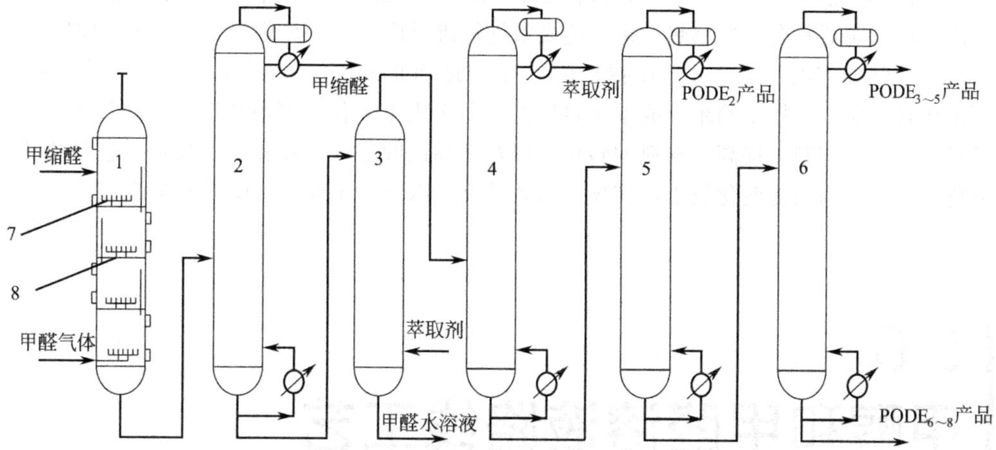

图 5-20　流化床反应装置合成 $PODE_n$ 的工艺流程图

1—流化床反应器；2—脱轻塔；3—萃取塔；4—萃取剂回收塔；5—$PODE_2$ 产品塔；6—$PODE_{3\sim5}$ 产品塔；7—填充丝网模块；8—气体分布器

该工艺主要包括以下步骤：

① 将甲醛气体和甲缩醛分别从流化床反应器的底部和顶部送入，甲醛和甲缩醛在流化床反应器内发生缩醛化反应。

② 由流化床反应器生成的反应液送入脱轻塔中，在常压下脱除甲缩醛。塔顶设置冷凝器和回流罐，回流比优选为 1～2，塔顶得到纯组分甲缩醛，塔釜得到不含甲缩醛的反应液。

③ 将脱轻塔所得液体送入萃取塔，同时萃取塔塔底进料萃取剂，使得萃取塔内产生分相现象，通过控制相界面高度采出上下层液体，下层得到甲醛液体，上层得到含萃取剂的产品溶剂。萃取塔为填料塔或者板式塔，萃取塔的塔顶设有反应液进料口，塔底设有萃取进料口，反应液与萃取剂为逆流接触。

④ 萃取塔所得的上层液体进入萃取剂回收塔，在常压条件下进行萃取剂的回收。该塔顶采用冷凝器和回流罐，优选回流比 1～4，塔顶采出萃取物料，釜液得到产品物料 $PODE_{2\sim8}$。萃取回收塔为填料塔或板式塔。

⑤ 将萃取剂回收塔所得釜液产品送入 $PODE_2$ 产品塔，在常压条件下塔顶采出符合质量要求的 $PODE_2$ 产品。对于不符合质量要求的产品送入该塔进料重新精制，也可以增大回流比提高产品质量。该塔顶采用冷凝器和回流罐，通过控制回流比 0.5～2。$PODE_2$ 产品塔采用填料或者板式塔。

⑥ 将 $PODE_2$ 产品塔所得 $PODE_{3\sim8}$ 产品送入 $PODE_{3\sim5}$ 产品塔，在反应压力为 2～20kPa（绝对压力）的条件下反应，塔顶得到 $PODE_{3\sim5}$ 产品。该塔顶采用冷凝器和回流罐，回流比为 0.5～2，$PODE_{3\sim5}$ 产品塔采用填料或者板式塔。

该工艺的主要优点为：①流化床反应器的反应具有较好的传热性能，不论是径向还是轴向，温度分布都十分均匀；②由于床层的剧烈运动，消除了传热面附近的层流边界层，使得其移热效率较高，从而可降低设备成本、提高原料的转化率及产品的收率；③流化床反应器具有良好移热效果，能高效地促进反应进行，转化程度实现了可控性。

江苏凯茂有限公司的叶子茂提出的三种合成 $PODE_n$ 的工艺技术路线各有其优势。固定床式反应工艺技术简单，成本相对较低，易实现工业化。多段式反应工艺技术实现了轻重组分的控制，提高了原料的转化率以及产品的收率。而流化床式反应工艺技术中流化床反应器的温度变化较小，实现了高效的反应以及转化程度实现了可控性。

5.6 甲醇和甲醛溶液路线工艺

甲醛非常活泼，并且在空气中是一种易燃易爆的气体，它的操作和分离都需要特别注意。另外，在低于 100℃时，甲醛还容易发生自聚，尤其是水蒸气或别的杂质存在的情况下。所以，一般选用质量分数不超过 50%的甲醛溶液作为合成 $PODE_n$ 的原料[34]。众多研究者以甲缩醛为原料生成 $PODE_n$，该生产技术成熟，原料供应充足。多聚甲醛原料生产技术也较成熟，成本比三聚甲醛低。但其都是甲醇、甲醛的深加工产品，成本比直接使用普通的甲醇、甲醛高。因此以甲醇和甲醛液体为原料合成 $PODE_n$ 是一种较经济的工艺路线[35～37]。

甲醇与甲醛液体反应：

$$2CH_3OH + nHCHO = H_2O + CH_3O(CH_2O)_nCH_3$$

在 $PODE_n$ 合成反应过程为：①甲醛和甲醇生成半缩醛，半缩醛生成时，羰基在酸催化下发生亲核加成反应，反应的第一步是羰基的质子化，反应的第二步是亲和性较弱的醇分子对质子化羰基的加成；②半缩醛继续与甲醇反应生成甲缩醛；③甲缩醛再与甲醛反应生成不同聚合度的聚合产物。

西安市尚华科技开发有限责任公司的刘红喜等[38] 研究者公开了一种甲醇经缩合、氧化、缩聚和醚化合成聚甲氧基二甲醚的方法，其工艺流程如图 5-21 所示。该工艺以甲醇和稀甲醛为原料在强酸性苯乙烯系阳离子交换树脂催化剂的条件下，反应生成甲缩醛；甲缩醛和空气在铁钼催化剂催化氧化下制备甲醛；甲醛在强酸性苯乙烯系阳离子交换树脂催化剂作用下缩聚反应得到三聚甲醛；在以稀土元素改性的强酸性苯乙烯系阳离子交换树脂为催化剂的条件下，甲缩醛和三聚甲醛醚化反应后反应精馏，脱水精制，得到 $PODE_{3\sim8}$。

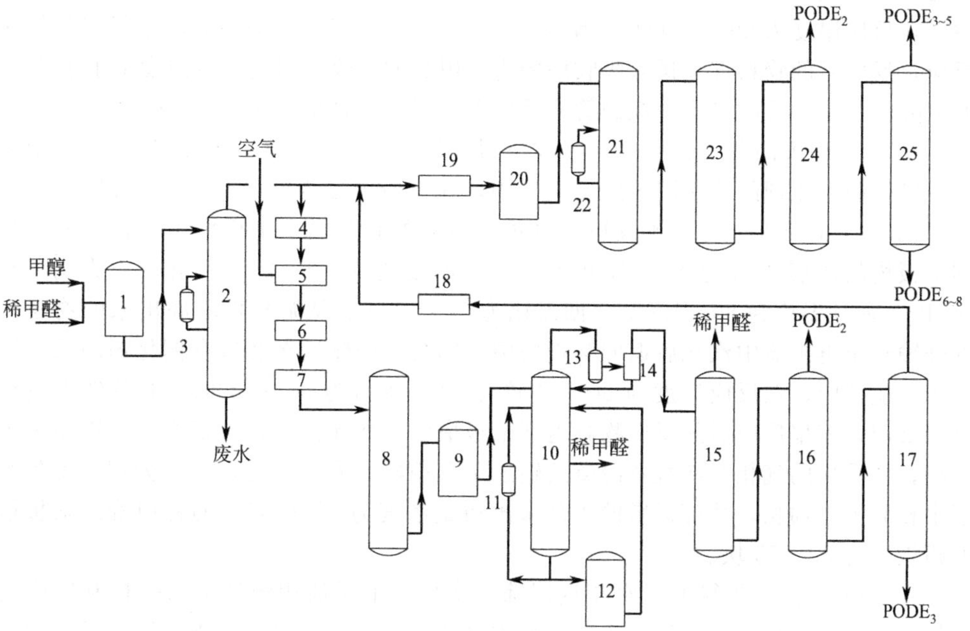

图 5-21　甲醇经缩合、氧化、缩聚和醚化合成 $PODE_n$ 的工艺流程图

1—反应器；2—第一反应精馏塔；3—第一侧线反应器；4—蒸汽加热器；5—第一混合器；6—第一预热器；7—管式反应器；8—吸收塔；9—第一固定床反应器；10—筛板塔；11—再沸器；12—第二固定床反应器；13—冷凝器；14—分相器；15—第一精制塔；16—第二精制塔；17—第三精制塔；18—第二预热器；19—第二混合器；20—第三固定床反应器；21—第二反应精馏塔；22—第二侧线反应器；23—脱水塔；24—第四精制塔；25—第五精制塔

该工艺主要包括以下步骤：

① 甲醇缩合制备甲缩醛。按照摩尔比为(2.0～3.5)：1 的比例将甲醇和质量分数为 5%～45%的稀甲醛混合后送入反应器中。反应器中催化剂为强酸性苯乙烯系阳离子交换树脂，在反应温度为 60～90℃、反应压力为 2.0～8.0MPa 的条件下进行缩合反应。将缩合反应后的物料送入塔顶压力为 5～50kPa、塔顶温度为 42.3～47℃、塔底温度为 100～115℃、回流比为 1.0～3.0 的第一反应精馏塔中进行反应。缩合反应后的物料中包括产物甲缩醛和未反应的甲醇和稀甲醛，其中甲缩醛上升至第一反应精馏塔的塔顶，未反应的甲醇和稀甲醛输送至装填有催化剂的第一侧线反应器中进行缩合反应，反应后再从第一侧线反应器的顶部输送至第一反应精馏塔中。在循环过程中转化成甲缩醛，在第一反应精馏塔塔顶采出质量浓度为 85%～99.9%的甲缩醛，塔底采出甲醛质量浓度为 200～1500$\mu g \cdot g^{-1}$ 的废水。第一反应精馏塔的塔顶的筛板数为 5～30 块，塔底的筛板数为 5～30 块，填料床的层数为 2～8 层。

② 甲缩醛氧化制备甲醛。将第一反应精馏塔所得的甲缩醛在蒸汽加热器中加

热至完全蒸发，得到甲缩醛蒸气，然后将甲缩醛蒸气和空气在第一混合器中混合，再在第一预热器中预热至 200～280℃，最后送入装填有铁钼催化剂的管式反应器中，在反应温度为 290～400℃、反应压力为 50～400kPa 的条件下，进行催化氧化反应，反应后的物料继续送入吸收塔中进行甲醛的吸收，得到质量浓度不小于 70%的甲醛。其中，反应过程中控制管式反应器中氧质量含量为 6.0%～9.6%。

③ 甲醛缩聚制备三聚甲醛。吸收塔得到甲醛送入装填有强酸性苯乙烯系阳离子交换树脂催化剂的第一固定床反应器中，在反应温度为 90～130℃、反应压力为 90～130kPa 的条件下进行预反应。将预反应后的物料送入筛板塔中进行反应，控制筛板塔的塔底压力为 40～100kPa、塔底温度为 105～120℃、塔顶压力为 5～30kPa、塔顶温度为 80～100℃、回流比为 1.0～3.0。从筛板塔塔底出来的物料一部分输送至再沸器中汽化后返回筛板塔中，剩余部分输送至装填有催化剂的第二固定床反应器中，在反应温度为 90～130℃、反应压力为 90～130kPa 的条件下进行缩聚反应，缩聚反应后的反应物料返回筛板塔中，如此循环。从筛板塔的塔顶采出气相，将采出的气相经冷凝器冷凝后输送至分相器，采用苯进行萃取分相，得到下层水相和上层油相，从筛板塔的中部采出质量浓度为 5%～45%的稀甲醛。筛板塔的筛板数为 30～75 块。

④ 将分相器中所得下层水相返回筛板塔中，上层油相输送至第一精制塔中进行精制，从第一精制塔塔顶采出的质量浓度为 5%～10%的稀甲醛与从筛板塔的中部采出的稀甲醛合并后返回反应器入口与稀甲醛混合，从第一精制塔塔底采出的物料输送至第二精制塔中进行精制，从第二精制塔塔顶采出 $PODE_2$，从第二精制塔塔底采出的物料输送至第三精制塔中进行精制，从第三精制塔塔底采出 $PODE_3$，从第三精制塔塔顶采出质量浓度不小于 99.9%的三聚甲醛。其中，第一精制塔的塔顶温度为 52～62℃，第一精制塔的塔底温度为 28～138℃，第二精制塔的塔顶温度为 107～120℃，第二精制塔的塔底温度为 128～138℃，第三精制塔的塔顶温度为 120～125℃，第三精制塔的塔底温度为 132～145℃。第一精制塔、第二精制塔和第三精制塔的塔顶压力均为 5～30kPa，塔底压力均为 40～100kPa；第一精制塔、第二精制塔和第三精制塔的筛板数均为 30～65 块。

⑤ 醚化制备聚甲氧基二甲醚。第三精制塔所得三聚甲醛预热至 50～140℃，然后将第一反应精馏塔所得甲缩醛和预热后的三聚甲醛按照(1.0～3.5)：1 的摩尔比在第二混合器中混合均匀，然后送入装填有稀土元素改性的强酸性苯乙烯系阳离子交换树脂催化剂的第三固定床反应器中，在反应温度为 50～180℃，反应压力为 1～5MPa 的条件下进行醚化反应，将醚化反应后的物料送入第二反应精馏塔中，未反应完的三聚甲醛和甲缩醛通过装填有催化剂的第二侧线反应器中，在反应温度为 50～180℃，反应压力为 1～5MPa 的条件下进行反应，从第二反应精馏塔塔底采出的 $PODE_2$ 输送至脱水塔中，采用 3A 分子筛进行脱水，将脱水后的 $PODE_2$ 输送至第四精制塔中，从第四精制塔塔顶采出 $PODE_2$，从第四精制塔塔底采出 $PODE_{3\sim8}$，将采出的 $PODE_{3\sim8}$ 送入第五精制塔中，从第五精制塔的塔顶采出

$PODE_{3\sim5}$，从第五精制塔的塔底采出 $PODE_{6\sim8}$。第二反应精馏塔的塔顶温度为 45～55℃，塔底温度为 100～105℃；第二反应精馏塔的塔顶的筛板数为 5～30 块，塔底的筛板数为 5～30 块，填料床的层数为 2～8 层。第四精制塔的塔顶温度为 103～108℃，塔底温度为 128～138℃。第五精制塔的塔顶温度为 155～175℃，塔底温度为 180～280℃，第五精制塔的压力为 300～500kPa。

该技术的主要优点为：①醚化反应所用的催化剂为稀土元素改性的强酸性苯乙烯系阳离子交换树脂，催化剂的催化活性高，由未改性前的 35%提高到改性后的 95%，选择性强，由未改性前的 10%提高到改性后的 90%，与反应混合物易分离；②将甲醇和稀甲醛缩合反应制备高纯度甲缩醛，甲缩醛催化氧化制备高纯度甲醛，再采用制备的高纯度的甲醛缩聚后精制得到高纯度三聚甲醛，以高纯度甲缩醛和高纯度三聚甲醛为原料制备 $PODE_{3\sim8}$，使得原料中水分含量极低，大大减少了原料带入水与反应生成的 $PODE_{3\sim8}$ 发生的水解反应，提高产品 $PODE_{3\sim8}$ 的纯度和收率，其中 $PODE_{3\sim8}$ 收率由 20%提高到 90%，产品纯度由 50%提高到 99%。

中国科学院兰州化学物理研究所的夏春谷等[39] 提出了甲醇与甲醛缩醛化反应制备聚甲氧基二甲醚的工艺过程，其工艺流程如图 5-22 所示。该工艺以甲醛溶液和甲醇为反应原料，离子液体为催化剂，经过连续反应过程合成 $PODE_n$。该工艺方法分为两步：第一步，水合甲醛溶液（质量分数 50%～60%）在离子液体 IL Ⅰ的催化作用下，发生聚合反应生成水合三聚甲醛，并与甲醛形成混合溶液；第二步，生成的水合三聚甲醛和甲醛混合溶液在离子液体 IL Ⅱ的催化作用下，和甲醇发生缩醛化反应生成 $PODE_n$，具体合成步骤如下：

第一步，甲醛聚合反应生成三聚甲醛，合成过程如式(5-3) 所示：

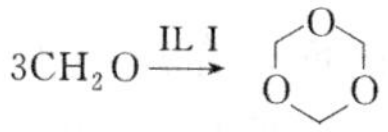

(5-3)

第二步，缩醛化反应制备 $PODE_n$，合成过程如式(5-4) 所示：

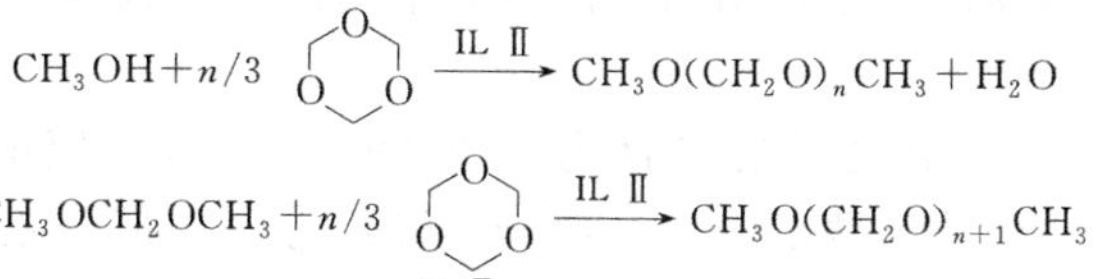

$$2CH_3OH+nCH_2O \xrightarrow{IL\ Ⅱ} CH_3O(CH_2O)_nCH_3+H_2O$$

$$CH_3OCH_2OCH_3+nCH_2O \xrightarrow{IL\ Ⅱ} CH_3O(CH_2O)_{n+1}CH_3 \qquad (5\text{-}4)$$

该工艺主要包括以下步骤：

① 甲醛聚合反应过程。将离子液体 IL Ⅰ作为催化剂和质量分数为 50%～60%的甲醛通入甲醛聚合反应器中进行催化缩合反应生产三聚甲醛。其中催化剂用量为总反应物料质量的 1%～10%，反应温度为 80～120℃，反应压力为－1.0～0.1MPa，反应停留时间为 5～15h。在反应过程中有水生成，并且甲醛没有完全反应，未完全反应的甲醛从塔底流出经反应再沸器加热返回至甲醛聚合反应中继续反应。将甲醛聚合反应所得产物送入精馏塔 1 中继续进行反应，从精馏塔 1 排出的气体为三聚甲醛、甲醛和水的恒沸物，含 30%～40%的三聚甲醛，含质量分数 10%～30%的甲醛。气体汇集

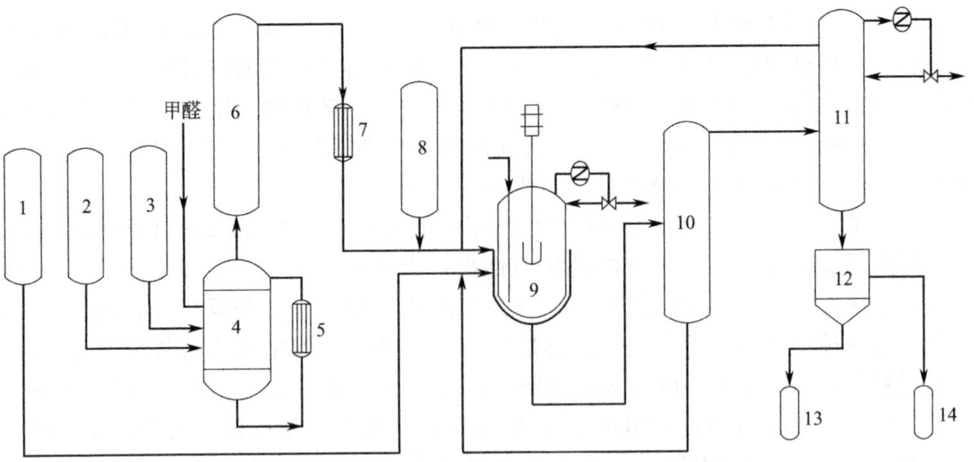

图 5-22　甲醇与甲醛两步法合成 $PODE_n$ 的工艺流程

1—催化剂储罐 1；2—催化剂储罐 2；3—催化剂储罐 3；4—甲醛聚合反应器；5—反应釜再沸器；6—精馏塔 1；7—气相冷凝器；8—催化剂储罐 4；9—缩醛化反应器；10—精馏塔 2；11—膜式蒸发器；12—相分离器；13—产品储罐 1；14—产品储罐 2

后进入气相冷凝器，冷凝后进入缩醛化反应器。甲醛聚合反应器中所用酸性离子液体 IL Ⅰ的阳离子可以是季铵阳离子、季磷阳离子、杂环阳离子、吡啶阳离子、咪唑阳离子中的一种或多种，阴离子可以是甲苯磺酸根、三氟甲磺酸根、甲基磺酸根、硫酸氢根、三氟醋酸根中的一种或多种，精馏塔 1 塔底温度为 90～98℃，塔顶温度为 92～96℃；精馏塔 1 内装不锈钢规整填料，塔板数为 10～20；反应器材质为 316L 不锈钢。

② 缩醛化反应过程。冷凝后的三聚甲醛、未反应的甲醛和生成的水在缩醛化反应器中，以离子液体 IL Ⅱ为催化剂，在反应温度为 100～130℃、压力为 0.5～5.0MPa 的条件下，进行缩醛化反应主要生成 $PODE_{1\sim6}$ 和水。酸性离子液体 IL Ⅱ的阳离子部分选自咪唑阳离子，阴离子部分为甲基磺酸根或硫酸氢根，占总反应原料质量分数的 1%～5%。

③ 分离过程。将反应之后的混合物（$PODE_{1\sim6}$、未反应的甲醛和甲醇、水、催化剂）在精馏塔 2 中分为两部分，一部分是轻组分，一部分是循环催化剂。循环催化剂返回缩醛化反应器中循环利用，而轻组分流入膜式蒸发器中再次进行蒸馏得到重组分（含水的 $PODE_{3\sim6}$ 溶液）和轻组分（$PODE_{1\sim2}$、未反应物与水的混合液），在膜式蒸发器内所得轻组分从顶部经冷凝返回到塔内，而重组分流入相分离器中进行组分的分离，在相分离器中将产物分成上层水相和下层油相，水相送入产品储罐 2 中，下层油相送入产品储罐 1 中，其中产品主要含有 $PODE_{3\sim6}$。精馏塔 2 内装不锈钢规整填料，塔板数为 10～20，压力为 0.02～0.06MPa，塔顶温度为 20～260℃。膜式蒸发器为降膜蒸发器、刮板式或刮板薄膜蒸发器，其操作条件为蒸发温度 20～100℃、压力为 0.01～0.1MPa。

该工艺的主要优点为：①采用连续聚合、缩醛化反应制备聚甲氧基二甲醚，甲醛利用率高；②整个生产过程采用膜式蒸发器，实现了轻组分（$PODE_{1\sim2}$、甲醇、甲醛）的快速分离与循环使用；③催化剂的分离简单，实现了催化剂的循环使用；④所用催化剂为两种酸性离子液体催化剂，每种催化剂都由阳离子和阴离子组成。

实施例1：在该反应工艺过程中，甲醛聚合反应器容积为1L，甲醛聚合反应器与反应釜再沸器循环连通，反应液在甲醛聚合反应器与反应釜再沸器中循环，缩醛化反应器的容积为100mL，带有调速电磁搅拌器，油浴套加热。

用高纯氮吹扫，置换系统空气。向甲醛聚合反应器中连续加入150g离子液体催化剂IL Ⅰ-1，催化剂分子结构如图5-23所示，共用时5h；同时加入浓度50%的甲醛水溶液，进料速度为120mL・h^{-1}。甲醛聚合反应器的温度控制在98～100℃，甲醛聚合生成三聚甲醛，反应器中气体进入精馏塔，三聚甲醛、甲醛和水的恒沸物从塔顶蒸出，塔顶温度为92～96℃，冷凝后进入缩醛化反应器。定时取样由气相色谱仪定量分析。

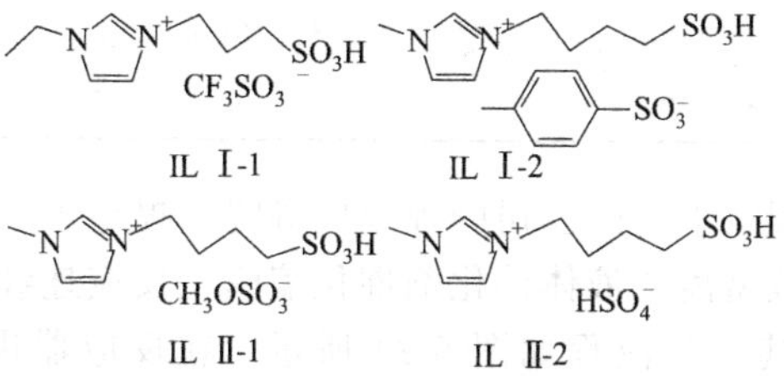

图5-23　离子液体IL Ⅰ和离子液体IL Ⅱ的分子结构

向缩醛化反应器中加入离子液体催化剂IL Ⅱ-1（催化剂分子结构如图5-23所示），进料速率为7.0g・h^{-1}，至催化剂溶液开始循环，停止进料，保证催化剂的浓度不低于4%；再向反应器中加入三聚甲醛、甲醛和水的混合液、浓度99%的甲醇原料进行反应，进料速率分别为120mL・h^{-1}，48mL・h^{-1}。反应器的操作条件控制在115～120℃、1.0～2.0MPa。反应液送入精馏塔，在20～250℃、0.02～0.06MPa下分离出轻组分（$PODE_{1\sim6}$、水、未反应的甲醇、甲醛和三聚甲醛），重组分催化剂返回反应系统；轻组分被送入膜式蒸发器，在80～95℃、0.02MPa下分离出更轻组分（$PODE_{1\sim2}$、部分水、未反应的甲醇、甲醛和三聚甲醛），轻组分返回反应系统，分离出的液相送入相分离器，在40～60℃下分层，上层为水相，下层为产品$PODE_{3\sim6}$输送至产品储罐1中。产品和轻组分定时取样由气相色谱仪定量分析。连续反应100h试验结果列于表5-30中。

表5-30　离子液体IL Ⅰ-1为催化剂的试验结果

分析项目	出料速度/mL・h^{-1}	产物分布/%								
		甲醇	甲醛	三聚甲醛	$CH_3O(CH_2O)_nCH_3(n=1\sim6)$					
					1	2	3	4	5	6
三聚甲醛-甲醛-水的恒沸物	120	0.2	18.5	31.3	0	0	0	0	0	0
轻组分	58	15.3	7.6	6.4	37.4	31.7	1.6	0	0	0
产品	95	1.2	0.8	0	0	0.01	38.4	36.9	17.2	5.5

实施例 2：同实施例 1，向甲醛聚合反应器中加入离子液体 IL Ⅰ-2 为催化剂，向缩醛化反应器中加入离子液体 IL Ⅱ-2 催化剂，连续反应 100h，结果列于表 5-31。

表 5-31　离子液体 IL Ⅰ-2 为催化剂的试验结果

分析项目	出料速度/mL·h^{-1}	产物分布/%								
		甲醇	甲醛	三聚甲醛	$CH_3O(CH_2O)_nCH_3(n=1\sim6)$					
					1	2	3	4	5	6
三聚甲醛-甲醛-水的恒沸物	120	0.1	20.1	29.8	0	0	0	0	0	0
轻组分	58	12.9	9.3	6.0	38.8	31.4	1.6	0	0	0
产品	91	1.8	0.9	0	0	0.2	37.4	35.9	19.2	4.6

上海盘马化工工程技术有限公司的孙育成等[40] 提出了一种以甲醇和甲醛作为初始反应原料，以负载型离子液体催化剂催化缩醛化反应连续制备聚甲氧基二甲醚的反应系统及工艺。其工艺流程如图 5-24 所示。在反应器进行连续缩醛化反应，反应温度为 110～130℃，反应压力为 1.0～3.0MPa，反应停留时间为 40～120min，负载型离子液体催化剂占反应原料质量分数的 5%～20%，浓甲醛或低聚甲醛与甲醇的摩尔比为 1.0～3.0；反应产物主要为 $PODE_{1\sim6}$ 和水。

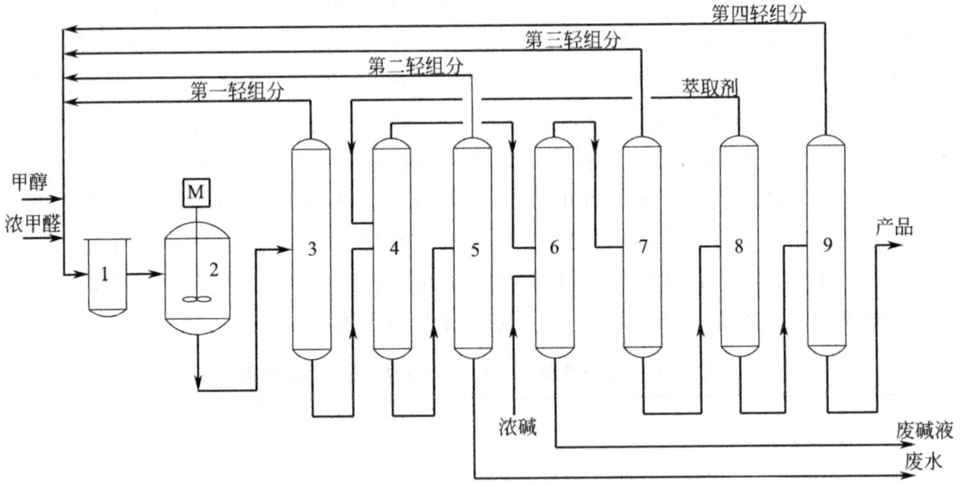

图 5-24　甲醇和甲醛合成 $PODE_n$ 的工艺流程

1—原料预混罐；2—反应器；3—第一轻组分回收塔；4—萃取塔；
5—第二轻组分回收塔；6—碱洗塔；7—第三轻组分回收塔；
8—萃取剂回收塔；9—第四轻组分回收塔

该工艺主要包括以下步骤：

① 缩醛化反应。先把甲醇、浓甲醛在原料预混罐中混合，然后将混合好的混合物送入反应器中，以负载型离子液体为催化剂，在反应温度为110～130℃、反应压力为1.0～3.0MPa、反应停留时间为40～120min的条件下，进行连续缩醛化反应。其中负载型离子液体催化剂占反应原料质量分数的5%～20%，浓甲醛或低聚甲醛与甲醇的摩尔比为1.0～3.0。反应产物主要为$PODE_{1\sim6}$、水。缩醛化反应在连续进出料的状态下进行，反应物的平均停留时间靠反应物液位控制。催化剂负载载体选自聚苯乙烯树脂、硅胶、介孔分子筛、有机聚合物、金属氧化物、尖晶石、莫来石或堇青石其中的一种或几种。阳离子选自咪唑阳离子，阴离子选自甲基磺酸根或硫酸氢根。反应器为搅拌反应釜，其材质为316L不锈钢，并设有反应温控装置。

② 精制反应。反应液从反应器流出，进入到第一轻组分回收塔。反应液中的部分轻组分，主要为甲醛、甲醇、水和$PODE_1$等，经过塔顶采出返回至原料预混罐，塔底组分则送入到萃取塔进行萃取；从第一轻组分回收塔塔底流出的反应混合物以及从萃取剂回收塔流出的萃取剂，分别从萃取塔的两个入口进料，经过萃取塔萃取后，反应液中的水相从塔底流出至第二轻组分回收塔。萃取塔中的反应液随着萃取剂从塔顶流出，进入到碱洗塔。通过第二组分回收塔将水相中的有用组分从水相中蒸出得到第二轻组分，然后返回至原料预混罐。而水相则送往污水处理厂进行处理。萃取塔塔顶出来萃取相和浓碱分别进入碱洗塔进行循环碱洗，其目的是中和产品中的甲酸等腐蚀性物质，防止设备的腐蚀及产品的分解；经过碱洗塔碱洗后，塔底得到废碱液，塔顶得到反应液进入到第三轻组分回收塔。反应液中的第三轻组分（$PODE_1$）从塔顶采出返回至原料预混罐，塔底组分则进入到萃取剂回收塔进行萃取剂的回收。在萃取剂回收塔中，将萃取剂与反应液分离，萃取剂从塔顶采出，返回至萃取塔进行重复利用，塔底组分进入到第四轻组分回收塔进行组分回收。在第四轻组分回收塔中将反应液中的$PODE_2$等物质与产品分离，$PODE_2$从塔顶采出，返回至原料预混罐，产品从塔底采出送入到产品罐储存。其中，第一轻组分回收塔塔的操作温度为40～60℃、操作压力为0.01～0.1MPa，采用填料塔，填料高度为10～20m。萃取塔的操作温度为30～60℃、操作压力为0～0.1MPa，采用填料塔，填料高度为20～35m。碱洗塔的操作温度为50～100℃、操作压力为0～0.1MPa，采用填料塔，填料高度为10～20m。第三轻组分回收塔的操作温度为40～60℃、操作压力为0～0.3MPa，采用板式塔，理论板数为10～20块。萃取剂回收塔的操作温度为60～100℃、操作压力为0～0.1MPa，采用板式塔，理论板数为10～30块。第四轻组分回收塔的操作温度为80～150℃、操作压力为0.01～0.1MPa，采用板式塔，理论板数为10～40块。

该技术的主要优点为：①采用萃取精馏分离方式，离子液体催化剂无须再分离，而是负载在载体上。解决了离子液体催化剂的循环利用问题，避免了催化剂的流失；②产品纯度高；③采用新型釜式反应器，改善了以往所用的环管式反应器存在的规模小，占地面积大的不足。

实施例 1：反应温度、反应压力、浓甲醛与甲醇进料比、催化剂用量分别为 120℃、2.0MPa、2.5∶1、10%。产品及各组分反应达到平衡后进行取样，由气相色谱仪定量分析，其结果如下表 5-32 所示。

表 5-32　实施例 1 不同反应条件下的试验结果

物流	进料速率 /kg·h⁻¹	组成分布/%									
		甲醇	甲醛	水	$PODE_1$	$PODE_2$	$PODE_3$	$PODE_4$	$PODE_5$	$PODE_6$	其他
甲醇	321	100	—	—							
浓甲醛	1107	—	68	32	—	—	—	—	—	—	—
第一轻组分	232	15	2	20	60	3	—	—	—	—	—
第二轻组分	100	6	3	—	90	1	—	—	—	—	—
第三轻组分	89	30	20	0.5	49.5						
第四轻组分	147	—	5	—	—	95					
废水	451	—	—	100	—	—	—	—	—	—	—
产品	977	—	—	0.05	—	—	55	30	10	4.95	—

实施例 2：反应温度、反应压力、浓甲醛与甲醇进料比、催化剂用量分别为 130℃、3.0MPa、3∶1、20%。产品及各组分反应达到平衡后进行取样，由气相色谱仪定量分析，其结果如下表 5-33 所示。

表 5-33　实施例 2 不同反应条件下的试验结果

物流	进料速率/ kg·h⁻¹	组成分布/%									
		甲醇	甲醛	水	$PODE_1$	$PODE_2$	$PODE_3$	$PODE_4$	$PODE_5$	$PODE_6$	其他
甲醇	267	100	—	—							
浓甲醛	1107	—	68	32	—	—	—	—	—	—	—
第一轻组分	289	15	2	20	60	3	—	—	—	—	—
第二轻组分	175	6	3	—	90	1	—	—	—	—	—
第三轻组分	125	30	20	0.5	49.5						
第四轻组分	204	—	5	—	—	95					
废水	432	—	—	100	—	—	—	—	—	—	—
产品	942	—	—	0.05	—	—	55	30	10	4.95	—

实施例 3：反应温度、反应压力、浓甲醛与甲醇进料比、催化剂用量分别为 110℃、1.0MPa、1∶1、5%。产品及各组分反应达到平衡后进行取样，由气相色谱仪定量分析，其结果如下表 5-34 所示。

表 5-34　实施例 3 不同反应条件下的试验结果

物流	进料速率/ $kg \cdot h^{-1}$	组成分布/%									
		甲醇	甲醛	水	$PODE_1$	$PODE_2$	$PODE_3$	$PODE_4$	$PODE_5$	$PODE_6$	其他
甲醇	800	100	—	—							
浓甲醛	1107	—	68	32	—	—	—	—	—	—	—
第一轻组分	234	15	2	20	60	3	—	—	—	—	—
第二轻组分	126	6	3	—	90	1	—	—	—	—	—
第三轻组分	102	30	20	0.5	49.5						
第四轻组分	153	—	5	—	—	95					
废水	831	—	—	100	—	—	—	—	—	—	—
产品	1076	—	—	0.05	—	—	55	30	10	4.95	—

陕西恒华能源科技有限公司的吴海杰等[41] 提出了一种聚甲氧基二甲醚的制备方法，其工艺流程如图 5-25 所示。该技术以廉价的工业级甲醇和甲醛溶液为原料，催化剂为固体酸式催化剂（树脂型催化剂或者分子筛型催化剂），该技术提高了反应转化率，降低了工业化生产成本。该工艺将原料加热后从膨胀床反应器底端泵入，与催化剂接触并发生反应；反应完后从层流床反应器顶端进入，与催化剂接触并发生反应，得到粗品聚甲氧基二甲醚；将粗品聚甲氧基二甲醚分离提纯得到聚甲氧基二甲醚。

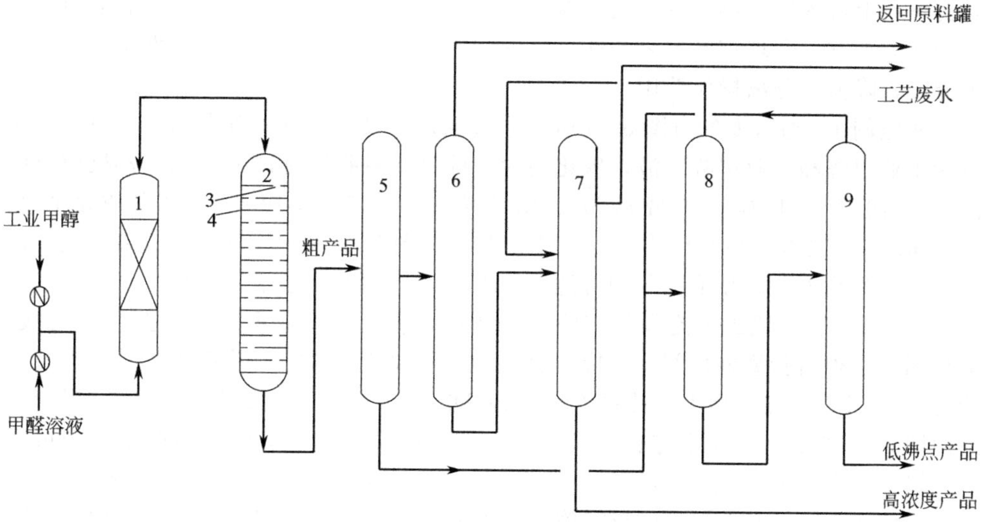

图 5-25　吴海杰等产品精馏分离流程

1—膨胀床反应器；2—层流床反应器；3—流通口；4—层流板；5—分离塔 1；6—分离塔 2；7—分离塔 3；8—分离塔 4；9—分离塔 5

该工艺主要包括以下步骤：

① 制备粗品聚甲氧基二甲醚。以工业级甲醇和甲醛溶液按质量比为 1∶(2～2.5)加热混合后从膨胀床反应器底端通入，与催化剂接触并在反应温度为 70～180℃、反应压力为 0.5～3MPa 的条件下发生反应。反应后从层流床反应器顶端进入，与催化剂接触并发生反应，得到粗品聚甲氧基二甲醚。其中所用催化剂为固体酸催化剂，该催化剂可为树脂型催化剂如 HD-8、D001、D-61，或分子筛催化剂如 HZSM-5、HMCM-22、SAPO-34。其中，层流床反应器内设有 N 个层流板，N 为正整数，每个层流板上设置有流通口；按照层流板在层流床反应器内从上而下的排放顺序分为偶数组层流板和奇数组层流板，偶数组层流板的流通口均靠近层流反应器的一端，奇数组层流板的流通口均靠近层流反应器相对的另一端；偶数组层流板的流通口与奇数组层流板的流通口位于层流床反应器中轴线的两侧，层流板上铺设有催化剂。

② 将粗品聚甲氧基二甲醚经分离提纯得到 $PODE_{3\sim8}$。将层流床反应器所得的粗产品送入分离塔 1 中进行分离，所得轻组分从塔顶送入分离塔 2 中分离；在分离塔 2 中分离得到轻组分从塔顶返回原料罐中，而重组分从塔底送入分离塔 3 中继续分离；在分离塔 3 中分离得到废水和低沸物产物，废水从塔顶送出，低沸物产物从塔底送出；再将分离塔 1 所得产物以及分离塔 5 所得轻组分均送入分离塔 4 中继续分离；在分离塔 4 中分离得到轻组分从塔顶返回至分离塔 3 中继续分离，所得重组分从塔底流出送入分离塔 5 中继续分离；在分离塔 5 中最终得到高浓度产品 $PODE_{3\sim8}$。

该工艺的主要优点为：①采用膨胀床反应器确保反应处于恒温和均匀状态，物料自下而上进入反应器，可有效提高反应效率和产品收率；②产品分离中不加任何助剂或添加剂，合理控制工艺条件，减少了分离工序，分离出的产品浓度高，节省了能耗，降低了分离操作费用。

实施例 1：通入氮气对图 5-25 所示系统充压，使系统压力维持在 2.5MPa。原料为工业甲醇和工业甲醛溶液，催化剂为一种树脂型催化剂 D-61。反应器反应温度控制在 100℃，甲醇和甲醛溶液配比约为 1∶0.7，反应产物中高浓度产品（$PODE_{3\sim8}$）约占产品物料的 20%。粗产品经由图 5-25 所示系统进行分离提纯，低沸物产品和高浓度产品浓度分别可达 95%以上，产品为无色透明液体。

实施例 2：合成工艺流程与实施例 1 相同，原料为工业甲醇和工业甲醛溶液，催化剂为一种树脂型催化剂。反应器反应温度控制在 100℃，甲醇和甲醛溶液配比约为 1∶0.7，反应产物中高浓度产品（$PODE_{3\sim8}$）约占产品物料的 20%。粗产品经由图 5-25 所示工艺技术进行分离提纯，低沸物产品和高浓度产品浓度分别可达 97%以上，产品为无色透明液体。

实施例 3：合成工艺流程与实施例 1 相同，原料为工业甲醇和工业甲醛溶液，催化剂为一种分子筛型催化剂 HMCM-22。反应器反应温度控制在 160℃，甲醇和甲醛溶液配比约为 1∶1，反应产物中高浓度产品（$PODE_{3\sim8}$）约占产品物料的 15%。粗产品经由图 5-25 所示系统进行分离提纯，低沸物产品和高浓度产品浓度分别可达 95%以上，产品为无色透明液体。

BASF公司以甲醇和甲醛为起始原料制备 $PODE_n$ 的工艺[42] 流程图如图 5-26 所示，该专利采用非均相催化剂。

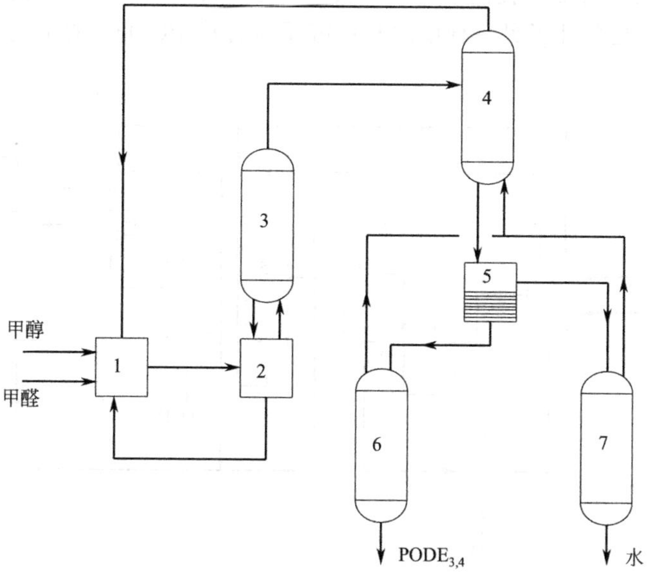

图 5-26　BASF甲醇和甲醛合成 $PODE_n$ 工艺流程（一）

1—第一反应器；2—反应精馏塔；3—第一精馏塔；4—第二精馏塔；5—相分离器；6—第三精馏塔；7—第四精馏塔

该工艺主要包括以下步骤：

① 甲醛溶液和甲醇送入第一反应器中，在反应温度为 50～150℃、压力为 2～10MPa 的条件下，进行反应。

② 由第一反应器所得的混合物进入反应精馏塔进行反应精馏，分离出轻馏分（含有未反应的原料、水、半缩醛和甲缩醛等）和重馏分（含有高沸点的半缩醛和高聚物），重馏分返回第一反应器循环反应。

③ 由第一反应器所得的轻馏分进入第一精馏塔进行分离，轻馏分在第一精馏塔中再次分离出轻、重两馏分，重馏分（含有高沸点的半缩醛和高聚物）返回反应精馏塔，轻馏分（含有未反应的原料、水、甲缩醛和目的产物）进入第二精馏塔进行精馏。

④ 来自第一精馏塔的轻馏分在第二精馏塔中分离出轻、重两馏分，轻馏分（含有未反应的原料、水、半缩醛和甲缩醛等）返回反应器循环反应，重馏分（含有甲醛、水、目标产物等）进入相分离器进行分离。相分离器中混合液分为两层，上层为水合相，下层为有机相。

⑤ 由相分离器所得的有机相进入第三精馏塔，分离出轻、重两馏分，轻馏分（含有未反应的甲醛、水等）返回第二精馏塔，重馏分即为目标产物 $PODE_{3,4}$；上层水合相进入第四精馏塔 7 分离，轻馏分返回第二精馏塔，重馏分含有大量的水直

接排出。

该工艺的主要优点为：①采用两次精馏过程，使得产物的收率提高；②采用相分离器将水除去，有效地提高了产物的收率，也使得原料的转化率提高。

BASF公司也公开了另一种甲醇和甲醛反应合成 $PODE_n$ 的工艺流程如图5-27所示[43]。

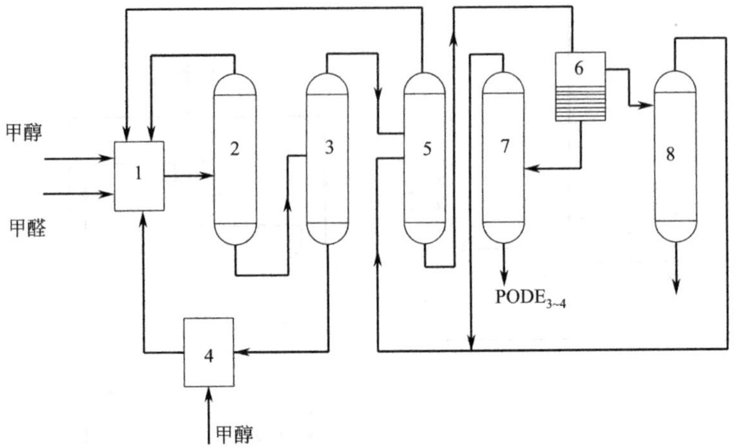

图5-27 BASF甲醇和甲醛合成 $PODE_n$ 工艺流程（二）

1—第一反应器；2—第一精馏塔；3—第二精馏塔；4—第二反应器；5—第三精馏塔；6—相分离装置；7—第四精馏塔；8—第五精馏塔

该工艺的过程为：水合甲醛溶液和甲醇一起进入第一反应器中，在反应温度为50～150℃、反应压力为2～10MPa条件下进行反应。第一反应器所得的产物含有甲醛、水、甲二醇、多聚甲二醇、甲醇、半缩醛、甲缩醛和 $PODE_n$ 的混合物，进入第一精馏塔分离成低沸点馏分和高沸点馏分，低沸点馏分返回第一反应器，而含有甲醛、水、甲醇、多聚甲二醇、甲缩醛和 $PODE_n$ 的高沸点馏分进入第二精馏塔。在第二精馏塔中再次分离成低沸点馏分和高沸点馏分，高沸点馏分和新鲜甲醇在第二反应器中进行反应，其中催化剂和第一反应器所用催化剂相同，反应产物返回第一反应器，含有甲醛、水、甲二醇、多聚甲二醇、甲醇、半缩醛和 $PODE_{3,4}$ 的低沸点馏分进入第三精馏塔。由第二精馏塔所得的馏分在第三精馏塔中又分离出轻、重两馏分，轻馏分返回第一反应器，含有甲醛、水合甲二醇、多聚甲二醇和 $PODE_{3,4}$ 的高沸点馏分进入相分离装置。在相分离器中，来自第三精馏塔的重馏分分离成水合相和有机相（含有 $PODE_{3,4}$、甲醛、水、甲二醇和多聚甲二醇）。有机相进入第四精馏塔进行反应，第四精馏塔塔顶馏出的低沸点馏分返回第三精馏塔，高沸点馏分即为 $PODE_{3,4}$ 产物。水合相含有甲醛、甲二醇、多聚甲二醇，进入第五精馏塔进行反应，第五精馏塔塔顶低沸点馏分返回第三精馏塔，塔底高沸点馏分主要是水，排出装置。

综上所述，BASF公司两种合成 $PODE_n$ 的工艺区别不大，由工艺流程可见，

图 5-26 中的反应精馏塔 2，在图 5-27 中用第一精馏塔 2 和第二反应器 4 两套设备进行了替换。在第一种工艺中，第一反应器 1 来的反应混合物一起进入反应精馏塔 2 进行反应精馏，重馏分返回第一反应器 1，轻馏分进入第一精馏塔 3 精馏，分离得到的重馏分又返回反应精馏塔 2。第二种工艺中，第一反应器 1 来的反应混合物首先进入第一精馏塔 2 进行分离，轻馏分返回第一反应器 1，重馏分进入第二精馏塔 3，来自第二精馏塔底部的重馏分进入第二反应器 4 与补充的新鲜甲醇发生反应，在此反应器中长链反应物变成短链产物，然后返回第一反应器 1 继续进行反应。第二种工艺较第一种工艺产生更少的 $n>4$ 的 $PODE_n$ 组分。所以第二种工艺可生成较多的 $PODE_{3,4}$。

洪正鹏等[44] 提出了一种以甲醇和甲醛合成聚甲氧基二甲醚的方法。该方法采用两步法、双催化体系的工艺路线，在较为温和的工艺条件下合成聚甲氧基二甲醚。该工艺主要包括以下步骤：

① 以甲醛（或低聚合度多聚甲醛）和甲醇为反应原料，在 TiO_2 改性的 γ-Al_2O_3-TiO_2 催化剂作用下合成半缩醛，其中甲醛和甲醇的摩尔比甲醛：甲醇＝10：1，反应温度为 80℃，反应压力为 4.5MPa，液体进料体积空速为 $0.5h^{-1}$。将所得半缩醛再与甲醛生成多一个碳的半缩醛，生成的含碳原子数量更多的多聚半缩醛，其中 n 为 1～8 的正整数。反应路径如下：

$$CH_3OH+CH_2OH \xrightarrow{\text{改性氧化铝催化剂}} CH_3OCH_2OH \xrightarrow[\text{改性氧化铝催化剂}]{CH_2O} CH_3OCH_2OCH_2OH$$

$$\xrightarrow[\text{改性氧化铝催化剂}]{CH_2O} CH_3OCH_2OCH_2OCH_2OH \xrightarrow[\text{改性氧化铝催化剂}]{CH_2O} CH_3O(CH_2O)_nCH_2OH$$

② 由步骤①所得的多聚半缩醛的混合物在甲醇、有机强酸键合相固体催化剂条件下生成聚甲氧基二甲醚，选择二甲苯为分水剂，反应温度为 120～140℃，在整个反应过程中，甲醇的转化率可达 94%。反应路径如下：

$$CH_3O(CH_2O)_nCH_2OH \xrightarrow[\text{强酸键合相固体催化剂}]{CH_3OH} \xrightarrow{H_2O} CH_3O(CH_2O)_nCH_2OCH_3$$

该技术的主要优点为：①用以硅胶为载体且键合上有有机基团的有机强健合相固体催化剂来合成聚甲氧基二甲醚，使得原料的选择性以及产物的收率提高；②通过固定床连续反应器调整空速，结合催化剂来控制聚合度。

河南中鸿集团煤化有限公司和华东理工大学[45] 联合公开了一种聚甲氧基二甲醚生产装置，该装置以甲醇和甲醛为原料，主要通过原料混合仓、预热器、反应塔、脱轻组分塔、萃取塔、回收蒸馏塔、产品精馏塔、产品储库实现聚甲氧基二甲醚的生产。生产装置图如图 5-28 所示。

该工艺系统主要操作步骤为：甲醇和甲醛为原料在混合仓中进行混合，然后进预热器预热后，从反应塔底部进入反应塔进行反应，而后反应物从反应塔顶部出口送入脱轻组分塔中，反应物中的轻组分产物从脱轻组分塔的顶部出口回流到原料混合仓循环利用，而重组分产物则流入到萃取塔中，同时萃取剂罐中的萃取剂通过管道进入到萃取塔，对反应物进行萃取，萃取后的含有甲醛的下层水相溶液进入到闪

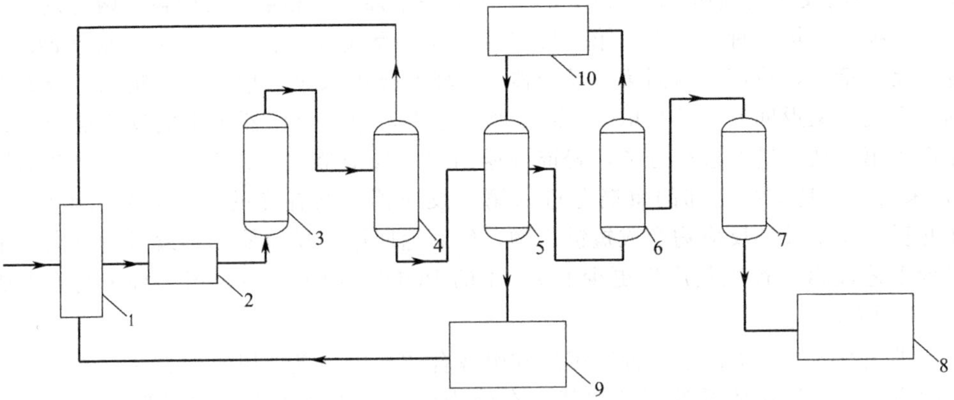

图 5-28 甲醇和甲醛合成 $PODE_n$ 路线工艺流程

1—原料混合仓；2—预热器；3—反应塔；4—脱轻组分塔；5—萃取塔；
6—蒸馏塔；7—精馏塔；8—产品储库；9—闪蒸罐；10—萃取剂罐

蒸罐，然后通过管道重新回到原料混合仓循环利用，而上层有机相产物则通过管道进入到回收蒸馏塔中进行蒸馏，蒸馏后的萃取剂通过回收蒸馏塔的顶部出口流出到萃取剂罐回收利用，蒸馏后的产物则进入到产品精馏塔中进行精馏，精馏得到的产品通过管道进入产品储库中进行储存。

白教法[46] 公开了一种以甲醇为原始反应物料连续生产聚甲氧基二甲醚的方法[46]。该方法以原始反应物料甲醇和稀甲醛（返料）进行缩合反应生成甲缩醛，甲缩醛和空气在铁铂催化剂催化氧化下在分离器内得到固体甲醛，固体甲醛经蒸汽加热熔化后和甲缩醛在改性强酸性阳离子交换树脂催化作用下聚合醚化反应生成聚甲氧基二甲醚，并经脱水、精制后得到 $PODE_{3\sim5}$。该系统的工艺流程如图 5-29 所示。

该方法主要包括以下操作单元：

① 甲缩醛生产单元。将原始反应物料甲醇和稀甲醛返料混合后送入装填有催化剂的预反应器中进行缩合反应，然后使缩合反应后的物料进入甲缩醛反应精馏塔中，在精馏过程中未反应的甲醇和甲醛从塔中下部位抽出进入外置反应器中进一步反应，反应后的物料又回到塔内，如此反复循环，在塔顶采出质量浓度大于 95%的甲缩醛，塔底放出废水，所述催化剂为强酸性阳离子交换树脂。

② 甲缩醛氧化生产固体甲醛单元。将来自甲缩醛生产单元的大部分甲缩醛溶液经蒸汽加热得到甲缩醛蒸气，然后甲缩醛蒸气和空气少量返回废气混合预热至 200～240℃后，送入装填有铁钼催化剂的管式反应器中进行催化氧化反应，反应后的物料进入分离器，从分离器底端得到固体甲醛，剩余稀甲醛及气体进入稀甲醛吸收塔中，塔顶放出废气，废气去锅炉或达标排空，塔底放出稀甲醛溶液，并作为返料去甲缩醛生产单元，吸收塔的喷淋水来自甲缩醛生产单元的废水及后工段脱酸、脱水的废水所述铁钼催化剂为掺少量铬和钴的铁钼催化剂，用常规的制备方法制得。

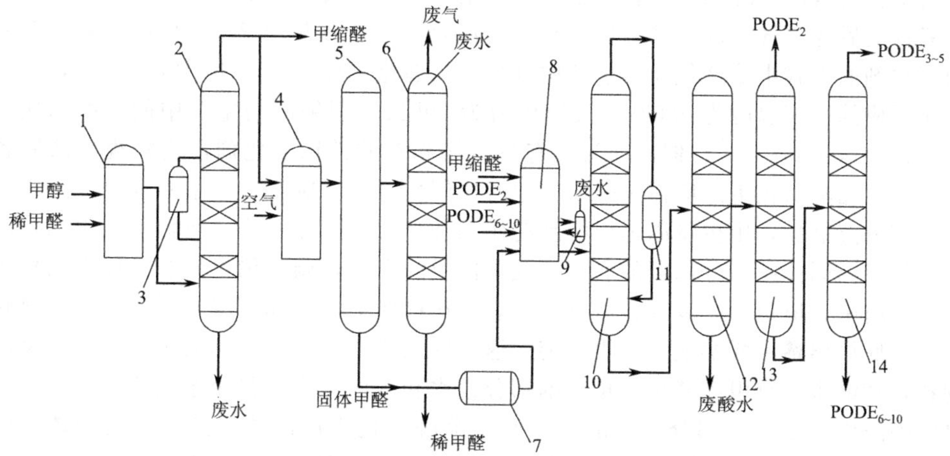

图 5-29　甲醇和稀甲醛合成 PODE$_n$ 路线工艺流程

1—甲缩醛预反应器；2—甲缩醛反应精馏塔；3—外置反应器；4—甲缩醛氧化器；
5—固体甲醛分离器；6—稀甲醛吸收塔；7—固体甲醛蒸汽加热器；8—聚合醚化反应器；
9—外置膜脱水装置；10—聚合醚化反应精馏塔；11—外置反应器；12—脱酸脱水塔；
13—精馏塔；14—精制塔

③ 聚甲氧基二甲醚生产单元。将来自甲缩醛生产单元的一部分甲缩醛溶液和固体甲醛经 120～150℃蒸汽加热溶化后，按照甲缩醛和甲醛(0.4～0.5)∶1 的摩尔比混合均匀后，送入装填有改性强酸性阳离子交换树脂的聚合醚化反应器中进行聚合醚化反应，同时反应物料抽出部分进入外置膜脱水装置中脱去水分后，返回反应器中，边反应边脱水，并反复循环，同时从反应器底端放出反应后的物料送入聚合醚化反应精馏塔中精馏，未反应的甲醛及甲缩醛进入外置装填有改性强酸性阳离子交换树脂的反应器中进一步反应后返回塔内，并反复循环，塔底放出 PODE$_{2\sim10}$，输送至脱酸脱水塔中，采用 3A 分子筛进行脱酸脱水，填料层高 8m，再将脱酸脱水后的 PODE$_{2\sim10}$ 送入精馏塔中，塔顶采出 PODE$_2$，将其返回聚合醚化反应器中，塔底放出 PODE$_{3\sim10}$。送入精制塔中，精制塔塔顶采出质量浓度大于的 99.5% PODE$_{3\sim5}$ 产品，塔底放出 PODE$_{6\sim10}$。PODE$_{6\sim10}$ 返回聚合醚化反应器中。

实施例 1：

将原始反应物料甲醇和质量分数为 25% 的稀甲醛，按照甲醇和甲醛摩尔比为 2∶1 混合后送入装填有强酸性阳离子交换树脂的甲缩醛预反应器中进行缩合反应，反应温度为 85℃、反应压力为 6MPa，然后将缩合反应后的物料送入甲缩醛反应精馏塔中，甲缩醛反应精馏塔的塔顶的筛板式为 30 块，塔底的筛板数为 30 块，填料床的层数为 8 层，控制塔顶压力为 60kPa、塔顶温度为 45℃、塔底温度为 115℃、回流比 3.0。将塔中下部未完全反应的甲醇和稀甲醛抽出送入装填有强酸性阳离子交换树脂的外置反应器中；在反应温度为 85℃、反应压力为 6MPa 下进一步反应后又返回塔中部，在循环过程中转化成甲缩醛，并从塔顶采出质量浓度为 95% 以上的甲缩醛，塔底放出甲醛质量浓度小于的 50μg · g^{-1} 的废水，部分废水送入稀甲醛吸收塔中作为吸收甲醛用水。将来自甲缩醛生产单元的大部分甲缩醛溶液经加热呈甲缩醛蒸气后与空气（返回部分废气与空气混合）混合预热至220℃后进入装填有铁钼催化剂的管式甲缩醛氧化反应器中进行连续催化氧化反应产生甲醛混合气，催化氧化反应的反应温度为280℃、反应压力为50kPa、甲缩醛与空气中的氧摩尔比为2∶3、空速10000h^{-1}，催化剂为掺有少量铬和钴的铁钼催化剂，用常规方法制备而成。甲缩醛氧化生产固体甲醛单元中所述催化氧化反应生成的甲醛混合气进入固体甲醛分离器中，用少量固体甲醛细粉作晶种喷散在固体甲醛分离器的顶端内，随着冷凝降温固体甲醛分离器的底端形成固体甲醛产物，剩余稀甲醛和气体送入稀甲醛吸收塔中，塔顶排出废气，废气去锅炉或达标放空，少部分废气返回甲缩醛氧化器，塔底放出稀甲醛溶液，稀甲醛溶液返回甲缩醛生产单元中作为生产甲缩醛反应物料，喷淋水来自甲缩醛生产单元的部分废水和后序工段中膜脱水及脱酸废水；来自甲缩醛生产单元的部分甲缩醛溶液和甲缩醛氧化生产固体甲醛单元的固体甲醛（固体甲醛经蒸汽加热器加热至150℃后呈熔体），按照甲缩醛与甲醛摩尔比为2∶5进入装填有改性强酸性阳离子交换树脂的聚合醚化反应器中进行聚合醚化反应，同时抽出部分物料进入外置膜脱水装置中脱水，脱水后的物料返回反应器内，不断循环，边反应边脱水，反应生成物料再送入聚合醚化反应精馏塔中精馏，未反应完全的甲醛和甲缩醛等抽出进入外置反应器中，进一步反应后返回反应精馏塔中，反复循环，聚合醚化反应的反应温度为95℃、反应压力为1.5MPa，所述催化剂为改性的强酸性阳离子交换树脂，其制备方法是：先配制质量浓度为的10%甲基磺酸锌溶液，然而把普通的强酸性阳离子交换树脂置于该溶液中浸泡8h，将浸泡后的改性强酸性阳离子交换树脂在离心过滤机中过滤，再将它置于温度为50℃、真空度为1kPa的真空干燥器中干燥至其含水量不大于0.1%时，得改性的强酸性阳离子交换树脂。塔底采出的聚甲氧基二甲醚$PODE_{2\sim10}$送入脱酸脱水塔中，采用3A分子筛进行脱酸脱水，填料高度8m，将脱酸脱水后的物料$PODE_{2\sim10}$送入精馏塔中，塔顶采出$PODE_2$，将其返回聚合醚化反应器中，塔底放出98%（质量分数）的$PODE_{3\sim10}$。聚合醚化反应精馏塔，塔顶温度为45℃，塔底温度为120℃，塔顶的筛板数为30块，塔底的筛板数为30块，填料床的层数为8；精馏塔是板式塔，板块数为35块，塔顶温度为105℃，塔底温度为125℃，塔底放出的质量分数为98%的$PODE_{3\sim10}$送入精制塔中，精制塔是板式塔，板块数为45块，控制塔顶温度为155℃、塔底温度为200℃、塔压力−250～150kPa，塔顶采出质量分数大于99.5%的$PODE_{3\sim5}$产品，从塔底放出$PODE_{6\sim10}$返回聚合醚化反应器中。聚甲氧基二甲醚的单程收率由一般工艺的40%～50%提高到90%，其中$n=3\sim5$的产品收率由25%提高到85%，其质量分数可达99.5%以上。

实施例2：

用甲基磺酸铜代替甲基磺酸锌，聚甲氧基二甲醚的单程收率由一般工艺的40%～50%提高到93%，其中$n=3\sim5$的产品收率由25%提高到90%，其质量分数可达99.5%以上。

实施例3：

用甲基磺酸铜代替甲基磺酸锌。聚甲氧基二甲醚的单程收率由一般工艺的40%～50%提高到97%，其中$n=3\sim5$的产品收率由25%提高到92%，其质量分数可达99.5%以上。

以甲醇和甲醛为原料合成聚甲氧基二甲醚一般采用固定床反应设备，而所用催化剂大不相同。除了所用的阳离子交换树脂、离子液体催化剂、负载型离子液体催化剂、改性的氧化铝固体催化剂等以外，也有许多学者采用不同的催化剂合成聚甲氧基二甲醚。比如，赵光等[47]以甲醇和甲醛为原料，用酸沉淀法制备$\gamma\text{-}Al_2O_3$，采用等体积浸渍法制备了$MoO_3/\gamma\text{-}Al_2O_3$催化剂，甲醛的转化率35%～45%，$PODE_{2\sim8}$选择性25%～35%。赵铁等[48]以甲醇和甲醛为反应原料，以氧化钼负载在Al_2O_3上，制备负载型催化剂，甲醛转化率为42%，这也进一步说明了聚甲氧基二甲醚的合成是氢离子的催化反应，路易斯酸对反应的催化效果不如质子化酸好。

华东理工大学等[49]采用自制系列负载型金属及金属氧化物为催化剂，以甲醇和甲醛为原料合成$PODE_n$。在60℃、常压下进行催化剂的筛选试验，实验结果表明，最优催化剂为质量分数为24%的$Mo/\gamma\text{-}Al_2O_3$和2.7%的$Fe/\gamma\text{-}Al_2O_3$。优选出催化剂后，利用连续固定床反应装置进行合成工艺条件的优化，在60℃和0.6MPa条件下，$PODE_{3,4}$的选择性达34.33%。华东理工大学的刘殿华等[50]以甲醇和甲醛为原料合成聚甲氧基二甲醚，催化剂采用负载型氧化铝，反应温度40～150℃，反应压力0.2～1.0MPa，催化剂占反应物质量的6%～12%，产品中$PODE_{3,4}$的选择性大于30%。

5.7 其他工艺路线

5.7.1 甲醇为原料工艺

上海盘马化工工程技术有限公司孙育成等人[51]提出以甲醇为原料合成聚甲氧基二甲醚的方法，首先将甲醇转化为甲醛，甲醛再与甲醇溶液配比后，反应生成甲缩醛，最后甲缩醛与甲醛溶液反应合成聚甲氧基二甲醚。该工艺主要包括甲醛制备单元、甲缩醛制备单元以及聚甲氧基二甲醚制备单元，工艺流程如图5-30所示。

该工艺主要包括以下步骤：

① 甲醛制备单元。包括甲醇蒸发器、甲醛反应器、第一吸收塔、第二吸收塔等主要设备。甲醇、空气和水蒸气，以一定的比例进入到蒸发器，经过蒸发器蒸发气化后，进入甲醛反应器内，在银催化剂的作用下，进行连续的甲醇氧化生成甲

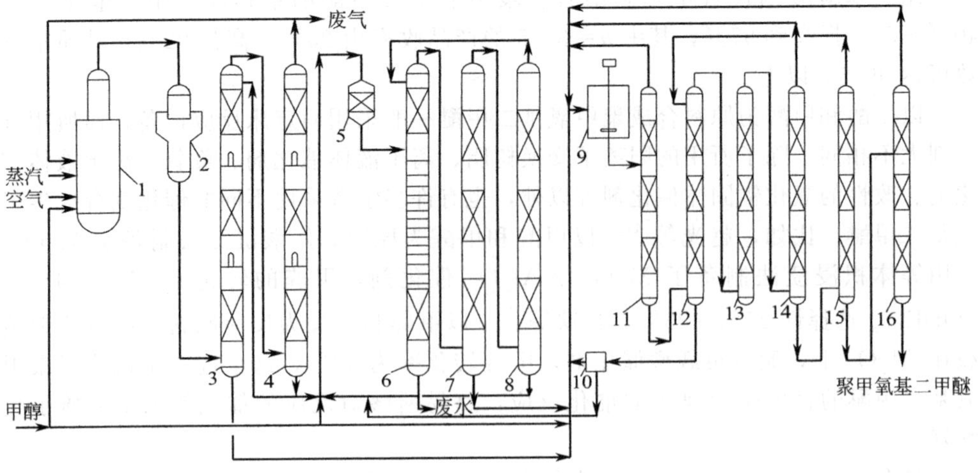

图 5-30　孙育成等甲醇工艺路线流程

1—甲醇蒸发器；2—甲醇反应器；3—第一吸收塔；4—第二吸收塔；5—甲缩醛预反应器；6—反应精馏塔；7—甲缩醛精馏塔；8—组分回收塔；9—聚甲氧基二甲醚反应器；10—蒸发器；11—第一轻组分回收塔；12—萃取塔；13—碱洗塔；14—第二轻组分回收塔；15—萃取剂回收塔；16—第三轻组分回收塔

醛，反应产物经过第一吸收塔和第二吸收塔吸收后，得到两股甲醛溶液作为中间产物，其中，第一吸收塔塔釜所产的甲醛溶液，作为原料提供给聚甲氧基二甲醚制备单元的反应器，第二吸收塔塔釜所副产的甲醛溶液，作为原料提供给甲缩醛制备单元的甲缩醛预反应器。

② 甲缩醛制备单元。包括甲缩醛预反应器、反应精馏塔、甲缩醛精馏塔、组分回收塔等主要设备。分别从甲醛制备单元的第二吸收塔塔釜和聚甲氧基二甲醚制备单元蒸发器过来两股甲醛溶液，与甲醇溶液经过配比后，进入甲缩醛预反应器进行预反应，反应产物再进入反应精馏塔继续反应制备甲缩醛，反应产物经过甲缩醛精馏塔精馏提纯后，得到高纯度的甲缩醛溶液，作为原料送往聚甲氧基二甲醚制备单元的反应器。反应精馏塔塔釜的水，可以达到污水处理标准直接送往污水处理单元。

③ 聚甲氧基二甲醚制备单元。包括聚甲氧基二甲醚反应器、第一轻组分回收塔、萃取塔、碱洗塔、第二轻组分回收塔、萃取回收塔、第三轻组分回收塔、蒸发器等主要设备。从甲醛制备单元过来的甲醛溶液，以及从甲缩醛制备单元过来的甲缩醛溶液，还有甲醇溶液，一起送入反应器，在离子液体催化剂作用下，经缩醛化反应生成聚甲氧基二甲醚，反应产物进入到第一组分回收塔，塔顶回收的第一轻组分返回反应器继续参加反应，塔底的产品混合物送入萃取塔；产品混合物经过萃取塔萃取后，塔顶萃取相进入到碱洗塔进行碱洗中和处理，塔釜的催化剂相送入蒸发器进行蒸发，蒸发器蒸发后的一股含甲醛溶液，作为原料送往甲缩醛制备单元的甲缩醛预反应器进行重复回收利用，蒸发器内剩余的催化剂相，则返回反应器继续参

与反应；经过碱洗塔中和后的萃取相，则进入到第二轻组分回收塔进行第二轻组分回收，塔顶回收的第二轻组分返回反应器继续参与反应，塔釜的萃取相，则送入萃取剂回收塔进行萃取剂的回收，萃取剂回收塔塔顶蒸出组分，返回至萃取塔继续参与萃取；塔釜组分则继续送入第三组分回收塔进行第三组分的回收，第三轻组分从塔顶采出后，返回至反应器继续参与反应，塔釜则产出纯度很高的聚甲氧基二甲醚产品。

该专利列举以下实例。

以空气与甲醇的摩尔比为1.5～1.7，水蒸气与甲醇的摩尔比为0.1～0.5进入到蒸发器，经过蒸发器蒸发气化后，进入甲醛反应器内，在银催化剂的作用下，进行连续的甲醇氧化生成甲醛的反应，反应产物经过第一吸收塔和第二吸收塔吸收后，得到两股甲醛溶液作为中间产物，其中，第一吸收塔塔釜所产生的甲醛浓度为60%～80%，作为原料提供给聚甲氧基二甲醚制备单元的反应器，第二吸收塔塔釜所副产的甲醛溶液浓度为15%～25%，作为原料提供给甲缩醛制备单元的甲缩醛预反应器。

以甲醛制备单元过来的甲醛溶液浓度为15%～25%，聚甲氧基二甲醚制备单元过来的甲醛溶液浓度为13%～23%，甲醇与甲醛溶液的质量比为0.3～0.5，经过配比后，进入甲缩醛预反应器进行预反应，反应产物再进入反应精馏继续反应制备甲缩醛，反应产物经过甲缩醛精馏塔精馏提纯后，所得到的甲缩醛溶液的浓度为90%～99%，作为原料送往聚甲氧基二甲醚制备单元的反应器；反应精馏塔塔釜的水，可以达到污水处理标准直接送往污水处理单元。

从甲醛制备单元过来的甲醛溶液浓度为60%～80%，从甲缩醛制备单元过来的甲缩醛溶液浓度为90%～99%，甲醇、甲缩醛与甲醛溶液的摩尔比为2∶1∶(1～5)，一起送入反应器，在离子液体催化剂作用下，经缩醛化反应生成聚甲氧基二甲醚，反应产物进入到第一组分回收塔，第一轻组分回收塔塔顶回收的第一轻组分返回反应器继续参加反应，塔底的产品混合物则送入萃取塔；产品混合物经过萃取塔萃取后，塔顶萃取相进入到碱洗塔进行碱洗中和处理，塔釜的催化剂相送入蒸发器进行蒸发，从蒸发器去往甲缩醛制备单元甲缩醛预反应器的甲醛溶液的浓度为13%～23%，蒸发器内剩余的催化剂相，则返回反应器继续参与反应；经过碱洗塔中和后的萃取相，则进入到第二轻组分回收塔进行第二轻组分回收，塔顶回收的第二轻组分则返回反应器继续参与反应，塔釜的萃取相，则送入萃取剂回收塔进行萃取剂的回收，萃取剂回收塔塔顶蒸出后，返回至萃取塔继续参与萃取；塔釜组分则继续送入第三组分回收塔进行第三组分的回收，第三轻组分从塔顶采出后，返回至反应器继续参与反应，塔釜则产出纯度很高的聚甲氧基二甲醚产品。

淄博津昌助燃材料科技有限公司邓少年[52] 公布了一种用于制备聚甲氧基二甲醚的装置。甲醇经过氧化装置、三聚甲醛合成反应器、三聚甲醛蒸馏塔、三聚甲醛冷凝器、三聚甲醛槽、缩醛化反应装置、萃取装置、第一精馏塔、第二精馏塔和第三精馏塔合成聚甲氧基二甲醚 $PODE_{3\sim8}$。生产装置如图5-31所示。

甲醇进入氧化装置后氧化得到甲醛，甲醛经过三聚甲醛合成反应器（浓度为

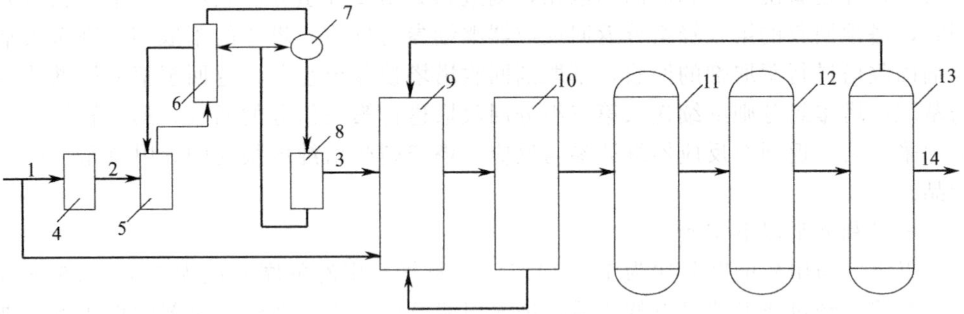

图 5-31 邓少年甲醇路线工艺流程

1—甲醇；2—甲醛；3—三聚甲醛；4—氧化装置；5—三聚甲醛合成反应器；6—三聚甲醛蒸馏塔；7—三聚甲醛冷凝器；8—三聚甲醛槽；9—缩醛化反应装置；10—萃取装置；11—第一精馏塔；12—第二精馏塔；13—第三精馏塔；14—组分 $PODE_{3\sim8}$

50%的硫酸催化剂）进行聚合反应，反应产物经过三聚甲醛蒸馏塔，在三聚甲醛蒸馏塔中，气体中的三聚甲醛浓度增加，同时未反应的甲醛在三聚甲醛蒸馏塔中进行分离后回流进入三聚甲醛合成反应器，三聚甲醛蒸馏塔出来的气体进入三聚甲醛冷凝器后将混合物中的气体分离出来，分离后的气体回流进入三聚甲醛蒸馏塔，混合物中的三聚甲醛进入三聚甲醛槽作为三聚甲醛原料，甲醇和三聚甲醛进入缩醛化反应装置在催化剂（离子液体催化剂）作用下经过缩醛反应并分解后得到聚甲氧基二甲醚，通过萃取装置、第一精馏塔、第二精馏塔和第三精馏塔后精馏成不同组分，第三精馏塔中的轻组分 $PODE_2$ 通过回流口回流进入缩醛化反应装置作为原料循环利用，第三精馏塔中的组分一作为最终产物 $PODE_{3\sim8}$。

该方法通过三聚甲醛蒸馏塔和三聚甲醛冷凝器能分离混合物中的气体，同时能将未反应的甲醛在三聚甲醛蒸馏塔中分离后回流进入三聚甲醛合成反应器再反应，能有效提高原料的利用率，增加三聚甲醛的产量。

凯瑞环保科技有限公司毛进池等[53] 提出了一种制备聚甲氧基二甲醚的气相耦合系统。甲醇和空气通过甲醇氧化器、换热器、精脱塔以及萃取塔、模块催化剂满室床反应装置，分馏系统和分解装置后得到聚甲氧基二甲醚。该系统的工艺流程如图 5-32 所示。

该工艺系统主要操作步骤：

① 换热甲醇和空气在甲醇氧化器中，制得含有甲醛气体的混合气体，混合气体自甲醇氧化器排出进入换热器中进行换热。

② 经换热器换热后的混合气体送入到精脱塔中进行精脱水，脱除混合气体中的水分，得到几乎不含水分的混合气体。

③ 缩聚反应精脱水后得到的混合气体直接送入模块催化剂反应装置 A 中进行逆流缩聚反应，或者通入萃取塔中进行萃取后再送入模块催化剂反应装置 B 中进行顺流缩聚反应。

④ 分馏模块催化剂反应装置 A 中得到的 $PODE_{1\sim10}$ 产物送入到分馏系统中进

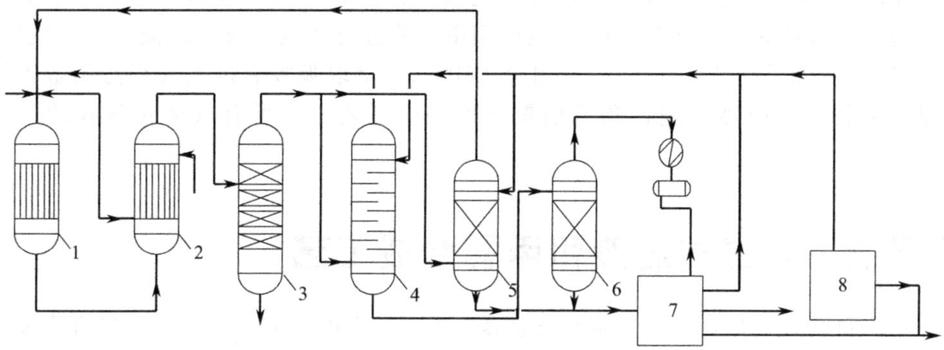

图 5-32　甲醇和空气路线工艺流程图

1—分馏系统；2—甲醇氧化器；3—换热器；4—精脱塔；5—萃取塔；
6—模块催化剂反应装置 A；7—模块催化剂反应装置 B；8—分解装置

行分馏，或者将模块催化剂反应装置 B 中得到的产物 $PODE_{1\sim10}$ 和冷凝后的气相组分送入到分馏系统中进行分馏；其中，将分馏得到的目标产物 $PODE_{3\sim5}$ 采收，分馏得到的轻组分 $PODE_{1,2}$ 返回至模块催化剂反应装置 A 或者萃取塔中循环利用，分馏得到的重组分 $PODE_{6\sim10}$ 通入分解装置中。

⑤ 分解重组分 $PODE_{6\sim10}$ 送入到现有的分解装置进行分解。其中，分解得到的目标产物 $PODE_{3\sim5}$ 采收，分解得到的轻组分 $PODE_{1,2}$ 返回至模块催化剂反应装置 A 或者萃取塔中循环利用。

具体实施方案为：甲醇和空气在甲醇氧化器中，制取含有甲醛气体的混合物气体，该混合物气体自甲醇氧化器排出进入换热器内，这个换热器是列管换热器，管程进冷的氧化原料甲醇，得到的混合物气体入壳程，进口温度 260℃，出口温度 125℃。混合气体经换热后进入精脱塔中进行精脱水，在温度为 120～130℃、压力为 0.29～0.31MPa 条件下，脱除混合物气体中的水分。检测高效分离塔的顶部出口混合气体中的水分摩尔分数小于 0.1%后，即为合格，得到了几乎不含水的混合气体。混合气体导入到模块催化剂反应装置 A（底部温度为 100℃、顶部温度 50℃、顶部压力为 0.5MPa）的气相通道中，将分馏轻组分 $PODE_{1,2}$（质量空速为 $0.5h^{-1}$）导入到模块催化剂反应装置的液相通道中，气体自下而上、液体自上而下，气液两相在装满模块催化剂的床层内，通过气液逆流接触、传质传热进行缩聚反应生成 $PODE_{1\sim10}$。模块催化剂反应装置 A 中得到的产物 $PODE_{1\sim10}$ 通入分馏系统中（塔顶温度为 72～75℃、压力为 0.22～0.25MPa、塔顶回流比为 2.75、塔底温度 220～230℃）进行分馏，其中，分馏得到的目标产物 $PODE_{3\sim5}$ 被采收，分馏得到的轻组分 $PODE_{1\sim2}$ 返回至步骤所述的模块催化剂反应装置 A 中循环利用，分馏得到的重组分 $PODE_{6\sim10}$ 通入分解装置（塔顶温度为 90℃、压力为 0.2MPa，塔底温度 150℃）中进行分解，得到目标产物 $PODE_{3\sim5}$，模块催化剂反应装置 A 顶部气相甲醛含量为 0，底部液相出口目标产物 $PODE_{3\sim5}$ 含量为 91.2%。

该工艺以两法制取的含有甲醛的气相产物作为起始原料，起始原料自甲醇氧化反应器的出口经换热、精脱水后，直接进入气相法制备聚甲氧基二甲醚的反应器中，与分馏得到的轻组分 $PODE_{1,2}$ 也可用甲缩醛进行逆流（或叫错流）缩聚反应，或者经换热、精脱水后，再经过轻组分 $PODE_{1,2}$ 萃取吸收后进入气相法制备聚甲氧基二甲醚的反应器中进行顺流缩聚反应。该工艺装置可有效简化常规的工艺流程。

5.7.2 甲醛水溶液和甲醇合成工艺

中国科学院兰州物理化学研究所夏春谷等[54] 人以甲醛水溶液为原料合成聚甲氧基二甲醚，其工艺流程如图 5-33 所示。

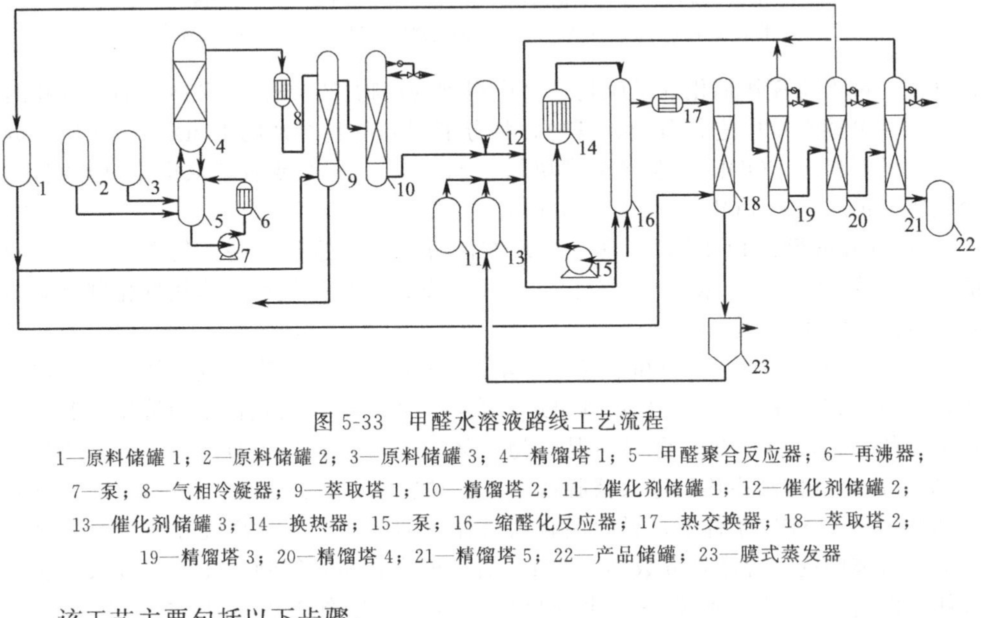

图 5-33　甲醛水溶液路线工艺流程

1—原料储罐 1；2—原料储罐 2；3—原料储罐 3；4—精馏塔 1；5—甲醛聚合反应器；6—再沸器；7—泵；8—气相冷凝器；9—萃取塔 1；10—精馏塔 2；11—催化剂储罐 1；12—催化剂储罐 2；13—催化剂储罐 3；14—换热器；15—泵；16—缩醛化反应器；17—热交换器；18—萃取塔 2；19—精馏塔 3；20—精馏塔 4；21—精馏塔 5；22—产品储罐；23—膜式蒸发器

该工艺主要包括以下步骤：

① 甲醛聚合反应：离子液体催化剂 IL Ⅰ经泵输送至甲醛聚合反应器，催化剂 IL Ⅱ经泵输送至缩醛化反应器，储罐中的反应原料浓甲醛经管线流入甲醛聚合反应器，在离子液体 IL Ⅰ的催化下发生聚合反应生成三聚甲醛。从反应器底部流出的反应液由泵送入再沸器经加热后返回反应器；反应器与再沸器循环连通，反应液在反应器与再沸器中循环。反应器中气体从反应器顶部进入精馏塔 1，在精馏塔中进行气液分离，三聚甲醛、甲醛和水的恒沸物在精馏塔顶汇集后进入气相冷凝器，冷凝后进入萃取塔 1；液体精馏塔塔底液体汇集后返回到甲醛聚合反应器。

② 三聚甲醛分离：热交换器流出液经管线送入萃取塔 1，萃取剂由储罐送入萃取塔 1，反应液与萃取剂逆向充分接触。轻相（主要组成为三聚甲醛和萃取剂，还有少量的甲醛和甲醇）由塔顶连续进入精馏塔 1，重相（甲醛、甲醇和水）由塔底连续进入稀醛单元，浓缩成浓缩水溶液进入原料储罐。轻相在精馏塔 1 中精馏，从

塔顶连续馏出萃取剂经管线返回到萃取剂储罐重复使用；塔底液（三聚甲醛）进入缩醛化反应器。

③ 缩醛化反应：原料三聚甲醛、甲醇、循环来的物料、循环来的催化剂，输送到缩醛化反应器。N_2 通过净化单元净化，送入缩醛化反应器。在一定温度和压力下发生缩醛化反应。从反应器底部流出的反应液由泵送入换热器，再返回反应器；反应器与换热器循环连通，反应液在反应器与换热器中循环。从反应器顶部排出的反应液包括催化剂、$PODE_{1\sim8}$、水、未反应的甲醇和三聚甲醛。

④ $PODE_n$ 萃取分离：缩醛化反应器流出液经管线输送到热交换器降温后送入萃取塔。萃取剂由储罐送入萃取塔，反应液与萃取剂逆向充分接触。轻相（产品相）由塔顶连续进入精馏塔，重相（催化剂水溶液）由塔底连续进入膜式蒸发器。

⑤ $PODE_n$ 精馏分离：缩醛化反应器顶部流出的 $PODE_{1\sim8}$、萃取剂、未反应甲醇和三聚甲醛，在精馏塔 3 中精馏，从塔顶连续馏出轻组分（主要含有甲醇和 $PODE_1$），通过冷却，返回反应系统。塔底液送入精馏塔 4，从塔顶馏出 $PODE_2$ 和三聚甲醛返回到反应单元重复使用，塔底馏出产物 $PODE_{3\sim8}$ 进入产品储罐。

⑥ 催化剂脱水：催化剂水溶液由萃取塔塔底连续进入膜式蒸发器快速蒸馏脱水，催化剂循环到催化剂储罐。

实施例 1：

在图 5-33 所示反应工艺过程中，甲醛聚合反应器容积为 8L，其与反应釜再沸器循环连通，反应液在反应器与换热器中循环；缩醛化反应器为列管式反应器，容积为 500mL。

用高纯氮吹扫，置换系统空气。向甲醛聚合反应器中连续加入 140g 离子液体催化剂 IL Ⅰ-1，共用时 8h，催化剂的用量为总投料量的 2.0%；同时加入浓度 50%的甲醛水溶液，进料速率为 $800mL \cdot h^{-1}$。甲醛聚合反应器的反应温度控制在 98～100℃，反应压力为－0.05～0.05MPa，甲醛聚合生成三聚甲醛，反应器中的气体进入精馏塔，三聚甲醛、甲醛和水的恒沸物从塔顶蒸出，塔顶温度为 92～96℃，冷凝后进入萃取塔。萃取剂苯由塔底进入，进料速度为 $1600mL \cdot h^{-1}$（为合成液体体积的 2 倍）。重相由塔底连续流入稀醛单元循环使用。轻相（产品相）由塔顶连续进入精馏塔 2，在 78～80℃下从塔顶连续馏出轻组分苯返回到储罐重复使用，重相三聚甲醛连续流入缩醛化反应器。

向缩醛化反应器中加入离子液体催化剂 IL Ⅱ-1，进料速率为 $20g \cdot h^{-1}$，至催化剂溶液开始循环，停止进料，保证催化剂浓度不低于 4%；三聚甲醛、甲醇初始进料速度分别为 $220mL \cdot h^{-1}$、$260mL \cdot h^{-1}$，三聚甲醛与甲醛的摩尔比为 0.45，至反应物料开始循环。三聚甲醛和甲醇的进料速率分别为 $130mL \cdot h^{-1}$、$112mL \cdot h^{-1}$。缩醛化反应器操作条件控制在 115～120℃、2.0～3.0MPa。反应器流出液送入萃取塔 2，萃取剂苯的进料速度为 $1000mL \cdot h^{-1}$（为反应液体积的 2 倍）。重相（催化剂水溶液）由塔底连续进入膜式蒸发器，在 60℃/－0.08MPa 下脱水，催化剂送入反应器重复使用。轻相（产品相）由塔顶连续进入精馏塔 3，在 40～65℃从塔顶连续馏出轻组分 $PODE_1$、甲醛和甲醇，直接返回反应单元重复使用。塔底送入精馏塔 4，在 78～80℃下从塔顶馏出萃取剂苯返回到储罐重复使用；塔底液进入精馏塔 5，在 98～110℃从塔顶馏出 $PODE_2$ 和三聚甲醛返回到反应单元重复使用，塔底流出产品 $PODE_{3\sim8}$ 进入产品储罐。

对反应液、萃取液、催化剂水溶液、循环物料和产品进行定时取样，由气相色谱仪定量分析。试验共运行 100h，试验结果平均值列于表 5-35 中。

表 5-35　实施例 1 试验结果

取样点所在管线	出料速度/$mL \cdot h^{-1}$	产物分配/%												
		苯	甲醇	甲醛	三聚甲醛	水	$PODE_n$, n							
							1	2	3	4	5	6	7	8
9	800	0	1.1	19.1	30.0	49.8	0	0	0	0	0	0	0	0
14	220	0.2	0	0.4	98.8	0.6	0	0	0	0	0	0	0	0
23	488	0	2.5	0.2	1.2	6.5	24.2	20.5	20.9	14.1	7.3	2.2	0.4	0
25	1433	67.0	0.8	0.1	0.4	0.1	8.4	7.3	7.4	4.8	2.6	0.8	0.1	0
26	55	2.0	1.7	0	0	57.6	2.1	0.2	0	0	0	0	0	0
28	148	0.2	8.7	0.2	0	0	90.7	0.1	0	0	0	0	0	0
32	90	0.1	0	0	5.5	0.05	0	94.2	0.1	0	0	0	0	0
33	195	0	0	0	0	0	0	0.2	46.3	31.4	16.3	4.9	0.9	0

实施例 2：

基本工艺步骤和设备配置同实施例 1，不同之处在于缩醛化反应器为两个串联的溢流釜，采用机械搅拌。向甲醛聚合反应器中加入离子液体 IL Ⅰ-2 为催化剂，向缩醛化反应器中加入离子液体 IL Ⅱ-2 为催化剂，连续运行 100h，试验结果平均值列于表 5-36。

表 5-36　实施例 2 试验结果

取样点所在管线	出料速度/$mL \cdot h^{-1}$	产物分配/%												
		苯	甲醇	甲醛	三聚甲醛	水	$PODE_n$, n							
							1	2	3	4	5	6	7	8
9	800	0	1.1	19.1	30.0	49.8	0	0	0	0	0	0	0	0
14	220	0.2	0	0.4	98.8	0.6	0	0	0	0	0	0	0	0
23	488	0	2.2	0.3	1.5	6.2	23.8	21.0	21.0	14.7	6.7	2.1	0.5	0
25	1433	62.8	0.8	0.1	0.6	0.0	9.4	8.5	8.3	6.0	2.7	0.8	0.2	0
26	55	2.6	2.7	0	0	55	3.1	0.2	0	0	0	0	0	0
28	150	0.3	7.4	0.8	0	0.05	91.4	0.1	0	0	0	0	0	0
32	83	0.1	0	0	6.7	0.05	0	93.1	0	0	0	0	0	0
33	200	0	0	0	0	0	0	0.3	46.4	32.7	14.9	4.7	1.1	0

实施例 3：

基本工艺步骤和设备及其参数同实施例 1，不同之处在于以甲苯为萃取剂，连续运行 100h。得到 199.0$mL \cdot h^{-1}$ $PODE_{3\sim8}$ 产品。

实施例 4：

基本工艺步骤和设备及参数同实施例 1，不同之处在于萃取剂用量为反应液体积的 1 倍，连续运行 100h。得到 191.2mL · h^{-1} $PODE_{3\sim8}$ 产品。

实施例 5：

基本工艺步骤和设备配置及其参数同实施例 1，不同之处在于三聚甲醛与甲醇的摩尔比为 0.6 : 1，连续运行 100h。得到 207.2mL · h^{-1} $PODE_{3\sim8}$ 产品。

实施例 6：

基本工艺步骤和设备配置及其参数同实施例 1，不同之处在于三聚甲醛与甲醇的摩尔比为 0.3 : 1，连续运行 100h。得到 85.2mL · h^{-1} $PODE_{3\sim8}$ 产品。

该工艺主要具有以下优点：①此方法是以高浓度浓缩甲醛水溶液代替现有技术中常用的多聚甲醛/三聚甲醛为原料，反应过程中甲醛可以直接参与反应进行，而无须进行多聚甲醛/三聚甲醛解聚的过程，大大缩短了反应平衡的时间；②避免多聚甲醛在合成过程中的解聚；③选择以浓度为 80%以上的甲醛水浓缩液进行反应，也大大提高了低浓度甲醛水溶液进行反应导致反应收率较低的问题。

5.7.3 甲醛醇溶液与甲缩醛合成工艺

江苏道尔顿石化科技有限公司邓青等[55]公开了一种聚甲氧基二甲醚合成系统及工艺。该工艺将甲醛醇溶液与甲缩醛依次经过鼓泡式外挂反应系统、脱轻塔、脱酸塔、中间组分塔和脱醛系统合成聚甲氧基二甲醚。该系统工艺如图 5-34 所示。

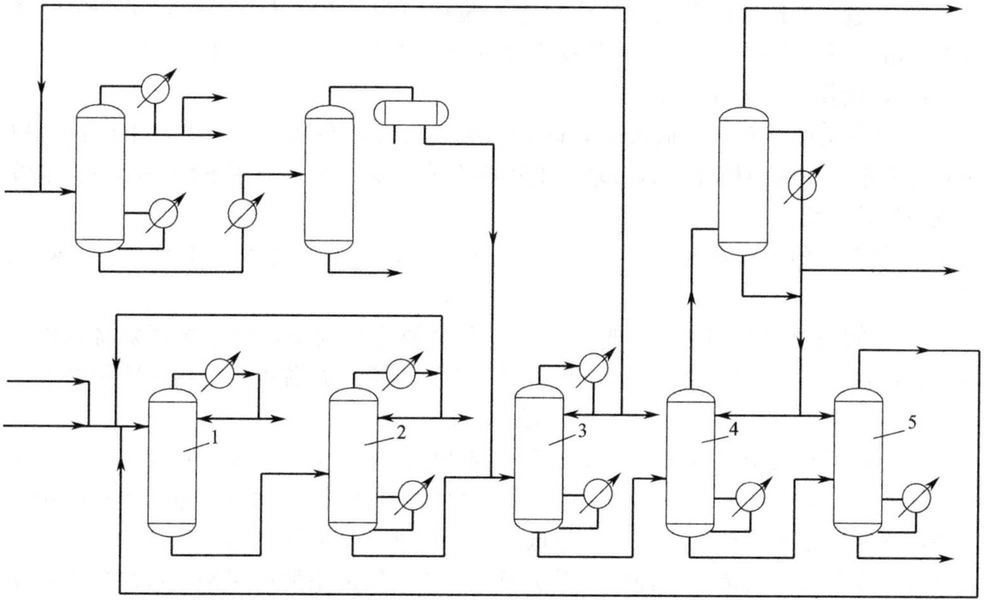

图 5-34　甲醛醇溶液和甲缩醛路线工艺流程图

1—鼓泡式外挂反应系统；2—脱轻塔；3—脱酸塔；4—中间组分塔；5—脱醛系统

该系统工艺主要包括以下步骤：

① 甲醛醇溶液制备：将浓度为50%～55%的高浓度甲醛送入升膜蒸发器底部，调整升膜蒸发器内的绝压＜20kPa，使得甲醛气化；气液混合物进入一级分离器，一级分离器完成气液相分离，气相经气相管线送至后续单元，获得甲醛＞75%的液相并将其转入一级缓冲罐储存；一级缓冲罐内的物料与一定流量的甲醇混合后进入反应器内，在温度为80～150℃、反应压力为0.1～1.0MPa、醛醇的摩尔比为3～7.5下完成半缩醛化反应；反应液在二级分离器内，在80～150℃，压力5～50kPa下进行真空浓缩，气液相分离，气相送至后续单元，液相转入二级缓冲罐储存；二级缓冲罐内的液相送入脱水塔，向脱水塔内补入一定量的甲醇，调整塔内温度为80～120℃进行脱水，甲醇补入量与从二级缓冲罐内的液相的质量比为(10～50)∶500。

② 将甲醛醇溶液与甲缩醛按合理的质量比混合后泵入至鼓泡式外挂反应系统的预反应器中反应得到粗反应液。

③ 预反应器中的粗反应液与鼓泡吸收塔的部分物料一起进入第一外挂反应器进行反应，并在进入反应器之前补充部分纯度为99%以上的甲缩醛，反应液一部分进入脱轻塔，另一部分返回鼓泡吸收塔。

④ 来自脱醛塔的甲醛与来自脱轻塔的甲缩醛以气相的形式在鼓泡吸收塔内喷淋吸收之后进入第二外挂反应器，部分返回至鼓泡吸收塔中部。

⑤ 第二外挂反应器的反应液返回至鼓泡吸收塔的中部。

⑥ 鼓泡式外挂反应系统的反应液进入脱轻塔后，在塔内将反应液中的甲缩醛与甲醇由塔顶采出送回鼓泡式外挂反应系统继续参与反应，塔内操作压力为0.1～0.2MPa，操作温度为40～130℃。

⑦ 脱轻塔的物料送入脱酸塔，同时引入正庚烷，共沸的正庚烷与甲酸流入甲缩醛合成塔，甲酸与甲缩醛合成塔内的甲醇合成甲酸甲酯，与甲缩醛一起在甲缩醛合成塔塔顶采出。

⑧ 脱酸塔的物料送入中间组分塔，中间组分塔为真空操作，压力10～50kPa、温度50～110℃。

⑨ 中间组分塔的物料送入脱醛系统，脱醛塔为板式塔，设置循环泵将塔内部分塔板的物料采出，经过加热器加热后返混至上层板，在脱甲醛塔内脱除甲醛和甲酸后分离获得$PODE_n$，$n=2\sim8$的产品。

该工艺可有效避免目前以多聚甲醛/三聚甲醛/甲醛水溶液生产过程中带来的甲酸含量大、产品分离困难、产品中甲醛和三聚甲醛含量高的问题。原料中甲醛由甲醛醇溶液制备系统提供，原料水含量低，高效促进了反应平衡的正向移动，经鼓泡式外挂反应器反应合成，后经脱酸系统脱除甲酸、脱醛塔脱除甲醛。脱酸塔配合甲缩醛单元实现酸的及时分离。脱甲醛系统简单高效，可通过调整塔的操作参数来最终获得$PODE_n$（$n=2\sim8$）组分的产品。不需要的聚合组分可任意返回反应器继续参与重整反应。

5.7.4 甲醇/甲缩醛和空气合成工艺

凯瑞环保科技有限公司刘文飞[56] 等公开了一种制备聚甲氧基二甲醚 $PODE_{3\sim5}$ 的工艺装置。该装置工艺流程如图 5-35 所示，包括氧化反应器、汽水分离器、甲醛吸收塔、反应器、脱轻精馏塔和脱重精馏塔等装置，实现由甲醇/甲缩醛和空气合成 $PODE_{3\sim5}$。

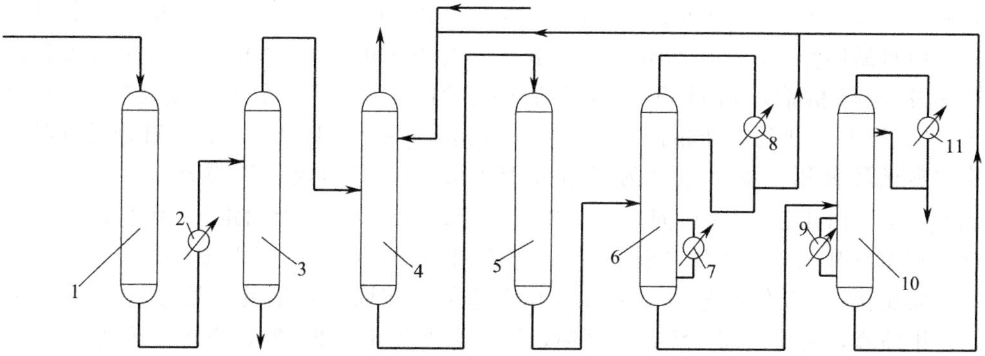

图 5-35 甲醛/甲缩醛路线工艺流程

1—氧化反应器；2—冷却器；3—气水分离器；4—甲醛吸收塔；5—反应器；6—脱轻精馏塔；7—再沸器 1；8—冷凝器 1；9—再沸器 2；10—脱重精馏塔；11—冷凝器 2

该工艺装置中，甲醇或者甲缩醛通过进料口进入氧化反应器后，利用空气氧化生成甲醛气体，但是此气体中还含有空气和水蒸气。将该混合气通过出料口输送到冷却器中进行冷却，然后进入气水分离器中，分离出的甲醛、空气混合气体进入甲醛吸收塔中，分离出的液体为稀甲醛水溶液，导入外部装置中。在甲醛吸收塔中，$PODE_{1,2}$、$PODE_{6\sim10}$、甲缩醛的混合物吸收甲醛气体得到富甲醛反应液，该富甲醛反应液通入反应器中，在酸性树脂催化剂催化作用下进行聚合反应。反应产物进入脱轻精馏塔中进行精馏，塔顶组分为轻组分 $PODE_{1,2}$，一部分作为回流液回流，一部分进入到甲醛吸收塔中作为原料循环使用，塔底为 $PODE_{3\sim10}$。产物 $PODE_{3\sim10}$ 进入脱重精馏塔进行精馏，塔底为 $PODE_{6\sim10}$，进入到甲醛吸收塔中作为原料循环使用塔顶为目标聚合度产物 $PODE_{3\sim5}$，一部分作为回流液回流，一部分采收为产物。

该工艺装置有以下实施例。

实施例 1：从氧化反应器出来的甲醛气体不经过水吸收，而是冷却到适当温度后直接用不同聚合度的聚甲氧基二甲醚 $PODE_{1,2}$、$PODE_{6\sim10}$ 混合物吸收；将 $100g \cdot h^{-1}$ 甲醇加热到 95℃气化成 $44.9L \cdot h^{-1}$、压力为 0.11MPa 的甲醇蒸气，与 $748.9L \cdot h^{-1}$ 空气混合并预热到 270℃后进入装有 39.7g 铁钼催化剂的氧化反应器中进行反应，生成甲醛、水和空气的混合气体；该混合气体通入冷却器 2 中冷却至 70℃，再进入容积为 130L 的气水分离器 3，在此停 10min 脱除冷凝水，得到含水量为0.08%的甲醛混合气体。得到的甲醛混合气体通入甲醛吸收塔中，与来自脱轻精馏塔的490g·h^{-1} $PODE_{1,2}$、脱重精馏塔的45g·h^{-1} $PODE_{6\sim10}$和新鲜的97g·h^{-1}甲缩醛的混合物接触吸收，吸收温度保持70℃，吸收压力为0.1MPa，得到725g·h^{-1}富甲醛反应液。通入反应器中，在反应压力0.3MPa、反应温度95℃及350g·h^{-1} D008型耐温酸性树脂催化剂催化作用下进行聚合反应。聚合反应后的产物进入脱轻精馏塔中进行精馏，通过再沸器控制塔釜温度201℃、塔顶温度105℃、常压下进行精馏操作，塔顶组分为轻组分$PODE_{1,2}$，经回流冷凝器冷凝到45℃后，510g·h^{-1} $PODE_{1,2}$作为回流液回流至塔顶，490g·h^{-1} $PODE_{1,2}$返回至反应原料循环使用，塔釜得到490g·h^{-1}不含$PODE_{1,2}$的$PODE_{3\sim5}$，进入脱重精馏塔中进行精馏，通过再沸器控制塔釜温度220℃、塔顶温度85℃、压力−0.085MPa下进行减压精馏操作，塔釜得到45g·h^{-1} $PODE_{6\sim10}$重组分返回至反应原料循环使用，塔顶组分为轻组分$PODE_{3\sim5}$，经回流冷凝器冷凝到56℃后，230g·h^{-1} $PODE_{3\sim5}$作为回流液回流至塔顶，190g·h^{-1} $PODE_{3\sim5}$作为目标聚合度的聚甲氧基二甲醚产物采出。甲醛反应转化率为99.5%，总收率98.4%。

实施例2：其他工艺条件和方法与实施例1相同，只是其初始原料为190g·h^{-1}甲缩醛，脱重精馏塔为常压精馏，塔釜温度控制为280℃，塔顶温度为156℃，最后187g·h^{-1}得到目标聚合度的聚甲氧基二甲醚产物$PODE_{3\sim5}$。甲醛反应转化率为99.8%，总收率98.6%。

该工艺装置使甲醛中的水在被吸收前就被脱除，避免了甲醛的缩聚反应装置被甲醛缩聚产生的多聚甲醛的堵塞。

该工艺将甲醇或甲缩醛氧化产生的甲醛气体冷却至100℃以下，使水蒸气冷凝成液态水从而达到脱水的目的，由于甲醛中的水在被反应物吸收前就被脱除，使得反应体系中几乎不含水，避免了甲醛的缩聚反应和装置被甲醛缩聚产生的多聚甲醛的堵塞；脱水后的气体甲醛用脱除$PODE_{3\sim5}$产物的$PODE_{1,2}$和$PODE_{6\sim10}$混合物直接吸收后进行反应，制取$PODE_{3\sim5}$目标产物，$PODE_{1,2}$和$PODE_{6\sim10}$混合物则在循环过程中参与反应转化成$PODE_{3\sim5}$。

5.7.5 甲醛水溶液合成工艺

中国科学院成都有机化学有限公司和东方红升江苏新能源有限公司[57]公开了一种制备聚甲氧基二甲醚的方法。该方法通过甲醛水溶液在酸催化剂作用下得到三聚甲醛、甲醛和水的混合物，该混合物经膜分离过程脱除其中的水分，脱水后的物料和甲缩醛进行缩合反应合成聚甲氧基二甲醚。该方法的工艺流程如图5-36所示。

该方法的主要工艺步骤为：质量分数37%～70%甲醛水溶液在90～110℃下催化合成三聚甲醛，并精馏得到三聚甲醛质量分数为30%～90%的三聚甲醛、甲醛和水的混合物，混合物在80～150℃下通过膜分离过程深度脱水，深度脱水后的混合物料和浓度≥99%甲缩醛在80～120℃、0.3～1.5MPa下进行缩合反应得到聚甲氧

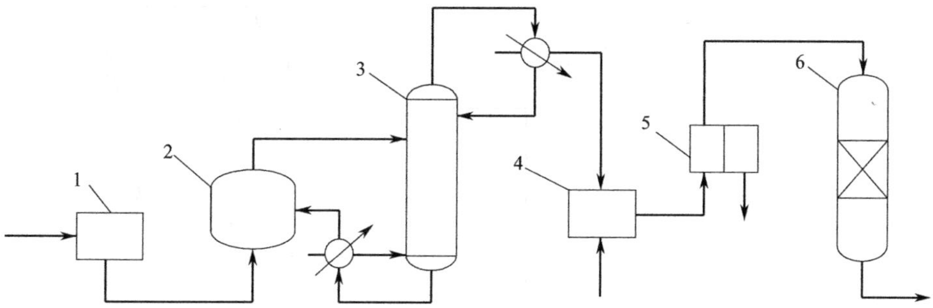

图 5-36　甲醛水溶液路线工艺流程

1—甲醛浓缩装置；2—第一反应器；3—精馏塔；

4—混合器；5—膜组件；6—第二反应器

基二甲醚。

该方法主要有以下实施例：将来源于银法合成的 37%甲醛水溶液在浓缩装置浓缩至甲醛含量为的 60%甲醛溶液，然后进入到第一反应器进行环化反应，催化剂为 2%H_2SO_4，反应温度为 98℃。第一反应器的塔顶物料进入到精馏塔进行精馏分离，得到含 45%三聚甲醛、15%甲醛和 40%水的混合物。混合物和来源于甲缩醛合成装置的精制 99%甲缩醛物料通过混合器混合后得到混合物料。由 60%甲缩醛、18%三聚甲醛、6%甲醛和 16%水组成的混合料进入到 NaA 沸石膜组件进行渗透气化分离。膜组件的分离温度为 110℃，料液侧表压为 0.25MPa，渗透侧绝压为 5kPa。混合物料经膜组件渗透气化脱水后，得到渗透气化脱水后的物流，其水含量降低至 1.6%。膜分离脱水得到的物料进入到装有中分子筛催化剂 ZSM-5 的缩合反应器，在压力 1.0MPa，温度为 110℃，液体空速为 $3h^{-1}$ 条件下进行缩合反应，得到含有聚甲氧基二甲醚 $PODE_{2\sim10}$ 的缩合产物，其中 $PODE_{3\sim10}$ 含量为 24%。

该工艺在甲醛原料脱水成本和水含量间寻找可行的低水含量甲醛原料的工艺技术及配套的脱水技术，同时避免了甲醛水溶液脱水时，特别是甲醛溶液中甲醛含量达到 85%以上时，能耗很高，容易发生聚合造成系统堵塞问题。

5.7.6　甲缩醛和聚甲醛合成工艺

安徽泗县新科农林开发有限公司范轩羽等[58] 人公开了一种聚甲氧基二甲醚合成装置。该装置以甲缩醛和聚甲醛为原料合成聚甲氧基二甲醚。装置工艺示意图如图 5-37 所示。

该工艺通过甲缩醛和 α-聚甲醛经过溶解罐进行混合解聚，再配合第一聚合反应器、第二聚合反应器一次反应，溶解罐内二次加入 α-聚甲醛，经第三聚合反应器、第四聚合反应器再次反应合成聚甲氧基二甲醚。

该工艺装置可改善 α-聚甲醛合成聚甲氧基二甲醚时黏度大、分布不理想，产品 n 值不可控问题。

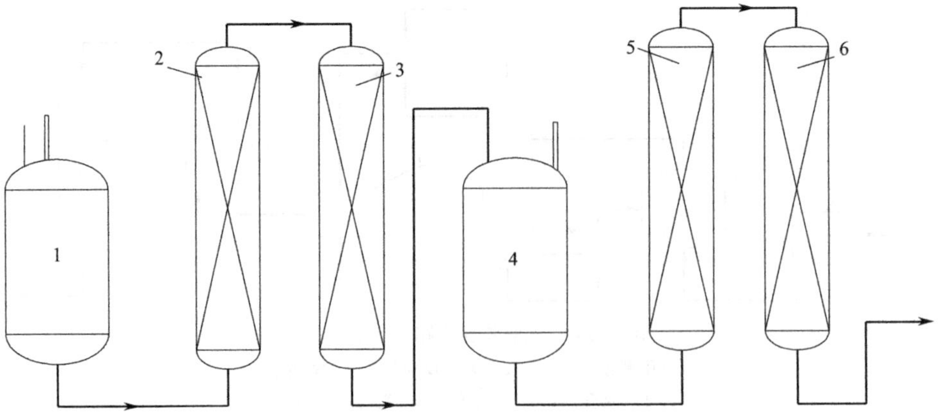

图 5-37 甲缩醛和聚甲醛路线工艺流程图

1，2—溶解罐；3—第一聚合反应器；4—第二聚合反应器；5—第三聚合反应器；6—第四聚合反应器

5.7.7 甲缩醛和浓甲醛溶液合成工艺

江苏凯茂石化科技有限公司叶子茂等[59] 人公开了一种浓甲缩醛制备聚甲氧基二甲醚的工艺装置。该装置以甲缩醛和浓度为50％～88％的甲醛溶液为原料，依次经过的反应器、脱轻塔、萃取塔、萃取剂回收塔、一级精制塔和二级精制塔，得到不同的聚甲氧基二甲醚产品。装置的工艺示意图如图 5-38 所示。

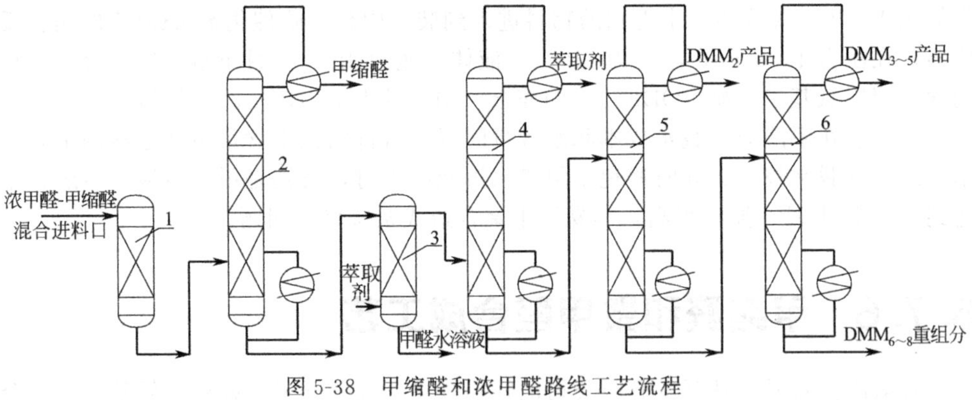

图 5-38 甲缩醛和浓甲醛路线工艺流程

1—反应器；2—脱轻塔；3—萃取塔；4—萃取剂回收塔；5——级精制塔；6—二级精制塔

该装置工艺以甲缩醛和浓度为 50％～88％的甲醛溶液为原料，在反应器中发生反应，得到聚甲氧基二甲醚及未反应的甲醛水溶液和甲缩醛的反应液，该反应液经过脱轻塔脱氢后从塔上部送入萃取塔，并与从塔底部进入的萃取剂进行逆流接触，反应液中的聚甲氧基二甲醚溶于萃取剂中得到有机相，甲醛水溶液与有机相发生分层，并采出有机相送入萃取剂回收塔中进行常压蒸馏分离，回收得到塔顶的萃取剂

和塔釜采出的聚合度一定的聚甲氧基二甲醚。

该工艺装置具有以下实施例：浓甲醛和液体甲缩醛在静态混合器中按比例均匀混合后从反应器顶部加入，经过固体酸树脂催化剂，到达反应器底部反应液出口，反应液在脱轻塔中脱除甲缩醛。该塔顶常压操作，塔顶设置冷凝器和回流罐，回流比优选 1～2。塔顶得到纯组分甲缩醛，塔釜得到不含甲缩醛的反应液。将不含甲缩醛的反应液送入萃取塔中进行萃取反应。反应液由萃取塔上部加入，萃取剂二异丙醚从萃取塔下部加入，反应液和二异丙醚逆流接触，由于二异丙醚的密度轻由底部逐渐向上与从上而下反应液进行不间断逆流接触，该过程中 $PODE_n$ 不断萃取转移至有机相，而甲醛水溶液的水相则不断下沉，实现塔内满液状态下的不断萃取和上层萃取液的采出的不间断分离，反应液中的以 $PODE_n$ 为主的有机物溶解于萃取剂，而水和甲醛无法溶解于萃取剂中，由于它们之间存在着明显的密度差，故在塔内产生分相现象，通过相界面高度控制采出上层液和下层液。下层液主要为含甲醛的水溶液，含 $PODE_{2\sim8}$ 组分和萃取剂组分的有机相的上层液进入萃取剂回收塔，萃取塔釜液得到产品物料 $PODE_{2\sim8}$，产品物料再进入 $PODE_2$ 产品塔塔顶回收 $PODE_2$，塔釜得到釜液为 $PODE_{3\sim8}$ 产品。该釜液送入 $PODE_{3\sim5}$ 产品塔中，控制塔的操作压力 2～20kPa，回流比为 0.5～2，塔顶得到 $PODE_{3\sim5}$ 产品。

该工艺装置通过调整浓甲醛与甲缩醛的进料配比，可以优化产品聚合度分布，得到更多的 $PODE_{3\sim5}$。

5.7.8 甲缩醛、甲醇和水合成工艺

青岛迈特达新材料有限公司王志亮等[60] 公开了一种制备聚甲氧基二甲醚的工艺及系统。该工艺系统采用甲缩醛和水为原料，先在催化精馏作用下高选择性制得 $PODE_2$，随后进一步反应生成聚甲氧基二甲醚 $PODE_{3\sim8}$。工艺及系统如图 5-39 所示。

该工艺采用甲缩醛和水为一级反应器原料，在一级催化精馏塔内催化剂的作用下，反应生成的甲醇及未转化的水与进料中的甲缩醛形成共沸物，并在一级催化精馏塔的塔顶连续蒸出，同时在一级催化精馏塔的塔底得到不同 $PODE_2$ 浓度的一级反应液；然后以一级反应液作为二级反应原料，在二级反应设备内催化剂的作用下，反应生成甲缩醛和 $PODE_{3\sim8}$ 并得到二级反应液；再将二级反应液送至分离单元精馏分离，即可得到 $PODE_{3\sim8}$。

该工艺的实施例为：反应原料为甲缩醛、甲醇、水的混合物，其中各组分的质量分数为甲缩醛 96.2%、甲醇 2.33%、水 1.47%。将各反应原料以 $803g \cdot min^{-1}$ 的速率通过计量泵送至催化精馏塔的反应段中部，控制催化精馏塔的反应段压力为 0.2MPa，反应段温度为 75℃，回流比为 5.0。在催化剂作用下发生反应，自催化精馏塔塔顶以 $803g \cdot min^{-1}$ 的速率采出甲缩醛、甲醇和水的共沸物，其组成为甲缩醛 91.67%、甲醇 8.03%、水 0.3%。共沸物通过共沸物出料管道送出系统，经精

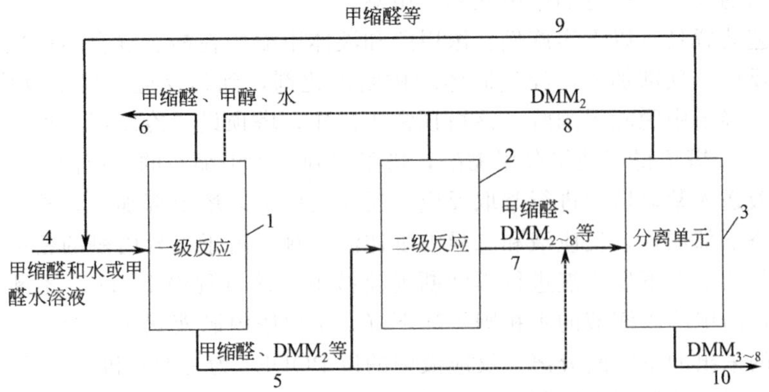

图 5-39 甲缩醛和水路线工艺流程

1—一级反应设备；2—二级反应设备；3—分离单元；4—一级反应原料进料管道；5—一级反应液出料管道；6—共沸物出料管道；7—二级反应液出料管道；8—第一轻组分循环管道；9—第二轻组分循环管道

馏分离，降低甲醇含量并补加适量水后返回作为催化精馏塔进料。催化精馏塔的塔底以 197g・min^{-1} 的速度采出一级反应液，其中有 65.8%甲缩醛、31.3%的 PODE$_2$、1.71%的 PODE$_{3\sim6}$，水、甲醛和甲醇质量分数之和为 1.19%，采出的反应液通过一级反应液出料管道送至固定床反应器，在一级反应设备内，水的转化率为 82.3%。控制固定床反应器物料反应温度为 120℃、反应压力为 1.2MPa，固定床反应器出口所得二级反应液组成为：71.1%的甲缩醛、18.1%的 PODE$_2$、8.9%的 PODE$_{3\sim8}$，水、甲醛和甲醇质量分数之和为 1.9%。在二级反应设备内，PODE$_2$ 的转化率为 42.17%。二级反应液以 197g・min^{-1} 的速率通过二级反应液出料管道全部送至分离单元的第一精馏塔，第一精馏塔塔顶以 142g・min^{-1} 的速率脱除二级反应液中的甲缩醛等轻组分，塔底得到 PODE$_{3\sim8}$ 为主的中间物料，以 55g・min^{-1} 的速率送至第二精馏塔，在第二精馏塔塔顶脱除 PODE$_2$ 等轻组分，塔底以 17.5g・min^{-1} 的速率得到 PODE$_{3\sim8}$ 产品。

该工艺采用催化精馏技术使水由现有工艺中的杂质组分转变为反应原料之一，甲醇的连续蒸出促进了反应进行，提高了水的转化率。

5.7.9 甲缩醛和三聚甲醛工艺

西安市尚华科技开发有限公司刘红喜等[61] 公开了一种固定床反应精馏制备聚甲氧基二甲醚的方法。该工艺以甲缩醛和三聚甲醛为原料，首先将三聚甲醛预热至 65～100℃，然后将甲缩醛和预热后的三聚甲醛按照(1.0～3.0)：1 的摩尔比混合均匀后送入装填有催化剂的固定床反应器中进行醚化反应，催化剂为稀土元素改性的强酸性苯乙烯系阳离子交换树脂，醚化反应温度为 50～130℃，压力为 0.1～

0.65MPa。主要的工艺流程如图 5-40 所示。

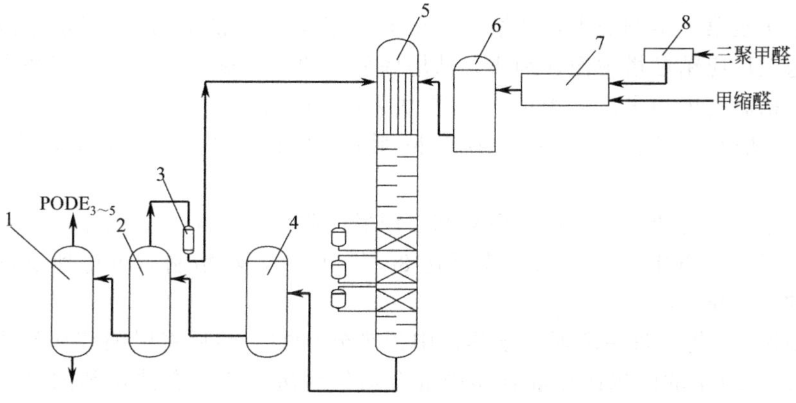

图 5-40 甲缩醛和三聚甲醛路线工艺流程图

1—第二精制塔；2—第一精制塔；3—塔顶冷凝器；4—脱水塔；5—反应精馏塔；6—固定床反应器；7—混合器；8—预热器

该工艺的主要操作步骤为：甲缩醛和预热后的三聚甲醛经过醚化反应，送入反应精馏塔中进行反应精馏，从反应精馏塔塔底采出 $PODE_{2\sim8}$，反应精馏塔的塔顶温度为 43～55℃，塔底温度为 100～105℃；反应精馏过程中侧线反应器内的反应温度为 50～100℃，反应压力为 0.45～0.5MPa；再将从反应精馏塔塔底采出的 $PODE_{2\sim8}$ 输送至装填有 3A 分子筛的脱水塔中进行脱水；将脱水后的 $PODE_{2\sim8}$ 输送至第一精制塔中，从第一精制塔采出 $PODE_2$，采出的 $PODE_2$ 经塔顶冷凝器冷凝后输送至反应精馏塔中循环利用，从第一精制塔塔底采出的物料输送至第二精制塔继续精制，从第二精制塔塔顶采出 $PODE_{3\sim5}$，塔底采出 $PODE_{6\sim8}$；第一精制塔的塔顶温度为 103～108℃，塔底温度为 128～138℃；第二精制塔的塔顶温度为 110～190℃，塔底温度为 200～350℃。

实施例 1：三聚甲醛通入预热器中预热至 65℃，然后将甲缩醛和预热后的三聚甲醛按照 1∶1 的摩尔比在混合器中混合均匀后送入装填有催化剂的固定床反应器中，在温度为 50℃、反应压力为 0.10MPa 下进行醚化反应。反应器中催化剂为稀土元素改性的强酸性苯乙烯系阳离子交换树脂，其制备方法为：将质量分数为 1% 的硝酸镧水溶液和质量浓度为 1%的碱式硝酸铈水溶液按照硝酸斓和碱式硝酸铈的质量比为 1∶1 的比例混合均匀，然后将强酸性苯乙烯系阳离子交换树脂置于混合后的溶液中浸泡 4h，并置于离心过滤机中过滤，过滤后在温度为 40℃、真空度为 1kPa 的条件下进行干燥，干燥至含水量不大于 0.1%，得到稀土元素改性的强酸性苯乙烯系阳离子交换树脂。

将经醚化反应后的物料送入反应精馏塔中进行反应精馏，塔底采出 $PODE_{2\sim8}$；反应精馏过程中控制侧线反应器内的反应温度为 50℃，反应压力为 0.45MPa；反应精馏塔的塔顶温度为 43℃、塔底温度为 100℃，反应精馏过程中控制每个集束精馏区的温度与集束精馏段的温度之间的差值不大于 3℃，集束精馏段的温度是指所有集束精馏区的温度的平均值。

从反应精馏塔塔底采出的 $PODE_{2\sim8}$ 输送至装填有 3A 分子筛的脱水塔中进行脱水并输送至第一精制塔中，从塔顶采出 $PODE_2$，采出的 $PODE_2$ 经塔顶冷凝器冷凝后输送至反应精馏塔中循环利用，从塔底采出的物料输送至第二精制塔中进行精制，第二精制塔塔顶采出 $PODE_{3\sim5}$，塔底采出 $PODE_{6\sim8}$；第一精制塔的塔顶温度为 103℃，塔底温度为 128℃；第二精制塔的塔顶温度为 110℃，塔底温度为 200℃。

该实施例的合成方法可使聚甲氧基二甲醚的收率达到 95%，其中 $n=3\sim8$ 的聚甲氧基二甲醚（$PODE_{3\sim8}$）的产物可达 80%～95%，经精制后可得到质量分数达 99.9%的 $PODE_{3\sim5}$。

实施例 2：将三聚甲醛通入预热器中预热至 80℃，然后将甲缩醛和预热后的三聚甲醛按照 2∶1 的摩尔比在混合器中混合均匀后送入装填有催化剂的固定床反应器，在温度为 120℃、反应压力为 0.55MPa 下进行醚化反应。催化剂为稀土元素改性的强酸性苯乙烯系阳离子交换树脂，其制备方法为：将质量分数为 3%的硝酸镧水溶液和质量分数为 2%的碱式硝酸铈水溶液按照硝酸镧和碱式硝酸铈的质量比为 1.5∶1 的比例混合均匀，然后将强酸性苯乙烯系阳离子交换树脂置于混合后的溶液中浸泡 3h，并置于离心过滤机中过滤，过滤后在温度为 45℃，真空度为 1.5kPa 进行真空干燥，干燥至含水量不大于 0.1%，得到稀土元素改性的强酸性苯乙烯系阳离子交换树脂。

经醚化反应后的物料送入反应精馏塔中进行反应精馏，塔底采出 $PODE_{2\sim8}$；反应精馏过程中控制侧线反应器内的反应温度为 90℃，反应压力为 0.48MPa；反应精馏塔的塔顶温度为 50℃，塔底温度为 103℃，反应精馏过程中控制每个集束精馏区的温度与集束精馏段的温度之间的差值不大于 3℃，集束精馏段的温度是指所有集束精馏区的温度的平均值。

从反应精馏塔塔底采出的 $PODE_{2\sim8}$ 输送至装填有 3A 分子筛的脱水塔中进行脱水；将脱水后的 $PODE_{2\sim8}$ 输送至第一精制塔中，从第一精制塔塔顶采出 $PODE_2$，冷凝后输送至反应精馏塔中循环利用，从第一精制塔塔底采出的物料输送至第二精制塔中，从第二精制塔塔顶采出 $PODE_{3\sim5}$，塔底采出 $PODE_{6\sim8}$。第一精制塔的塔顶温度为 105℃，塔底温度为 135℃；第二精制塔的塔顶温度为 150℃，塔底温度为 280℃。

该实施例的合成方法可使聚甲氧基二甲醚的收率达到 95%，其中 $n=3\sim8$ 的聚甲氧基二甲醚（$PODE_{3\sim8}$）的产物可达 80%～95%，经精制后可得到质量分数达 99.9%的 $PODE_{3\sim5}$。

实施例 3：将三聚甲醛通入预热器中预热至 100℃，然后将甲缩醛和预热后的三聚甲醛按照 3∶1 的摩尔比在混合器中混合均匀后送入装填有催化剂的固定床反应器中在温度为 130℃、反应压力为 0.65MPa 进行醚化反应。催化剂为稀土元素改性的强酸性苯乙烯系阳离子交换树脂，其制备方法为：将质量分数为 5%的硝酸镧水溶液和质量分数为 5%的碱式硝酸铈水溶液按照硝酸斓和碱式硝酸铈的质量比为

2∶1的比例混合均匀，然后将强酸性苯乙烯系阳离子交换树脂置于混合后的溶液中浸泡2h，并进行过滤，在温度为50℃，真空度为2kPa的条件下干燥，至含水量不大于0.1%，得到稀土元素改性的强酸性苯乙烯系阳离子交换树脂。

经醚化反应后的物料送入反应精馏塔中进行反应精馏，塔底采出$PODE_{2\sim8}$；反应精馏过程中控制侧线反应器内的反应温度为100℃、反应压力为0.5MPa；反应精馏塔的塔顶温度为55℃、塔底温度为105℃，反应精馏过程中控制每个集束精馏区的温度与集束精馏段的温度之间的差值不大于3℃，集束精馏段的温度是指所有集束精馏区的温度的平均值。

从反应精馏塔塔底采出的$PODE_{2\sim8}$输送至装填有3A分子筛的脱水塔进行脱水；将经脱水后的$PODE_{2\sim8}$输送至第一精制塔中，塔顶采出$PODE_2$，采出的$PODE_2$经塔顶冷凝器冷凝后输送至反应精馏塔中循环利用，塔底采出的物料输送至第二精制塔进行精制，塔顶采出$PODE_{3\sim5}$，塔底采出$PODE_{6\sim8}$；第一精制塔的塔顶温度为108℃，塔底温度为138℃；第二精制塔的塔顶温度为190℃，塔底温度为350℃。

该实施例的合成方法可使聚甲氧基二甲醚的收率达到95%，其中$n=3\sim8$的聚甲氧基二甲醚（$PODE_{3\sim8}$）的产物可达80%～95%，经精制后可得到质量分数达99.9%的$PODE_{3\sim5}$。

参 考 文 献

[1] Hagen G P, Spangler M J. Preparation of polyoxymethylene dimethyl ethers by catalytic conversion of dimethyl ether with formaldehyde formed by oxydehydrogenation of dimethyl ether [P]. WO, US 5959156 A. 1999-09-28.

[2] Hagen G P, Spangler M J. Preparation of polyoxymethylene dimethyl ethers by catalytic conversion of formaldehyde formed by oxydation of dimethyl ether [P]. WO, US 6392102 B1. 2002-05-21.

[3] Hagen G P, Spangler M J. Preparation of polyoxymethylene dimethyl ethers by acid-activated catalytic conversion of methanol with formaldehyde formed by oxy-dehydrogenation of dimethyl ether [P]. US, US6265528. 2001-07-24.

[4] Hagen G P, Spangler M J. Preparation of polyoxymethylene dimethyl ethers by catalytic conversion of dimethyl ether with formaldehyde formed by oxy-dehydrogenation of methanol [P]. US, US6160174. 2000-12-12.

[5] Hagen G P, Spangler M J. Preparation of polyoxymethylene dimethyl ethers by catalytic conversion of dimethyl ether with formaldehyde formed by oxidation of methanol [P]. US, US6166266. 2000-12-26.

[6] Stroefer E, Schelling H, Hasse H, et al. Method for the production of polyoxymethylene dialkyl ethers from trioxan and dialkylethers [P]. WO, US7999140. 2011-08-16.

[7] 陈静，唐中华，夏春谷，等. 哑铃型离子液体催化合成聚甲氧基二甲醚的方法 [P]. CN101962318A, 2011-02-02.

[8] 张朝峰，邢俊德，刘康军，等. 一种磁性纳米咪唑类离子液体催化剂及其催化合成聚甲醛二甲醚的方法 [P]. CN103381373A, 2013-11-06.

[9] 王建国，王瑞义，吴志伟，等. 聚甲氧基二甲醚的制备方法 [P]. CN104086380A, 2014-10-08.

[10] 陈芊，楚英豪. Hummers法制备氧化石墨烯 [J]. 四川化工，2016，19 (2)：14-16.

[11] 邓小丹，曹祖宾，韩冬云，等. 复合催化剂合成聚甲氧基二甲醚的工艺研究 [J]. 化学试剂，2014,

36 (7): 651-658.

[12] 隆宽燕，王涛，田恒水，等．聚甲醛二甲醚的绿色合成工艺研究 [J]．天然气化工（C1 化学与化工），2016，41 (5)：1-5.

[13] 赵峰，李华举，宋焕玲，等．三聚甲醛与甲醇在 SO_4^{2-}/Fe_2O_3 固体超强酸上的开环缩合反应研究 [J]．天然气化工（C1 化学与化工），2013，38 (1)：1-6.

[14] 韦先庆，王清洋，黄小科，等．一种制备聚甲氧基二甲醚的系统装置及工艺 [P]．CN102701923A，2012-10-03.

[15] 蔡依进，蔡依超，孟祥波，等．反应系统和装置及使用该装置制备聚甲氧基二甲醚的方法 [P]．CN104177236A，2014-12-03.

[16] 陈静，宋河远，夏春谷，等．离子液体催化合成聚甲氧基二甲醚的工艺过程 [P]．CN102249869A，2011-11-23.

[17] 商红岩，洪正鹏，薛真真，等．一种浆态床和固定床联合制备聚甲氧基二甲醚的方法 [P]．CN104119210A，2014-10-29.

[18] 赵强，李为民，陈清林．Bronsted 酸性离子液体催化合成聚甲醛二甲醚的研究 [J]．燃料化学学报，2013，41 (4)：463-468.

[19] 李为民，赵强，邱玉华，等．一种以己内酰胺类离子液体催化制备聚甲醛二甲醚的方法 [P]．CN102659537A，2012-09-12.

[20] 高晓晨，刘志成，许云风，等．由甲缩醛和多聚甲醛合成聚甲醛二甲醚的方法 [P]．CN103420817A，2013-12-04.

[21] 商红岩，李成岳，洪正鹏．一种合成聚甲氧基甲缩醛的方法 [P]．CN103664550A，2014-03-26.

[22] 王云芳，陈建国，邢金仙，等．一种聚甲氧基二甲醚的生产装置系统及生产工艺 [P]．CN103848730A，2014-06-11.

[23] 王云芳，陈建国，邢金仙，等．一种制备聚甲氧基二甲醚的组合工艺 [P]．CN103360224A，2013-10-23.

[24] 王金福，唐强，王胜伟，等．一种由甲缩醛和多聚甲醛制备聚甲氧基二甲醚的流化床装置及方法 [P]．CN104971667A，2015-10-14.

[25] 王金福，郑妍妍，王胜伟，等．一种生产聚甲氧基二甲醚的方法 [P]．CN104974025A，2015-10-14.

[26] 陈勇民．聚甲氧基二甲醚生产的污染防治及清洁生产 [J]．科技创新导报，2015 (25)：90-92.

[27] 熊伟庭．甲缩醛与甲醇的精制新工艺研究及过程模拟 [D]．天津：天津大学，2010.

[28] 时米东，王云芳，王巨龙，等．聚甲氧基二甲醚合成工艺介绍 [J]．天然气化工（C1 化学与化工），2015 (4)：91-96.

[29] 刘育军．合成聚甲醛二甲醚的催化剂研究 [D]．上海：华东理工大学，2015.

[30] 叶子茂，向家勇，张鸿伟，等．一种气体甲醛合成聚甲氧基二甲醚及脱酸的工艺装置 [P]．CN204569778U，2015-6-24.

[31] 向家勇，张鸿伟，许引，等．一种聚甲氧基二甲醚的制备工艺方法及装置 [P]．CN103880615A，2015-8-19.

[32] 叶子茂，向家勇，张鸿伟．一种聚甲氧基二甲醚合成的多段式反应塔及聚甲氧基二甲醚合成工艺装置 [P]．CN104722249 A，2015-06-24.

[33] 叶子茂，向家勇．一种气体甲醛制备聚甲氧基二甲醚的专用工艺装置 [P]．CN105693479A，2016-03-15.

[34] 李晓云，李晨，于海斌．柴油添加剂聚甲醛二甲醚的应用研究进展 [J]．化工进展，2008，27 (1)：317-319.

[35] Wu J, Zhu H, Wu Z, et al. High Si/Al ratio HZSM-5 zeolite: An efficient catalyst for the synthesis of polyoxymethylene dimethyl ethers from dimethoxymethane and trioxymethylene [J]．Green Chemistry，2015，17 (4)：2353-2357.

[36] Wu Y, Li Z, Xia C. Silica-Gel-Supported Dual Acidic Ionic Liquids as Efficient Catalysts for the Synthesis of Polyoxymethylene Dimethyl Ethers [J]. Industrial & Engineering Chemistry Research, 2016, 55 (7): 1-8.

[37] Wang R, Wu Z, Qin Z, et al. Graphene oxide: an effective acid catalyst for the synthesis of polyoxymethylene dimethyl ethers from methanol and trioxymethylene [J]. Catalysis Science & Technology, 2016, 6 (4): 993-997.

[38] 刘红喜，陈华，卢建华，等．甲醇经缩合、氧化、缩聚和醚化合成聚甲氧基二甲醚的方法 [P]. CN104058940 A，2015-10-14.

[39] 夏春谷，宋河远，陈静，等．甲醛与甲醇缩醛化反应制备聚甲氧基二甲醚的工艺过程 [P]. CN102249868 A，2011-11-23.

[40] 孙育成，刘秦，罗明，等．采用离子液体催化剂连续制备聚甲氧基二甲醚的多反应系统 [P]. CN104016838A，2014-9-17.

[41] 吴海杰，胡海峰，黄龙华，等．一种聚甲氧基二甲醚的制备方法 [P]. CN105601479 A，2016-5-25.

[42] Stroefer E, Hasse H, Blagov S. Method for producing polyoxymethyene dimethyl ethers from methanol and formaldehyde [P]. US: 7671240, 2010-1-6.

[43] Stroefer E, Hasse H, Blagov S. Process for preparing poolyoxymethyene dimethyl ethers from methanol and formaldehyde [P]. US: 7700809, 2010-7-14.

[44] 洪正鹏，商红岩．一种合成聚甲醛二甲基醚的方法 [P]. CN101898943A，2010-12-01.

[45] 李红超，艾护民，彭亚伟，等．一种制备聚甲氧基二甲醚生产装置 [P]. CN206986065 U，2018-02-09.

[46] 白教法．甲醇为原始反应物料连续生产聚甲氧基二甲醚的方法 [P]. CN104447239 A，2015-03-25.

[47] 赵光，房鼎业，刘殿华．MoO_3/γ-Al_2O_3 催化合成聚甲醛二甲醚 [C]．上海市化学化工学会 2011 年度学术年会论文集，2011-10-01.

[48] 赵铁，应国强．低聚合度甲氧基二甲醚合成方法及催化剂 [P]. CN103739461 A，2014-11-06.

[49] 刘殿华，房鼎业，罗万明．一种甲醇和甲醛制备聚甲氧基二甲醚的方法 [P]. CN10358860A，2014-01-15.

[50] 刘殿华，房鼎业，张建强，等．一种制备聚甲氧基二甲醚的方法 [P]. CN103508859A，2014-01-15.

[51] 孙育成，刘秦，罗明，等．甲醇为初始反应原料连续制备聚甲氧基二甲醚的系统 [P]. CN104003855A，2014-08-27.

[52] 邓少年．一种用于制备聚甲氧基二甲醚的装置 [P]. CN206337193U，2017-07-18.

[53] 毛进池，刘文飞，郭为磊，等．一种制备聚甲氧基二甲醚 $DMM_{3\sim5}$ 的气相耦合装置 [P]. CN205556510U，2016-09-07.

[54] 夏春谷，宋河远，陈静，等．连续制备聚甲氧基二甲醚的反应系统和工艺方法 [P]. CN103772163A，2014-05-07.

[55] 邓青．桑练．一种聚甲氧基二甲醚合成系统及工艺 [P]. CN107739301A，2018-02-27.

[56] 刘文飞，毛进池，高永林．制备聚甲氧基二甲醚 $DMM_{3\sim5}$ 的工艺装置 [P]. CN205556509U，2016-09-07.

[57] 陈洪林，张小明，雷骞，等．制备聚甲氧基二甲醚的方法 [P]. CN108383696A，2018-04-24.

[58] 范轩羽，范希中，张亚炜，等．一种制备聚甲氧基二甲醚的装置 [P]. CN106631721A，2017-05-10.

[59] 叶子茂，向家勇，黄龙军．一种浓甲缩醛制备聚甲氧基二甲醚的工艺装置 [P]. CN205953887U，2017-02-15.

[60] 王志亮，高文斌，徐龙芳，等．一种制备聚甲氧基二甲醚的系统 [P]. CN207193157U，2018-04-06.

[61] 刘红喜，陈华，卢建华，等．一种固定床反应精馏制备聚甲氧基二甲醚的方法 [P]. CN104355973A，2015-02-18.

第6章 典型项目案例

6.1 规模方案

拟以丰富的甲醇为原料，建设聚甲氧基二甲醚（PODE）项目。从目前PODE技术开发现状来看，建设20万吨/年PODE装置，其生产技术放大风险不大，经济性强；从可获得资源量看，25万吨/年甲醇即可满足20万吨/年PODE装置生产所需。

6.1.1 装置规模

20万吨/年PODE项目，其装置规模见表6-1。

表6-1 装置规模

序号	项目	公称能力/(万吨/年)	备注
1	甲醛装置	2×20	以37%(质量分数)计
2	甲缩醛装置	10	—
3	PODE装置	20	商品
4	操作弹性	50%～110%	—
5	年运行时间	$8000h \cdot a^{-1}$	333天

6.1.2 产品方案

20万吨/年PODE项目，其产品方案见表6-2。

表6-2 产品方案

名称	产量/(万吨/年)	备注
聚甲氧基二甲醚(PODE)	20	主要产品

6.1.3 产品规格

通过20万吨/年PODE项目的建设，所生产的中间产品甲醛、甲缩醛，产品PODE的质量指标见表6-3～表6-6。

(1) 工业用甲醛溶液规格

表 6-3 工业用甲醛溶液技术要求(GB/T 9009—2011)

项目	50%级		44%级		37%级	
	优等品	合格品	优等品	合格品	优等品	合格品
20℃密度/($g \cdot cm^{-3}$)	1.147～1.152		1.125～1.135		1.075～1.114	
甲醛的质量分数/%	49.7～50.5	49.0～50.5	43.5～44.4	42.5～44.4	37.0～37.4	36.5～37.4
酸的质量分数(以 CHOOH 计)/wt %	≤0.05	0.07	0.02	0.05	0.02	0.05
色度,Hazen(铂-钴色号)	≤10	15	10	15	10	—
铁的质量分数/%	≤0.0001	0.0010	0.0001	0.0010	0.0001	0.0005
甲醇的质量分数/%	≤1.5	供需双方协商	2.0	供需双方协商	供需双方协商	

(2) 甲缩醛产品质量标准

表 6-4 甲缩醛产品质量指标(企业标准)

项目	质量指标	
	普通浓度级	高纯浓度级
甲缩醛的质量分数/%	86～92	99.0
甲醇的质量分数/%	8～14	≤0.3
水分的质量分数/%	≤0.2	≤0.2

(3) PODE 产品技术指标

表 6-5 PODE 产品技术指标

项目	技术指标	试验标准
氧化安定性(总不溶物)/$mg \cdot 100mL^{-1}$	≤2.5	SH/T 0175
硫含量/$\mu g \cdot g^{-1}$	≤1	SH/T 0689
10%蒸余物残炭的质量分数/%	≤0.3	GB/T 268
灰分的质量分数/%	≤0.01	GB/T 508
铜片腐蚀(50℃,3h)/级	1	GB/T 5096
水分的体积分数/%	痕量	GB/T 260
机械杂质	无	GB/T 511
润滑性,磨痕直径(60℃)/μm	≤460	SH/T 0765
运动黏度(20℃)/$mm^2 \cdot s^{-1}$	2.0～8.0	GB/T 265
凝点/℃	≤−10	GB/T 510
冷滤点/℃	≤−5	SH/T 0248

续表

项目	技术指标	试验标准
闪点(闭口)/℃	≥55	GB/T 261
十六烷值/CN	80～100	GB/T 386
馏程　5%/℃	≥155	GB/T 6536
95%/℃	≤365	
密度(20℃)/kg·m^{-3}	950～1050	GB/T 1884/5

表 6-6　PODE 组分特性参数

产品名称	沸点/℃	十六烷值/CN	氧含量/%
$PODE_2$	105	63	45.2
$PODE_3$	156	78	47.0
$PODE_4$	202	90	48.1
$PODE_5$	242	100	48.9
$PODE_6$	280	104	49.5

6.2 技术方案

本聚甲氧基二甲醚（PODE）生产项目是以甲醇为原料，通过多个化学反应过程生产而成，其主要生产单元有甲醇氧化生成甲醛单元，甲醇和甲醛反应生成甲缩醛单元，甲缩醛和甲醛反应生成聚甲氧基二甲醚单元。

6.2.1 工艺选择

（1）银法甲醇生产甲醛工艺　全世界范围内“银法”和“铁钼法”甲醇生产甲醛工艺的比例几乎相当，但我国“银法”生产装置仍占绝大多数。因为铁钼法虽然产品单耗较低，但设备庞大、投资较高，其关键设备仍需进口。而我国银法工艺已相当成熟，其主要设备均已国产化，且性能优越（如新型多功能蒸发器，该设备集蒸发、过热、过滤多种功能为一体，其性能稳定可靠），投资和占地均较小。

在同等规模条件下，国内银法甲醛生产装置与瑞典 Perstop 公司、美国 DBWestern 公司铁钼法生产装置对比见表 6-7。

表 6-7　银法与铁钼法工艺参数比较表

供应商	瑞典 Perstop 公司	美国 DBWestern 公司	国内
反应温度/℃	250～400	250～400	600～660

续表

供应商	瑞典 Perstop 公司	美国 DBWestern 公司	国内
甲醇/kg	426	422.5	445
电/kW	75	65.1	25.5
副产中压蒸汽/kg	−750	−720	−720
催化剂一次装填量/kg	8450	11738	600
催化剂使用周期/月	8	19	3
更换催化剂时间/天	3～4	2.5～3	0.3
废催化剂的处理方式	只能全部更换	只能全部更换	再生循环使用
甲醛催化剂/kg	0.05	0.02857	0.00003(银)
ECS 催化剂/kg	0.002	0.0010667	无
占地面积/m^2	1677.5	972	704
吨产品生产成本/元	921.5	902.7	910.1
装置投资/万元	6272.93	6653.7	2107.7

从表 6-7 可以看出：银法工艺与铁钼法工艺相比，两种工艺的单位产品生产成本和质量基本相同，但银法工艺装置投资小、占地面积小，而且催化剂损耗小，更换方便。

过去的银法工艺由于在反应时加入大量水蒸气，甲醛的浓度只能做到 37%。目前国内通过对生产工艺技术的创新，利用循环气作为反应的惰性气体，减少了水蒸气的加入量，使甲醛的最高浓度可以达到 55%，达到铁钼法工艺所能达到的浓度水平。

在生产成本基本相同的条件下，银法工艺比铁钼法的投资较少，因此本项目选择银法甲醇生产甲醛工艺。

(2) 苏州双湖化工技术有限公司 PODE 技术　苏州双湖化工技术有限公司是一家由化工领域从事化工设计与工艺开发的技术人才组建、实行现代化企业管理制度、专门从事石油化工工程与技术服务的公司。主要经营范围为化工工程技术设计与咨询、工艺开发与优化，技术转让与改进、催化剂载体生产及销售。目前，该公司已成功开发多项工艺发明技术、设备专利技术、成套工艺包转化技术及催化剂载体生产技术，具有成熟的企业竞争优势与巨大的市场发展潜力。

该公司开发的新型聚甲氧基二甲醚清洁催化技术，具有甲醇利用率高、产物分布可控、副产物可循环使用、目的产物收率高、工艺简便等特点，在原料转化和产品收率上均具有较高技术水平。目前该公司技术已经实现工业化生产、装置运行良好，其技术具有以下特点：

① 采用催化新材料功能化为催化剂，具有环境友好、腐蚀性低、选择性好、产品收率高等优势；

② 产物分布可控，目的产物收率高且性能稳定，达到了可控缩聚；

③ 催化剂可回收并循环使用，运行费用低，不会对环境造成危害；

④ 产品和物料易于分离，反应物料能循环使用；

⑤ 工艺流程简单且操作简便易控。

6.2.2 工艺流程

以甲醇为原料制备聚甲氧基二甲醚的项目，包括甲醛制备单元、甲缩醛制备单元以及聚甲氧基二甲醚制备单元，其工艺过程如图 6-1 所示。甲醛制备单元的主要作用是在催化剂的作用下，把原料甲醇氧化成甲醛溶液；甲缩醛制备单元的作用是在固体酸性树脂催化剂的作用下，把部分甲醛溶液与甲醇反应，制备成甲缩醛；聚甲氧基二甲醚制备单元的作用是在离子液体催化剂的作用下，甲醇、甲缩醛分别与甲醛溶液的缩合反应，制备聚甲氧基二甲醚，反应产物经过分离提纯后，得到聚甲氧基二甲醚产品。

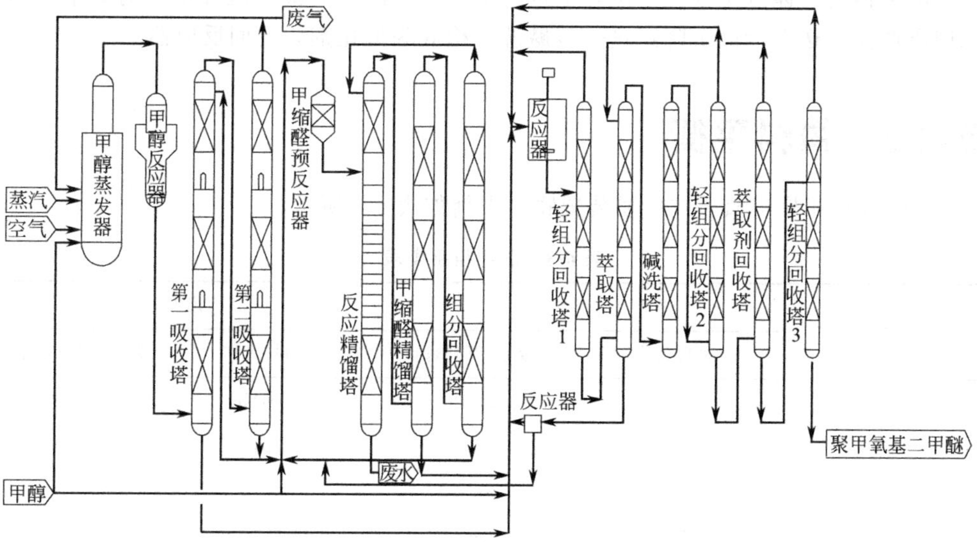

图 6-1　聚甲氧基二甲醚生产工艺过程

（1）甲醛制备单元　以甲醇、空气和水蒸气（空气与甲醇的摩尔比为 1.5～1.7，水蒸气与甲醇的摩尔比为 0.1～0.5）为反应物，经过蒸发气化后，进入反应器内进行连续的甲醇氧化生产甲醛的反应，反应产物经过吸收塔吸收后，得到两股甲醛溶液作为中间产物，其中一股作为原料提供给聚甲氧基二甲醚制备单元，另外一股甲醛溶液作为原料提供给甲缩醛制备单元。

（2）甲缩醛制备单元　分别从甲醛制备单元和聚甲氧基二甲醚制备单元过来两股副产含甲醛的溶液（甲醛制备单元过来的甲醛溶液浓度为 15%～25%，聚甲氧基二甲醚制备单元过来的甲醛溶液浓度为13%～23%)，与甲醇溶液经过配比(甲醇与甲醛溶液的质量比为0.3～0.5)后，进入反应精馏塔反应制备甲缩醛溶液，反应产物经过精馏提纯后，得到高纯度的甲缩醛溶液(浓度为90%～99%)；甲醛溶液中的水反应精馏处理后，达到污水处理标准直接送往污水处理单元。

(3)聚甲氧基二甲醚制备单元 从甲醛制备单元过来的甲醛溶液(浓度为60%～80%)，与甲醇以及从甲缩醛制备单元过来的甲缩醛溶液(浓度为90%～99%)，在离子液体催化剂的作用下，经缩醛化反应生成聚甲氧基二甲醚，反应产物经过精馏处理后，得到聚甲氧基二甲醚产品和一股含有甲醛的溶液，该含有甲醛的溶液则返回甲缩醛制备单元进行甲醛回收利用处理。

聚甲氧基二甲醚合成反应采用苏州双湖化工技术有限公司的催化剂。原料液经过计量后送进聚甲氧基二甲醚反应器。反应液依靠反应循环泵进行循环，由循环水换热器进行撤热，温度控制在适宜温度。反应器产物排入闪蒸罐，反应器采用管式夹套反应器。

浓缩器的液体送至催化剂沉降槽进行催化剂的沉降分离。沉降槽顶为聚甲氧基二甲醚产品，送至产品沉降罐进一步碱洗。槽底为催化剂，送回反应器。

6.2.3 物料平衡

20万吨/年聚甲氧基二甲醚装置物料平衡如表6-8所示。

表6-8 总物料平衡表

序号	入方		出方	
	物料名称	数量/万吨每年	物料名称	数量/万吨每年
1	甲醇	25.00	DMM*n*	20.00
2	脱盐水	3.00	产品水	14.00
3	空气	24.81	废气	20.77
	合计	52.81	合计	54.77

6.3 消耗定额

本项目原料、辅助材料的用量及来源见表6-9。

表 6-9 原料、辅助材料的用量及来源

项目	名称	数量	来源
原料	甲醇	25 万吨/年	现有装置
辅助材料	电解银催化剂	4×300kg/次,3 月/次	国内采购
	甲缩醛催化剂	$80m^3$/次,1 年/次	国内采购
	PODE 合成催化剂	$120m^3$/次,1 年/次	国内采购
	化学品	2000 吨/年	国内采购

本项目所需的公用工程包括新鲜水、循环水、脱盐水、低压蒸汽、电、仪表空气、氮气等，具体消耗见表 6-10。

表 6-10 公用工程消耗表

序号	名称	主要规格	数量
1	低压蒸汽	1.0MPa(G)	$100t \cdot h^{-1}$
2	新鲜水	—	$270t \cdot h^{-1}$
3	循环水	—	$6000m^3 \cdot h^{-1}$
4	脱盐水	—	$25m^3 \cdot h^{-1}$
5	电	10kV/380V	$10000kW \cdot h$
6	仪表空气	—	$2000m^3 \cdot h^{-1}$
7	工厂空气	—	$2000m^3 \cdot h^{-1}$
8	氮气	—	$3000m^3 \cdot h^{-1}$

6.4 主要设备

20 万吨每年聚氧甲基二甲醚项目共有设备 240 台（套），设备汇总见表 6-11，主要设备一栏见表 6-12。

表 6-11 设备汇总表

序号	类型	合计/台(套)
1	搅拌器	1
2	容器	57
3	塔	11
4	反应器	3
5	换热器	39

续表

序号	类型	合计/台(套)
6	机泵	104
7	风机	11
8	其他	14
	合计	240

表 6-12 主要设备一览表

序号	设备名称	数量	序号	设备名称	数量
		一、甲醛装置			
		（一）			
1	甲醇原料储槽	1	4	稀醛缓冲槽	1
2	回收甲醇储槽	1	5	洗液储槽	1
3	粗醛储槽	2			
		（二）			
1	甲醇蒸发器	1	5	精醛缓冲罐	1
2	冷凝水槽	1	6	除醇塔受槽	1
3	水封槽	1	7	冷凝液储罐	1
4	浓醛受槽	1			
		（三）			
1	甲醇加热器	1	7	除醇再沸器	1
2	空气预热器	1	8	除醇再沸器	1
3	粗醛冷却器	1	9	除醇冷凝器	1
4	中醛冷却器	1	10	除醇冷却器	1
5	稀醛冷凝器	1	11	稀醛冷却器	1
6	精醛加热器	1	12	稀醛冷却器	1
		（四）			
1	甲醛反应器	1			
		（五）			
1	甲醛吸收塔	1	3	洗涤塔	1
2	甲醇分离塔	1	4	洗涤塔	1
		（六）			
1	甲醇泵	2	5	粗醛混合泵	2
2	甲醇泵	2	6	粗醛循环泵	2
3	冷凝水泵	2	7	中醛循环泵	1
4	杂醇供料泵	2	8	除醇塔供料泵	2

续表

序号	设备名称	数量	序号	设备名称	数量 1
9	浓醛泵	1	14	除醇塔回流泵	2
10	稀醛输送泵	2	15	精醛供料泵	2
11	洗液循环泵	2	16	稀醛循环泵	2
12	管道泵	1	17	稀醛循环泵	2
13	精醛泵	2			
		（七）			
1	鼓风机	2	4	真空泵	1
2	废气循环风机	1	5	真空泵	1
3	废气排风机	2			
		二、甲缩醛装置			
		（一）			
1	气液分离器	1	8	回收槽	1
2	废水储槽	1	9	甲醇回收槽	1
3	地下废水储槽	1	10	入料槽	1
4	甲醛催化剂储槽	1	11	50℃热水槽	1
5	甲醛＋苯储槽	1	12	80℃热水槽	1
6	苯＋甲醛储槽	1	13	90℃热水槽	1
7	碱液储槽	1			
		（二）			
1	废催化剂罐	1	7	塔顶受槽	1
2	受槽	1	8	受槽	1
3	碱液槽	1	9	塔顶受槽	1
4	塔顶受槽	1	10	受槽	1
5	甲醛储槽	2	11	苯水分离槽	1
6	沉降罐	1	12	苯水分离槽	1
		（三）			
1	甲醛反应器	1			
		（四）			
1	再沸器	1	6	冷凝器	1
2	冷凝器	1	7	冷却器	1
3	冷却器	1	8	进料预热器	1
4	苯罐尾气冷凝器	1	9	再沸器	1
5	再沸器	1	10	冷凝器	1

续表

序号	设备名称	数量	序	设备名称	数量
11	冷却器	1	18	甲醛冷却器	1
12	出料换热器	1	19	进料预热器	1
13	再沸器	1	20	冷却器	1
14	冷凝器	1	21	加热器	1
15	冷却器	1	22	冷却器	1
16	再沸器	1	23	蒸汽冷却器	1
17	废热回收器	1			
		（五）			
1	废气回收塔	1	5	甲醛回收塔	1
2	甲醛浓缩塔	1	6	甲醇回收塔	1
3	甲醛萃取塔	1	7	甲醛回收塔	1
4	苯回收塔	1			
		（六）			
1	循环泵	2	15	甲醛循环泵	2
2	输送泵	2	16	甲醛输送泵	2
3	输送泵	2	17	塔底出料泵	2
4	反应循环泵	2	18	出料泵	2
5	出料泵	2	19	出料泵	2
6	塔底出料泵	2	20	出料泵	2
7	回流泵	2	21	塔底出料泵	2
8	出料泵	2	22	出料泵	2
9	出料泵	2	23	出料泵	2
10	氢氧化钠出料泵	2	24	回流泵	2
11	出料泵	2	25	甲醛泵	2
12	塔底出料泵	2	26	50℃水泵	2
13	塔顶出料泵	2	27	80℃水泵	2
14	塔顶水出料泵	2	28	90℃水泵	2
		（七）			
1	鼓风机	2	2	真空泵	1
		三、聚氧甲基二甲醚装置			
		（一）			
1	搅拌器	1			
		（二）			
1	真空泵	1			

续表

序号	设备名称	数量	序号	设备名称	数量
		（三）			
1	反应器冷却器	1	3	浓缩加热器	1
2	闪蒸冷凝器	1	4	DMM 冷却器	1
		（四）			
1	进料混合器	1	2	碱洗静态混合器	1
		（五）			
1	CAT 输送泵	2	6	中和沉降槽循环	2
2	反应器循环泵	2	7	DMM 产品泵	2
3	DMM 输送泵	2	8	废催化剂装桶泵	1
4	凝液输送泵	2	9	浓缩进料泵	2
5	催化剂循环泵	2			
		（六）			
1	反应器	1(套)			
		（七）			
1	催化剂配制罐	1	5	凝液槽	1
2	催化剂进料罐	1	6	催化剂沉降槽	2
3	反应器出料缓冲槽	1	7	中和沉降槽	2
4	闪蒸槽	1	8	催化剂回收罐	1
		（八）			
1	浓缩器	1	3	产品罐	2
2	原料甲醇罐	2			

6.5 自动控制

本设计是聚甲氧基二甲醚装置的仪表和控制系统的设计，主要包括的工序有甲醛单元、甲缩醛单元、聚甲氧基二甲醚单元。本项目设置一个主控制室，各工序的主要工艺参数均进入 DCS 进行监视和控制。

6.5.1 常规控制

本设计采用的控制方案以 PID 单参数控制为主，辅之以少量串级、比值、分程等复杂控制，主要复杂控制如下：

（1）甲醛制造及甲醛浓缩工艺生产过程中的复杂控制　在甲醛的生产过程中

主要控制反应温度，而要有稳定的反应温度与良好的反应效率，要以气态甲醇流量为主控制再以比值控制空气（$R_2=1.8\sim1.9$）、蒸气（$R_3=0.06$）、废气（$R_4=1.3\sim1.5$）的流量，控制反应温度于660℃，以获得低甲醇含量的甲醛，有利于脱醇的进行。

甲醛的浓缩主要是控制浓缩器的压力，以产生甲醛与水的不同蒸汽压造成良好的分离。而要维持平稳的操作压力主要以控制甲醛进料量为主，再控制加热的蒸汽流量，以制得适合甲醛合成所需的甲醛浓度。

（2）甲缩醛生产过程中的复杂控制　反应器是以甲醛为原料，以离子液体为催化剂的合成甲醛的反应器。为保证反应效果，以反应器液位的控制来保证反应所需要的压力。一旦压力达到上限值，通过DCS发出联锁信号，使排气阀打开，同时打开洗涤塔的喷淋冷却水阀和排气窗。

对甲醛浓缩塔塔底设有以塔内液位为主环，以甲醛进口流量为副环的串级控制系统。

浓缩塔上部设有以塔内温度控制系统为主环，以甲醛回流量控制系统为副环的串级控制系统。

对冷凝器，为保证冷凝效果，设有以冷凝器出口甲醛温度为主环，以冷凝水流量为副环的串级控制系统，使冷凝器出口温度保持一定。

浓缩后的甲醛到送到萃取塔以苯为萃取液进行萃取。设有以塔顶出料密度为主环，以塔底部进料流量为副环的串级控制系统。使萃取塔顶部出料中甲醛含量为40%，密度不超过$0.95g\cdot mL^{-3}$。

轻沸塔下部设有以塔内液位为主环，以出料流量为副环的串级控制系统。轻沸塔上部设有以温度为主环，以上部回流量为副环的串级控制系统。

甲醛回收塔上部设有以温度为主环，以上部进料量为副环的串级控制系统。对冷却器设有以出口甲醛温度为主环，以冷却水流量为副环的串级控制系统。

在甲醛储槽上设压力分程控制系统，分别控制排气量和氮封，使储槽内保持一定氮气压力，以防止甲醛氧化。

甲醇回收塔下部设有液位为主环，以下部排料流量为副环的串级控制系统。回收塔上部设有以温度为主环，以回流量为副环的串级控制系统。

（3）聚甲氧基二甲醚生产过程中的复杂控制　甲醇和甲醛进料采用比值控制，以甲醛进料为主回路。

反应器以闪蒸罐压力为控制主环，一旦压力达到上限值，通过DCS发出联锁信号，使排气阀打开，同时打开洗涤塔的喷淋冷却水阀和排气窗。

反应器出料缓冲罐，以压力为控制主环，一旦压力达到上限值，通过DCS发出联锁信号，使排气阀打开。

闪蒸主要是控制闪蒸罐的压力使聚甲氧基二甲醚与水因不同蒸汽压产生良好的分离效果。而要维持平稳的操作压力主要以进料量控制为主，然后控制加热的蒸汽流量。

6.5.2 紧急停车和安全联锁

根据生产工艺状况及要求，本装置不设置事故紧急停车系统（ESD）。局部关键设备将设置联锁系统，以保证装置安全运行。主要联锁如下：

（1）甲醛单元联锁

① 当甲醛反应器的其中两个温度指示超过 700℃时，空气放空管道切断阀打开，以降低进料压力、减少空气进料量。

② 如果达到以下任何一个条件则空气风机停机：

a. 当甲醛反应器的两个温度指示超过 730℃；

b. 甲醇蒸发器的液位指示≤35％；

c. 甲醛反应器的锅炉水位≥75％或者≤25％；

d. 尾气循环风机停机。

③ 如果空气风机停机，则尾气风机全部停机。

（2）甲缩醛单元联锁

① 如果满足下列的 a、b、c 中的一个条件，废气回收塔的喷淋阀与塔顶放空阀同时打开：

a. 废气回收塔入口总管上的温度指示≥50℃，废气回收塔的压力指示≥5kPa，废气回收塔的压力≥5kPa，满足上述三个条件中的两个；

b. 甲醛反应器压力指示≥45kPa；

c. PODE 反应出料缓冲槽的压力指示≥3.4MPa。

② 如果满足下列的 a、b、c 其中任何两个条件，废气回收塔的喷淋阀与塔顶放空阀同时关闭：

a. 废气回收塔入口温度指示≤45℃；

b. 废气回收塔压力指示≤1kPa；

c. 废气回收塔压力指示≤1kPa。

③ 当甲醛反应器压力指示≥45kPa 时，甲醛反应器放空至废气回收塔管线上的电磁阀打开。

④ 当甲醛反应器压力≤40kPa 时，甲醛反应器放空至废气回收塔管线上的电磁阀关闭。

（3）聚氧甲基二甲醚单元联锁

① 当 PODE 反应出料缓冲槽的压力指示≥3.4MPa 时，泄压电磁阀打开，将废气排放至废气回收塔。

② 当 PODE 反应出料缓冲槽的压力≤3.2MPa 时，泄压电磁阀关闭，结束泄压。

6.5.3 信号报警

本装置工艺参数越限报警由 DCS 实现。所有的报警信息（过程报警、系统报警）可在 DCS 操作站上实现声光报警，并通过打印机输出。有关联锁的重要信号可同时在辅助操作台上实现声光报警。

6.6 三废排放与治理

本项目废水排放情况见表 6-13。

表 6-13 废水排放一览表

序号	装置名称	污染源名称及排放点	排放量/$m^3 \cdot h^{-1}$	组成及特性数据	治理方案	排放方式
1	甲缩醛合成塔	生产废水	正常:20 最大:30	甲醇≤1% 甲醛≤2% COD≤300mg·L^{-1}	送污水处理站	连续
2	空气洗涤塔、脱盐水储槽、水喷淋冷却器	生产废水	微量	水	送污水处理站	间断
3	尾气液封槽	生产废水	微量	水、少量甲醇、甲醛	送污水处理站	间断
4	循环水站	清净下水	正常:20 最大:30		送回用水处理站	连续
5	脱盐水站	清净下水	正常:20 最大:30		送回用水处理站	连续
6	公用工程站	生产废水	正常:20 最大:30		送污水处理站	连续
7	安全淋浴及洗眼器	生产废水	最大:15		送污水处理站	间断
8	生活用水	生活污水	正常:5 最大:10		送污水处理站	连续
9	未预见水	生活污水	正常:1 最大:5		送污水处理站	连续
		生产污水	正常:10 最大:14		送污水处理站	连续

本项目废气排放情况见表 6-14。

表 6-14 废气排放一览表

序号	装置名称	污染源及污染物	排放量/$Nm \cdot h^{-1}$	组成及特性数据	治理方案	排放方式
1	甲醛装置	尾气	45000	H_2O,N_2,CO_2	15m 以上高空排放	连续
2	尾气吸收塔	生产废气	5000	N_2 微量、甲缩醛、$PODE_{1\sim3}$ 等 甲醇<$190mg \cdot m^{-3}$ 甲醛<$25mg \cdot m^{-3}$	25m 以上高空排放	连续
3	甲缩醛装置	火炬气	15000	甲醇,甲缩醛,甲醛 $PODE_{2\sim8}$	送界区外火炬燃烧	间断

本项目固体废弃物排放情况见表 6-15。

表 6-15 固体废弃物排放一览表

序号	装置名称	产生量	治理方案	备注
1	废银催化剂	$4.8t \cdot a^{-1}$	送厂家回收	间断
2	甲缩醛废催化剂	$80m^3 \cdot a^{-1}$	送厂家回收	间断
3	PODE 废催化剂	$120m^3 \cdot (3a)^{-1}$	厂家回收	间断
4	生活垃圾	$0.1t \cdot d^{-1}$	送当地卫生系统处理	间断

6.7 装置占地与定员

本项目占地约 300 亩，定员 200 人。

6.8 投资与财务分析

本项目总投资为 120000 万元，其中建设投资 105000 万元，年均税后利润 18939 万元。财务内部收益率（税后）为 29.25%，投资回收期为 4.60 年（税后，含建设期 1.5 年），其主要技术经济指标见表 6-16。从经济分析结果来看，本项目有较好的经济效益，有一定的抗风险能力。

表 6-16　主要技术经济指标表

序号	项目	单位	数额(人民币)/元	备注
一	基本数据			
1	总投资	万元	120000	
1.1	建设投资	万元	105000	
1.1.1	其中:固定资产投资	万元	80600	
1.1.2	无形资产投资	万元	11500	
1.1.3	其他资产投资	万元	2500	
1.1.4	建设期利息	万元	2300	
1.1.5	流动资金	万元	8100	
2	营业收入(生产期平均)	万元/年	180000	
3	成本费用			
3.1	总成本费用(生产期平均)	万元/年	103286	
3.2	其中:折旧费	万元/年	5797	
4	利润			
4.1	利润总额(生产期平均)	万元/年	25253	
4.2	所得税(生产期平均)	万元/年	6313	
4.3	净利润(生产期平均)	万元/年	18939	
5	增值税(生产期平均)	万元/年	9625	
6	消费税(生产期平均)	万元/年	18278.4	
7	城建税		1395	
8	教育附加税		837	
二	财务评价指标			
1	财务内部收益率(税前)	%	35.64	
	财务内部收益率(税后)	%	29.25	
	自有资金财务内部收益率	%	36.72	
2	财务净现值(税前)	万元	121702.87	
	财务净现值(税后)	万元	83999.71	
3	资本金利润率(ROE)	%	77.04	
4	总投资收益率(ROI)	%	23.06	
5	投资回收期(税前)	年	4.07	含建设期 1.5 年
6	投资回收期(税后)	年	4.60	含建设期 1.5 年
7	借款偿还期	年	5.19	含建设期 1.5 年

6.9 苏州双湖化工技术有限公司主要技术和相关专利

6.9.1　主要技术

① DMM_n 系列产品的技术（乙醇 DEM_n、丙醇 DPM_n、丁醇 DTM_n）

② 三聚甲醛系列新材料的技术

③ 脂肪酸甲酯加氢制脂肪醇技术
④ 脂肪醇脱水制 α-烯烃技术
⑤ α-烯烃制长链烷基苯技术
⑥ 脂肪酸甲酯加氢制相变蜡技术
⑦ 异丁烯二聚/三聚/四聚/五聚制异构烷烃溶剂油技术
⑧ 溶液聚合（聚乙烯蜡/聚丙烯蜡）技术
⑨ 甘油加氢制1,2-丙二醇技术，1,2-丙二醇脱水制乳酸技术
⑩ 重芳烃烷基转移技术
⑪ 石脑油吸附分离及异构化分离技术
⑫ 环保芳烃油技术
⑬ 油浆加氢制芳烃技术
⑭ 白油加氢脱芳烃技术

6.9.2 相关专利

见表 6-17。

表 6-17 苏州双湖化工技术有限公司相关专利

专利名称	申请号
一种附加溶剂侧线回流的溶剂抽提精制装置	201620697752.2
一种制备单分散低灰分聚烯烃树脂的装置	201602836814.3
一种脂肪族二元腈加氢制备二元胺的流化床加氢反应器	201721075145.3
一种单分散低灰分的聚烯烃树脂的制备方法	201610631785.1
浓甲醛为原料连续制备三聚甲醛的装置和方法	201610959413.1
用于不饱和键聚合物的加氢催化剂及其制备方法和应用	201710499343.0
一种以负载型离子液体为催化剂制备聚醚胺的方法	201610745577.4
离子液体催化甲醛缩合反应制备二羟基丙酮的方法	201710382150.7
以负载型酸性离子液体为催化剂制备二乙氧基甲烷的方法	201611131871.2
一种脂肪族二元腈加氢制备二元胺的方法	201710008253.7
一种高纯度氧化铝小球载体的制备方法	201610750014.4
一种含烯烃类不饱和键的聚合物加氢反应方法	201710400810.X
一种聚烯烃树脂及其制备方法与应用	201610631922.1
一种制备高分子量聚甲氧基二甲醚的方法	201810289739.7